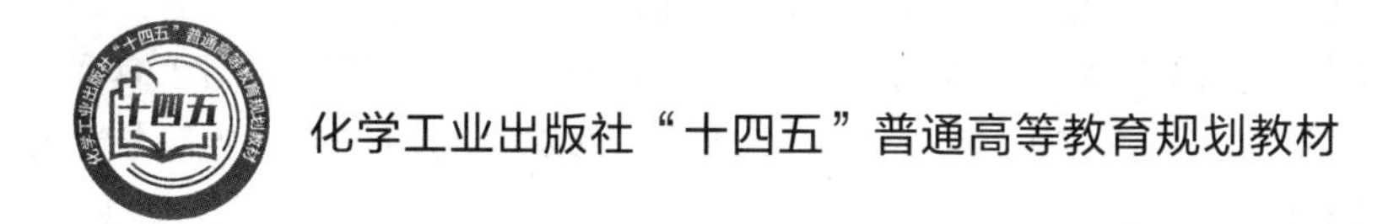

食品生物技术

乌日娜　杨庆利　李 欣　主编　　　罗云波　审

化学工业出版社

·北 京·

内容简介

《食品生物技术》较系统地介绍了基因工程、酶工程、发酵工程、细胞工程、蛋白质工程等技术原理及其在食品工业中的应用；与同类书籍相比，本书增添介绍了食品生物工程中的生物工程下游技术、现代生物技术在农副产品方面的综合利用、现代生物技术在食品工业三废处理及食品检测方面的应用等内容。

本书可作为高等院校食品科学与工程、食品质量与安全、食品营养与健康专业的教材，也可作为食品行业的科研、技术、管理人员参考用书。

图书在版编目（CIP）数据

食品生物技术 / 乌日娜，杨庆利，李欣主编. 北京 ：化学工业出版社，2024. 10. --（化学工业出版社“十四五”普通高等教育规划教材）. -- ISBN 978-7-122-46325-8

Ⅰ. TS201. 2

中国国家版本馆 CIP 数据核字第 2024J58M19 号

责任编辑：尤彩霞　　文字编辑：刘洋洋
责任校对：王　静　　装帧设计：韩　飞

出版发行：化学工业出版社
（北京市东城区青年湖南街 13 号　邮政编码 100011）
印　　装：三河市双峰印刷装订有限公司
787mm×1092mm　1/16　印张 17¼　字数 437 千字
2025 年 3 月北京第 1 版第 1 次印刷

购书咨询：010-64518888　　售后服务：010-64518899
网　　址：http：//www. cip. com. cn
凡购买本书，如有缺损质量问题，本社销售中心负责调换。

定　　价：59. 00 元

本书编写人员名单

主　编： 乌日娜　沈阳农业大学
杨庆利　青岛农业大学
李　欣　南昌大学

副主编： 史海粟　沈阳农业大学
贾丽艳　山西农业大学
孟轩夷　南昌大学

参　编： 安飞宇　沈阳农业大学
陈　琪　安徽农业大学
程凡升　青岛农业大学
冯　凡　宿州学院
何圣发　南昌大学
林丽云　韩山师范学院
秦　楠　山西中医药大学
苏　静　山西农业大学
佟　平　南昌大学
杨　慧　沈阳农业大学
杨莉榕　山西农业大学

前 言

生物技术的发展基于人类的文明史及生活史，经历了古代生物技术、近代生物技术、现代生物技术等不同阶段。生物技术既是历史悠久的传统技术，也是充满活力与生机的现代技术，正在食品工业中得到越来越多的应用。以基因工程、细胞工程、酶工程和发酵工程为主要内容的现代生物技术，正在推动世界工业革命的进程，并且以前所未有的速度冲击着人类已经固化的传统观念。同时，生物技术在解决社会面临的能源危机、环境污染、健康与疾病和食品短缺等问题上具有重大的现实意义和潜在作用，近年来已被许多国家列入各级各类高精尖技术研究发展计划。党的二十大报告指出，要“推动战略性新兴产业融合集群发展，构建新一代信息技术、人工智能、生物技术、新能源、新材料、高端装备、绿色环保等一批新的增长引擎”。本书课程思政元素以每章导言的形式进行阐述。

食品生物技术是生物技术的一个分支，是食品科学与生物技术相结合的一门交叉学科。食品生物技术的应用为食品工业的发展增添了新的动力，从传统食品工业的改造、新产品的开发，到食品生产过程的控制及产品质量安全检测等许多环节，已经越来越离不开生物技术。因此，可以说没有生物技术就没有食品工业的未来。

教材编写人员分工为：第 1 章绪论由乌日娜编写，第 2 章基因工程与食品工业由何圣发编写，第 3 章酶工程与食品工业由杨莉榕编写，第 4 章发酵工程与食品工业由史海粟、乌日娜编写，第 5 章细胞工程在食品工业中的应用由孟轩夷编写，第 6 章蛋白质工程在食品工业中的应用由佟平编写，第 7 章生物工程下游技术由秦楠编写，第 8 章现代生物技术与农副产品的综合利用由李欣编写，第 9 章现代生物技术在饮料生产中的应用由陈琪编写，第 10 章现代生物技术在食品保鲜方面的应用和第 11 章现代生物技术在食品检测中的应用由杨庆利、程凡升编写，第 12 章现代生物技术在食品工业三废处理中的应用由杨慧、贾丽艳、安飞宇编写，第 13 章现代生物技术在食品添加剂中的应用由冯凡编写，第 14 章现代生物技术在食品包装中的应用由苏静编写，第 15 章现代生物技术在海洋生物资源开发中的应用由林丽云编写。

乌日娜、史海粟、贾丽艳对全书进行了统稿和校对。

现代生物技术进展迅速，内容极为丰富，本书篇幅有限不能一一讲述，加之时间仓促，编者水平有限，书中疏漏与不足之处在所难免，敬请读者批评指正。

编者

2024 年 7 月

目录

第1章

绪　论

本章导言

通过讲述食品生物技术的历史变迁，让学生深入了解食品生物技术的发展历程。介绍现代生物技术在食品行业的应用现状，为食品人未来的研究发展打好基础，开拓食品行业的美好未来。

1.1　食品生物技术

1.1.1　食品生物技术的概念

食品生物技术（food biotechnology）是生物技术在食品原料生产、加工和制造中的应用，是利用生物体及其细胞、亚细胞和分子组成部分，结合工程学、信息学等手段去研究及加工处理或制造食品产品的新技术。在某种意义上，基于现代分子生物学的基因工程技术是食品生物技术的核心和基础，它贯穿于细胞工程、酶工程、发酵工程、蛋白质工程、生物工程下游技术和现代分子检测技术之中。细胞工程、发酵工程、蛋白质工程和现代分子检测技术又相互融合、相互穿插，与基因工程技术构成了一个既有中心又各有侧重点，同时又相互联系、密不可分的有机整体。

1.1.2　食品生物技术的研究内容

1.1.2.1　基因工程

基因工程是20世纪70年代以后逐渐发展起来的一门针对遗传信息的载体DNA进行操作的新技术，其主要原理是在分子遗传学的基础上应用人工方法把生物主要的遗传物质DNA（含基因）切割下来或人工合成，在细胞外将该基因连接到载体上，通过转化或转导将重组的基因组送入受体细胞，从而改变宿主的遗传特性，也可以使新的遗传信息在新的宿主细胞中大量表达，以获得基因产物。

1.1.2.2　酶工程

酶是生物体内重要的催化物质，它参与催化生物新陈代谢的各个反应过程。酶工业作为现代工业中的重要组成部分，在食品工业领域中占有非常重要的地位。酶工程是利用酶的催化作用进行物质转化的技术，是酶学理论、基因工程、蛋白质工程、发酵工程相结合而形成的一门新技术。

1.1.2.3 发酵工程

发酵工程是利用微生物生长与代谢活动的特点，在合适条件下，通过现代化工程技术手段，利用微生物特定的生物学功能生产出人类所需的特定产品，也称微生物工程，主要内容包括工业生产菌种的选育、微生物生长动力学、发酵条件的选择和控制、发酵罐的设计和产品的分离、提取及精制等。它处于生物工程的中心地位，大多数生物工程的目标产物都是通过发酵工程来获得的。

1.1.2.4 细胞工程

细胞工程（cell engineering）是指应用细胞学的方法，以组织、细胞和细胞器为对象进行操作，在体外条件下进行培养、繁殖或人为地对细胞的某些生物学特性按人们的意愿进行改造，从而改良生物品种和创造新品种，加速动植物个体的繁育，或获得某种有用的物质。它包括动植物细胞的体外培养技术、细胞融合技术及细胞器移植技术等。

1.1.2.5 蛋白质工程

蛋白质工程（protein engineering）是20世纪80年代初诞生的一个新兴生物技术领域，它是指在基因工程基础上，结合蛋白质晶体学和蛋白质化学等多学科，通过对蛋白质对应的基因中的某个碱基进行定向改变，从而改变蛋白质的氨基酸序列，使蛋白质的结构功能发生变化，产生人们所需的蛋白质或酶。

1.1.2.6 生物工程下游技术

生物工程下游技术又叫下游工程或生物活性物质分离纯化技术，是指从通过基因工程获得的动植物和微生物的有机体或器官中，从细胞工程、发酵工程和酶工程产物（发酵液、培养液）中把目标化合物分离纯化出来，使之达到商业应用目的的技术。生物工程下游技术的发展是与生物技术发展的历程密不可分的。随着基因工程、蛋白质工程、酶工程、发酵工程的发展以及人们对这些产品提取纯化的迫切需求，生物工程下游技术也得以迅速发展。

1.1.2.7 现代食品生物技术与农副产品的综合利用

农产品加工副产物中含有丰富的蛋白质、脂肪、矿物质和其他生物活性成分。深度开发利用农产品加工副产物，对于农产品加工综合利用和保护环境具有重要意义，而且也能支持和促进农产品生产的发展，提高资源利用的附加值，提升农产品加工业的国际竞争力，还能带动相关行业的发展。食品生物技术用全新的方法来加工新型食品原料及其副产物，对于副产物的综合利用日益显示出其特色。

1.1.2.8 现代分子检测技术

现代分子检测技术是应现代生物技术的发展以及其他诸如医学、食品、农业、环境保护等产业发展的需要而发展起来的一门新技术。现代分子检测技术是建立在现代分子生物学、免疫学、微电子技术、多种分离探测技术、信息技术等多门学科理论及技术的基础上的。

1.2 现代食品生物技术的研究进展及展望

1.2.1 现代食品生物技术的研究进展

生物发酵技术、菌株筛选与优化、生物反应器技术、细胞固定化技术、细胞融合技术、代谢工程等众多技术的发展对现代食品生物技术的快速发展起了极大的推动作用。转基因作物也日渐获得重视，2021年，中国农业农村部开展了转基因大豆和玉米产业化的试点，数据显示，中国研发的转基因大豆除草效果在95%以上，可降低除草成本50%，增产12%。此外，保健食品行业是全球性的朝阳产业，市场规模增长迅速，是靠生物技术形成的第四代食品，将形成亿元的产业，可为1000多万人提供就业岗位。

1.2.2 现代食品生物技术展望

在基因工程方面，随着人们的物质需求增加，更多的适合人类食用或有其他利用价值的新的动物物种和植物物种将会被创造出来，基因工程技术也会得到更好的开发。以生物技术生产的天然创新药物、营养食品、功能食品需求量不断增加。功能基因组学与蛋白质组学结合，以蛋白质为基础的诊断试剂及治疗药物的研究与开发将会突飞猛进，更多的难以攻克的疾病也不会再困扰患者。

食品生物技术随着现代生物技术的发展而快速发展，更多满足人们需求的新食品不断出现，新的食品检测技术也会随之出现，对人类食品安全有着重大意义。新的食品生物技术提高粮食产量和品质，主要是在改造食品原料质量、提高食品品质和改善食品风味、开发功能性食品及食品安全检测等方面有重要影响。

第2章

基因工程与食品工业

本章导言

结合基因工程的发展历程及其在食品工业中的应用，潜移默化教育学生在核心技术研发与应用上，克服困难，甘于奉献，承担更多的时代使命与责任，培养具有工匠精神的高素质食品人才。

2.1 基因工程概述

2.1.1 基因工程的涵义

基因工程（genetic engineering），是指通过体外DNA重组和转基因等技术将外源基因导入受体细胞，短时内改变生物原有的遗传特性、获得新品种、生产新产品的生物技术。该技术为世界各国的医疗业、农业、畜牧业、环保业以及食品加工业的发展开辟了广阔的前景，为人类带来了巨大的经济效益和社会效益。

现代生物学在理论方面的三个重要发现（生物主要遗传物质DNA的发现、DNA双螺旋结构和半保留复制机理的建立、遗传信息传递方式的确立）和在技术方面的三个重要成果（基因工程的工具酶、基因工程的载体、基因的体外重组）对基因工程的诞生起到了决定性作用。

2.1.2 基因工程的原理与步骤

基因工程的基本过程包括“切、接、转、检”，是通过分子水平的操作来实现外源目的基因在宿主细胞中的稳定高效表达。

2.1.2.1 目的基因的分离或合成

从供体细胞中分离出基因组DNA，利用限制性内切酶将外源DNA和载体分子切开（简称“切”），使目的基因和载体分子具有相同的黏性末端，以便后续将两者连接。或者通过化学法合成设计好的目的基因，并在基因的两端加入酶切位点，以便限制性内切酶酶切以及与载体连接。

2.1.2.2 构建基因表达载体

利用DNA连接酶将限制性内切酶酶切后的外源目的基因片段与载体分子相连接，构建基因表达载体（简称“接”）。

2.1.2.3 转化宿主细胞

借助细胞转化手段将目的基因（表达载体）导入受体细胞中（简称“转”）。转化（transformation）是指异源DNA分子被感受态细胞摄取并得到表达的基因水平转移过程。

2.1.2.4 筛选和鉴定转化后的细胞

在转化后的细胞中，既有携带DNA重组分子的细胞，也有未被转化的细胞，可以通过培养筛选出转化成功的菌落（如有抗性、蛋白质成功表达等），也可以通过基因测序鉴定宿主细胞中是否含目的基因，以获得外源基因高效稳定表达的细胞（简称“检”）。

2.2 基因工程中DNA相关概述

2.2.1 DNA的功能

DNA作为绝大多数生物的遗传物质，其首要功能是传递遗传信息。DNA可以分为编码DNA和非编码DNA，其中编码DNA的功能是通过合成蛋白质来表现遗传性状，非编码DNA主要是参与基因表达的调控。

2.2.1.1 传递遗传信息

DNA作为主要遗传物质，其首要功能是通过亲代DNA复制把遗传信息传递给子代。DNA分子的双螺旋结构为其复制提供了精确的模板，碱基互补配对原则保证DNA被准确复制。以亲代DNA分子为模板，以腺嘌呤（A）、鸟嘌呤（G）、胞嘧啶（C）和胸腺嘧啶（T）四种脱氧核苷酸为原料，以高能磷酸键水解提供能量，在一系列酶（如DNA解旋酶、引物酶、DNA聚合酶、DNA连接酶等）的催化下进行DNA分子的半保留复制。复制完成后，DNA分子被平均分配到子代细胞中，并随细胞的分裂不断传递给后代细胞，实现传递遗传信息的目的。但在复制过程中出现差错将引起基因变异，也可以发生各种重组和突变，为自然选择提供机会，使大自然表现出丰富的生物多样性。

2.2.1.2 表达遗传性状

DNA的另一个重要功能是通过转录和翻译，把遗传信息转变成具有生物活性的蛋白质，表现遗传性状。在RNA聚合酶的作用下，以DNA分子的一条链为模板，合成mRNA；然后以mRNA为模板，tRNA为运载工具，在有关酶、辅助因子和能量的作用下，将氨基酸装配成蛋白质多肽链；再经过一定的加工，将翻译的蛋白质多肽变成有特定生物活性的蛋白质分子。

2.2.1.3 调控基因表达

生物的绝大部分细胞都含有该生物的全套遗传物质，但在每个细胞中并不是全部翻译出来，而是“各取所需”，不同细胞选择各自需要的基因进行转录和翻译。例如，在B淋巴细胞中是编码免疫球蛋白的基因被翻译成抗体发挥免疫作用。为什么基因只在它应该发挥作用的细胞和应该发挥作用的时间，才呈现活化状态？这里必然会有一个调控系统在起作用。这种控制特定基因产物合成的机制，称为基因调控（gene regulation），由非编码基因完成。非编码基因位于编码基因的前后，就像基因的“分子”开关，控制基因的表达和强弱。非编码 DNA 包含 RNA 基因（主要有 rRNA、tRNA）、顺式调控元件（启动子、增强子）、内含子等，具有特定的生物学功能。

2.2.2 DNA 的制备

基因工程的前提条件是获取目的基因。制备目的 DNA 的常用方法有鸟枪法、限制性内切酶酶解法、cDNA 法、聚合酶链反应（polymerase chain reaction，PCR）扩增法、化学合成法等。

2.2.2.1 鸟枪法

鸟枪法（shotgun）又称“霰弹法”，是直接从生物细胞基因组中获取目的基因最常用的方法。该方法通过一定的物理方法（如剪切力、超声波等）或酶化学方法（如限制性内切酶）将某种生物体的全基因组或单一染色体切成若干大小合适的 DNA 小片段，再利用 DNA 连接酶将其连接到载体 DNA 上，导入受体细胞形成一套重组克隆，进行表达和鉴定后，筛选出表达目的产物的重组子。鸟枪法优点是速度快、简单易行，但工作量较大。

2.2.2.2 限制性内切酶酶解法

限制性内切酶是一类可以识别并切割 DNA 链中特定部位两个脱氧核糖核苷酸之间的磷酸二酯键的酶。利用限制性内切酶处理供体 DNA，可以切割成一系列 DNA 片段。如果目的基因两端拥有已知的限制性酶切位点，那么用一种（或两种）限制性内切酶进行切割，即可获得目的 DNA 片段，并且可以简化后续的重组和筛选工作。

2.2.2.3 cDNA 法

cDNA 是与 mRNA 互补的 DNA（complementary DNA）。cDNA 法的基本原理是将供体细胞的 mRNA 分离出来，利用逆转录酶在体外合成 cDNA，并将其导入受体细胞，通过筛选获得含目的基因的重组克隆。

与鸟枪法相比，cDNA 法具有如下优势：①cDNA 法能选择性地克隆蛋白质编码基因，而且理论上 mRNA 只反转录合成一种 cDNA，能有效降低后续筛选的工作量；②cDNA 法获得的 cDNA 只含编码基因，有利于其在原核细胞中表达；③通常 cDNA 比供体中相应基因的拷贝数低数倍至数十倍，一般只有 2～3kb，便于稳定地克隆到表达载体上。因此，利用 cDNA 法将真核生物蛋白质编码基因克隆到原核生物中高效表达，是基因工程普遍采取的策略。

2.2.2.4 PCR 扩增法

PCR 扩增法是根据生物体 DNA 的复制原理在体外合成 DNA，这一反应同样需要 DNA 单链模板、引物、DNA 聚合酶（如 *Taq* DNA 聚合酶等）、四种脱氧核苷三磷酸（dNTP）以及缓冲系统。其步骤如下：①变性，将待扩增的双链 DNA 加热至 90～95℃一定时间后，形成单链 DNA。②退火，解离成单链 DNA 后，将温度降至 50～55℃，两种不同的单链 DNA 引物分别与两条单链 DNA 互补配对结合。③延伸，DNA 模板/引物的结合物在 70～

75℃、DNA聚合酶的作用下，以dNTP为反应原料，靶序列为模板，按碱基互补配对与半保留复制原理，合成一条新的与模板DNA链互补的半保留复制链。重复循环变性—退火—延伸三个过程可以获得大量“半保留复制链”，而且这种新链又可成为下次循环的模板。每个循环只需要2～4min，经过2～3h就能将待扩增的目的基因扩大几百万倍。相比其他方法，PCR扩增法具有简便、快速、高效、灵敏的优点，能避免培养和DNA纯化等操作中可能的失误。

2.2.2.5 化学合成法

如果目的基因序列是已知的，则可以通过化学法直接合成。由于合成技术的现代化，在合成仪中输入待合成的DNA序列，可以在数小时内完成合成任务。我们只需要将合成柱取下，进行DNA切落和去保护基以及纯化，并进行鉴定。化学合成基因的优越性在于合成的随意性。可根据需要来合成基因，并可以根据受体细胞蛋白质生物合成系统的密码子偏性，在不改变编码产物的前提下，更换密码子的碱基组成，从而大幅度提高目的基因（尤其是真核生物基因）在原核生物中的表达水平。

2.2.3 DNA操作中的工具酶

基因工程的第一步是从供体生物中获取目的基因或通过化学法合成目的基因，同时打开载体分子，将目的基因与载体分子连接。有时在连接外源DNA片段与载体分子之前，还需要对连接位点做特殊处理，以提高拼接效率。这些操作都需要各种工具酶来协助完成，如限制性内切酶、DNA连接酶、DNA聚合酶等。

2.2.3.1 限制性内切酶

限制性内切酶几乎存在于所有原核生物中，能够识别并切割双链DNA分子上的特异性位点，产生相应的片段，剪切的位置可以在识别位点内也可以在识别位点外。因此，限制性内切酶被誉为“分子手术刀”。

2.2.3.1.1 限制性内切酶的命名

限制性内切酶的命名规则如下：一般是以微生物属名的第一个字母和种名的前两个字母组成酶的基本名称；如果酶存在于一种特殊的菌株中，则将菌株名的一个字母加在基本名称之后；若酶的编码基因位于噬菌体（病毒）或质粒上，则还需用一个大写字母表示这些非染色体的遗传因子。酶名称的最后部分为罗马数字，表示在该菌株中发现此酶的先后次序。如，从*Bacillus amyloliquefaciens* H中提取的限制性内切酶称为*Bam* H，*Hin*d Ⅲ是在流感嗜血杆菌（*Haemophilus influenzae*）d株中发现的第三个酶，而*Eco*R Ⅰ则表示其基因位于大肠杆菌（*Escherichia coli*）的抗药性R质粒上。

有些限制性内切酶有相应的甲基化酶伙伴，甲基化酶的识别序列与限制性内切酶相同，并在识别序列内使某个碱基甲基化，从而封闭酶切位点。此类甲基化酶的命名通常是在限制性内切酶名称的前面加上甲基化酶（methylase）的首字母“M”，例如，*Eco*R Ⅰ的甲基化酶被命名为M.*Eco*R Ⅰ。

2.2.3.1.2 限制性内切酶的分类及其特征

根据性质的不同，限制性内切酶可以分为Ⅰ、Ⅱ和Ⅲ三大类。其中，Ⅱ型限制性内切酶与其所对应的甲基化酶是分离的，不属同一酶分子，而且这类酶的识别切割位点比较专一，因此广泛用于DNA重组。严格来说，Ⅰ型和Ⅲ型酶应该称为限制-修饰酶，因为它们的限制性核酸内切活性及甲基化活性都作为亚基的功能单位包含在同一酶分子中。三类限制性核酸内切酶的主要特征见表2-1。

表2-1 限制性内切酶的类型及其主要特征

主要特征	Ⅰ型酶	Ⅱ型酶	Ⅲ型酶
限制与修饰活性	双功能酶	分开的内切酶和甲基化酶	双功能酶
蛋白质结构	三种不同亚基	单一成分	两种不同亚基
限制作用的辅助因子	ATP、Mg^{2+}、*S*-腺苷甲硫氨酸	Mg^{2+}	ATP、Mg^{2+}、*S*-腺苷甲硫氨酸
识别位点	二分非对称序列	4～8bp短序列，多呈回文结构	5～7bp非对称序列
切割位点	距离识别位点至少1kb，无特异性	在识别位点内部或其附近，有特异性	在识别位点下游24～26bp处，无特异性
甲基化作用位点	特异性识别位点	特异性识别位点	特异性识别位点
识别未甲基化位点进行限制性酶切	能	能	能
限制反应与甲基化反应	相互排斥	相互独立	相互竞争
在基因工程中的作用	无用	十分有用	很少采用

相比Ⅰ型和Ⅲ型酶，Ⅱ型酶不仅具有特异性的识别位点，还具有特定的切割位点。特定的识别和切割能力使其成为DNA重组技术中最常用的工具酶，并被誉为“分子手术刀”。若没有特别说明，通常所说的限制性内切酶就是Ⅱ型酶。

1970年，第一个Ⅱ型限制性内切酶*Hin*dⅢ由Smith等人从流感嗜血杆菌d菌株中分离出来。Ⅱ型酶的限制酶切活性需要Mg^{2+}的存在，修饰酶功能则需要*S*-腺苷甲硫氨酸提供甲基。多数Ⅱ型酶的识别序列的长度为4～8个碱基，以6个碱基最常见，而且绝大多数具有180°旋转对称的回文结构。其显著特征是同一条单链以中心轴对折，两侧的碱基是互补配对的。例如，*Eco*RⅠ的识别序列为5′GAATTC3′，对称轴位于第3（A）与第4个（T）碱基之间；对于由奇数个（如5个）碱基组成的识别序列而言，其对称轴为中间的一个碱基。有少数Ⅱ型酶的识别序列中某一或某两个碱基并非严格专一，即能识别两种以上的序列。例如，*Hin*dⅡ的识别序列为GTPyPuAC，其中Py为C或T，Pu为A或G，因此*Hin*dⅡ有4种不同的识别序列。但这种不专一性并不影响其内切酶和甲基化酶的作用位点，只是增加了DNA分子上的酶识别与作用频率，也为获得多种酶切片段提供了便利。

DNA分子在限制性内切酶的作用下，使DNA链中相邻两个碱基之间的磷酸二酯键断开的位置称为酶切位点。绝大部分Ⅱ型酶的酶切位点位于识别位点内部或两侧。根据限制性内切酶识别序列和酶切位点的特性，可以将内切酶分为同裂酶（isoschizomer）和同尾酶（isocaudamer）。同裂酶是一类来源不同，但具有相同的识别序列，而酶切位点可能相同也可能不同的酶，也称为异源同工酶。如*Bam*HⅠ（5′-G↓GATCC-3′）与*Bst*Ⅰ（5′-G↓GATCC-3′）这类具有相同的识别序列和酶切位点的酶称为同序同切酶；而*Aat*Ⅱ（5′-GACGT↓C-3′）与*Zra*Ⅰ（5′-GAC↓GTC-3′）等酶的识别序列相同，但酶切位点不同，此类称为同序异切酶；有些识别简并序列的限制性内切酶包含了另一种限制性内切酶的功能，如*Apo*Ⅰ（5′-R↓AATTY-3′，R=G或A，Y=C或T）可以识别并酶切4种序列，其包含了*Eco*RⅠ（5′-G↓AATTC-3′）的功能，这种酶称为同功多位酶。

有些来源和识别序列均不同，但酶切后产生相同黏性末端的酶称为同尾酶，如 *Bam*HⅠ（5′-G↓GATCC-3′）、*Bcl*Ⅰ（5′-A↓GATCT-3′）、*Bgl*Ⅱ（5′-T↓GATCT-3′）的识别序列和酶切位点均不同，但产生相同的 5′-GATC 黏性末端，是一组同尾酶。因此，经过同尾酶切割的 DNA 片段能够通过碱基互补配对作用连接起来，此类酶在基因工程中具有重要作用。需要注意的是，由同一对同尾酶分别产生的黏性末端连接形成的新位点称为杂交位点，这种杂交位点一般不能再被原来的任何一种同尾酶识别。但也有个别例外，例如 *Sau*3AⅠ（5′-↓GATCC-3′）和 *Bam*HⅠ同尾酶形成的杂交位点，对 *Sau*3AⅠ仍旧敏感，但却不再是 *Bam*HⅠ的作用靶点。

根据 DNA 被切开后的末端形状不同，Ⅱ型酶又可以分为 5′突出末端酶、3′突出末端酶和平头末端酶三大类（图 2-1）。除平头末端酶外，任何一种Ⅱ型酶切割 DNA 产生的两个突出末端在足够低的温度下均可退火互补，因此这种末端也称为黏性末端，这也是 DNA 分子重组的基础。

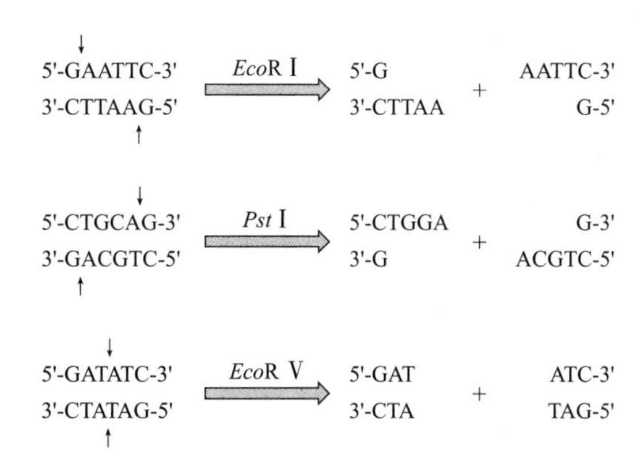

图 2-1　限制性内切酶作用于 DNA 后产生的三种末端

2.2.3.1.3　限制性内切酶切割 DNA 的方法

（1）单酶切

单酶切是指只用一种限制性内切酶切割 DNA，是酶切 DNA 最常用的方法。

（2）双酶切

双酶切是指用两种不同的限制性内切酶切割同一种 DNA 分子，酶切后的 DNA 片段有两种不同的黏性末端。若两种酶的反应缓冲液和反应温度相同，则可以在同一反应体系中进行同步酶切。若两种酶的反应条件不一样，则需要分步酶切，若反应温度不同，则先低温再高温。若反应体系不同，则在第一种酶切割后，通过凝胶电泳回收需要的 DNA 片段，再进行第二种酶的切割。若两种酶对盐浓度要求不一样，且对盐浓度要求不大时，可以考虑选择对价格较贵的酶有利的盐浓度进行同时酶切，并通过提高另一种酶的用量来弥补因盐浓度不适而造成的活性损失。当两种酶对盐浓度的要求差异较大时，则不宜进行同时酶切，可以考虑以下三种方法：①通用缓冲液；②先进行低盐组的酶切，然后对该酶进行加热灭活，再调高盐浓度，对高盐组的酶进行切割；③一种酶切割后，纯化回收 DNA，再进行第二种酶切割，此方法不需考虑酶的先后顺序。

（3）部分酶切

部分酶切是指利用限制性内切酶对 DNA 分子上的部分识别位点进行切割。通常用于构建基因文库或获得一定大小范围的 DNA 片段，可以通过缩短反应时间或降低反应温度来限制酶的活性来实现部分酶切。

2.2.3.2 DNA 连接酶

DNA 连接酶也称 DNA 黏合酶，能够把两条 DNA 黏合成一条，被誉为基因工程的“分子缝合针”。DNA 连接酶是将双链 DNA 片段相邻的 3′-OH 和 5′-磷酸基团共价缩合形成 3′,5′-磷酸二酯键，使原来断开的 DNA 缺口重新连接起来，形成重组 DNA。相对突出末端，对平末端的连接效率较低。

2.2.3.2.1 DNA 连接酶的分类

DNA 连接酶分为两类，一类以 ATP 为辅基，来源于病毒、噬菌体、真核生物的 DNA，以 T4 DNA 连接酶为代表，能连接切口、黏性末端双链 DNA，常规反应条件下能够连接平末端 DNA。另一类是以 NAD^{+} 为辅基，主要来源于细菌，以稳定 DNA 连接酶为代表，常规反应条件下能连接切口、黏性末端双链 DNA。

(1) T4 DNA 连接酶

T4 DNA 连接酶由 T4 噬菌体的基因编码，分子质量约为 60kDa，是应用最广泛的 DNA 连接酶。T4 DNA 连接酶可以催化 DNA-RNA、RNA-RNA 和双链 DNA 黏性末端或平末端的连接反应，与黏性末端 DNA 的亲和力较高，但对平末端的连接效率很低。为了提高连接平末端的效率，一般先对平末端进行酶切，形成黏性末端再进行连接。另外，加入适量的一价阳离子（如 150～200mmol/L 的 NaCl）和低浓度的 PEG（一般为 10%），或者适当提高酶和底物的浓度均可以明显改善平末端的连接效率。

(2) 热稳定 DNA 连接酶

热稳定 DNA 连接酶是从嗜热高温放线菌（*Thermoactinomyces thermophilus*）中分离纯化的，能够在高温下催化两条寡核苷酸探针发生连接作用。在 85℃高温下都具有连接酶的活性，而且在循环多次升温到 94℃之后仍然保持连接酶的活性。因此，该酶在基因克隆实验中具有重要作用。

2.2.3.2.2 黏性末端 DNA 片段的连接

DNA 连接酶在基因工程中的作用就是将外源 DNA 和载体分子相连接，形成重组 DNA 分子。由于具有黏性末端的 DNA 之间的连接效率更高，在 DNA 重组中也比较常用。黏性末端可能是由同种限制性内切酶切割产生，也可能由不同的限制性内切酶切割产生，相互连接的两种 DNA 分子的黏性末端通常是互补配对的，但非互补的黏性末端也能发生连接。

(1) 同一种酶产生的黏性末端的连接

由同一种酶切割产生的黏性末端是相同的，是 DNA 体外连接最简单的末端形式。选用一种对载体 DNA 只有唯一酶切位点的限制性内切酶进行切割，形成全长的具有黏性末端的 DNA 分子，并用同一种酶对外源 DNA 进行切割，形成与载体相同的黏性末端。然后在 DNA 连接酶的作用下，外源 DNA 与载体分子通过末端碱基互补配对发生退火形成重组 DNA 分子。

通过该方法构建的重组 DNA 分子也存在一些缺点：①载体 DNA 的黏性末端也是互补的，在连接反应中，线状的载体 DNA 容易发生自身环化，从而形成空载体，给后续的筛选工作造成不便。为了避免这种情况的发生，在 DNA 连接前，利用碱性磷酸酶预处理线状的载体 DNA 分子，除去载体两末端的 5′磷酸基团。②由于外源 DNA 和载体 DNA 具有相同的黏性末端，导致外源 DNA 片段可以正、反两种方式插入载体 DNA 中，对分子克隆非常不利。

(2) 不同酶产生的黏性末端的连接

利用两种不同的限制性内切酶切割外源 DNA 和载体 DNA，使外源目的基因和载体的两端形成不同的黏性末端，在 DNA 连接酶的作用下，外源 DNA 片段只能以一个固定方向与载体两端的酶切位点连接形成重组 DNA 分子，从而实现基因的定向克隆。

(3) 非互补黏性末端的连接

若限制性内切酶切割外源 DNA 和载体 DNA 形成的黏性末端是非互补的序列，则无法在 DNA 连接酶的作用下退火形成 DNA 重组分子。此时，需要将非互补的黏性末端修饰成平末端，再按平末端的连接方法进行连接。通常将黏性末端修饰成平末端的方法有以下两种：①利用 Klenow 酶将 5′突出末端进行补平；②通过 T4 DNA 聚合酶或单链的 S1 核酸酶将 3′突出末端切平。

(4) 平末端 DNA 片段的连接

DNA 平末端的连接需要通过 T4 DNA 连接酶来实现，但连接平末端的效率非常低，只有黏性末端的 1%～10%。可以通过加大 T4 DNA 连接酶和平末端 DNA 的浓度，选择合适的反应温度（20～25℃），加入低浓度的 PEG 等方法来提高 DNA 平末端之间的反应速率和连接效率。

平末端的连接存在一些缺陷：①连接效率低；②黏性末端的补平或切平常常会破坏限制性内切酶原有的识别序列；③平末端的 DNA 可以正反双向插入载体；④底物浓度较高时，可导致多拷贝插入。

2.2.3.3 DNA 聚合酶

DNA 聚合酶（DNA polymerase）是专门用于生物催化合成 DNA 链的一类酶的统称。根据模板的不同，DNA 聚合酶有以下三类：①依赖 DNA 的 DNA 聚合酶，包括大肠杆菌 DNA 聚合酶Ⅰ、Klenow 酶、T4 DNA 聚合酶、T7 DNA 聚合酶等；②依赖 RNA 的 DNA 聚合酶，如逆转录酶等；③无需模板的 DNA 聚合酶，如末端转移酶等。前两类聚合酶是在 DNA 或 RNA 模板的指导下，以 4 种 dNTP 为底物，在引物 3′-OH 末端加成核苷酸，聚合 DNA 链，是基因工程中最常用的聚合酶。其中大肠杆菌 DNA 聚合酶Ⅰ、Klenow 酶、T4 DNA 聚合酶的聚合能力都比较低，加成核苷酸的数量不到 10 个。而 T7 DNA 聚合酶的聚合能力很强，能够加成高达数百个核苷酸，有利于合成长链的 DNA。末端转移酶（terminal deoxynucleotidyl transferase，TdT）是一种无需模板的 DNA 聚合酶，在 Co^{2+} 存在下，选择双链 DNA 分子的 3′-OH 端为引物加成核苷酸；在 Mg^{2+} 存在下，选择单链 DNA 分子的 3′-OH 端为引物加成核苷酸，形成多聚核苷酸尾。常用于核酸末端的标记和连接核酸的互补多聚尾（连接器）。

2.2.3.3.1 大肠杆菌 DNA 聚合酶

目前，在大肠杆菌中共发现了五种 DNA 聚合酶，按发现的顺序依次命名为 DNA 聚合酶Ⅰ、DNA 聚合酶Ⅱ、DNA 聚合酶Ⅲ、DNA 聚合酶Ⅳ和 DNA 聚合酶Ⅴ。其中，只有 DNA 聚合酶Ⅰ在分子克隆中得到广泛应用。

DNA 聚合酶Ⅰ的生物活性如下：①有 5′→3′ DNA 聚合酶活性，在模板指导下使 DNA 链延长，该活性需要 Mg^{2+} 的存在和足够的 dNTPs。②3′→5′核酸外切酶活性，从游离的 3′-OH 末端降解单链或双链 DNA 成单核苷酸，能够识别并切除错配的碱基，通过这种校对作用保证 DNA 复制的准确性，降低突变率。③5′→3′核酸外切酶活性，在分子克隆中可用于切除引物。这一功能具有三个特征：待切除核酸分子的 5′端必须具有游离的磷酸基团；核苷酸在被切除之前必须是已经配对的；被切除的核苷酸可以是核糖核苷酸，也可以是脱氧核糖核苷酸。以上三种功能在DNA聚合酶Ⅰ中线性分布。

2.2.3.3.2 Klenow酶

Klenow酶也称Klenow片段，是大肠杆菌DNA聚合酶Ⅰ的C端大片段（约占总长的三分之二），最早由Klenow采用枯草杆菌蛋白酶位点特异性裂解的方法从大肠杆菌DNA聚合酶Ⅰ中制备，因此得名。由于Klenow酶含有DNA聚合酶Ⅰ的大部分片段，因此也具有DNA聚合酶Ⅰ的大部分功能，包括5′→3′的DNA聚合酶活性和3′→5′的外切校正功能，但缺少5′→3′外切酶活性。

Klenow酶在DNA分子克隆中的主要用途如下：①利用5′→3′聚合酶活性，催化双链DNA的3′隐蔽末端补平为平末端，用于后续的平端连接。但在反应体系中要有足够的dNTP，否则会表现为外切酶活性。②利用3′→5′外切酶活性，切除DNA的3′突出末端，但这一功能现已被活性更高的T4和T7 DNA聚合酶代替。③以^{32}P同位素标记的脱氧核苷酸为底物，对DNA片段的3′末端进行标记，对3′隐蔽末端的标记效率最高，不能有效标记3′突出的DNA末端。④催化cDNA第二链的合成或定点突变反应第二链的合成，以第一股单链cDNA为模板，以弯曲的短链单股DNA为引物，从引物的5′→3′方向合成。由于Klenow酶不含5′外切酶活性，因此5′末端不会被降解，能合成全长cDNA链。⑤用于Sanger双脱氧法进行DNA测序，能够测定从引物5′位置起长度在250个碱基内的一段DNA序列。

2.2.3.3.3 T4 DNA聚合酶

T4 DNA聚合酶同时具有5′→3′ DNA聚合酶活性和3′→5′ DNA外切酶活性，可以用于补平5′突出末端或削平3′突出末端。T4 DNA聚合酶的3′→5′外切酶活性比Klenow酶高200倍，且3′→5′外切酶活性对单链DNA的活性要高于双链DNA，即单链DNA要比双链DNA中的非配对链部分更容易被该酶消化。

T4 DNA聚合酶还具有取代合成功能。在不存在dNTP时，3′→5′外切酶活性将成为其独特的功能；当反应体系中只含一种dNTP时，其外切酶活性发挥作用，将从双链DNA的3′-OH末端开始降解，直至出现与反应物中唯一的dNTP互补的核苷酸为止，最终产生具有一定长度的3′隐蔽末端。当反应体系中有足够的4种dNTP时，具有一定长度3′隐蔽末端的DNA片段将起到引物模板作用，其聚合作用的速率将超过外切作用，即表现为DNA净合成反应。若在反应体系中加入^{32}P同位素标记的脱氧核苷酸，通过T4 DNA聚合酶的聚合作用，可用^{32}P-dNTP逐渐取代由于外切酶活性降解掉的DNA片段上原有的核苷酸，这种反应称为取代反应。通过取代合成法可以给平末端或具有3′隐蔽末端的DNA片段进行末端标记。

T4 DNA聚合酶在基因工程中的用途主要有：①以填充反应补平或标记限制性内切酶消化DNA后产生的3′隐蔽末端；②以取代反应对带3′突出末端或平末端的双链DNA分子进行末端标记；③利用其3′→5′外切酶活性，以部分消化dsDNA法标记DNA片段作为杂交探针。

2.2.3.3.4 T7 DNA聚合酶

T7 DNA聚合酶来源于T7噬菌体感染的大肠杆菌，具有极高的持续合成能力，能够在引物模板上延伸合成数千个核苷酸，而不从模板上掉下来，是所有已知DNA聚合酶中持续合成能力最强的一个，而且基本不受DNA二级结构的影响，而DNA二级结构会阻碍大肠杆菌DNA聚合酶、T4 DNA聚合酶或逆转录酶的活性。此外，T7 DNA聚合酶还具有很高的单链和双链3′→5′外切酶活性，是Klenow酶的1000倍。T7 DNA聚合酶没有5′→3′核酸外切酶活性。

T7 DNA 聚合酶在基因工程中的主要作用是，利用其超高的持续合成能力，在大分子引物模板上进行延伸反应。此外，和 T4 DNA 聚合酶一样，T7 DNA 聚合酶也可以通过单纯的延伸或取代合成方法对 DNA 的 3′末端进行标记。T7 DNA 聚合酶还可以用于体外诱变中第二链的合成。

通过化学法对天然的 T7 DNA 聚合酶进行修饰，使其完全失去 3′→5′外切酶活性，而保留 5′→3′聚合酶活性，使其在单链模板上的聚合作用的速率增加 3 倍。这种修饰的 T7 DNA 聚合酶，是 Sanger 双脱氧链终止法对长片段 DNA 进行测序的理想酶。

2.2.3.3.5 逆转录酶

逆转录酶也称反转录酶，是以 RNA 为模板，催化合成互补的 DNA（cDNA）单链，进而合成 DNA 第二链。能够实现遗传信息从 RNA 转成 DNA，是研究真核或原核生物目的基因，构建 cDNA 文库等实验不可或缺的酶。

逆转录酶的活性如下：①5′→3′聚合酶活性（需要 Mg^{2+} 存在），即以 RNA 或 DNA 为模板及带有 3′-OH 的 RNA 或 DNA 引物合成 DNA；②5′→3′和 3′→5′ RNA 外切酶活性（RNase H 活性），能够从 5′或 3′端特异性降解 DNA-RNA 杂交链中的 RNA 链，进而保留新合成的 DNA 链。

逆转录酶的主要用途为：①以 mRNA 为模板，合成互补的 DNA，用于构建 cDNA 文库，进行基因克隆等；②对具有 5′端突出的 DNA 片段进行补平和标记，制备杂交探针；③代替 Klenow 酶或测序酶，用于 DNA 测序分析。

目前，商业化的逆转录酶主要来源于禽成髓细胞瘤病毒（avian myeloblastosis virus，AMV）和 Moloney 鼠白血病病毒（Moloney murine leukemia virus，MoMLV）。AMV 逆转录酶具有 5′→3′聚合酶活性和很强的 RNase H 活性，最适温度和 pH 分别为 42℃和 8.3。MoMLV 逆转录酶具有 5′→3′聚合酶活性和很弱的 RNase H 活性，在 42℃会迅速失活，最适 pH 为 7.6。

2.2.3.4 DNA 修饰酶

除了 DNA 切割和连接外，分子克隆实验有时还需要利用各种功能的工具酶对待连接的 DNA 分子进行修饰。常用的修饰酶有末端转移酶、T4 多核苷酸激酶、碱性磷酸酶等。

2.2.3.4.1 末端转移酶

末端转移酶是一种不需要模板的 DNA 聚合酶，在 Mg^{2+} 存在下，可将脱氧核苷酸加到单链或双链 DNA 分子的 3′-OH 末端。但对于平头或 3′凹端的 DNA 底物，则需要 Co^{2+} 激活。末端转移酶在人工黏性末端的构建中具有重要作用。

末端转移酶在分子克隆中的作用有以下四种：①应用同聚物加尾重组 DNA 片段。在合成 cDNA 的反应中，利用末端转移酶在 cDNA 的平末端加接 $(CCCC)_n$，而在质粒载体的 3′-OH 末端加接 $(GGGG)_n$，通过退火反应连接形成重组质粒。②应用适当的 dNTPs 加尾，产生供外源 DNA 片段插入的限制性位点。如用 poly（dT）加尾法合成 *Hin*dⅢ识别位点。③对 DNA 片段的 3′末端进行标记。末端转移酶能够将以 ^{32}P、生物素或荧光素标记的 dNTP 加到 DNA 片段的 3′末端，实现放射性或非放射性标记。④按照模板合成多聚核苷酸同聚物。

2.2.3.4.2 T4 多核苷酸激酶

T4 多核苷酸激酶（T4 polynucleotide kinase，PNK）能够催化 ATP 上的 γ-磷酸基团转移给单链或双链 DNA 或者 RNA 分子的 5′-OH 末端，使脱磷酸化的 5′末端重新磷酸化，且不受分子链长短限制。其在基因工程中的主要作用是对缺乏 5′-P 末端的 DNA 或合成接头进行磷酸化，同时还可以进行标记，为 Maxam-Gilbert 化学法测序、S1 核酸酶分析、制备杂交探针以及其他须使用 5′末端标记 DNA 的操作提供材料。

2.2.3.4.3 碱性磷酸酶

碱性磷酸酶（alkaline phosphatase，ALP 或 AKP）是一种能够将 DNA 或 RNA 片段的 5′-P 末端转变成 5′-OH 末端（去磷酸化）的酶。其在基因工程中主要有以下两方面的用途：①载体分子被限制性内切酶切割后，用碱性磷酸酶去除其 5′末端的磷酸基团，产生的 5′-OH 不再参与连接反应，可防止载体分子的自身环化。②去除 DNA 或 RNA 分子的 5′-P，形成 5′-OH，随后在 ^{32}P-ATP 和 T4 多核苷酸激酶作用下，使 5′端重新磷酸化并带上放射性标记。

2.2.3.5 其他酶

除了以上介绍的四类工具酶，在基因工程中还会用到其他的一些酶，如 S1 核酸酶、Bal 31 核酸酶、核酸外切酶、RNA 酶等。

2.2.3.5.1 S1 核酸酶

S1 核酸酶是一种高度单链特异的核酸内切酶，其在高离子强度（0.1～0.4mol/L NaCl）、低 Zn^{2+} 浓度（1mmol/L）和酸性（最适 pH 值为 4.0～4.5）条件下，可以降解单链 DNA 和 RNA，产生含 5′-P 的单核苷酸或寡核苷酸。双链 DNA、双链 RNA 和 DNA-RNA 杂交分子对 S1 核酸酶具有较大抗性，只有高浓度的 S1 核酸酶才可使其消化。它水解单链 DNA 的速率要比水解双链 DNA 快 75000 倍。

在基因工程中，S1 核酸酶的作用主要有：①切除双链 DNA 突出的单链末端，产生平末端；②切除 cDNA 中的单链发夹结构，产生无发夹结构的 cDNA；③分析 DNA-RNA 杂交分子的结构，确定真核基因组中内含子的位置等。

2.2.3.5.2 Bal 31 核酸酶

Bal 31 核酸酶具有高度特异的单链内切酶活性，当底物为单链 DNA 分子时，可从 3′-OH 端迅速降解 DNA。当底物为双链环状 DNA 分子时，Bal 31 核酸酶利用其单链特异的内切酶活性，可以对单链缺口或超螺旋卷曲瞬间出现的单链区域进行降解，将超螺旋的 DNA 切割成开环结构，进而成为线状双链 DNA 分子。Bal 31 核酸酶也具有双链特异的核酸外切酶活性，对于线状双链 DNA 分子，该酶具有 5′→3′和 3′→5′的外切酶活性，可从双链 DNA 两头的 3′和 5′端开始同时水解两条链，对两条链的水解速度不一定相等，反应结果是双链从两头缩短，但多半留有单链末端，彻底水解产物为 5′-单核苷酸。此外，Bal 31 核酸酶还具有核糖酶作用，催化核糖体和 tRNA 的降解，但它不具有双链特异的核酸外切酶活性。Bal 31 核酸酶活性的发挥需要有 Ca^{2+} 和 Mg^{2+} 的存在，在反应体系中加入金属离子螯合剂 EGTA [ethylene glycol bis(2-aminoethyl)tetraacetic acid，乙二醇双（2-氨基乙基醚）四乙酸] 可终止反应。

Bal 31 核酸酶在分子克隆中的主要用途有：①绘制 DNA 分子的限制性内切酶图谱；②用于不同长度的删除突变克隆实验及基因结构、机能分析；③研究超螺旋 DNA 分子的二级结构，改变诱变剂导致的双链 DNA 螺旋结构。

2.2.3.5.3 核酸外切酶

核酸外切酶是一类能从 DNA 或 RNA 链的一端开始按顺序催化水解 3′,5′-磷酸二酯键，产生单核苷酸的核酸酶。只作用于 DNA 的核酸外切酶称为脱氧核糖核酸外切酶，只作用于 RNA 的核酸外切酶称为核糖核酸外切酶。从 3′端开始水解核苷酸时，称为 3′→5′核酸外切酶，水解产物为 5′核苷酸；从 5′端开始水解核苷酸时，称为 5′→3′核酸外切酶，水解产物为 3′核苷酸。

核酸外切酶按其作用特性的差异，可以分为单链的核酸外切酶和双链的核酸外切酶。单链的核酸外切酶有大肠杆菌核酸外切酶Ⅰ（Exo Ⅰ）和 Exo Ⅶ等。Exo Ⅶ只切割末端有单链突出的 DNA 分子，能够从单链 DNA 的 5′末端或 3′末端降解 DNA 分子，是唯一不需要 Mg^{2+} 的活性酶，是一种耐受性很强的核酸酶。Exo Ⅶ可以用来测定基因组 DNA 中一些特殊间隔序列和编码序列的位置。

双链的核酸外切酶包括 Exo Ⅲ、λ 噬菌体核酸外切酶（λ Exo）、T7 核酸外切酶等。其中，Exo Ⅲ的主要活性是催化双链 DNA 按 3′→5′的方向从 3′-OH 末端释放 5′-单核苷酸，产生单链 DNA 片段。经过 Exo Ⅲ酶切的 DNA 分子再使用 Klenow 酶处理，同时加入带同位素的核苷酸，即可制备特异性的放射性探针。λ Exo 能催化双链 DNA 分子从 5′-P 末端逐步水解，释放出 5′-单核苷酸，但不能降解 5′-OH 末端。λ Exo 主要用于将双链 DNA 转变成单链 DNA，供双脱氧法进行 DNA 序列分析；还能用于从双链 DNA 中去除 5′突出末端，供末端转移酶进行加尾。T7 核酸外切酶能沿双链 DNA 的 5′→3′方向催化去除 5′-单核苷酸，它既能从 5′末端起始消化，也能从双链 DNA 的切刻或缺口处起始消化。T7 核酸外切酶的活性比 λ Exo 低，主要用于从 5′端开始的有控降解。

2.2.3.5.4 RNA 酶

RNA 酶（ribonuclease，RNase）是一类生物活性非常稳定的耐热性核酸酶，能高效水解 RNA 的磷酸二酯键，降解 RNA。不同 RNase 的催化专一性不同。

RNase A 是核糖核酸内切酶，可特异地攻击 RNA 上嘧啶（C 和 U）残基的 3′端，切割 3′,5′-磷酸二酯键，形成具有 2′,3′-环磷酸衍生物的寡核苷酸。在分子克隆中，RNase A 可用于去除 DNA 样品中污染的 RNA。

RNase H 也是一种内切酶，能特异性催化水解 DNA-RNA 杂合体中的 RNA 磷酸二酯键。该酶不能水解单链或双链 DNA，在基因工程中主要用于 cDNA 克隆合成第二链之前除去 RNA。

2.2.4 DNA 的合成

DNA 的合成在基因组学和现代分子生物学中具有重要地位。PCR 技术和酶切手段只局限于已有的 DNA 片段，而 DNA 的从头合成则可以通过寡核苷酸（oligo）的拼接获得人工设计的特定 DNA 片段。目前寡核苷酸的合成方法可分为成熟并商业化的柱式寡核苷酸合成、高通量的芯片 DNA 合成和处于研究阶段的酶促 DNA 生物合成。此外，由于目前技术的限制，合成的 DNA 片段长度有限，需要进一步将各片段进行拼接以形成目的基因。下面主要介绍柱式寡核苷酸合成法及 DNA 拼接技术。

2.2.4.1 柱式寡核苷酸合成

目前，基于亚磷酰胺的 DNA 合成法包括以下 4 个步骤：①去保护，待合成体系中加入三氯乙酸以去除连接在固相载体上核苷酸 5′-OH 端的二甲氧基三苯甲基（DMT）保护基团，从而获得游离的 5′-OH 端，以便下一轮碱基（dA、dC、dG 和 dT）添加；②偶联，3′端的亚磷酰胺单体与四氮唑活化剂混合形成亚磷酰胺四唑活性中间体，并在序列中与先前连接在固相载体上未保护的 5′-OH 发生偶联反应，形成亚磷酸三酯，使合成序列链向前延长一个碱基；③加帽，任何未与亚磷酰胺单体发生反应的 5′-OH 通过乙酸酐酰基化（乙酰化）反应被封闭，此外在第二步偶联反应中所有未向前延长一个碱基的序列在后续的合成反应中将是惰性的，始终维持其长度不变，以防止进一步的链延伸所造成的单碱基缺失；④氧化，采用碘的四氢呋喃溶液将不稳定的、易被酸或碱水解的亚磷酸酯键转化为稳定的五价磷酸酯键，进入下一个反应循环，一个循环生成一个新的核苷酸（图 2-2）。经过上述 4 个步骤的不断循环反应，即可得到特定长度的 DNA 片段。此后对所合成的 DNA 片段用浓氨水等试剂进行切割，使其从固相载体上脱落下来，同时脱去碱基上的保护基团，最后经过纯化得到目的长度的 DNA 序列。

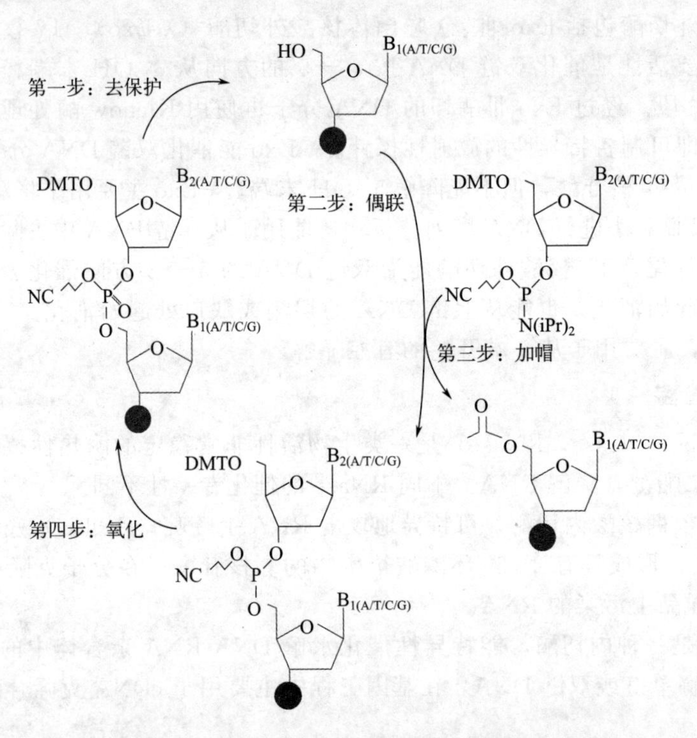

图 2-2 固相亚磷酰胺法从头合成寡聚核苷酸链的 4 步反应

柱式寡核苷酸合成法是目前合成寡核苷酸的主流方法，能够方便、灵活地用于合成任意寡核苷酸片段，满足一般实验的要求。但链的不断延长会降低反应效率、合成纯度以及产率，目前该方法合成的寡核苷酸长度一般不超过 200 个核苷酸（nt）。

2.2.4.2 DNA 拼接技术

目前，化学合成寡核苷酸片段的能力局限在 200nt 以内，当目的基因长度超过这个范围时，就需要将目的基因进行分段合成，然后通过体外或体内拼接技术将短序列连接成长链目的 DNA 序列。

DNA 体外拼接是指在生物体外利用基因工程酶将两个及两个以上的 DNA 短序列拼接成长片段的过程。根据其拼接原理可以分为：基于寡核苷酸链的拼接方法、基于限制性内切酶和连接酶的拼接方法、基于重叠序列和聚合酶延伸的拼接方法、基于核酸外切酶活性的拼接方法等。在此简要介绍其中的两种方法。

① 聚合酶链式拼接（polymerase chain assembly，PCA）是一种基于 PCR 原理的寡核

苷酸链的拼接方法，可实现单链寡核苷酸甚至几百至几千个碱基对的双链DNA的拼接。其基本原理如下：部分重叠、等物质的量的寡核苷酸片段彼此互为引物互为模板，在嗜热性DNA聚合酶的作用下，通过退火、延伸变成更长一些的双链DNA；然后，再通过与其他寡核苷酸片段或延伸产物之间的变性、退火和延伸的循环，逐步实现寡核苷酸片段的拼接。PCA法中参与拼接的寡核苷酸片段不需要磷酸化，且允许寡核苷酸片段有间隔，因此该方法的合成费用较低而得到广泛使用。

② Gibson等温一步拼接法是一种基于核酸外切酶活性的拼接方法，其原理是利用T5核酸外切酶的5′→3′外切酶活性，使DNA片段双链中的一条链的5′末端被酶切掉，从而暴露出互补黏性末端，然后两DNA片段的单链处通过碱基互补，形成具有缺口的长DNA片段，最后利用Phusion DNA聚合酶和*Taq* DNA连接酶将缺口补齐，获得完整的目的基因片段。

大多数体外拼接法存在拼接效率低的缺点，因此，往往要结合基因克隆技术，将体外拼接获得的目的片段插入能够承受巨大DNA片段的载体中，如细菌人工染色体或酵母人工染色体，然后转化到受体细胞中，以获得稳定的、高拷贝量的目的基因。常用的体内拼接方法有枯草芽孢杆菌体内同源重组拼接法和酵母体内同源重组拼接法。①枯草芽孢杆菌体内同源重组拼接法不仅适用于PCR扩增产物之间的组装，也适用于限制性内切酶酶切片段之间的拼接。该方法可以通过多个DNA片段之间的重叠序列依次将它们按一定的顺序克隆到枯草芽孢杆菌基因组载体中，从而获得几十至几百个碱基对的目的DNA。这种方法的应用范围较广，但反应需逐步完成，不能同时实现多个DNA片段的组装。②酵母体内同源重组拼接法是一种利用酵母细胞内高效的同源重组系统来实现多个互相存在同源序列的DNA片段的组装的方法，该方法在合成超长的DNA（如细菌基因组）时具有很大的优势。

2.2.5 PCR技术

PCR是一种用于快速、大量扩增特定DNA片段的分子生物学技术，可以看作是DNA分子的体外复制，其基本原理见本章“2.2.2.4 PCR扩增法”。随着分子生物学技术的不断发展，科学家们对经典PCR技术做了大量改进，开发了多种新型的PCR技术，以满足各种试验需要。

2.2.5.1 多重PCR技术

多重PCR（multiplex PCR，mPCR）也称复合PCR。其基本原理为：在同一PCR体系中加入两对及两对以上引物，能够同时扩增出多个目的核酸片段，其反应原理、反应试剂及操作过程与一般PCR相同。

2.2.5.2 巢式PCR技术

巢式PCR（nested PCR）是一种变异的PCR，该方法使用两对引物扩增完整的目的片段。第一对引物扩增片段和普通PCR相似。第二对引物称为巢式引物，结合在第一次PCR产物内部，使得第二次PCR扩增片段短于第一次扩增的。巢式PCR的优点在于：如果第一次扩增产生了错误片段，则第二次能在错误片段上进行引物配对并扩增的概率极低。因此，巢式PCR的扩增特异性极高。该技术对单拷贝靶DNA的扩增效率极高。

2.2.5.3 标记PCR技术

标记PCR（labeled primers PCR）也称彩色PCR，是指用同位素、荧光素等对引物5′末端标记后而进行的PCR。在PCR底物中，将一种dNTP换成标记物标记的dNTP，这样标记的dNTP就在PCR时掺到新合成的DNA链上，其扩增产物会带有不同颜色。与常规

PCR相比，标记PCR不仅更为直观，而且省去了酶切、分子杂交等繁琐步骤，一次性可同时分析多种基因。

2.2.5.4 热启动PCR技术

热启动PCR是指使 *Taq* DNA聚合酶只在样品温度至少超过70℃时才发挥作用的PCR，可提高反应的特异性，是一种改良的PCR技术。*Taq* DNA聚合酶通常在比适宜温度低得多的条件下仍有较强的活性。PCR的最初加热过程中，样品温度上升到70℃之前，在较低的温度下引物可能与部分单链模板形成非特异性结合，并在 *Taq* DNA聚合酶的作用下延伸，导致非靶序列的扩增，影响反应的特异性。热启动PCR的基本方法是：在进行PCR之前，在样品加热时，先不加 *Taq* DNA聚合酶、dNTP、引物、镁离子等试剂，待温度升至70℃以上时，再加入上述试剂，开始PCR。热启动可减少非特异性序列的扩增和引物二聚体的形成，从而提高目标产物的扩增效率，同时抑制非特异性扩增。

2.2.5.5 定量PCR技术

定量PCR（quantitative PCR，Q-PCR）也称实时荧光定量PCR（quantitative real-time PCR)，是一种在DNA扩增反应中，以荧光化学物质测每次PCR循环后产物总量的方法。通过内参或外参法对待测样品中的特定DNA序列（模板）进行定量分析。Real-time PCR是在PCR扩增过程中，通过荧光信号对PCR进程进行实时监测。定量的依据为：在PCR扩增的指数时期，模板的Ct值（荧光信号达到设定阈值时的循环次数）和该模板的起始拷贝数存在线性关系。但是，PCR反应前的DNA模板提取率的差异以及PCR过程中任何成分的细微变化均能导致最终结果的巨大差异。荧光探针（TaqMan）法和荧光染料（SYBR GreenⅠ）法是两种常用的Real-time PCR方法。

2.2.6 DNA的长度测定与测序技术

基因测序技术（gene sequencing technology）也称为DNA测序技术，是确定目的DNA片段碱基排列顺序的技术，获得目的DNA的碱基序列是进一步进行分子生物学研究和基因改造的基础。例如，在基因工程中，可以通过基因测序技术来确定化学法合成的目的基因是否正确及导入宿主细胞的载体中是否含目的基因，这是确定目的蛋白在宿主中表达的基础。

基因测序技术从第一代Sanger测序发展到第四代纳米孔测序。其中，第一、二代测序技术需要通过PCR来获得大量靶标DNA分子，再进行测序，样品需要量较大。第三、四代技术基于DNA单分子测序，样品需要量较少。

第一代基因测序，是以1977年Sanger发明的双脱氧链终止法为代表。该方法采用了双脱氧核苷酸（ddNTP）与脱氧核苷酸（dNTP）共同参与DNA复制的过程，ddNTP没有3′-OH，且DNA聚合酶对其没有排斥性。当添加放射性同位素标记的引物时，在聚合酶作用下ddNTP被合成到链上，但其后的核苷酸无法连接，合成反应也随之终止。后续通过凝胶电泳对大小不同的DNA片段进行分离，放射自显影后，便可根据片段大小排序及相应泳道的末端核苷酸信息读出整个片段的序列信息。虽然Sanger法存在自动化程度低、测序成本高、单次测序长度有限（700～1000个碱基）等缺点，但由于该方法准确率极高，被认定为测序技术的金标准，目前仍被广泛使用。

第二代基因测序（next generation sequencing，NGS）也称为高通量测序（high-throughput sequencing，HTS)，可同时对几十万到几百万条DNA分子的序列进行测定。虽然NGS具有高通量、低成本、自动化程度高等优点，但该技术需要将基因片段化，获得单条序列长度很短，想要得到准确的基因序列信息依赖于较高的测序覆盖度和准确的序列拼接技术，可导致最终得到的结果存在一定的错误信息。目前，该技术主要用于全基因组测序、全外显子测序和靶向区域测序。

第三代基因测序技术是在单分子和单细胞水平上对基因组进行测序的技术。测序速度快，每秒读取碱基数可达 10 个，其理论读长可达 10kb，甚至可以无限长。第三代测序技术无需进行 PCR 扩增，避免 PCR 过程所带来的碱基互补配对错误，检测精度明显提高。适用于测序要求高的全基因组测序、甲基化研究、RNA 测序和基因的重复序列（例如 poly A 尾）研究等。但该方法成本高，通量及准确性相对低，目前多应用于科研领域。

第四代基因测序也称纳米孔测序（nanopore sequencing），是近几年兴起的新一代测序技术，该技术不需要对 DNA 进行生物或化学处理，而是基于电信号原理进行测序。第四代测序技术是结合了单分子检测和电子传导检测的测序方法，摆脱了洗脱过程、PCR 扩增过程。

2.2.7 基因组与宏基因组学

1984 年，英国遗传学家杰弗里斯发明了基因指纹技术，可以利用人的头发、血液和精子等来进行身份鉴定，人类基因组测序从此开始。1985 年，美国科学家率先提出人类基因组计划，其目的是破译人类全部遗传信息。基因组学是伴随人类基因组计划提出来的，是研究生物基因组的组成，组内各基因的精确结构、相互关系及表达调控的科学。随着基因组学的不断发展，基因组学的分支也越来越多，如功能基因组学、结构基因组学、生态基因组学、宏基因组学等等。

微生物是地球上分布最广的生物，它们遍布于环境与人体的内外表面，微生物与人类的生命健康息息相关。测定微生物的基因组序列对研究其与人类疾病与健康的关系具有重要意义。1998 年，Handelsman 首次提出了宏基因组（metagenome）的概念，认为应该针对环境样品中细菌和真菌的基因组总和进行研究。宏基因组学（metagenomics）是将环境中全部微生物的遗传信息看作一个整体，从环境样品中提取全部微生物的 DNA，构建宏基因组文库，利用基因组学的研究策略来研究微生物与自然环境及生物体之间的关系。

在食品工业中，利用宏基因组学技术分析食品所处环境的微生物种类，有助于提高食品品质。例如，利用宏基因组学技术分析动植物携带的微生物差异，从而选择更有针对性的消毒方法，预防疾病的发生。

2.3 基因工程中 RNA 相关概述

2.3.1 mRNA、tRNA 与 rRNA

核糖核酸（ribose nucleic acid，RNA）是存在于生物细胞以及部分病毒、类病毒中的遗传信息载体。RNA 是由核糖核苷酸经磷酸二酯键缩合而成的长链状分子。一个核糖核苷酸分子由磷酸、核糖和碱基构成。RNA 的碱基主要有 4 种，即腺嘌呤（A）、鸟嘌呤（G）、胞嘧啶（C）和尿嘧啶（U），其中 U 取代了 DNA 中的 T。另外，还有几十种稀有碱基。RNA 通常是单链，其碱基组成不像 DNA 那样具有严格的 A-T 和 G-C 的规律。对于双链 RNA，其碱基除了 A-U、G-C 配对外，G-U 也可以配对。

无论是动物、植物还是微生物，细胞内都含有三种主要的 RNA：信使 RNA（messenger RNA，mRNA）、转运 RNA（transfer RNA，tRNA）和核糖体 RNA（ribosome RNA，rRNA）。

2.3.1.1 mRNA

mRNA 的生物功能就是把 DNA 上的遗传信息精确无误地转录下来，然后再由 mRNA 的碱基序列决定蛋白质的氨基酸序列，完成基因表达过程中的遗传信息传递过程。在真核生物中，转录形成的前体 RNA 中含有大量非编码序列，大约只有 25%序列经加工成为 mRNA，最后翻译为蛋白质。在绝大部分真核生物 mRNA 的 3′末端有一段长度为 18～200 个单一腺苷酸残基的多聚腺苷酸（polyA）尾，polyA 尾是转录后逐个加上去的。而原核生物的 mRNA 一般无 polyA 尾。polyA 尾在真核生物 mRNA 转录后调控中具有重要功能，是决定 mRNA 的稳定性和翻译的重要元件。另外，真核生物 mRNA 的 5′末端的鸟嘌呤 *N*7 被甲基化，称为 5′加帽（cap），该结构具有抗核酸酶水解的作用，也与蛋白质的起始合成有关。

2.3.1.2 tRNA

tRNA 的生物功能是在蛋白质生物合成过程中把氨基酸搬运到核糖体上，tRNA 能根据 mRNA 的遗传密码依次准确地将它携带的氨基酸连接起来形成多肽链。由于遗传密码有简并性，每种氨基酸都有与其相对应的 1 种或多种 tRNA，已知的 tRNA 有 40 多种。

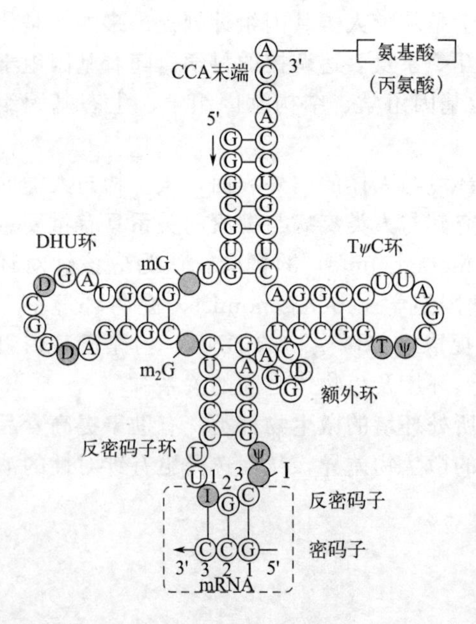

图 2-3 tRNA 的三叶草形二级结构

tRNA 是分子量最小的 RNA，由 70～90 个核苷酸组成，分子量平均约为 27000（25000～30000），沉降系数在 4S 左右。含有较多的稀有碱基，稀有碱基中除了假尿嘧啶核苷与次黄嘌呤核苷外，主要是甲基化的嘌呤和嘧啶，这类碱基通常是在转录后经过特殊修饰形成的。

tRNA 能折叠形成三叶草形的二级结构（图 2-3），由氨基酸臂、二氢尿嘧啶环（DHU 环）、反密码子环、额外环和 TΨC 环等五部分组成。

2.3.1.3 rRNA

rRNA 是一种非编码 RNA，一般与核糖体蛋白结合在一起形成核糖体，在蛋白质合成中发挥关键作用，为所有细胞生物所共有。原核生物核糖体中有三种 RNA：5S rRNA、16S rRNA 和 23S rRNA。真核生物核糖体中有四种 rRNA：5S rRNA、5.8S rRNA、18S rRNA 和 28S rRNA。其中，5S rRNA 也具有类似三叶草形的结构，其他 rRNA 也是由部分双螺旋结构和部分突环相间排列组成的。此外，植物和真核藻类中的叶绿体基因组和线粒体基因组中通常含有 16S rRNA 和 23S rRNA。由于 rRNA 基因在物种进化中具有高度保守性，且几乎不发生水平基因转移，所以 rRNA 是推断原核生物和真核生物的系统发育关系的重要分子标记。

2.3.2 RT-PCR 技术

反转录 PCR（reverse transcription PCR，RT-PCR）也称逆转录 PCR，是一种以 mRNA 为模板，在反转录酶作用下合成 cDNA 第一链的 PCR 技术。其反应原理为：提取组织或细胞中的总 RNA，以其中的 mRNA 作为模板，在单引物的介导和反转录酶的催化下合成 RNA 的互补链 cDNA。再以合成的 cDNA 为模板进行 PCR 扩增，从而达到获得目的基因或检测基因表达的目的。

RT-PCR 能够使 RNA 的检测灵敏性提高几个数量级，使一些极为微量 RNA 样品分析成为可能。因此，RT-PCR 技术得到广泛应用：分析基因的转录产物、获取目的基因、合成 cDNA 探针、构建 RNA 高效转录系统等。可用于检测细胞/组织中基因表达水平、细胞中 RNA 病毒载量的评估等。

2.3.3 RNA 干扰

2.3.3.1 RNA 干扰的定义与发现

RNA 干扰（RNA interference，RNAi）是指由外源性或内源性双链 RNA（double-stranded RNA，dsRNA）介导的目的基因 mRNA 序列特异性降解，导致靶标基因沉默或表达量下调的现象。1998 年，美国科学家 Andrew Fire 和 Craig Mello 率先在秀丽隐杆线虫（*Caenorhabditis. elegans*）中发现，将 dsRNA 的正义链和反义链的混合物注入线虫，结果诱发了比单独注射正义链或反义链都要强得多的基因沉默。随后，在真菌、果蝇、拟南芥、斑马鱼等生物中也发现存在 RNAi 现象，证明 RNAi 是一种广泛存在于生物界中高度保守的机制。

2.3.3.2 RNA 干扰的作用机理

RNAi 的作用过程分为起始、效应和扩增 3 个阶段。

2.3.3.2.1 起始阶段

dsRNA 在细胞质内被核酸内切酶 Dicer 特异识别并剪切成具有特定长度（21～23bp）和结构的双链小干扰 RNA（small interference RNA，siRNA）。

2.3.3.2.2 效应阶段

siRNA 在细胞内 RNA 解旋酶的作用下解链成正义链和反义链，反义 siRNA 链再与体内的一些酶（包括内切酶、外切酶、解旋酶等）结合形成 RNA 诱导的沉默复合物（RNA-induced silencing complex，RISC）；RISC 中的反义 siRNA 链按碱基互补的原则与靶标 mRNA 进行互补配对结合，并引导 RISC 中的核酸酶对结合的 mRNA 进行切割，切割位点发生在与反义 siRNA 链互补结合的 mRNA 区，距离反义 siRNA 5′末端 10～12bp 处；mRNA 被切割后降解，基因表达也因此受到抑制。

2.3.3.2.3 扩增阶段

siRNA 作为引物与 mRNA 结合，在依赖于 RNA 的 RNA 聚合酶（RNA-dependent RNA polymerase，RdRP）作用下合成更多新的 dsRNA，然后重复起始阶段和效应阶段，进一步放大 RNAi 的作用，最终将靶标 mRNA 完全降解。

2.3.3.3 RNA 干扰技术的应用

RNA 干扰（RNAi）作为一种新兴的基因阻断技术，可以简便、特异、高效地阻断或下调特定基因的表达，在基因功能、生物遗传改良等领域得到广泛的应用。

2.3.3.3.1 在基因功能研究方面的应用

与传统的基因功能研究方法相比，RNAi 能特异高效抑制目的基因表达，使基因功能丧失，为基因功能的研究提供了一个高效、便捷的平台。例如，利用 RNA 干扰技术使茄科植物中的丝氨酸蛋白酶抑制剂（PIN2）基因的表达受阻，结果种子的形成受到影响。通过细胞学和分子生物学分析表明，该基因表达降低导致种子的内表皮发育异常，最终造成种子败育。因此证明，PIN2 基因与内表皮的发育有关。

2.3.3.3.2 在生物遗传改良方面的应用

RNAi 技术已在小麦、玉米、番茄等农作物及其他植物的遗传改良中得到应用，包括提高抗病、抗逆能力及改良农产品的品质性状等方面。在植物改良方面，与传统的育种方式相比，RNAi 技术不仅可以缩短育种周期，而且可以特定地改变农产品的某种品质，从而满足人们的特定需求。例如，番茄是类胡萝卜素和黄酮类化合物的主要食物来源，利用 RNAi 技术，特异性抑制番茄内源性光形态建成调节基因 *DET1* 的表达，可以提高类胡萝卜素和黄酮类化合物的含量。

害虫对农业生产造成巨大的损失，是制约农业生产持续稳定发展的重要因素之一，生物防治作为高效、无污染的方法逐渐成为理想的防治手段。RNAi 作为生物体的一种防御外源基因导入或病毒入侵的机制，在提高动植物抗病方面具有先天优势。例如，马铃薯 Y 病毒（PVY）主要感染马铃薯、番茄等作物，感染后产量会减少一半左右。研究表明，*eIF4E* 基因参与植物病毒互作，影响病毒在寄主中的复制和侵染过程。通过 RNAi 调控番茄 *eIF4E* 基因的表达后，番茄对 PVY 具有较好的抗性。此外，RNAi 技术也用于防治昆虫、真菌对作物的危害。

2.3.4 mRNA 展示技术

mRNA 展示技术又称 mRNA-蛋白质融合体展示技术，是一种新兴的体外多肽和蛋白质筛选技术，可以运用于生物分子配体的发现和相互作用的分析。在筛选过程中，mRNA 与其编码的多肽或蛋白质共价结合，形成 mRNA-蛋白质融合体，能在大容量的多肽文库（1013～1015）中筛选具有特定生物学功能的多肽和蛋白质。目前，mRNA 展示技术主要应用于各种靶分子的多肽和蛋白质配体的发现以及蛋白质相互作用机制的阐明和分析。

2.3.5 转录组学

2.3.5.1 转录组学的概念

转录组（transcriptome）一词源于转录物（transcript）和基因组（genome）的整合，广义上指某个物种或特定的组织、细胞在某一生理条件下的全部转录物，包括编码蛋白质的 mRNA 和各种非编码 RNA，如 rRNA、tRNA、microRNA 等。狭义的转录组是指细胞中参与翻译蛋白质的所有 mRNA 的总和。

与相对稳定的基因组相比，转录组最大的特点是具有特定的时间性和空间性，同一细胞在不同的生长时期及生长环境下，其基因转录表达水平是存在差异的。转录组学（transcriptomics）是一门在整体水平上研究特定细胞、组织或器官在特定生长发育阶段或某种生理状况下的基因转录情况及转录调控规律的学科。转录组学是从 RNA 水平研究基因表达的情况，是基因功能研究的重要部分，它连接基因组与蛋白质组，其主要内容为大规模基因表达谱分析和功能注释。

2.3.5.2 转录组学的技术平台

根据转录组学技术原理的不同，可以将其分为以下四类：①基于杂交技术的基因微阵列芯片技术，如cDNA芯片和寡聚核苷酸芯片；②基于标签技术的基因表达系列分析（serial analysis of gene expression，SAGE）技术和大规模平行信号测序（massively parallel signature sequencing，MPSS）技术；③以测序为基础的高通量RNA测序（RNA sequencing，RNA-Seq）技术；④以PCR扩增为基础的cDNA扩增片段长度多态性（cDNA amplified fragment length polymorphism，cDNA-AFLP）技术。各技术的主要特点的对比情况见表2-2。

表2-2 不同转录组学技术平台的比较

技术	微阵列技术	SAGE/MPSS	RNA-Seq	cDNA-AFLP
原理	核酸杂交	Sanger测序	高通量测序	PCR扩增
分辨率	数个～100bp	单碱基	单碱基	4bp,6bp
信号	荧光模拟信号	数字化信号	数字化信号	荧光模拟信号
通量	高	低	高	低
周期	长	长	短	长
RNA样本量	多	多	少	少
基因表达定量范围	几十到几百倍	不适用	>8000倍	不适用
分析成本	高	高	低	低
背景噪声	高	低	低	低
是否依赖现有基因组测序	是	否	否	否
发现未知转录区的能力	有限	能	能	能
确定剪接位点的能力	有限	能	能	能

2.4 基因工程操作详解

2.4.1 工具酶与基因载体

在基因工程中，首先必须从供体生物中获取目的DNA片段（需要限制性内切酶），或人工合成目的DNA片段（涉及DNA聚合酶），然后将目的DNA片段直接连接起来或经过适当修饰后再连接起来（需要DNA连接酶和DNA修饰酶），构成重组DNA分子。同时需要用限制性核酸内切酶打开载体（如质粒载体、噬菌体载体、病毒载体等）DNA分子，利用DNA连接酶将重组DNA分子与载体分子连接起来，构成重组载体。正是由于各种工具酶和载体的发现和应用，才能实现在体外对目的DNA进行分离、合成、修饰、连接等，构建重组载体，为基因工程的操作提供了技术基础。

2.4.1.1 工具酶

基因工程涉及许多工具酶，如限制性内切酶、DNA连接酶、DNA聚合酶、Klenow酶、逆转录酶、多聚核苷酸激酶、末端转移酶、碱性磷酸酶等，如表2-3所示，各种酶的详细特性与功能见本章“2.2.3　DNA操作中的工具酶”。

表 2-3　基因工程中常用的工具酶及其功能

工具酶	功能
限制性内切酶	识别特异性序列，切割 DNA，获得目的 DNA
DNA 连接酶	催化双链 DNA 中相邻的 3′-OH 和 5′-磷酸基团共价缩合形成 3′，5′-磷酸二酯键，使 DNA 缺口封合或将两个 DNA 片段连接起来，形成重组 DNA
DNA 聚合酶	具有 5′→3′聚合、5′→3′或 3′→5′外切活性，用于合成双链 cDNA 分子或片段连接；缺口平移法制作高比活性探针；DNA 序列分析；填补 3′末端
Klenow 酶	具有完整 DNA 聚合酶Ⅰ的 5′→3′聚合及 3′→5′外切活性，但缺乏 5′→3′外切活性。常用于 cDNA 第二链的合成、双链 DNA 的 3′-端标记等
逆转录酶	以 RNA 为模板的 DNA 聚合酶，用于合成 cDNA，也可用于替代 DNA 聚合酶Ⅰ进行缺口填补、标记或 DNA 序列分析等
多聚核苷酸激酶	催化多聚核苷酸 5′-磷酸基团末端磷酸化或标记探针等
末端转移酶	在 3′-OH 末端进行同质多聚物加尾
碱性磷酸酶	切除 5′末端的磷酸基团

2.4.1.2　基因载体

待克隆的外源基因一般缺乏 DNA 复制和导入受体细胞的能力，不能在受体细胞内表达。要实现外源基因的导入、复制和表达，必须依赖合适的载体。基因载体本身是 DNA，根据载体的来源，可以分为质粒载体、噬菌体载体、病毒载体、非病毒载体、微环 DNA；根据载体的用途，分为克隆载体、表达载体。常用的载体有质粒载体、噬菌体载体及其衍生的柯斯质粒载体、噬菌粒载体、病毒载体和人工染色体载体等。

虽然天然的质粒可以发挥基因载体的作用，但通常存在分子量较大、拷贝数较低、抗性标记位点单一等不足。因此，目前常用的质粒载体是在天然质粒基础上进行人工改造的，具有分子量低、拷贝数高、标记选择多等特点，是带有不同插入位点的易于操作的基因工程载体。

2.4.1.2.1　质粒载体必须具备以下基本特征

(1) 自主复制性

质粒载体的自主复制性是由载体上特定的复制起始区域控制，保证载体及其携带的外源基因在宿主细胞的传代和细胞增殖过程中稳定存在。

(2) 多克隆位点

多克隆位点是载体上的一段人工合成的序列，含多个单一限制性内切酶识别位点，为外源基因提供多种插入位置和方案。

(3) 遗传标记基因

在基因工程载体中通常会插入一种或多种遗传标记基因，即筛选转化子，如抗生素抗性基因、β-半乳糖苷酶基因、荧光素酶标记基因、标签基因等，其作用是筛选成功导入载体的宿主细胞、鉴定基因启动子的活性水平、方便分离纯化目的蛋白等。

(4) 启动子

启动子是 RNA 聚合酶起始转录的结合位点，一种质粒通常含有多种不同功能的启动子，使标记基因、外源基因等不同基因得到有效表达。

(5) 分子量较小

分子量较小的质粒容易从细胞中分离纯化，便于离体条件下操作，有利于插入更大的外源 DNA 片段，也更容易进入宿主细胞。常用的基因工程载体的大小在 4～6kb，一般不要超过 10kb，超过 20kb 则很难进入受体细胞。通常还有较高的拷贝数，便于质粒的提取制备。

2.4.1.2.2　质粒载体通常具备的基因

（1）抗性筛选基因

大部分质粒载体都有抗生素抗性标记，包括氨苄西林抗性、卡那霉素抗性、新霉素抗性、链霉素抗性、氯霉素抗性、四环素抗性等。抗生素抗性筛选的原理是：带有某种抗生素抗性基因的载体进入受体菌后，受体菌能在含该抗生素的选择培养基中生长，而不带该抗生素抗性基因的细菌则不能在该培养基中生长。

（2）营养缺陷型筛选基因

营养缺陷型筛选标记多用于酵母细胞转化子的筛选，该筛选系统需要配合营养缺陷型酵母细胞株，在缺少特定营养成分的条件培养基下使用。这类标记基因可以编码特定必需氨基酸或核苷酸。在缺陷型宿主细胞中，只有导入了载体的宿主细胞才能正常合成必需的营养成分，保证细胞正常生长。而未导入载体的宿主细胞则会因为缺少特定营养物质无法生存。常用的营养缺陷型筛选标记中，氨基酸类有亮氨酸、组氨酸、色氨酸和缬氨酸合成基因，核苷酸类包括尿嘧啶和腺苷酸合成基因。

（3）生化筛选标记和报告基因

生化筛选标记和报告基因是质粒载体的一个非必要组件，有些质粒载体内并不含这些基因，但这些功能性基因使质粒载体具备多种不同功能，是研究 DNA 特定功能的有力工具。

① *β*-半乳糖苷酶基因（*lac Z*）　大肠杆菌的乳糖代谢需要 *β*-半乳糖苷酶的催化，这种酶可以将乳糖水解为半乳糖和葡萄糖。当用乳糖类似物 X-Gal（5-溴-4-氯-3-吲哚-*β*-D-半乳糖苷）作为底物与该酶反应时，X-Gal 被切割成半乳糖和深蓝色物质 5-溴-4-靛蓝，呈蓝色，便于检测和观察。*lac Z* 的诸多优点使其成为基因工程实验中一个常用的标记基因，如 *lac Z* 常被用于重组体转化菌落筛选，即蓝白斑筛选。基因克隆中常用的质粒载体 pUC19、pGEM-T 和噬菌体载体 M13 系列均带有 *lac Z* 基因。在 pGEM-T 系列载体中，外源 DNA 的插入位点位于 *β*-半乳糖苷酶编码区，当外源 DNA 成功插入载体后，将会引起 *β*-半乳糖苷酶失活，而宿主菌为 *lac Z* 突变菌株，无法合成正常 *β*-半乳糖苷酶，因此也无法催化 X-Gal 发生蓝色反应，只能形成白色菌落，而未插入外源 DNA 的载体导入细胞后能产生正常的 *β*-半乳糖苷酶，可产生蓝色菌落。通过菌落的不同颜色即可将插入了外源基因的重组体单克隆菌落筛选出来。

② *β*-葡萄糖苷酶基因（*gus*）　*gus* 基因来源于大肠杆菌等细菌的基因组，编码的 *β*-葡萄糖苷酶（GUS）是以 *β*-葡萄糖苷酯类物质为底物，和底物发生显色反应，可用于定性、定量检测。由于动物和大多数植物基因组中没有 *gus* 基因，所有 GUS 显色反应被广泛用于动物和植物基因调控研究。检测方法有组织化学法、分光光度法和荧光法，其中分光光度法灵敏度较高，可用于定量检测，组织化学法是最常用的检测方法。例如，在 pBI121 和 pVec8-GUS 载体中，*gus* 基因作为报告基因，被用于检测特定基因启动子活性或基因组织表达分布。组织化学法检测是以 X-gluc（5-溴-4-氯-3-吲哚-*β*-D-葡萄糖苷）为底物，将被检材料用含有底物的缓冲液浸泡，若组织细胞发生 *gus* 基因的转化，并表达了 GUS，在适宜条件下，该酶就可以将 X-gluc 水解，生成蓝色物质。并且在一定程度上根据染色深浅可反映出 GUS 活性，发挥报告基因的作用。因此，利用该方法可以观察到外源基因在特定器官、组织或细胞内的表达情况。

③ 荧光蛋白基因　荧光蛋白家族是从水螅纲和珊瑚类动物细胞中发现的发光蛋白。其中，来源于发光水母细胞的绿色荧光蛋白（green fluorescent protein，GFP）是应用最多的发光蛋白。用 395nm 的紫外线和 475nm 的蓝光激发，GFP 可在 508nm 处自行发射绿色荧

光，不需要辅助因子和底物。其最大的优势在于不需损伤细胞即可观察细胞内目的基因的表达情况，可以实现目的基因亚细胞定位分析，了解目的基因产物在细胞内的位置，为基因的功能研究提供线索。

④ 荧光素酶　荧光素酶是一类可以催化不同底物氧化发光的酶，在哺乳动物细胞中无内源性表达。最常用的荧光素酶有细菌荧光素酶、萤火虫荧光素酶和海肾荧光素酶。由于细菌荧光素酶对热敏感，在哺乳动物细胞的应用中受到限制。萤火虫荧光素酶基因是最常用于哺乳动物细胞的报道基因，萤火虫荧光素酶灵敏度高，可通过荧光光度计检测酶活性，适用于高通量筛选。荧光素酶报告基因的优势包括非放射性、检测技术简单、速度快、灵敏度高。此外，由于荧光素酶的半衰期短（在哺乳动物细胞中的半衰期为3h，在植物中的半衰期为3.5h），启动子活性的改变会及时引起荧光素酶活性的改变。

（4）标签基因

① 多聚组氨酸标签（His-Tag）　His-Tag是一种融合标签，由6～10个连续的组氨酸残基组成，最常用的6×His-Tag分子质量约为0.84kDa。His-Tag可以和目的基因形成融合蛋白，由于组氨酸的咪唑环与二价金属离子（如Ni^{2+}、Co^{2+}、Cu^{2+}等，Ni^{2+}使用最广）发生配位结合而形成螯合物，利用镍离子柱亲和色谱纯化融合蛋白，可实现目的蛋白的快速纯化。由于His-Tag分子量小，几乎不影响目的蛋白的功能，而且纯化方便，是常用的标签之一。

② GST-Tag　谷胱甘肽*S*-转移酶（glutathione *S*-transferase，GST）分子质量为26kDa，是常用于原核表达系统的融合蛋白标签，该标签和目的基因融合表达。其优点在于GST是高度可溶的蛋白质，可以增加外源蛋白的可溶性。GST标签可以在大肠杆菌中大量表达，也起到促进表达的作用。GST能与谷胱甘肽特异结合，通过带谷胱甘肽配基的亲和柱可以纯化出目标蛋白。此外，由于GST标签的分子量比较大，为了避免GST标签对目的蛋白功能产生影响，可以利用凝血酶等将融合蛋白中的GST标签切除。

2.4.1.2.3　常用的质粒载体

（1）pBR322质粒载体

pBR322质粒载体属于克隆载体，是使用最早、应用最广泛的大肠杆菌质粒载体之一。其具有以下优点：①质粒长度为4361bp，分子量较小，易于纯化和转化。②带有一个来自pMB1的复制起始位点，保证其在大肠杆菌细胞中正常复制。③具有Amp^r和Tet^r两种抗生素筛选基因，可以用来筛选转化子和重组子。④具有较高拷贝数，经过氯霉素扩增后，每个细胞中可累积1000～3000个拷贝，有利于重组DNA的制备。⑤在载体构建过程中，删除了接合转移功能相关的区域，因此不能在自然界的宿主细胞间转移，也不会引起抗生素抗性基因的传播。

（2）pUC系列质粒载体

pUC系列质粒载体是在pBR322质粒的基础上引入了一段带有多克隆位点*lacZ*基因，从而具有抗性筛选和蓝白斑筛选双重功能。pUC系列质粒载体具有以下优点：①具有更小的分子量和更高的拷贝数。长度在2.7kb左右，更小的分子量有利于容纳更大的外源DNA以及更容易导入受体细胞。由于pUC系列质粒所带的pBR322复制起始位点发生突变，控制质粒复制的蛋白质缺失，因此pUC系列质粒在受体细胞中具有更高的拷贝数，在不需氯霉素扩增的情况下，每个细胞中可达500～700个拷贝，可以高效获取外源DNA。②带*lac Z*基因，可利用蓝白斑筛选鉴定重组子。③含多克隆位点区域（MCS）。MCS区域的引入为外源DNA的插入和移除提供了方便。克隆外源DNA时，选择两种不同酶切位点进行切割和连接，解决了克隆片段的方向问题。pUC18和pUC19载体是含相同MCS区域，但方向相反的一对载体，这种成对的载体为选择克隆DNA的方向提供了极大的便利。

(3) pGEM-T 系列克隆载体

pGEM-T 系列载体是常用的 PCR 产物克隆载体，其长度约 3kb，为高拷贝数载体。该载体通过 *Eco*R Ⅴ酶切，并在 3′末端加入胸腺嘧啶（T）构建而成，且 3′末端的 T 有利于防止载体的自身环化。由于目前常用的 PCR 聚合酶都含有末端加 A 功能，利用 PCR 产物末端 A 和载体末端 T 的碱基互补，可以简便、快捷地将 PCR 产物克隆到载体中。载体上含有 Amp^r 和 *lac Z* 基因，具有抗性筛选和蓝白斑筛选功能。

(4) pET 系列表达载体

pET 系列载体是常用的蛋白质原核表达系统。目的基因克隆到 pET 质粒载体上，其表达受噬菌体 T7 强转录及翻译信号调控。目的基因的表达由宿主细胞提供的 T7 RNA 聚合酶诱导，在诱导条件充分时，几乎细胞的所有资源都用于表达目的蛋白，仅诱导表达数小时，目的蛋白可占到细胞总蛋白的 50%以上。异丙基硫代半乳糖苷（isopropyl β-D-thiogalactoside，IPTG）是该系统的诱导物之一，可以通过控制 IPTG 浓度来调控诱导水平，达到控制目的蛋白的可溶部分产量的目的。利用载体上带的 His-Tag 融合标签，可以快速纯化目的蛋白，尤其是以包涵体形式表达的蛋白质，可以将蛋白质在变性条件下溶解，进行亲和纯化。配合 pET 载体常用的宿主菌包括 BL21、BL21(DE3) 和 BL21(DE3)pLysS。

(5) pGEX 系列 GST 融合蛋白表达载体

pGEX 是 GST 融合蛋白原核表达系列载体。pGEX-4t-1 载体含 Amp^r 抗性基因，可以用来筛选重组菌株；带凝血酶酶切位点，可以切除融合蛋白中的 GST 标签。将带目的基因的重组载体导入 *E. coli* 表达菌株中，在 IPTG 诱导下，可以表达目的蛋白和 GST 的融合蛋白。GST 标签的分子质量为 26kDa，与目的蛋白融合表达的优点如下：①GST 是一种高度可溶的蛋白质，可以增加外源蛋白的可溶性。②GST 能够在 *E. coli* 中大量表达，起到促进表达的作用。③可以通过亲和色谱纯化带 GST 标签的融合蛋白。

2.4.2 目的基因及其制备

由于生物体的种类、生理结构、DNA 分子存在状态以及 DNA 分子的含量不同，加上不同的实验目的，在基因工程操作过程中，需要用不同的方法提取 DNA。DNA 提取的基本步骤包括生物材料的准备、细胞裂解、DNA 的分离和纯化。

2.4.2.1 材料的准备

DNA 提取通常要选取 DNA 含量丰富、杂质含量少的材料或组织。在大肠杆菌中提取质粒 DNA，应把菌液培养至对数生长后期，这样 DNA 得率和纯度都较高。在提取植物 DNA 时，选用植物幼嫩的部位，最好暗培养 1～2h，这样的材料不仅 DNA 含量高，而且可以减少淀粉和糖分对提取 DNA 的干扰。提取肝脏 DNA 时，应将胆囊清除干净，避免胆囊中的高活性酶对 DNA 提取得率产生影响。

2.4.2.2 裂解细胞

细胞裂解的好坏直接关系到能否提取到 DNA 以及 DNA 得率高低和质量。一般情况下，如果细胞没有裂解，则 DNA 不会释放出来，提取不到 DNA。细胞裂解不完全，则提取 DNA 的得率就低。如果细胞裂解过于激烈，则会导致 DNA 链的断裂，DNA 的得率低，质量也比较差。细胞裂解的方法根据生物种类的不同而不同。对细胞结构简单的原核生物，使用的方法有溶菌酶处理、超声波处理、NaOH 和 SDS 处理，或用煮沸、冷冻处理等方法。真核生物，如动物、植物材料，由于组织结构较为复杂，必须先将其粉碎，然后使用裂解原核生物细胞的方法裂解细胞。真核生物组织破碎的方法有液氮冻结结合研磨，或用捣碎机、研钵直接粉碎。

2.4.2.3 分离和纯化 DNA

细胞裂解后，需要将 DNA 和其他物质分离开来，并且纯化所需的 DNA 分子。一般的策略是在裂解液中加入蛋白质变性剂，使蛋白质变性，然后通过离心，将蛋白质等杂质除去。再将溶液中的 DNA 分子聚集沉降，离心除去溶液，最终得到 DNA 分子。

一般情况下，提取总 DNA 只需在细胞裂解液中加入适量的酚/氯仿/异戊醇等有机溶剂，即可使 DNA 与蛋白质分开，然后用乙醇或异丙醇处理含有 DNA 的水相，使 DNA 分子沉降，离心获得 DNA。DNA 获得后可利用酚/氯仿抽提、70%乙醇洗涤等方法按需要进行纯化。另外，为了去除 RNA 杂质，通常采用 RNase 来水解 RNA。

提取叶绿体或线粒体等细胞器的 DNA 以及病毒和噬菌体的 DNA，则必须先从细胞裂解液中分离纯化出完整的细胞器、病毒和噬菌体，去除其他 DNA 的污染，然后根据以上的策略得到所需的 DNA。提取质粒 DNA 时，为了去除宿主细胞中的染色体 DNA，首先调节细胞裂解液的 pH 达到 12.6，使所有 DNA 都变性沉降，随后再调 pH 至中性，使质粒 DNA 复性从沉淀物中释放出来。

2.4.3 基因的表达与调控

2.4.3.1 克隆基因的表达系统

基因工程的表达系统分为原核和真核两类，常用的原核细胞表达系统有大肠杆菌、枯草芽孢杆菌和链霉菌等，真核表达系统有酵母、丝状真菌、昆虫细胞和哺乳类细胞。原核生物作表达系统具有生长迅速、培养条件简单等优点，但大多缺乏转录后加工和对蛋白质进行糖基化、磷酸化等修饰的能力。真核细胞作宿主表达系统虽能去除外源基因中的内含子，并可对蛋白质进行翻译后加工，但其选择标记少、转化效率低。因此，在选择表达系统时要充分了解表达系统的表达特点和调控方式，以确保外源基因高效、高水平地表达。

2.4.3.2 克隆基因在转录水平的表达与调控

转录是基因表达的第一步，也是基因表达调控的主要层次。基因在转录水平上的调控主要在转录的起始阶段和终止阶段，调控方式有顺式作用和反式作用两类，每一类中又有正调控和负调控两种形式。顺式调控是一段非编码 DNA 序列对基因转录的调控作用，反式调控是一种蛋白质作用于某一顺式作用元件来影响基因的转录，正调控促进转录的进行，而负调控则是抑制转录的发生。

2.4.3.3 克隆基因在转录后水平的调控

原核生物没有内膜系统，因此原核生物是边转录边翻译，即转录还在进行但 5′端的翻译已经开始了。但真核生物转录的初级产物 hnRNA 要经过复杂的加工后才能成为成熟的 mRNA。因此，原核生物的 mRNA 不存在转录后调控，而真核生物 mRNA 的转录后调控又称为 mRNA 加工。

真核生物的 mRNA 加工包括三个内容：5′端加帽、3′端加尾、RNA 剪接。5′端加帽和 3′端加尾在 mRNA 转录时就发生了，hnRNA 刚刚转录出大约 50 个核苷酸的时候，在鸟苷酸转移酶和鸟嘌呤甲基转移酶的作用下，往 5′端加上一个鸟苷酸，随后对鸟苷酸进行甲基化，形成5′端甲基鸟苷酸帽子。帽子结构防止了RNA酶对它的降解，也可促进5′端翻译起始复合物的生成，提高翻译效率。3′端加尾是在hnRNA上出现加尾信号AAUAAA时，在加尾信号下游15～30个核苷酸位点由特异的核酸内切酶切割，随后由腺苷酸转移酶加上一系列A，形成3′端的polyA尾巴，polyA尾巴越长，mRNA的半衰期越长。RNA剪接一般发生在转录结束后，因hnRNA是内含子与外显子镶嵌排列形式，去除内含子，拼接外显子才能成为翻译的模板。但在RNA剪接时有可能出现外显子跳读或内含子保留的情况，造成同一个hnRNA最终形成了不同的mRNA，翻译为不同功能的蛋白质。

由于原核生物没有切除内含子的能力，当用原核生物表达真核基因时，应先从真核细胞中分离mRNA并反转录为cDNA（cDNA有完整的编码序列但无内含子），然后将cDNA与载体连接导入原核细胞中表达。

2.4.3.4 克隆基因在翻译水平的调控

翻译是基因表达的最后一个阶段，翻译的效率会受翻译起始复合物的形成、mRNA的稳定性、密码子偏爱性、反义RNA、翻译起始因子的修饰等因素影响。在此主要介绍原核和真核生物翻译起始的调控以及反义RNA对翻译的作用。

2.4.3.4.1 原核生物在翻译起始的调控

翻译起始是核糖体与mRNA的结合，原核生物mRNA上有两个核糖体的结合位点，一个是起始密码子AUG，另一个是SD序列，它是位于起始密码子上游3～11bp处的富含嘌呤的保守序列，它能与核糖体小亚基中的16S rRNA3′端富含嘧啶的序列结合，从而使mRNA与核糖体结合，诱发翻译起始。

在基因工程载体构建中SD序列相当重要，尤其是真核基因在原核细胞中表达时，原核载体必须有SD序列才能启动外源mRNA的翻译。真核基因在原核细胞中表达的蛋白质有两种形式：非融合蛋白和融合蛋白。①非融合蛋白是在原核启动子和SD序列的下游插入一个带有起始密码子ATG的真核基因，组成一个杂合的核糖体结合区，经过转录翻译得到非融合蛋白。表达非融合蛋白的关键是原核SD序列和真核ATG之间的距离，距离过长或过短都影响真核基因的表达，有时仅仅2～3个碱基对的差别，蛋白质合成率可相差20倍。由于非融合蛋白不与任何蛋白质或多肽融合在一起，导致其在原核细胞中不稳定，容易受到细菌蛋白酶降解。可采用次黄嘌呤核苷缺陷型的细胞作受体菌或将真核蛋白表达为分泌型，保护表达蛋白不被降解。②融合蛋白被认为是避免细菌蛋白酶破坏的最好选择，融合蛋白的N端是由原核DNA序列编码，C端是由真核DNA的完整序列编码。在插入真核基因时，其阅读框应与原核DNA片段的密码子阅读框一致，翻译时才不致产生阅读框改变的情况。

2.4.3.4.2 真核生物在翻译起始的调控

真核生物的翻译起始比原核生物复杂得多。真核生物的翻译起始要依赖5′端帽子和Kozak序列。真核生物的mRNA不能与核糖体直接识别，mRNA 5′端先与翻译起始因子中的帽子结合蛋白（cap binding protein，CBP）结合，然后真核细胞起始因子4A（eIF-4A）和eIF-4B与之结合，为40S小亚基提供结合位点，此时形成了40S-Met-tRNA；Met-eIF-3与eIF-4A和eIF-4B形成复合物，接着此复合物从帽子结构开始沿着mRNA扫描，寻找起始密码子AUG，起始密码子AUG的两侧翼序列有两个保守碱基，AUG上游第3位碱基位必定是A，少数情况下是G，而下游第4位碱基位必定是G。这段序列（通常是GCCAC-CAUGG）对翻译很重要，称为Kozak序列。当扫描时遇到了具有Kozak序列的AUG时，复合物在此处停留下来，并与60S大亚基结合，形成翻译起始复合物。

2.4.3.4.3 反义 RNA 参与的翻译起始的调控

反义 RNA 参与的翻译起始的调控是翻译水平上的一种新的调控方式。反义 RNA 是能与 mRNA 5′端互补的 RNA 分子。反义 RNA 分子以碱基互补配对方式与 mRNA 组成杂合分子，阻止了 mRNA 的翻译。

2.4.4 基因的克隆与鉴定

2.4.4.1 基因的克隆

任何基因或 DNA 片段的克隆方案都由 4 个部分组成：①DNA 片段的制备；②外源基因与载体的连接反应；③将重组体 DNA 导入合适的宿主细胞，根据所用载体与宿主细胞的不同，选用转化、转染、转导等不同途径；④通过筛选找到含有理想重组体的受体（宿主）细胞。

基因重组是靠 T4 DNA 连接酶将目的基因与其载体连接。通常连接的形式有亚克隆、黏性末端连接、平端连接、人工接头连接、同聚物加尾连接等。

2.4.4.1.1 亚克隆

亚克隆是把 DNA 片段从某一类型的载体无性繁殖到另一类型载体，如从某种质粒克隆到另一种质粒。

当靶基因末端的限制性内切酶位点与另一载体的限制性内切酶位点相同或者相匹配时，靶 DNA 片段和载体都不必用酶修饰便可连接起来。但是，当靶基因的末端与载体并不匹配时，必须改变其中一个或两个片段的末端形式以便使之连接。通常改变末端形式的方法有以下 3 种。

3′凹端补平：使用 Klenow 片段补平 3′凹端，将不匹配的 3′凹端转换为黏性末端；或者完全补平，产生平端 DNA 分子，可与任何其他平端 DNA 相连接。

3′突端切除：用 S1 核酸酶或 Klenow 片段处理，切除 3′突出端。

平端加上合成接头：合成接头是自相互补的两个化学合成的寡核苷酸的等摩尔混合物，这两个寡聚体则可形成带一个或多个限制性酶切位点的平端双链体。因此，在平端 DNA 加接头可为其亚克隆操作增加一个或多个限制性酶切位点。各种各样的合成接头可将靶 DNA 和载体的末端转换成理想的形式。

2.4.4.1.2 黏性末端连接

（1）同一限制酶切位点连接

由同一限制性核酸内切酶切割的不同 DNA 片段具有完全相同的末端，当这样的两个 DNA 片段一起退火时，黏性末端单链间进行碱基配对，然后在 T4 DNA 连接酶催化作用下形成重组 DNA 分子。

（2）不同限制酶切位点连接

由两种不同的限制性核酸内切酶切割的 DNA 片段具有相同类型的黏性末端，彼此称为配伍末端，可以产生末端连接。如同属于 CC 族的 *Msp* Ⅰ、*Hpa* Ⅱ（C↑CGG）和 *Taq* Ⅰ（T↑CGA）；GATC 族的 *Mbo* Ⅰ（↑GATC）和 *Bam*H Ⅰ（G↑GATCC）等，共 7 族 30 多个限制性核酸内切酶，切割 DNA 后，均可与相应的配伍末端相互连接。

同裂酶切割可以产生完全配伍的黏性末端，便于两个 DNA 片段的连接。例如 *Apy* Ⅰ、*Atu* Ⅰ和 *Eco*R Ⅰ三种酶识别的序列和切割位点是 CC↑ATGG。还有一些内切酶（如 *Bam*H Ⅰ和 *Sau* 3A）虽然不是同裂酶，但也可产生配伍的黏性末端。

2.4.4.1.3 平端连接

有一些内切酶（如 *Hae* Ⅲ和 *Hpa* Ⅰ）切割产生的 DNA 片段是平末端。具有平末端的酶切载体只能与具有平末端的目的基因连接。T4 DNA 连接酶可催化相同和不同限制性核酸内切酶切割的平端之间的连接。平端连接比黏性末端连接要困难得多，连接效率也只有黏性末端的 1%。故在平端 DNA 片段连接工作中，常常通过增加 DNA 和连接酶的浓度，以期获得比较满意的连接结果。

2.4.4.1.4 人工接头连接

人工接头是人工合成的具有特定限制性内切酶识别和切割序列的双股平端 DNA 短序列，将其接在目的基因片段和载体 DNA 上，使它们具有新的内切酶酶切位点，应用相应的内切酶切割，就可以分别得到互补的黏性末端。

2.4.4.1.5 同聚物加尾连接

同聚物（homopolymer）加尾连接是利用同聚物序列之间的退火作用完成的连接。利用末端转移酶在 DNA 片段的 3′末端添加同聚物形成延伸部分（如 dA 及 dT 碱基），末端转移酶在二甲砷酸缓冲液的存在下，可以不需要模板，在线状 DNA 分子末端添加上一脱氧核苷酸残基。对于末端转移酶来说，具有平滑末端的 DNA 分子并不是最佳底物，但只要将缓冲液中的 Mg^{2+} 换成 Co^{2+}，则也能由双链末端延伸出同聚物末端。由于末端转移酶不具有特异性，在 4 种 dNTP 中任何一种均可作前体物，因此可以产生由单一核苷酸所构成的 3′同聚物末端。

2.4.4.2 重组体的筛选与外源基因的鉴定

2.4.4.2.1 重组体的筛选

在利用载体间接转化外源基因或直接转化处理之后，大部分受体细胞是没有被转化的，这就需要采用特定的方法将转化细胞与未转化细胞区分开来。

为了淘汰未转化的细胞，人们试验了各种不同的基因作为转化的报告基因，包括一些显性的选择标记基因，以及可用特定方法检测其蛋白质产物的基因。例如，在植物基因工程中，转化细胞的筛选常采用抗生素抗性基因及抗除草剂基因（总称筛选基因）筛选的选择法，即转化的植物细胞能够抵抗一定浓度某一特定的抗生素或除草剂，转化细胞可生成完整的植株，而没有转化的植物细胞在这种抗生素或除草剂存在的情况下不能再生。目前常用的报告基因有 *NOS*、*OCS*、*CAT*、*NPTⅡ*、*LUC* 和 *GUS* 基因等，其中 *GUS* 基因和 *NPTⅡ* 基因能耐受氨基末端融合，而且检测简单，是目前应用最多的报告基因。

2.4.4.2.2 重组体的鉴定

经过转化的重组体，如转基因微生物、转基因动物和转基因植物细胞，经过培养在其形成了一定的菌株、品系之后，就需要对它们进行鉴定，检验它们在生长发育、传宗接代过程中是否保留了已获得的外源基因。常用的鉴定方法有报告基因检测法和转基因生物的 PCR 鉴定。

① 报告基因检测法是指在构建目的基因载体时将目的基因与一种报告基因构建在一起，当目的基因转化受体细胞时，报告基因一同被转入。这种报告基因是受体细胞本身基因组中不存在的，而且具有易于检验的表型。报告基因检测法是利用表达稳定、易于检测的报告基因的表达来间接地证明目的基因的存在与表达，若需进一步证明目的基因的存在、转录及表达程度，需用分子杂交方法来检测。

② PCR 能够特异性地扩增出目的基因片段，是一种检测外源基因整合的常用方法。这种方法操作简单、快速灵敏，能够在较少的样品中检测出所转入的目的基因，是在基因转化后得到再生生物体后，要进行的初步外源基因整合鉴定。但是由于 PCR 扩增十分灵敏，在实

验中容易出现基因污染和假阳性。因此，对外源目的基因整合的鉴定还需要进一步的Southern杂交鉴定。

2.4.5 基因重组

基因重组是由于不同DNA链的断裂和连接而产生DNA片段的交换和重新组合，形成新DNA分子的过程。基因重组是生物遗传变异的一种机制，为生物的变异提供了极其丰富的来源，是生物变异的主要来源，为生物进化提供原材料。基因重组是遗传的基本现象，无论是真核生物还是细菌、病毒，都存在基因重组现象；不仅发生在减数分裂中，在高等生物的体细胞中也会发生重组；重组不只是在核基因之间，也可以发生在线粒体和叶绿体的基因之间。

根据重组的机制和对蛋白质因子的要求不同，可以将狭义的基因重组分为3种类型：同源重组、位点特异性重组和异常重组。

同源重组的发生依赖于大范围的DNA同源序列的联会，在重组过程中，两条染色体或DNA分子相互交换对等的部分。真核生物的非姊妹染色单体的交换、细菌以及某些低等真核生物的转化、细菌的转导接合、噬菌体的重组等都属于这种类型。

位点特异性重组发生在两个DNA分子的特异位点上，它的发生依赖于小范围的DNA同源序列的联会。两个DNA分子并不交换对等的部分，有时是一个DNA分子整合到另一个DNA分子中。这类重组在原核生物中最为典型。

异常重组发生在顺序不相同的DNA分子间，在形成重组分子时往往依赖于DNA的复制而完成重组过程。例如，在转座过程中，转座因子从染色体的一个区段转移到另一个区段，或从一条染色体上转移到另一条染色体上。

2.4.6 基因沉默

RNA沉默是指由dsRNA诱发的同源mRNA高效特异性降解的现象。RNA沉默技术是最近发展起来的基因调控技术，它特异性强、效率很高，已成为基因功能分析和作物改良的重要手段。

2.4.6.1 RNA沉默的原理

不同类型的RNA沉默有一个共同点就是形成dsRNA，在dsRNA的基础上，对目标基因RNA降解。dsRNA在Dicer作用下产生小干扰RNA（small interfere RNA，siRNA），该RNA大小为21～25个核苷酸，它是RNA基因沉默的代表性成分，目前在所有类型的RNA基因沉默中都发现了这种小RNA的存在。Dicer除了催化产生siRNA外，还能产生小时序RNA（small temporal RNA，stRNA），它对生物体的基因调控具有重要的作用。siRNA的前体是双链的RNA，stRNA的前体是单链茎环结构的RNA。上述产生的siRNA在生物体内与特定的蛋白结合形成RNA诱导的基因沉默复合体（RNA-induced silencing complex，RISC），带有siRNA的RISC能特异性识别细胞质中的目的基因的单链mRNA，造成目的基因mRNA的特异性降解，从而导致了目的基因在RNA水平的沉默。

2.4.6.2 实现基因沉默的方法

通过形成dsRNA能引发同源mRNA的降解从而阻断目的基因的表达，能通过以下几种方法使dsRNA在植物体内实现基因沉默。

① 直接注射法　将dsRNA或含内含子的发夹结构RNA（ihpRNA）表达载体通过显微注射直接导入植物体内，诱导RNAi的产生。

② 农杆菌介导法　将带有植物外源基因序列或发夹结构RNA的T-DNA质粒通过农杆菌介导整合到植物基因组上，引发植物产生RNAi。

③ 病毒诱导的基因沉默（virus induced gene silencing，VIGS）　携带目标基因片段的病毒侵染植物后，可诱导植物内源基因沉默，引起表型变化，进而根据表型变异研究目标基因的功能。与传统的基因功能分析方法相比，VIGS能够在侵染植物当代对目标基因进行沉默和功能分析；可以避免植物转化；克服功能重复；可以在不同遗传背景下起作用，对基因功能分析更透彻。

以上每种RNAi技术在沉默效率和应用范围方面都有其优缺点，如直接注射法和病毒诱导基因沉默能快速鉴定生物体内基因的功能，但是诱导的沉默只是瞬时的，并不能长期保持。而农杆菌介导表达ihpRNA的方法由于能在各种植物体内诱导RNAi，并且能够在植物体中稳定遗传，性状也很稳定，且诱导目的基因沉默的效率达到90%～100%，具有广泛的适用性，但是由于需要复杂遗传转化体系，需要花费较长的时间和需要一定的实验场所。

2.4.6.3　RNA沉默技术的应用

用于目的基因的功能分析：通过抑制目的基因在植物体中表达后的表型分析，可以了解该基因在植物生理过程中的作用。

用于功能基因组学研究：研究人员在烟草中采用VIGS筛选了5000个基因，发现100个与烟草的细胞死亡有关，进一步研究发现，其中有10个与烟草的抗病性有直接关系，另外90个基因与细胞的死亡没有直接关系。

用于作物的品质改良：有人通过基因沉默技术对棉籽油的成分进行了改良，提高了棉籽油中硬脂酸与油酸的比例。另外病毒诱导的基因沉默技术已经被用于番茄果实采后处理，从而延长番茄的贮藏寿命和货架期。

2.4.7　CRISPER/Cas9基因编辑技术

2.4.7.1　CRISPER/Cas9基因编辑技术的工作原理

CRISPR（clustered regularly interspaced short palindromic repeats）来源于微生物免疫系统，全名为规律间隔成簇短回文重复序列。CRISPR基因序列主要由前导序列、重复序列和间隔序列构成。前导序列富含AT碱基，位于CRISPR基因上游，被认为是CRISPR序列的启动子。重复序列长20～50bp且包含5～7bp回文序列，转录产物可以形成发卡结构，稳定RNA的整体二级结构。间隔序列是被细菌俘获的外源DNA序列。这就相当于细菌免疫系统的“黑名单”，当这些外源遗传物质再次入侵时，CRISPR/Cas系统就会予以切割。

Cas基因位于CRISPR基因附近或分散于基因组其他地方，该基因编码的蛋白质均可与CRISPR序列区域共同发生作用。因此，该基因被命名为CRISPR关联基因（CRISPR associated，Cas）。CRISPR/Cas系统是细菌和古菌抵抗病毒与噬菌体入侵的一种不断进化的适应性免疫防御机制，通过CRISPR对入侵的核酸进行特异性识别，利用Cas蛋白（核酸内切酶）切割CRISPR识别的核酸序列，从而达到防御作用。

CRISPR/Cas9系统主要由一个Cas9蛋白和一条人工设计的单链向导RNA（sgRNA）所组成，其中Cas9蛋白起切割DNA双链的作用，sgRNA起向导的作用，在sgRNA的向导下通过碱基互补配对原则，Cas9 蛋白可对不同的靶部位进行切割，实现 DNA 的双链断裂。目前，CRISPR/Cas9 系统在基因敲除、基因敲入、基因抑制/激活、基因多重编辑、功能基因组筛选等基因编辑方面得到广泛应用。

2.4.7.2 CRISPER/Cas9 基因编辑技术的应用

2.4.7.2.1 基因敲除

在通常情况下，针对 DNA 双链断裂，细胞主要采用高效的非同源末端链接对断裂的 DNA 进行修复。但是，在修复过程中通常会发生碱基插入或缺失的错配现象，造成移码突变，使靶标基因失去功能。而 CRISPR/Cas9 系统可以利用 Cas9 蛋白对靶基因组进行剪切，形成 DNA 的双链断裂，进而实现基因敲除。例如，科学家利用 CRISPR/Cas9 系统针对山羊成纤维细胞中的 β-乳球蛋白位点进行敲除，获得 β-乳球蛋白基因敲除的山羊，山羊的乳汁中 β-乳球蛋白表达极显著降低，为羊奶的品质优化提供了有效依据。

2.4.7.2.2 基因敲入

当 DNA 双链断裂后，如果有 DNA 修复模板进入细胞中，基因组断裂部分会依据修复模板进行同源重组修复（homologous recombination repair，HDR），从而实现基因敲入。修复模板由需要导入的目标基因和靶序列上下游的同源性序列（同源臂）组成，同源臂的长度和位置由编辑序列的大小决定。DNA 修复模板可以是线性/双链 DNA，也可以是双链 DNA 质粒。HDR 模式在细胞中发生率较低，通常小于 10%。为了增加基因敲入的成功率，目前有很多科学家致力于提高 HDR 效率，将编辑的细胞同步至 HDR 最活跃的细胞分裂时期，促进修复方式以 HDR 模式进行。

2.4.7.2.3 基因抑制/激活

Cas9 的特点是能够自主结合和切割目的基因，通过点突变的方式使 Cas9 的两个结构域 RuvC-和 HNH-失活，形成的 dCas9 只能在 sgRNA 的介导下结合靶基因，而不具备剪切 DNA 的功能。因此，将 dCas9 结合到基因的转录起始位点，可以阻断转录的开始，从而抑制基因表达；将 dCas9 结合到基因的启动子区域也可以结合转录抑制物或活化物，使下游靶基因转录受到抑制或激活。因此 dCas9 与 Cas9、Cas9 切口酶的不同之处在于，dCas9 造成的激活或者抑制是可逆的，并不会对基因组 DNA 造成永久性的改变。

2.4.7.2.4 基因多重编辑

将多个 sgRNA 质粒转入细胞中，可同时对多个基因进行编辑，具有基因组功能筛选作用。多重编辑的应用包括：使用双 Cas9 切口酶提高基因敲除的准确率、大范围的基因组缺失及同时编辑不同的基因。通常情况下，一个质粒上可以构建 2～7 个不同的 sgRNA 进行多重 CRISPR 基因编辑。

2.4.7.2.5 功能基因组筛选

利用 CRISPR/Cas9 进行基因编辑可以产生大量的基因突变细胞，利用这些突变细胞可以确认表型的变化是不是由基因因素导致的。基因组筛选的传统方法是短发夹 RNA（short hairpin RNA，shRNA）技术，但是 shRNA 有其局限性：具有很高的脱靶效应以及无法抑制全部基因而形成假阴性的结果。CRISRP/Cas9 系统的基因组筛选功能具有高特异性和不可逆性的优势，在基因组筛选中得到了广泛的应用。目前 CRISPR 的基因组筛选功能应用于筛选对表型有调节作用的相关基因。在动物细胞系统中，CRISPR 筛选被广泛用于正向遗传学研究。

CRISPR/Cas9 基因编辑系统由于结构简单、效率高、应用范围广和成本低等优点被广泛应用于作物育种、家畜遗传改良、人类疾病治疗等方面。但也还存在一些不足，如靶向序列相对较短，导致其特异性不高；缺乏 sgRNA 和 Cas9 蛋白的通用递送方法；活体生物基因编辑的安全性与伦理性问题。

2.4.8 外源 DNA 向活细胞转化

2.4.8.1 转化

转化（transformation）是某一基因型的细胞从周围介质中吸收来自另一基因型的细胞的 DNA，使受体的基因型和表现型发生相应变化的现象。这种现象首先发现于细菌，后来在其他微生物中也发现了自然转化的现象。随着对转化机制的了解以及 DNA 重组技术的建立，人们已经可以对那些不能进行自然转化的细菌、真菌、放线菌以及高等真核生物细胞进行处理而使之获得从周围介质中摄取 DNA 的能力，这些处理方法包括使用高剂量的二价阳离子（如 Ca^{2+}、Mg^{2+} 等）、原生质体形成、电穿孔、超声等方法。

2.4.8.2 自然转化

如果不经过特殊的化学法或物理法处理，大多数细菌不能有效地吸收外源 DNA 分子。通常将不经过特殊处理的细菌细胞从周围介质中吸收外源 DNA 的过程称为自然转化。自然转化过程包括三个阶段：①感受态的出现；②DNA 的结合和进入；③DNA 的整合。

2.4.8.3 人工转化

目前，只有少数细菌存在自然转化现象，其余原核细胞、真核细胞均要通过人为的特殊处理，才能将外源重组基因导入宿主细胞。根据宿主细胞的不同，采用的转化方法也存在差异。

2.4.8.3.1 重组 DNA 导入原核细胞

细菌的 DNA 转化方法是基于物理学和生物学原理建立起来的。主要方法有 Ca^{2+} 诱导法、PEG 介导法、电穿孔法等。

① Ca^{2+} 诱导法　将处于对数生长期的细菌置于 0℃的 $CaCl_2$ 低渗溶液中，使细胞膨胀，形成感受态细菌。此时加入 DNA，Ca^{2+} 又与 DNA 结合形成抗 DNA 酶的羟基-磷酸钙复合物，并黏附在细菌细胞膜的外表面上。再通过短暂的 42℃热激处理，细胞膜出现间隙，通透性增加，DNA 分子便进入细胞内。

② PEG 介导法　首先，用含有适量溶菌酶的等渗缓冲液处理对数生长期的细胞，剥除其细胞壁，形成原生质体。再加入含有待转化的 DNA 样品和 PEG 的等渗溶液，均匀混合。通过离心除去 PEG，将菌体涂布在特殊的固体培养基上，再生细胞壁，最终得到转化细胞。这种方法不仅适用于芽孢杆菌和链霉菌等革兰氏阳性菌，对酵母菌、霉菌、植物细胞等真核细胞也有效。

③ 电穿孔法　电穿孔是一种电场介导的细胞膜可渗透化处理技术。受体细胞在电脉冲的作用下，细胞表面形成暂时性的微孔，使外源 DNA 能进入宿主细胞，并整合至宿主细胞基因组中，以建立稳定的转化细胞株。

2.4.8.3.2 重组 DNA 导入真核细胞

以酵母细胞为例，酵母细胞的 DNA 转化方法主要有原生质体法、离子溶液法、PEG

法、电穿孔法和粒子轰击法等。

① 原生质体法　最早用于酵母载体 DNA 转化的方法。其缺点是控制酵母细胞原生质体化的程度比较困难，转化效率不稳定。另外，细胞原生质体转化时间长，成本较高。

② 离子溶液法　将酵母细胞用各种离子（如一价碱性阳离子 Cs^{+}、Li^{+}）溶液进行处理，然后进行 DNA 转化，能明显地增加外源 DNA 的吸入量。

③ PEG 法　通过 PEG 处理酵母细胞获得类感受态再转化，每微克 DNA 至少可得到 10^{3} 个转化子。

④ 电穿孔法和粒子轰击法（particle bombardment）　电穿孔法和粒子轰击法最早用于植物细胞的 DNA 转化，后来证明也能用于酵母细胞的转化。其优点是转化效率极高，每微克 DNA 能产生 10^{5} 个转化子。缺点是需要特殊的设备，成本较高，所以不是常规的转化方法。

2.4.8.3.3　重组 DNA 导入植物细胞

目前，重组 DNA 导入植物细胞的方法主要有农杆菌介导法和 DNA 直接转入法。

(1) 农杆菌介导的 Ti 质粒载体转化法

农杆菌是一类土壤习居菌，能感染双子叶植物和裸子植物，而对绝大多数单子叶植物无侵染能力。植物受伤后，伤口处细胞分泌大量的酚类化合物，如乙酰丁香酮和羟基乙酰丁香酮，它们是农杆菌识别敏感植物的信号分子。具有趋化性的农杆菌移向这些细胞，并将其 Ti 质粒上的 T-DNA 转移至细胞内部。根据这一性质，将目的基因导入 Ti 质粒载体，通过农杆菌介导进入植物细胞，与染色体 DNA 整合，得以稳定维持或表达。

(2) DNA 的直接转移法

重组 DNA 的直接转移是指利用植物细胞的生物学特性，通过物理化学的方法将外源基因转入受体植物细胞。为克服农杆菌介导法的宿主局限性，至今已发展了电击转化法、基因枪法、激光微束穿孔转化法、显微注射法、超声波介导转化法、脂质体介导法、多聚物介导法、花粉管通道法等 DNA 直接转移技术。

2.4.8.3.4　重组 DNA 导入哺乳动物细胞

重组 DNA 分子导入哺乳动物细胞的常用方法有物理法、化学法、生物法等。

(1) 物理转化法

目前在动物转基因技术中常用的物理转化法包括磷酸钙和 DNA 共沉淀物转染法、DNA 显微注射法、电穿孔 DNA 转染法、脂质体包埋法。

① 磷酸钙和 DNA 共沉淀物转染法　重组载体以磷酸钙-DNA 共沉淀物的形式出现，可使重组 DNA 附在细胞表面，通过内吞作用进入细胞质，或通过细胞膜脂相收缩时裂开的空隙进入细胞内。

② DNA 显微注射法　该方法是通过显微操作仪将外源基因直接用注射器注入受精卵，将外源基因整合到宿主 DNA 中，发育成转基因动物。

③ 电穿孔 DNA 转染法　电穿孔法的原理在前面已有介绍，在此不再赘述。

④ 脂质体包埋法　脂质体是由人工构建的磷脂双分子层组成的膜状结构，可以将 DNA 包在其中，并通过脂质体与原生质体的融合或原生质体的吞噬过程，把外源 DNA 转运到细胞内。

(2) 化学法

常用的化学法主要有 DEAE-葡聚糖介导转染法、Polybrene（聚凝胺）转染法。

① DEAE-葡聚糖介导转染法　该法可广泛用于转染带病毒序列的质粒。DEAE-葡聚糖这一聚合物可能与DNA结合从而抑制核酸酶的作用，或者与细胞结合从而促进DNA的内吞作用。

② Polybrene转染法　Polybrene（聚凝胺）是一类高价离子季铵盐多聚物，溶解后带正电，与细胞表面的阴离子结合，能显著提高逆转录病毒对细胞的感染效率。广泛用于逆转录病毒介导的哺乳动物细胞转染。

（3）生物法

常用的生物法主要有原生质体融合法、病毒转染法、胚胎干细胞法。

① 原生质体融合法　该方法的过程如下：a. 用氯霉素使培养细胞中的重组质粒DNA得到扩增，再用溶菌酶处理除去细胞壁制成原生质体；b. 通过离心使细菌原生质体覆盖于单层哺乳动物细胞之上，再用PEG处理以促进两种细胞的融合（重组质粒DNA将转移至哺乳动物细胞中）；c. 除去PEG，用新鲜的组织培养液（含卡那霉素以抑制存活细菌的生长）培养细胞。

② 病毒转染法　通过对病毒基因组进行改造，使其携带外源目的基因。将其包装成病毒颗粒后，通过侵染宿主细胞，将外源目的基因带入宿主细胞中。

③ 胚胎干细胞法　胚胎干细胞（embryonic stem cell，ES）是早期胚胎（原肠胚期之前）或原始性腺中分离出来的一类细胞，它具有体外培养无限增殖、自我更新和多向分化的特性。外源基因通过同源重组方式特异性整合在ES基因组内的一个非必需位点上，构成工程化胚胎干细胞。后者经筛选鉴定和体外扩增，再输回动物胚胎胚泡中，最终形成转基因动物。

2.5 基因工程在食品工业中的应用

2.5.1 改良食品原料品质

动植物是食品加工的基本原料，原料的品质与食品质量息息相关。通过基因工程技术，可以提高或者降低动植物中某些营养成分的表达，提高动植物食品的抗氧化性、耐热性等性能，提高食品品质。

2.5.1.1 改良动物食品性状

2.5.1.1.1 肉品品质改良

自从1997年多利羊培育成功以来，动物基因工程的研究备受鼓舞。目前，生长速度快、抗病力强、肉质好的转基因兔、猪、鸡、鱼已经问世。利用基因工程生产的动物生长激素在加速动物的生长、提高饲养动物的效率及改变畜禽动物及鱼类的营养品质等方面具有广阔的应用前景。

通过基因工程技术，调控脂肪在畜体内沉积顺序以达到改善肉质的目的。均匀分布于肌肉中的脂肪使肌肉呈大理石状，嫩度好，而皮下脂肪对肉的品质则没有任何益处，在肉品加工中也很难利用。因此，改变或淡化畜体的脂肪沉积顺序，减少皮下脂肪的产量具有相当大的经济意义。

2.5.1.1.2 乳品品质改良

（1）提高牛乳产量

利用基因工程菌株生产牛生长激素，然后将生成的外源牛生长激素注射到乳牛体内，可提高15%左右的产奶量。

(2) 改善牛乳的成分

利用基因工程技术提高奶牛中β-半乳糖苷酶的活性，有利于降低乳糖含量，避免乳糖不耐受。通过基因工程技术提高奶牛中α-乳白蛋白、乳铁蛋白、溶菌酶的表达，抑制酪蛋白和β-乳球蛋白的表达，生产与人乳蛋白组分接近的牛乳，改善牛乳的品质。

2.5.1.2 改造植物性食品原料

2.5.1.2.1 植物蛋白质品质改良

(1) 提高作物中蛋白质的含量

大部分作物的蛋白质含量低，氨基酸构成不合理，利用基因工程技术可提高农作物蛋白质含量和质量。例如，将小牛胸腺DNA导入小麦系814527，在第二代出现了蛋白质含量高达16.51%的小麦变异株。

(2) 改良氨基酸的组成

基因工程技术在改善农作物种子蛋白质中氨基酸组成方面发挥着重要作用。如将巴西坚果的硫氨基酸基因转入大豆中，就可以获得硫氨基酸含量较高的转基因大豆，使大豆的必需氨基酸比例更趋合理。

2.5.1.2.2 植物淀粉改良

(1) 提高淀粉含量

负责淀粉合成的酶有3种：腺苷二磷酸葡萄糖焦磷酸化酶（ADPGPP）、淀粉合成酶和分支酶。从大肠杆菌的突变体中，克隆出不受反馈抑制的ADPGPP基因，将其构建到马铃薯块茎贮藏蛋白基因的启动子下，然后转入马铃薯中，这种马铃薯块茎中的淀粉含量明显增加。

(2) 对淀粉组成的改良

将水稻蜡质基因的部分编码区构建成反义蜡质基因，并通过电击法将其导入水稻中，在转基因后代植株中发现部分籽粒中的直链淀粉含量明显降低。

2.5.1.2.3 植物油脂改良

利用基因工程技术能够提高植物油脂中的不饱和脂肪酸含量、提高油脂抗氧化能力等。例如，使用共抑制技术构建的大豆突变体的油酸和饱和脂肪酸的含量分别为80%和11%。利用基因工程技术还可以提高油脂中抗氧化剂的含量。目前，已成功地从拟南芥中克隆甲基转移酶基因并转导到大豆中，甲基转移酶是γ-生育酚形成α-生育酚的关键酶。转入这种酶基因的大豆能在不降低总生育酚的前提下，使α-生育酚的含量提高80%以上。

2.5.1.2.4 提高植物中的维生素含量

维生素是维持人类和动物正常生长发育所必需的微量营养物质。通过基因工程技术，调控维生素基因的表达，可以提高植物中维生素的含量。例如，科学家培育出了富含胡萝卜素的金色大米，有利于减轻亚洲、非洲、南美洲等地区人们维生素A缺乏的状况。

2.5.1.2.5 改善果蔬采后品质

随着生物技术的飞速发展，与果实成熟衰老有关的基因工程也取得了令人瞩目的进展。例如，多聚半乳糖醛酸酶（polygalacturonase，PG）在果实的软化中起着重要的作用。利用转基因技术得到的反义PG番茄具有许多明显的经济价值，如果实采后的贮藏期可延长1倍，因而可以减少由过熟和腐烂所造成的损失；果实抗裂、抗机械伤，便于运输；抗真菌感染；由于果胶水解受到抑制，用其加工果酱可提高出品率。

2.5.2 改革传统的发酵工业

2.5.2.1 改良微生物菌种

最早成功应用的基因工程菌是面包酵母菌。人们把具有优良特性的酶基因转移至该食品微生物中，使该酵母含有的麦芽糖透性酶及麦芽糖酶含量大大提高，面包加工中产生 CO_2 气体的量高，用这种菌制造出的面包膨发性能良好、松软可口，深受消费者的欢迎。在面包烘焙过程中，经过基因工程改造后的面包酵母菌种和普通面包酵母一样会被杀死，使用安全。

目前，利用基因工程技术在改造啤酒酵母、单细胞酵母、乳酸菌等微生物方面也取得成功。此外，食品生产中所应用的食品添加剂或加工助剂，如氨基酸、有机酸、增稠剂、乳化剂、表面活性剂、食用色素、食用香精及调味料等，也可以采用基因工程菌发酵生产而得到，基因工程应用于微生物菌种改良前景广阔。

2.5.2.2 改良乳酸菌遗传特性

2.5.2.2.1 选育无耐药基因的菌株

从食品安全性角度来说，一般应选择没有或含有尽可能少的可转移耐药因子的乳酸菌，作为发酵食品和活菌制剂的菌株。因此，需要对乳酸菌的抗药基因进行鉴定。利用基因工程技术可选育无耐药基因的菌株，当然也可去除菌株中的耐药质粒，从而保证食品用乳酸菌和活菌制剂中菌株的安全性。

2.5.2.1.2 选育风味物质基因

乳酸菌发酵产物中与风味有关的物质主要有乳酸、乙醛、丁二酮、3-羟基-2-丁酮等。可以通过基因工程选育风味物质产量高的乳酸菌菌株。

2.5.2.1.3 选育产酶基因

乳酸菌不仅具有一般微生物所具有的酶系，而且还可以产生一些特殊的酶系，如产生有机酸的酶系、合成多糖的酶系、分解脂肪的酶系、合成各种维生素的酶系等，从而赋予乳酸菌特殊的生理功能。若通过基因工程将这些酶系导入干酪、酸奶等发酵乳制品生产用乳酸菌菌株中，将会促进和加速这些产品的成熟。

2.5.2.1.4 选育耐氧相关基因

乳酸菌大多数属于厌氧菌，这给实验和生产带来诸多不便。从遗传学和生化角度看，厌氧菌或兼性厌氧菌几乎没有超氧化物歧化酶基因和过氧化氢酶基因或者说其活性很小。若通过基因工程改变超氧化物歧化酶（SOD）的调控基因，则有可能提高其耐氧活性。当然将外源 SOD 基因和过氧化氢酶基因转入厌氧菌中，也可以起到提高厌氧菌和兼性厌氧菌对氧的抵抗能力的作用。

2.5.2.1.5 选育产细菌素基因

乳酸菌代谢不仅可以产生有机酸等产物，还可以产生多种细菌素。但并不是所有的乳酸菌都产细菌素，若通过生物工程技术将细菌素的结构基因克隆到生产用菌株中，可以使不产细菌素的菌株获得产细菌素的能力，为人工合成大量的细菌素提供了可能。

2.5.2.3 酶制剂的生产

凝乳酶是第一个应用基因工程技术生产的酶，是把小牛的凝乳酶基因转移至细菌或真核微生物生产的一种酶。1990年美国食品药品管理局（FDA）已批准在干酪生产中使用该酶。

20世纪80年代以来，为了缓解小牛凝乳酶供应不足的紧张状态，日本、美国、英国纷纷开展了小牛凝乳酶基因工程的研究。Nishimori等于1981年首次用DNA重组技术将凝乳酶原基因克隆到*E. coli*中并成功表达。随后英国、美国相继构建了各自的凝乳酶原的cDNA文库，并成功地在大肠杆菌、酵母、丝状真菌中表达。

2.5.3 改良食品品质和加工特性

2.5.3.1 改进食品生产工艺

通常以谷物为原料生产乙醇和果糖时，要使用淀粉酶等分解原料中的糖类物质。但这些酶造价高，而且只能使用一次，对这些酶进行改进，可大大降低果糖和乙醇的生产成本。

利用α-淀粉酶的高温突变体进行“高温”生产。这种突变体可在80～90℃时起作用，可以在这种高温下进行液化，加速明胶状淀粉的水解。

改变编码α-淀粉酶和葡萄糖淀粉酶的基因，使它们具有同样的最适温度和最适pH，使液化、糖化在同一条件下进行，减少生产步骤，降低生产成本。

2.5.3.2 改良小麦种子贮藏蛋白的烘烤特性

利用基因工程还可以实现不同豆球蛋白亚基的适当组合，从而改变豆球蛋白在豆粉制作过程中的功能特性，如凝胶时间和凝胶强度。

2.5.3.3 提高马铃薯的加工性能

在食品加工过程中，马铃薯去皮后极易在多酚氧化酶（polyphenol oxidase，PPO）的作用下发生褐变。为了解决这个问题，科学家将PPO的cDNA中一段名为“POT32”的DNA片段构建反义基因表达载体，通过农杆菌介导转入澳大利亚的马铃薯主栽品种“Norchip”中，从而成功地培育出抗褐变的马铃薯品种。

2.5.3.4 改良食品的风味

2.5.3.4.1 甜蛋白

环化糊精作为一种新的糖类物质，除了具有甜味外，还有分解食物中的咖啡因和胆固醇等有害物质的功能。将环化糊精糖基转移酶的基因转入植物，可以在转基因植物中获得环化糊精。

2.5.3.4.2 改良酱油的风味

酱油风味的好坏与酱油在酿造过程中所生成氨基酸的量直接相关，而与此相关的羧肽酶和碱性蛋白酶基因已经被克隆出来，并成功转化。在利用基因工程技术构建的新菌株中，碱性蛋白酶的活力可以提高5倍，而羧肽酶的活力可提高13倍，利用这些基因工程菌株可以改善酿造过程中酱油的风味。

2.5.3.4.3 改良啤酒的风味

双乙酰是影响啤酒风味的重要物质，双乙酰是由啤酒酵母细胞产生的α-乙酰乳酸经非酶促的氧化脱羧反应自发产生的。科学家将外源的α-乙酰乳酸脱羧酶直接整合到啤酒酵母的染色体中，这种转基因啤酒酵母具有降低啤酒中的双乙酰含量的特性，而且不会影响啤酒酿造过程中的其他发酵性能。

2.5.4 生产保健食品和特殊食品

2.5.4.1 生产氨基酸

氨基酸在人们的日常生活中非常重要，如在食品工业中可用作增味剂、营养补充剂；在农业上也可用作饲料添加剂；在医学上可用于输液。

提高氨基酸产量的传统方法主要是通过突变筛选过量表达某种氨基酸的菌株，但大规模筛选的方法效率低，费时费力。而通过原生质体的转化，即通过溶菌酶把革兰氏阳性菌的细胞壁去掉，制备出原生质体，再用PEG法进行转化的效果比较好。例如，在正常的色氨酸生物合成途径中，其限速步骤所涉及的酶是邻氨基苯甲酸合成酶。把编码这种酶的基因转化到生产色氨酸的菌株中使之正确高效表达，从而达到增加色氨酸产量的目的。

2.5.4.2 生产保健食品的有效成分

采用转基因手段，可以在动植物或其他细胞中使目的基因得到表达而制造有益于人类健康的保健成分。例如，把人的血红素基因克隆至猪中，从而可从猪血中提取血红素。

2.5.5 转基因食品

2.5.5.1 转基因食品的概念

转基因食品（genetically modified food，GMF）是现代生物技术的产物。利用现代分子生物技术，将某些生物的一种或者几种外源性基因转移到其他物种中，改造它们的遗传性状，使其有效地表现出相应的满足人类需求的性能。它的出现在很大程度上有效缓解了因世界人口极速增长、农作物种植土地面积缩减等客观原因导致的食品短缺、农药污染、食品质量下降等问题。

2.5.5.2 转基因食品的分类及主要特点

2.5.5.2.1 根据基因来源分类

根据GMF的基因来源，可将其分为植物源性GMF、动物源性GMF和微生物源性GMF等。

① 植物源性GMF　据国际农业生物技术应用服务组织（International Service for the Acquisition of Agri-biotech Applications，ISAAA）官方数据显示，截至2021年12月，全球研发了包括小麦、玉米、大豆、水稻、马铃薯、番茄等32个物种538个品系（转化体）的转基因农作物。

② 动物源性GMF　主要产品有肉、蛋、乳、鱼及其他水产品和蜂产品等。相较植物而言，目前大部分转基因动物产品仍处于研发阶段。按用途划分，转基因动物的作用主要有以下几类：利用生物乳腺反应器进行生物制药；利用转基因动物构建人类疾病动物模型；利用转基因动物生产人类器官，用于异种器官移植；利于提高家畜产品品质和质量；用于动物的抗病育种；等等。

③ 微生物源性GMF　用转基因技术改造微生物，以生产食用酶及生物制剂、提高酶的产量和活力，产品主要有转基因酵母、食品发酵用酶等。

2.5.5.2.2 根据功能分类

根据功能，可将GMF分为增产与抗逆型、高营养型、控熟型、新品种型、保健型等几种类型。

① 增产与抗逆型　农作物增产与其生长分化、肥料、农药、抗虫、抗旱、耐寒、耐热、耐盐碱等因素密切相关，通过转移或修饰相关的基因可以达到增产及抗逆效果。

② 高营养型　许多食品缺少人体必需的氨基酸、脂肪酸、维生素等营养物质，或者营养素配比不合理。利用转基因技术，从改造动植物的蛋白质入手，使其表达的蛋白质具有合理的氨基酸组成或含有必需的不饱和脂肪酸。现已培育成功的有转基因玉米、大豆等。

③ 控熟型　通过转移或修饰与控制成熟衰老有关的基因，使转基因生物的成熟期延迟或提前，以适应市场需求。目前已经培育出成熟速度慢、不易软化和腐烂、耐贮存的番茄、甜椒、草莓、荔枝等果蔬。

④ 保健型　将病原体抗原基因或毒素基因导入农作物中，人们吃了这类食物，相当于在补充营养物质的同时服用了疫苗，起到预防疾病的作用。

⑤ 新品种型　通过不同品种间的基因重组形成新品种，使其在品质、口味、色泽、香气等方面具有新的特点。

2.5.5.3 转基因食品的安全性

人们对 GMF 的关注并不仅仅是在其安全性、致敏性、致癌性、营养质量的改变及多样性的威胁上，而且还涉及环境、宗教、文化、伦理等问题。人们担心转基因技术可能会和其他新技术一样，由于生物技术的谬用或生物意外；会造成难以估量的灾难。例如有研究表明，新的遗传材料有时很难成功转移到靶细胞，或者会转移到靶生物 DNA 链的错误部位，或者由于基因的转入激活了正常情况下失活的基因，或者抑制了正常功能的基因，由此会出现不可预料的突变。

科学界对 GMF 的安全性问题一直持严肃的态度，其研究也是十分谨慎的。从理论上讲，只要转基因技术成熟，目标明确，检测机制健全，GMF 就是安全的。因为 GMF 是通过特定的技术使得生物某个方面的性状得到改变，动物不会因摄入 GMF 而获得该性状。转基因技术的副作用也是可以避免的，并不会由此影响食用该食品的人类的安全。尽管如此，由于生物的复杂性，能真正在心理上说服广大消费者还需要有充足的实验证据，GMF 的普及和推广在一些国家和地区还需要做大量的工作。有理由相信，随着转基因技术的迅速发展和普及，巨大的经济效益和社会效益将显现出来，加上其安全性在理论和实践上不断得到证实，GMF 将更多地被人们所接受。

思考题

1. 举例说明Ⅱ型核酸内切酶的命名规则。
2. 简述 *Lac Z* 基因进行蓝白斑筛选的原理。
3. 简述质粒载体必须具备的基本特征。
4. 简述转基因食品的分类。

第3章

酶工程与食品工业

本章导言

1. 充分考虑酶工程专业知识与生活实际的结合，尊重事物之间内在的科学联系。

2. 对学生提出更高层次的知识导向，促进其主动思考、学习，增强对其探索精神的培养。

3. 可以结合一些在酶工程领域做出重要贡献的科学家及其研究故事，培养学生认真钻研、甘于奉献的敬业精神。

3.1 酶工程概述

3.1.1 生物酶的定义、特点与作用

酶（enzyme）是由活细胞产生的，具有高效、专一催化功能的生物大分子。按照分子中起催化作用的主要组分不同，酶可以分为蛋白类酶（proteozyme，P 酶）和核酸类酶（ribozyme，R 酶）两大类。

酶是通过其活性中心，通常是其氨基酸侧链基团先与底物形成一个中间复合物，随后再分解成产物，并放出酶。酶的活性中心又称活性部位（active site），它是结合底物和将底物转化为产物的区域，通常是整个酶分子相当小的一部分，它是由在线性多肽链中可能相隔很远的氨基酸残基形成的三维实体。活性部位通常在酶的表面空隙或裂缝处，形成促进底物结合的优越的非极性环境。在活性部位，底物被多重的、弱的作用力结合（静电相互作用、氢键、范德华力、疏水相互作用），在某些情况下被可逆的共价键结合。酶结合底物分子，形成酶-底物复合物（enzyme-substrate complex）。酶活性部位的活性残基与底物分子结合，首先将它转变为过渡态，然后生成产物，释放到溶液中。这时游离的酶与另一分子底物结合，开始它的又一次循环。

酶具有一般催化剂所具有的共性，如需用量少，能显著提高化学反应的速率，在反应的前后自身没有质和量的改变，能加快反应速度，使之提前到达平衡，但不能改变反应的平衡点等。但酶作为细胞产生的生物催化剂，与一般非生物催化剂相比较又有其显著特点，即酶具有温和性、专一性、高效性和可调性。

3.1.1.1 酶的温和性

酶催化作用与非酶催化作用的一个显著差别在于酶催化作用的条件温和。酶催化作用一般都在常温、常压、pH 近中性的条件下进行。与之相反，一般非酶催化作用往往需要高温、高压和极端的 pH 条件。究其原因，一是由于酶催化作用所需的活性能较低，二是由于酶是具有生物催化功能的生物大分子，在极端的条件下会引起酶的变性而失去其催化功能。

酶的反应条件温和，能在接近中性 pH 和生物体温以及在常压下催化反应。酶促反应的这一特点使得酶制剂在工业上的应用展现了良好的前景，使一些产品的生产可免除使用高温高压耐腐蚀的设备，因而可提高产品的质量，降低原材料和能源的消耗，改善劳动条件和劳动强度，降低成本。

3.1.1.2 酶的专一性

酶对底物及催化的反应有严格的选择性，一种酶仅能作用于一种物质或一类结构相似的物质，发生一定的化学反应，而对其他物质不具有活性，这种对底物的选择性称为酶的专一性。被作用的反应物，通常称为底物（substrate）。一般催化剂没有这样严格的选择性。如氢离子可以催化淀粉、脂肪和蛋白质等多种物质的水解，而淀粉酶只能催化淀粉糖苷键的水解，蛋白酶只能催化蛋白质肽键的水解，脂肪酶只能催化脂肪中酯键的水解，对其他类物质则没有催化作用。酶作用的专一性，是酶最重要的特点之一，也是和一般催化剂最主要的区别。

酶的专一性主要取决于酶的活性中心的构象和性质，各种酶的专一性程度是不同的。有的酶可作用于结构相似的一类物质，有的酶则仅作用于一种物质。

3.1.1.3 酶的高效性

生物体内进行的各种化学反应几乎都是酶促反应，可以说，没有酶就不会有生命。酶的催化效率比无催化剂要高 $10^8 \sim 10^{20}$ 倍，比一般催化剂要高 $10^6 \sim 10^{13}$ 倍。在 0℃时，1g 铁离子每秒只能催化 10^{-5} mol 过氧化氢分解，而在同样的条件下，1mol 过氧化氢酶却能催化 10^5 mol 过氧化氢分解，两者相比，酶的催化效率是铁离子的 10^{10} 倍。又如存在于血液中催化 $H_2CO_3 \longrightarrow CO_2 + H_2O$ 的碳酸酐酶，每分钟每分子的碳酸酐酶可催化 9.6×10^8 个 H_2CO_3 进行分解，以保证细胞组织中的 CO_2 迅速通过肺泡及时排出，维持血液的正常 pH。

3.1.1.4 酶的可调性

酶作为细胞蛋白质的组成成分，随生长发育不断地进行自我更新和组分变化，其催化活性又极易受到环境条件的影响而发生变化，细胞内的物质代谢过程既相互联系，又错综复杂，但生物体内的代谢却能有条不紊地协调进行，这是由于机体内存在着精细的调控系统。

参与这种调控的因素很多，但从分子水平上讲，仍是以酶为中心的调节控制。酶作用的调节和控制也是区别于一般催化剂的重要特征。如果调节失控就会导致代谢紊乱。酶作用调节的方式主要是通过调节酶的含量和酶的活性来实现的。

3.1.2 酶工程的定义

酶工程（enzyme engineering）是生物技术的重要分支，是酶学与微生物学的基本原理与化学工程有机结合而产生的交叉科学技术，它是从应用的目的出发，研究酶的生产与应用的一门技术。酶工程可分为化学酶工程和生物酶工程。化学酶工程主要指天然酶、化学修饰酶、固定化酶及化学人工酶的研究与应用；生物酶工程是酶学和以基因重组技术为主的现代分子生物学技术相结合的产物，主要包括：用基因工程技术大量生产酶（克隆酶）；修改酶基因产生遗传修饰酶（突变酶）；设计新的酶基因，合成自然界不曾有的新酶。

3.1.3 现代酶工程的研究内容

现代酶工程的主要任务是经过预先设计，通过人工操作，获得工业所需要的酶，并通过各种方法使酶充分发挥其催化功能。其主要内容包括工业用酶的生产、酶的提取与分离纯化、酶分子修饰与改造、酶固定化、酶反应器、酶的非水相催化、极端酶、人工模拟酶、生物酶工程等。

3.1.4 酶工程的发展前景

酶工程是解决如何更经济有效地进行酶的生产、制备与应用，将基因工程、分子生物学成果应用于酶的生产，进一步开发固定化酶技术与酶反应器等。新酶的发现和开发、酶的优化生产和高效应用是当今酶工程发展的主攻方向，模拟酶、酶的人工设计合成、抗体酶、杂交酶、进化酶和由核酸构成的酶将成为活跃的研究领域，今后将以更快的速度向纵深发展，显示出更加广阔而诱人的前景。

3.2 酶的分子修饰与模拟

酶是一种高效的生物催化剂。在常温常压和中性介质中，酶能催化许多用一般化学方法难以完成的反应，而且酶的催化具有高效性和专一性，现已经被广泛应用到疾病的诊断和治疗、食品和化学品的生产以及环境保护和监测等领域。但是，由于酶是蛋白质，对反应条件具有严格的要求。酶一旦离开生物细胞，离开其特定的作用环境条件，常变得不太稳定，不能满足大量生产的需要。酶作用的最适 pH 条件一般是中性，但在工农业生产中，由于底物及产物带来的影响，pH 常偏离中性范围，酶难以发挥作用。另外酶、多肽作为药物已越来越多地应用于临床医药领域，但酶蛋白属于天然的抗原，当注入生物机体后，会刺激体内免疫系统产生抗体，并通过抗原抗体反应被清除，甚至产生过敏反应。同时，生物体内蛋白酶的水解作用缩短了异源药用蛋白在体内的循环半衰期，从而达不到预期的疗效；此外，天然酶存在物理化学和生物稳定性差的缺点，这些都严重制约药用酶的临床应用。因此，人们希望通过各种人工方法改造酶，使其更能适应各方面的需要。

3.2.1 酶的化学修饰

酶分子的化学修饰（chemical modification）可以定义为在体外利用修饰剂所具有的各类化学基团的特性，直接或经一定的活化步骤后，与酶分子上的某种氨基酸残基（一般尽可能选用非酶活性必需基团）产生化学反应，从而改造酶分子的结构与功能。凡涉及共价或部分共价键的形成或破坏，从而改变酶学性质的改造，均可看作是酶分子的化学修饰。

3.2.1.1 酶分子化学修饰的基本原理

大量研究表明，由于酶分子表面外形的不规则，各原子间极性和电荷的不同，各氨基酸残基间相互作用等，酶分子结构的局部形成了一种包含了酶活性部位的微环境。不管这种微环境是极性的还是非极性的，都直接影响到酶活性部位氨基酸残基的电离状态，并为活性部位发挥催化作用提供了合适的条件。但天然酶分子中的这种微环境可以通过人为的方法进行适当的改造，通过对酶分子的侧链基团、功能基团等进行化学修饰或改造，可以获得结构或性能更合理的修饰酶。酶经过化学修饰后，除了能减少由于内部平衡力被破坏而引起的酶分子伸展打开外，还可能会在酶分子的表面形成一层"缓冲外壳"，在一定程度上抵御外界环境的电荷、极性等变化，进而维持酶活性部位微环境的相对稳定，酶分子能在更广泛的条件下发挥作用。

酶的化学修饰是对酶进行分子修饰的一种重要方法。对酶进行化学修饰时，首先应选择适宜的修饰剂。一般情况下，所选的修饰剂具有较大的分子量、良好的生物相容性和水溶性，修饰剂表面有较多的反应基团及修饰后酶活性的半衰期较长。其次，对酶的性质应有一定的了解。应熟悉酶活性部位的情况，酶反应的最适条件和稳定条件，以及酶分子侧链基团的化学性质和反应活性等。再次，要注意选择最佳的修饰条件，尽可能在酶稳定的条件下进行反应，避免破坏酶活性中心功能基团。因此必须严格控制反应体系中酶与修饰剂的比例、反应温度、反应时间、盐浓度、pH 等条件，以得到酶与修饰剂的高结合率及高酶活力回收率。事实证明，只要选择合适的化学修饰剂和修饰条件，在保持酶活性的基础上，能够在较大范围内改变酶的性质，提高酶对热、酸、碱和有机溶剂的耐受性，改变酶的底物专一性和最适 pH 等酶学性质。但这并不是说酶修饰后，以上这些性质都会得到改善，而应根据具体的目的选用特定的修饰方法。酶修饰中存在的问题是随着酶与修饰剂结合率提高，酶活力回收率将下降。克服的方法是采取一些保护措施，如添加酶的竞争性抑制剂，保护酶活性部位以及改进现有的修饰工艺，进一步完善酶的化学修饰法。

3.2.1.2 金属离子置换修饰

将酶分子中所含的金属离子置换成另一种金属离子，使酶的特性和功能发生改变的修饰方法称为金属离子置换修饰。通过金属离子置换修饰，可以提高酶活力，增加酶的稳定性，了解各种金属离子在酶催化过程中的作用，有利于阐明酶的催化作用机制，甚至改变酶的某些动力学性质。

有些酶分子中含有金属离子，而且往往是酶活性中心的组成部分，对酶催化功能的发挥有重要作用。例如，α-淀粉酶中的 Ca^{2+}，谷氨酸脱氢酶中的 Zn^{2+}，过氧化氢酶分子中的 Fe^{3+}，超氧化物歧化酶分子中的 Cu^{2+}、Zn^{2+} 等。若从酶分子中除去其所含的金属离子，酶往往会丧失其催化活性。如果重新加入原有的金属离子，酶的催化活性可以恢复或部分恢复。若用另一种金属离子进行置换，则可使酶呈现出不同的特性。有的可以使酶的活性降低甚至丧失，有的则可以使酶的活力提高或者增加酶的稳定性。

在金属离子置换修饰过程中，首先将欲修饰的酶分离纯化，除去杂质，获得具有一定纯度的酶液。在此酶液中加入一定量的金属离子螯合剂，如乙二胺四乙酸（EDTA）等，使酶分子中的金属离子与 EDTA 等形成螯合物。通过透析、超滤、分子筛色谱等方法，将 EDTA 金属螯合物从酶液中除去。此时，酶往往成为无活性状态。然后在去离子的酶液中加入一定量的另一种金属离子，酶蛋白与新加入的金属离子结合，除去多余的置换离子，就可以得到经过金属离子置换后的酶。金属离子置换修饰只适用于那些在分子结构中含有金属离子的酶。用于金属离子置换修饰的金属离子，一般都是二价金属离子，如 Ca^{2+}、Mg^{2+}、Mn^{2+}、Zn^{2+}、Co^{2+}、Cu^{2+} 等。

3.2.1.3 大分子结合修饰

采用水溶性大分子与酶的侧链基团共价结合，使酶分子的空间构象发生改变，从而改变酶的特性与功能的方法称为大分子结合修饰。大分子结合修饰是目前应用最广泛的酶分子修饰方法。通过大分子结合修饰，酶分子的结构发生某些改变，酶的特性和功能也将有所改变。可以提高酶活力，增加酶的稳定性，降低或消除酶的抗原性等。

酶的催化功能本质上是由其特定的空间结构，特别是由其活性中心的特定构象所决定的。水溶性大分子与酶的侧链基团通过共价键结合后，可使酶的空间构象发生改变，使酶活性中心更有利于与底物结合，并形成准确的催化部位，从而使酶活力提高。另外，用水溶性大分子与酶结合进行酶分子修饰，可以在酶的外围形成保护层，使酶的空间构象免受其他因素的影响，使酶活性中心的构象得到保护，从而增加酶的稳定性，延长其半衰期。利用聚乙二醇、右旋糖酐、蔗糖聚合物、葡聚糖、环状糊精、肝素、羧甲基纤维素、聚氨基酸、聚氧乙烯十二烷基醚等水溶性大分子与酶蛋白的侧链基团结合，使酶分子的空间结构发生某些精细的改变，从而改变酶的特性与功能。

酶分子不同，经大分子结合修饰后的效果不尽相同。有的酶分子可能与一个修饰剂分子结合；有的酶分子则可能与 2 个或多个修饰剂分子结合；有的酶分子可能没与修饰剂分子结合。为此，需要通过凝胶色谱等方法进行分离，将不同修饰度的酶分子分开，从中获得具有较好修饰效果的修饰酶。

利用水溶性大分子对酶进行修饰，是降低甚至消除酶的抗原性的有效方法之一。酶对于人体来说，是一种外源性蛋白质。当酶蛋白非经口（如注射）进入人体后，往往会成为一种抗原，刺激体内产生抗体。当这种酶再次注射进入体内时，产生的抗体就可与作为抗原的酶特异性结合，使酶失去其催化功能。所以药用酶的抗原性问题是影响酶在体内发挥其功能的重要问题之一。采用酶分子修饰方法使酶的结构产生某些改变，有可能降低甚至消除酶的抗原性，从而保持酶的催化功能。

3.2.1.4 肽链有限水解修饰

酶的催化功能主要决定于酶活性中心的构象，活性中心部位的肽段对酶的催化作用是必不可少的，而活性中心以外的肽段则起到维持酶的空间构象的作用。肽链一旦改变，酶的结构和特性将随之发生改变。酶蛋白的肽链被水解后，可能出现下列 3 种情况：①若肽链的水解引起酶活性中心的破坏，酶将丧失其催化功能，这种修饰主要用于探测酶活性中心的位置。②若肽链的一部分被水解后，仍然可以维持酶活性中心的空间构象，则酶的催化功能可以保持不变或损失不多，但是其抗原性等特性将发生改变。这将提高某些酶，特别是药用酶的使用价值。③若主链的断裂有利于酶活性中心的形成，则可使酶分子显示其催化功能或使酶活力提高。在后两种情况下，肽链的水解在限定的肽链上进行，称为肽链有限水解。在肽链的限定位点进行水解，使酶的空间结构发生某些精细的改变，从而改变酶的特性和功能的方法，称为肽链有限水解修饰。

3.2.1.5 酶分子侧链基团的修饰

通过选择性试剂或亲和标记试剂使酶分子侧链上特定的功能基团发生化学反应，从而改变酶分子的特性和功能的修饰方法称为酶分子侧链基团修饰。由于酶分子侧链上有各种活泼的功能基团，其能与一些化学修饰剂发生反应，从而达到对酶分子进行化学修饰的目的。酶分子侧链基团化学修饰的一个非常重要的作用是探测酶分子中活性部位的结构。理想状态下，修饰剂只是有选择性地与某一特定的残基发生反应，很少或几乎不引起酶分子的构象变化，在此基础上，通过对该基团的修饰对酶分子生物活性所造成的影响进行分析，就可以推测出被修饰的残基在酶分子中的功能。

酶有蛋白类酶和核酸类酶两大类别。它们的侧链基团不同，修饰方法也有所区别。蛋白类酶主要由蛋白质组成，酶蛋白的侧链基团是指组成蛋白质的氨基酸残基上的功能基团，主要包括氨基、羧基、巯基、胍基、酚基、咪唑基、吲哚基等。这些基团可以形成各种次级键，对酶蛋白空间结构的形成和稳定起重要作用。侧链基团一旦改变，将引起酶蛋白空间构象的改变，从而改变酶的特性和功能。酶蛋白侧链基团修饰可以采用各种小分子修饰剂，如氨基修饰剂、羧基修饰剂、巯基修饰剂、胍基修饰剂、酚基修饰剂、咪唑基修饰剂、吲哚基修饰剂等；也可以采用具有双功能基团的化合物，如戊二醛、己二胺等进行分子内交联修饰；还可以采用各种大分子与酶分子的侧链基团形成共价键而进行大分子结合修饰。核酸类酶主要由核糖核酸（RNA）组成，酶的侧链基团是指组成 RNA 的核苷酸残基上的功能基团。RNA 分子上的侧链基团主要包括磷酸基，核糖上的羟基，嘌呤、嘧啶碱基上的氨基和羟基（酮基）等。由于核酸类酶的发现只有 30 多年历史，因此对核酸类酶的侧链基团修饰的研究较少。但是，其分子上的侧链基团经过修饰后，也会引起酶的结构改变，从而引起酶的特性和功能的改变。通过侧链基团修饰，有可能使核酸类酶的稳定性提高。如果对核酸类酶分子上某些核苷酸残基进行修饰，连接上氨基酸等有机化合物，有可能扩展核酸类酶的结构多样性，从而扩展其催化功能，提高酶的催化活力。

3.2.1.6 氨基酸置换修饰

酶蛋白的基本组成单位是氨基酸，在特定的位置上的各种氨基酸残基是酶的化学结构和空间结构的基础。若将肽链上的某一个氨基酸残基换成另一个氨基酸残基，则会引起酶蛋白的化学结构和空间构象的改变，从而改变酶的某些特性和功能，这种修饰方法称为氨基酸的置换修饰。

现在常用的氨基酸置换修饰的方法是定点突变技术。定点突变（site directed mutagenesis）是 20 世纪 80 年代发展起来的一种基因操作技术，是指在 DNA 序列中的某一特定位点上进行碱基的改变从而获得突变基因的操作技术，是蛋白质工程（protein engineering）和酶分子组成单位置换修饰中常用的技术。定点突变技术为氨基酸或核苷酸的置换修饰提供了先进、可靠、行之有效的手段。

3.2.1.7 核苷酸链剪切/核苷酸置换修饰

核酸类酶的基本组成单位是核苷酸，核苷酸通过磷酸二酯键连接成为核苷酸链。在核苷酸的限定位点进行剪切，使核酸类酶的结构发生改变，从而改变核酸类酶的特性和功能的方法，称为核苷酸链剪切修饰。某些 RNA 分子原本不具有催化活性，经过适当的修饰作用，在适当位置上去除一部分核苷酸残基后，可以显示核酸类酶的催化活性，成为一种核酸类酶。

将酶分子核苷酸链上的某一个核苷酸换成另一个核苷酸的修饰方法，称为核苷酸置换修饰。核苷酸置换修饰通常采用定点突变技术进行。只要将核苷酸链中的一个或几个核苷酸置换，就可以使核酸类酶的特性和功能发生改变。

3.2.1.8 酶分子亲和标记修饰

亲和标记是一种特殊的化学修饰方法。早期人们利用底物或过渡态类似物作为竞争性抑制剂探索酶的活性部位结构，如丙二酸作为琥珀酸酶的竞争性抑制剂，δ-葡萄糖酸内酯作为葡萄糖酸酶的抑制剂。与此同时，又利用蛋白质侧链基团的化学修饰剂探讨酶的活性部位。如果某一试剂使酶失活，可以推断能与该试剂反应的氨基酸是酶活力所必需的。酶分子的亲和修饰是基于酶和底物的亲和性，修饰剂不仅具有对被作用基团的专一性，而且具有对被作用部位的专一性，将这类修饰剂称为位点专一性抑制剂，即修饰剂作用于被作用部位的某一基团，而不与被作用部位以外的同类基团发生作用。一般它们都具有与底物类似的结构，对酶活性部位具有高度的亲和性，能对活性部位氨基酸残基进行共价标记。因此，将这类专一性化学修饰称为亲和标记或专一性的不可逆抑制。

3.2.2 酶的物理修饰与诱导构象重建

通过各种物理方法，使酶分子的空间构象发生某些改变，从而改变酶的某些特性和功能的方法称为酶分子的物理修饰。

通过酶分子的物理修饰，可以了解在不同物理条件下，特别是在高温、高压、高盐、低温、真空、失重、极端 pH 值、有毒环境等极端条件下，由酶分子空间构象的改变而引起酶的特性和功能的变化情况。极端条件下酶催化特性的研究对于探索太空、深海、地壳深处以及其他极端环境中，生物的生存可能性及其潜力有重要的意义，同时还有可能获得在通常条件下无法得到的各种酶的催化产物。

通过酶分子的物理修饰，还可能提高酶的催化活性，增强酶的稳定性或者是使酶的催化动力学特性发生某些改变。

酶分子物理修饰的特点在于不改变酶的组成单位及其基团，酶分子中的共价键不发生改变，只是在物理因素的作用下，副键发生某些变化和重排，使酶分子的空间构象发生某些改变。例如，羧肽酶 γ 经过高压处理，底物特异性发生改变，其水解反应能力降低，而有利于催化多肽合成反应；用高压方法处理纤维素酶，该酶的最适温度有所降低，在 30～40℃ 的条件下，高压修饰的纤维素酶比天然酶的活力提高 10%。

酶分子空间构象的改变还可以在某些变性剂的作用下，首先使酶分子原有的空间构象破坏，然后在不同的物理条件下，使酶分子重新构建新的空间构象。例如，首先用盐酸胍等变性剂使胰蛋白酶的原有空间构象破坏，通过透析除去变性剂后，再在不同的温度条件下，使酶重新折叠形成新的空间构象。结果表明，20℃ 的条件下重新构建的胰蛋白酶与天然胰蛋白酶的稳定性基本相同，而在 50℃ 的条件下重新构建的胰蛋白酶的稳定性比天然酶提高 5 倍。

3.2.3 酶的蛋白质工程技术修饰

酶的蛋白质工程技术修饰是指天然地或人工地对组成酶蛋白的氨基酸残基或基团作某种改变，从而改变酶蛋白的一级结构的过程。

蛋白质工程自问世以来，短短的几十年时间，已取得了令人瞩目的进展。随着食品工业的发展，各国对工业酶制剂的需求量在不断增加，但绝大多数酶应用于工业化生产都存在不同程度的局限性。在工业化生产条件下，大多数酶很快变性或失去活性。蛋白质工程的出现解决了这一难题，应用蛋白质工程对酶结构或局部构象进行调整和改造，大大提高了食品专用酶制剂的耐高温、抗氧化能力，增加了酶的稳定性和适用 pH 值范围，从而大大降低了工业成本。

酶的蛋白质工程致力于天然蛋白质的改造，制备各种定制的蛋白质。

根据蛋白质结构理论，有些蛋白质立体结构实际上是由一些结构元件组装起来的，而且它们的各种功能也与这些结构元件相对应。因此，如果想对这些蛋白质功能元件进行分解或重组来获得具有单一或复合功能的新蛋白质，就可以通过分子裁减的方法来实现。也就是对这些蛋白质的功能元件相应的一级结构进行分解或重组，而无需从空间结构的角度上考虑。同样，对于一些功能和特性仅仅由蛋白质一级结构中某些氨基酸残基的化学特性所决定的酶来说，也可不经过以空间结构为基础的分子设计，直接改变或者消除这些侧链来改变它们的有关功能或特性。但是，当这些氨基酸残基的改变从空间结构上影响其他有关功能时，就必须对取代残基仔细地选择或筛选。如枯草芽孢杆菌的蛋白酶具有氧化不稳定性，有一个容易被氧化的甲硫氨酸残基，位于活性中心 222 位。当被 19 种氨基酸残基替代后，大部分突变型酶的氧化稳定性得到了明显提高，但它们的活力都有不同程度的下降。因此，对这类蛋白酶的改造往往要经仔细地进行分子设计后才能实施。

酶蛋白的另一种改造方法是对随机诱变的基因库进行定向筛选和选择，用这种方法的前提是必须有一个目的基因产物的高效检测筛选体系。如枯草芽孢杆菌蛋白酶是一种胞外碱性蛋白酶，在培养基中加入脱脂牛乳，就可通过观察培养皿蛋白质水解圈的有无或大小来筛选蛋白酶基因阳性或表达性强的菌落，然后选择所需的菌落，测定相应的 DNA 序列，找出突变位点。

目前酶的蛋白质工程技术修饰主要集中在工业用酶的改造上。因为工业用酶有较好的酶学和晶体学研究基础，酶的发酵技术（包括诱变技术和筛选方法）也比较成熟，而且其微生物的遗传工程发展较好。另外，工业酶无须进行医学鉴定，能很快地投入使用。例如，洗衣粉中添加的枯草芽孢杆菌蛋白酶，是一种天然的丝氨酸蛋白酶，它能分解衣服上的血或汗渍类物质中的蛋白质，从而使衣物洁净。但是这种酶易被漂白剂破坏而失去活性，原因是 222 位的甲硫氨酸残基容易被氧化成砜或亚砜。利用目前的蛋白质工程技术，将它用丝氨酸或丙氨酸替代后，酶的抗氧化能力大大提高，从而有利于其与漂白剂混合使用。

3.2.4 酶的人工模拟

3.2.4.1 模拟酶的理论基础和策略

在分子水平上模拟酶对底物的识别与催化功能已引起各国科学工作者的广泛关注，人工模拟酶由于它在阐述酶的结构和催化机制方面所发挥的重要作用以及其潜在的应用价值，已经成为化学、生命科学以及信息科学等多学科及其交叉研究领域共同关注的焦点。

3.2.4.1.1 模拟酶的概念

模拟酶又称人工模拟酶或酶模型，模拟酶的研究就是利用有机化学、生物化学等方法设计和合成一些较天然酶简单的非蛋白质分子或蛋白质分子，以这些分子作为模型来模拟酶对其作用底物的结合和催化过程。也就是说，模拟酶是在分子水平上模拟酶活性部位的形状、大小及其微环境等结构特征，以及酶的作用机制和立体化学等特性的一门科学。

3.2.4.1.2 模拟酶的分类

模拟酶常见的分类方法有小分子模拟酶体系和大分子模拟酶体系分类法、Kirby 分类法等。

(1) 小分子模拟酶体系和大分子模拟酶体系分类法

较为理想的小分子模拟酶体系有环糊精、冠醚、环番、环芳烃和卟啉等大环化合物；大分子模拟酶体系主要有合成高分子仿酶体系和生物高分子仿酶体系。合成高分子仿酶体系有聚合物酶模型、分子印迹酶模型和胶束酶模型等。

(2) Kirby 分类法

一般可通过有机化学和生物化学的方法合成模拟酶。依据合成方法，将模拟酶分为半合成酶和全合成酶两大类。根据 Kirby 分类法，模拟酶可分为：单纯酶模型（enzyme-based mimics）、机理酶模型（mechanism-based mimics）、单纯合成的酶样化合物（synzyme）。Kirby 分类法基本上属于合成酶的范畴。

3.2.4.1.3 模拟酶的理论基础

1987 年的诺贝尔化学奖获得者 Donald J. Cram、Charles J. Pederson 与 Jean-Marie Lehn 提出了主-客体化学（host-guest chemistry）和超分子化学（supermolecular chemistry）理论，奠定了模拟酶的重要理论基础。

（1）模拟酶的酶学基础

Pauling 的稳定过渡态理论在有关酶催化高效率机理的众多假说中得到了广泛的认可。模拟酶应和酶一样，能够在底物结合中，通过底物的定向化、键的扭曲及变形来降低反应的活化能。此外，模拟酶的催化基团和底物之间必须具有相互匹配的立体化学特征，这对形成良好的反应特异性和催化效力是相当重要的。

（2）主-客体化学和超分子化学

Pederson 和 Cram 在进行光学活性冠醚的合成时，冠醚作为主体与伯铵盐客体形成复合物。Cram 把主体与客体通过配位键或其他次级键形成稳定复合物的化学领域称为主-客体化学。其本质意义主要是源于酶和底物的相互作用，体现为主体和客体在结合部位的空间及电子排列的互补，这种主-客体互补与酶和它所识别的底物结合情况近似。

法国著名科学家 Lehn 在研究穴醚和大环化合物与配体络合过程中，提出了超分子化学理论，该理论认为超分子的形成源于底物和受体的结合，这种结合基于非共价键相互作用，如静电作用、氢键和范德华力等。当接受体与络合离子或分子结合成稳定的、具有稳定结构和性质的实体时，即形成了“超分子”，它兼具分子识别、催化和选择性输出的功能。从主-客体化学和超分子化学理论出发，根据酶催化反应的机理，如果能够合成既能识别底物又具有酶活性部位催化基团的主体分子，就可以有效地模拟酶的催化过程。

3.2.4.2 合成酶

Kirby 分类法基本属于合成酶的范畴，依据合成方法，将模拟酶分为半合成酶和全合成酶两大类。半合成酶是以天然蛋白质或酶为母体，用化学或生物学方法引入适当的活性部位或催化基团，或改变其结构，从而形成一种新的人工模拟酶。全合成酶，这类酶不是蛋白质，而是有机物，通过引入酶的催化基团与控制空间的构象，像自然酶那样能选择性地催化化学反应。

3.2.4.3 印迹酶

大分子模拟酶体系主要有合成高分子仿酶体系和生物高分子仿酶体系，印迹酶属于合成高分子仿酶体系。

3.2.4.3.1 分子印迹及生物印迹技术概述

（1）分子印迹

所谓分子印迹技术（molecular imprinting technique，MIT），也叫分子模板技术（molecular template technique，MTT），是制备对特定目标分子（模板分子也称印迹分子）具有特异预定选择性的高分子化合物——分子印迹聚合物（molecularly imprinted polymer，MIP）的技术。分子印迹技术是设计新型人工模拟酶材料的最有效手段之一，应用此技术已成功地制备出具有酶水解、转氨、脱羧、酯合成、氧化还原等活性的分子印迹酶。

(2) 生物印迹

生物印迹（bio-imprinting）是指以天然的生物材料，如蛋白质和糖类物质为骨架，在其上进行分子印迹而产生能识别印迹分子的特异性空腔的过程。

3.2.4.3.2 分子印迹酶

分子印迹酶是指通过分子印迹技术可以产生类似于酶的活性中心的空腔，对底物产生有效的结合作用，更重要的是利用此技术可以在结合部位的空腔内诱导产生催化基团，并与底物定向排列。产生底物结合部位并使催化基团与底物定向排列是获得高效人工模拟酶至关重要的两个方面。

3.2.4.3.3 生物印迹酶

生物印迹是分子印迹中非常重要的内容之一，它的优势在于酶的人工模拟。利用此技术人们首先获得了有机相催化印迹酶，并做了系统的研究。近年来，人们又利用此技术制备出水相印迹酶。

人工模拟酶技术生产稳定性好、价格低、催化效率高，能够满足现代化工业需求，是酶学发展的一个方向。模拟酶主要分为传统模拟酶和纳米材料模拟酶两大类。传统模拟酶的研究在本节已详细论述。近年来，不少研究者对模拟酶进行了发展，如 Shang 等综述了模拟酶纳米材料及其应用。对酶的模拟已不限于化学、免疫学手段，基因工程、蛋白质工程等分子生物学手段正在发挥越来越大的作用，化学和分子生物学方法的结合使酶模拟技术更加成熟。

但目前模拟酶催化效率偏低、催化性能有限、底物选择特异性不高等缺点仍需不断改进，人工模拟酶的研究任重而道远。模拟酶的研究由传统模拟酶发展到纳米材料模拟酶，这是科研工作者不断探索的成果，体现了科研工作者的钻研、发展、创新的思维及方法。

经过人工模拟酶研究领域科学工作者的不断努力，人工模拟酶的研究从合成简单模型到构筑复杂模型，到已经制备出了与天然酶活性相当的人工酶。人工模拟酶的研究是生物与化学交叉的重要研究领域之一，研究人工酶模型可以较直观地观察与酶的催化作用相关的各种因素，是实现人工合成具有高性能模拟酶的基础，在理论和实际应用上具有重要意义。

3.3 酶的固定化与固定化酶

酶作为一种生物催化剂，因其催化作用具有高度专一性、催化条件温和、无污染等特点，广泛应用于食品加工、医药和精细化工等行业。但在使用过程中，人们也注意到酶的一些不足之处，如游离状态的酶对热、强酸、强碱、高离子强度、有机溶剂等稳定性较差，易失活；酶反应后混入反应体系，产物纯化困难；酶不能分离出来重复使用等。由此导致酶难以在工业上更为广泛地应用。为了克服这些问题，更好地适应工业化生产的需要，酶固定化技术于 20 世纪 60 年代应运而生并发展起来。人们模仿生物体酶的作用方式（体内酶多与膜类物质相结合并进行特定的催化反应），通过化学或物理的手段，用载体将酶束缚或限制在一定的区域内，使酶分子在此区域内催化特定的反应；并且反应后酶可以回收及长时间重复使用，克服了游离酶在使用过程中的一些缺陷。固定化酶技术涉及多个学科，自诞生以来发展迅速，目前无论在理论上还是在应用上都已取得了许多重要成果。所谓固定化酶，是指在一定的空间范围内起催化作用，并能反复和连续使用的酶。

目前各国研究者正从多方面改进固定化酶的性质，以降低其成本，使更多的固定化酶得到工业规模的应用。

3.3.1 固定化酶的制备

固定化酶的制备方法、制备材料多种多样，不同的制备方法和材料导致酶固定化后有不同特性。对于特定的目标酶，要根据酶自身的性质、应用目的、应用环境来选择固定化载体和方法，一般应遵循以下几个原则：

① 必须注意维持酶的构象，特别是活性中心的构象。酶的催化反应取决于酶本身蛋白质分子所特有的高级结构和活性中心，为了不损害酶的催化活性及专一性，酶在固定化状态下发挥催化作用时，同样要保证活性中心的氨基酸残基不发生改变，并且要保持其高级结构不被破坏。这就要求酶与载体的结合部位不应当是酶的活性部位，应避免活性中心的氨基酸残基参与固定化反应。另外，由于酶蛋白的高级结构是借助疏水相互作用、氢键、离子键等次级键维持的，所以固定化时应采取尽可能温和的条件，避免那些可能导致酶蛋白高级结构破坏的条件如高温、强酸、强碱、有机溶剂等处理。

② 酶与载体必须有一定的结合强度。酶的固定化既不能影响酶的原有构象，同时固定化酶又要能有效地回收贮藏，以利于反复使用。

③ 固定化酶应有利于自动化、机械化操作。这就要求用于固定化的载体必须有一定的机械强度，使之在制备过程中不易破坏或受损。

④ 固定化酶的空间位阻应尽可能小。固定化应尽可能不妨碍酶与底物的接近，以提高催化效率和产物产量。

⑤ 固定化酶应有较高的稳定性。在应用过程中，所选载体应不和底物、产物或反应液发生化学反应。

⑥ 固定化酶的成本适中。工业生产必须考虑固定化成本要求，应尽可能降低固定化酶的成本。

3.3.2 酶的固定化方法

酶的固定化方法很多，传统的酶固定化方法主要可分为 4 类，即吸附法、共价键结合法、交联法和包埋法等（图 3-1）。吸附法和共价键结合法又可统称为载体结合法。

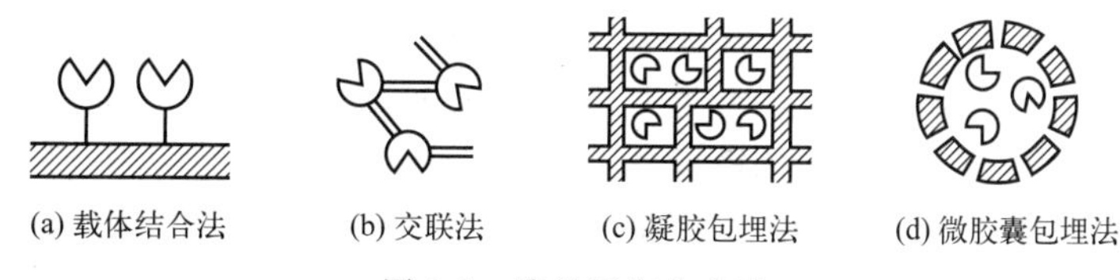

图 3-1 酶的固定化方法

3.3.2.1 吸附法

吸附法（adsorption）是最早出现的酶固定化方法，其是通过载体与酶分子表面次级键的相互作用达到固定目的酶的方法，是固定化中最简单的方法。酶与载体之间的亲和力是范德华力、疏水相互作用、离子键和氢键等。此方法又可分为物理吸附法和离子吸附法。

3.3.2.1.1 物理吸附法

物理吸附法（physical adsorption）是通过物理方法将酶直接吸附在载体表面上使酶固定化的方法。如 α-淀粉酶、糖化酶、葡萄糖氧化酶等都曾采用此法进行固定。物理吸附法常用的有机载体有淀粉、纤维素、胶原等；无机载体有活性炭、氧化铝、硅藻土、多孔玻璃、硅胶、二氧化钛、羟基磷灰石等。

物理吸附法操作简单、价廉、条件温和，载体可反复使用，酶与载体结合后活性部位及空间构象变化不大，所制得的固定化酶活力较高；但酶和载体结合不牢固，使用过程中容易脱落，造成酶的流失，所以使用受到限制。

3.3.2.1.2 离子吸附法

离子吸附法（ion adsorption）是将酶与含有离子交换基团的水不溶性载体通过静电作用力相结合的固定化方法。此法固定的酶有葡萄糖异构酶、糖化酶、α-淀粉酶、纤维素酶等，在工业上用途较广。如最早应用于工业化生产的氨基酰化酶，就是使用多糖类阴离子交换剂二乙基氨基乙基（DEAE)-葡聚糖凝胶固定化的。

离子吸附法使用的载体是某些离子交换剂。常用的阴离子交换剂有DEAE-纤维素、混合胺类（ECTEOLA)-纤维素、四乙基氨基乙基（TEAE)-纤维素、DEAE-葡聚糖凝胶等；阳离子交换剂有羧甲基（CM)-纤维素、纤维素-柠檬酸盐、Amberlite CG-50、Amberlite IRC-50、Amberlite IR-120、Dowex-50等。其吸附容量一般大于物理吸附法。

离子吸附法具有操作简便、条件温和、酶活力不易丧失等优点。但酶与载体结合力不够稳定，当使用高浓度底物、高离子强度和pH发生变化时，酶易从载体上脱落，使用时一定要控制好pH、离子强度和温度等操作条件。

3.3.2.2 共价键结合法

共价键结合法（covalent binding）是将酶与聚合物载体以共价键结合的固定化方法。酶分子中能和载体形成共价键的基团有：赖氨酸的ε-氨基和多肽链N末端的α-氨基；天冬氨酸的β-羧基，谷氨酸的α-羧基和末端的γ-羧基，多肽链C末端的α-羧基；酪氨酸的酚基、半胱氨酸的巯基、丝氨酸和苏氨酸的羟基、组氨酸的咪唑基、色氨酸的吲哚基。其中最普遍的共价结合基团是氨基、羧基和苯环。常用来和酶共价偶联的载体的功能基团有氨基、羟基、羧基和羧甲基等。但必须注意，参加共价键结合的氨基酸残基应当是酶催化活性非必需基团，若共价结合包括了酶活性中心有关的基团，易导致酶活力的损失。

共价键结合法的载体应具有下述性质：结构疏松、表面积大、具有一定的亲水性、没有或很少有非专一性吸附、有一定的机械强度以及带有在温和条件下可和酶的侧链基团发生结合反应的功能基团。常用的载体有天然高分子衍生物如纤维素、葡聚糖凝胶、琼脂糖、甲壳素等；合成高聚物如聚丙烯酰胺、多聚氨基酸等；无机载体如多孔玻璃、金属氧化物等。

载体上的功能基团和酶分子的侧链基团往往不具有直接反应的能力，因此在反应前一般需先进行活化，再在较温和的条件下，将酶和活化了的载体偶联。载体活化最常用的方法有重氮法、叠氮法、溴化氰法、烷基化法等。

共价键结合法制备的固定化酶不易脱落、稳定性好、可连续使用较长时间；但载体活化操作复杂、反应较剧烈，制备过程中酶直接参与化学反应，易引起酶蛋白空间构象变化，影响酶的活性，酶活力回收率一般为30%左右，甚至酶的底物专一性等性质也会发生变化。现已有不少活化的商品化酶固定化载体，一般以固定相或预装柱的形式供应，这些固定相一般已活化，只要将酶在合适的条件下循环通过柱子便可完成酶的固定化。

3.3.2.3 交联法

交联法（crosslinking）是使用双功能或多功能试剂使酶分子之间相互交联呈网状结构的固定化方法。与共价键结合法一样，此法也是利用共价键固定化酶，不同的是它不使用载体。由于酶蛋白的官能团，如氨基、羟基、巯基和咪唑基参与此反应，所以酶活性中心的构造可能受影响而使酶失活明显。降低交联剂浓度和缩短反应时间，有利于固定化酶活力的提高。

常用的双功能试剂有戊二醛、己二胺、异氰酸衍生物、双偶氮联苯和 *N*,*N*-乙烯双顺丁烯二酰亚胺等，其中使用最广泛的是戊二醛。戊二醛和酶蛋白中的游离氨基发生席夫(Schiff)反应，形成席夫碱，从而使酶分子之间相互交联形成固定化酶，如下列反应式所示。

```
OHC(CH2)3CHO+E ——→ —CH═N—E—N═CH(CH2)3CH
                              |               ‖
                              N               N
                              ‖               |
                              CH              E
                              |               |
                            (CH2)3            N
                              |               ‖
                              CH              CH
                              ‖               |
                              N
                              |
                   —CH═N—E—N═CH—
```

交联法制备的固定化酶结合牢固，稳定性较好，但因反应条件较剧烈，酶活力损失较大，活力回收率一般比较低（30%）。交联法制备的固定化酶颗粒较细，且交联剂一般价格昂贵，故此法很少单独使用，常与其他方法联合使用。如将酶用角叉菜胶包埋后用戊二醛交联，或先用硅胶吸附，再用戊二醛交联等。采用两个或多个方法进行固定化的技术称为双重或多重固定化。

3.3.2.4 包埋法

包埋法（entrapment）是将酶包埋在高聚物的细微凝胶网格中或高分子半透膜内的固定化方法。前者又称为凝胶包埋法，酶被包埋成网格型；后者又称为微胶囊包埋法，酶被包埋成微胶囊型。包埋法制备的固定化酶可防止酶渗出，底物需要渗入凝胶孔隙或半透膜内与酶接触。此法较为简便，固定化时酶仅是被包围起来，不发生物理化学变化，酶的高级构象较少改变，回收率较高，适于固定各种类型的酶。但由于只有小分子的底物和产物可以通过高聚物扩散，故只适用于小分子底物和产物的酶；高聚物网格或半透膜对小分子物质扩散的阻力有可能会导致固定化酶的动力学行为改变和活力的降低。

3.3.2.4.1 凝胶包埋法

凝胶包埋法常采用海藻酸钠、角叉菜胶、明胶、琼脂凝胶、卡拉胶等天然高分子物质，以及聚丙烯酰胺、聚乙烯醇和光交联树脂等合成高分子物质，将酶包埋在高分子物质形成的凝胶网格中。

采用天然高分子物质包埋酶时，一般先将待固定的酶与溶解状态的高分子物质均匀混合，然后令其凝胶化，则酶被包埋在凝胶网格中。该法操作简便，但天然高分子凝胶的强度一般较差。采用合成高分子物质包埋酶与前者类似，只是在凝胶化前与酶混合的是高分子物质的单体或预聚物。这些单体或预聚物在适当条件下发生化学反应，形成高分子凝胶。合成高分子凝胶的强度较高，但需在一定的条件下进行聚合反应，这易引起部分酶失活，所以包埋条件的控制非常重要。如最常用的聚丙烯酰胺凝胶包埋法，制备时在酶溶液中加入丙烯酰胺单体和交联剂 *N*,*N*-亚甲基双丙烯酰胺，加聚合反应催化剂四甲基乙二胺和聚合引发剂过硫酸铵等，使其在酶分子周围聚合，形成交联的包埋酶分子的凝胶网络。

3.3.2.4.2 微胶囊包埋法

微胶囊包埋是将酶包埋在各种高聚物制成的半透膜微胶囊内的方法。常用于制造微胶囊的材料有聚酰胺、火棉胶、乙酸纤维素等。

用微胶囊包埋法制得的微胶囊型固定化酶的直径通常为几微米到数百微米，胶囊孔径为几埃至数百埃（1埃=10^{-10}米），适合于小分子底物和产物的酶的固定化，如脲酶、天冬酰胺酶、尿酸酶、过氧化氢酶等。其制造方法有界面聚合法、界面沉淀法、二级乳化法、液膜（脂质体）法等。

一种酶可以用不同方法固定化，但没有一种固定化方法可以普遍适用于每一种酶。特定的酶要根据酶的化学特性和组成、底物和产物性质、具体的应用目的等来选择特定的固定化方法。在实际应用时常将两种或数种固定化方法并用，取长补短。

以上4种酶固定化的方法中，以共价键结合法的研究最为深入，离子吸附法较为实用，包埋法以及交联法可以并用。各种固定化方法的优缺点详见表3-1。

表3-1 各种固定化方法的比较

固定化方法	吸附法		包埋法	共价结合法	交联法
	物理吸附法	离子吸附法			
制备	易	易	较难	难	较难
结合程度	弱	中等	强	强	强
活力回收率	高,酶易流失	高	高	低	中等
再生	可能	可能	不可能	不可能	不可能
固定化成本	低	低	低	高	中等
底物专一性	不变	不变	不变	可变	可变

3.3.3 微胶囊固定化酶生产新技术

上述微胶囊法是用半透膜包埋酶液，近年研究出以脂质体为液膜代替半透膜的新微胶囊法。脂质体包埋法是由表面活性剂和卵磷脂等形成液膜包埋酶的方法，此法的最大特征是底物和产物的膜透过性不依赖于膜孔径的大小，而与底物和产物在膜组分中的溶解度有关，因此可以提高底物透过膜的速率。此法曾用于糖化酶的固定化。

3.4 酶反应器与酶传感器

3.4.1 酶反应器

以酶或固定化酶作为催化剂进行酶促反应的装置称为酶反应器（enzyme reactor）。酶反应器不同于化学反应器，它是在常温、常压下发挥作用，反应器的耗能和产能比较少。酶反应器也不同于发酵反应器，因为它不表现自催化方式，即细胞的连续再生。但是酶反应器与其他反应器一样，都是根据它的产率和专一性进行评价。

3.4.1.1 酶反应器的类型

酶反应器类型可以按多种方式进行分类。

根据其几何形状及结构分为罐式（tank type）、管式（tube type）和膜式（diaphragm type）。

根据反应物的状态分为均相酶反应器（homogeneous enzyme reactor）和固定化酶反应

器（immobilized enzyme reactor）。

按操作方式分为分批式操作（batch operation）、连续式操作（continuous operation）和流加分批式操作（fed-batch operation）3种。

按结构可分为搅拌罐式反应器（stirred tank reactor，STR）、固定（填充）床式反应器（packed column reactor，PCR；packed bed reactor，PBR）、流化床式反应器（fluidized bed reactor，FBR）、鼓泡塔式反应器（bubble column reactor，BCR）、喷射式反应器（jet reactor，JR）以及膜式反应器（membrane reactor，MR）等。

常见的酶反应器类型及特点如表3-2所示。

表3-2　常见的酶反应器类型及特点

反应器类型	适用的操作方式	适用的酶形式	特　　点
搅拌罐式反应器	分批式、流加分批式、连续式	游离酶、固定化酶	设备简单，操作容易，酶与底物混合较为均匀，传质阻力较小，反应比较完全，反应条件容易调节控制
固定(填充)床式反应器	连续式	固定化酶	设备简单，操作方便，单位体积反应床的固定化酶密度大，可以提高酶催化反应的速度，在工业生产中应用普遍
流化床式反应器	分批式、流加分批式、连续式、分批式	固定化酶	混合均匀，传质和传热效果好，温度和pH的调节控制比较容易，不易堵塞，对黏度大的反应液也可以进行催化反应
鼓泡塔式反应器	流加分批式、连续式	游离酶、固定化酶	结构简单，操作容易，剪切力小，混合效果好，传质、传热效率高，适合于有气体参与的酶催化反应
喷射式反应器	连续式	游离酶	通入高压喷射蒸汽实现酶与底物混合进行高温短时催化反应，适用于某些耐高温酶的催化反应
膜式反应器	连续式	游离酶、固定化酶	结构紧凑，集反应与分离于一体，利于连续化生产，但容易发生浓差极化而引起膜孔堵塞，清洗比较困难

3.4.1.1.1　搅拌罐式反应器

搅拌罐式反应器是具有搅拌装置的一种反应器，由反应罐、搅拌器和保温装置等部分组成，是酶催化反应中最常用的反应器，既可用于游离酶的催化反应，也可用于固定化酶的催化反应。

搅拌罐式反应器有分批式搅拌罐反应器（batch stirred tank reactor，BSTR）和连续式搅拌罐反应器（continuous flow stirred tank reactor，CSTR）（图3-2～图3-4）。这类反应器的特点是内容物混合充分均匀，结构简单，温度和pH容易控制，传质阻力较低，能处理胶体状底物、不溶性底物，固定化酶易更换。

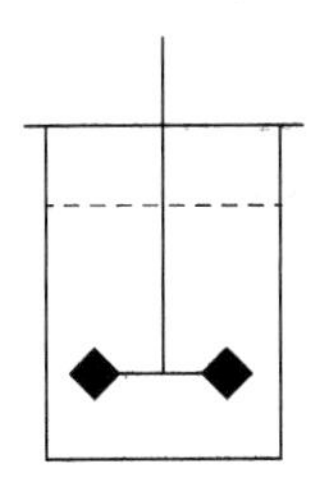

图3-2　分批式搅拌罐反应器示意图

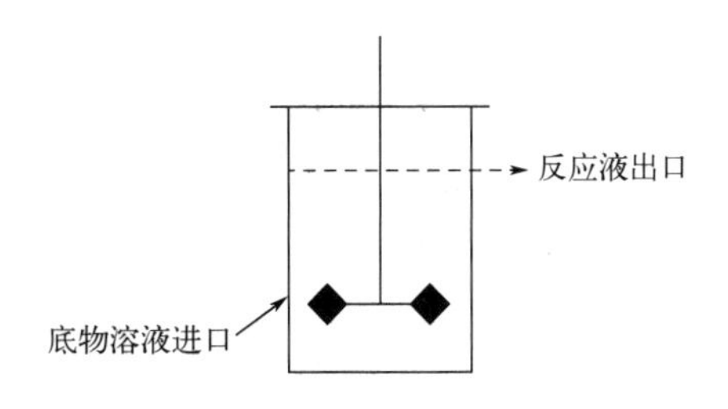

图3-3　连续式搅拌罐反应器示意图

3.4.1.1.2　固定（填充）床式反应器

固定（填充）床式反应器是把颗粒状或片状等固定化酶填充于固定床（也称填充床，床可直立或平放）内，底物按一定方向以恒定速度通过反应床的装置（图 3-5)。它是一种单位体积催化负荷量多、效率高的反应器。典型的填充床，整个反应器可以看作是处于活塞式流动状态，因此这种反应器又称为活塞流式反应器（plug flow reactor，PFR)。

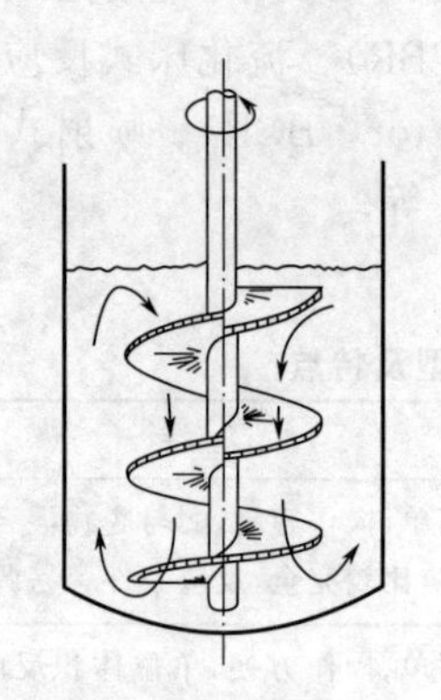

图 3-4 一种搅拌罐式反应器示意图（提供了螺旋杆）

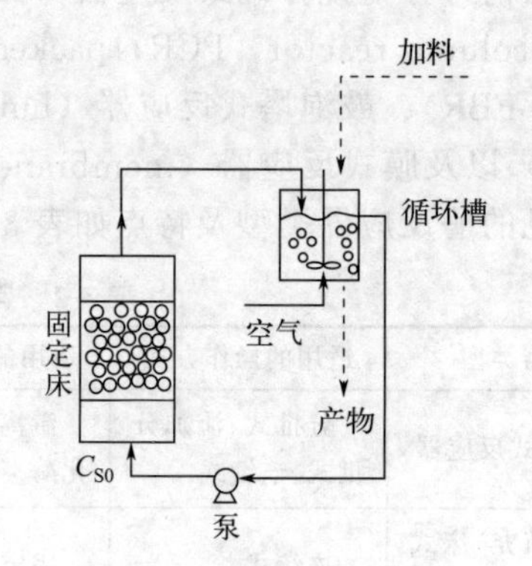

图 3-5 固定床式反应器

3.4.1.1.3 流化床式反应器

流化床式反应器是在装有比较小的固定化酶颗粒的垂直塔内，通过流体自下而上的流动使固定化酶颗粒在流体中保持悬浮状态，即流态化状态进行反应的装置（图 3-6)。流态化的固体颗粒与流体的均一混合物可作为流体处理。

3.4.1.1.4 鼓泡塔式反应器

在生物反应中，有不少的反应涉及气体的吸收或产生，这类反应最好采用鼓泡塔式反应器（图 3-7)。它是把固定化酶放入反应器内，底物与气体从底部通入，大量气泡在上升过程中起到提供反应底物和混合两种作用的一类反应器。在使用鼓泡塔式反应器进行固定化酶的催化反应时，反应系统中存在固、液、气三相，所以鼓泡塔式反应器又称为三相流化床式反应器。

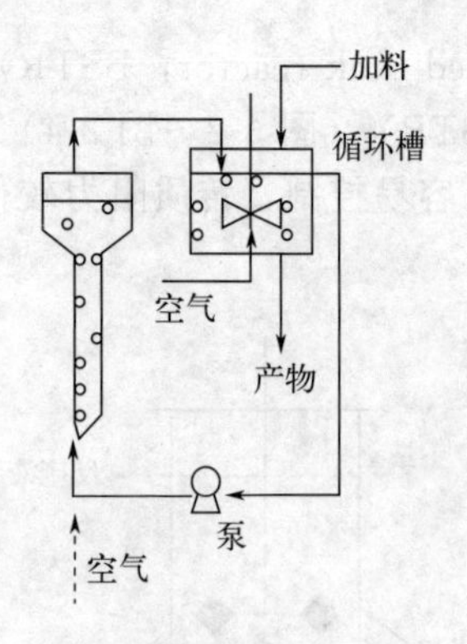

图 3-6 流化床式反应器

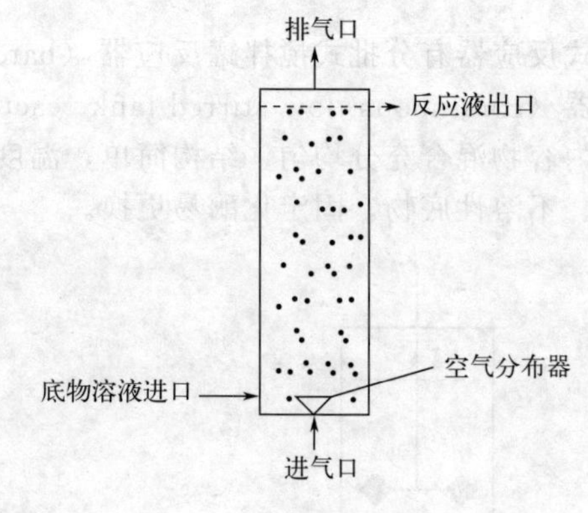

图 3-7 鼓泡塔式反应器

3.4.1.1.5 喷射式反应器

喷射式反应器是利用高压蒸汽的喷射作用实现底物与酶的混合，从而进行高温短时催化反应的一种反应器（图 3-8)。

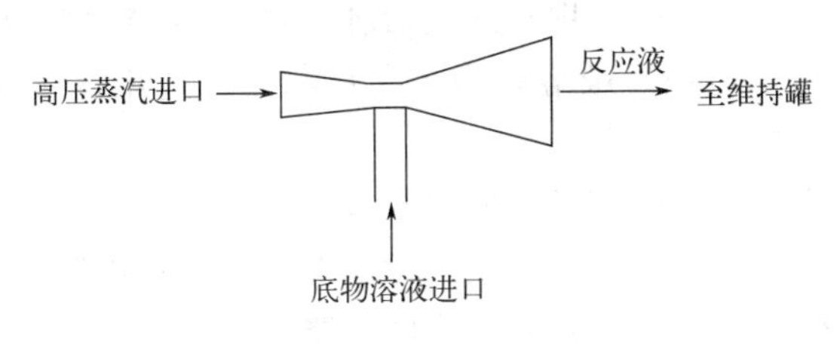

图 3-8　喷射式反应器

3.4.1.1.6　膜式反应器

膜式反应器最早应用于微生物的培养，1958 年 Stem 用透析装置培养出了牛痘苗细胞，1968 年 Blatt 第一次提出膜式反应器概念。自此膜式反应器在生物、医药、石化、食品、环境、农业等许多领域得到了越来越广泛的应用。

膜式酶反应器（enzyme membrane bioreactor，EMBR）是利用选择性的半透膜分离酶和产物（或底物）的生产或实验设备，是反应与分离偶合的装置（图 3-9 和图 3-10），不仅可以将反应液中的酶回收并循环使用，提高酶的使用效率并降低生产成本，还可以及时分离出反应产物，降低或消除产物对酶的反馈抑制作用，提高酶的催化反应速度。

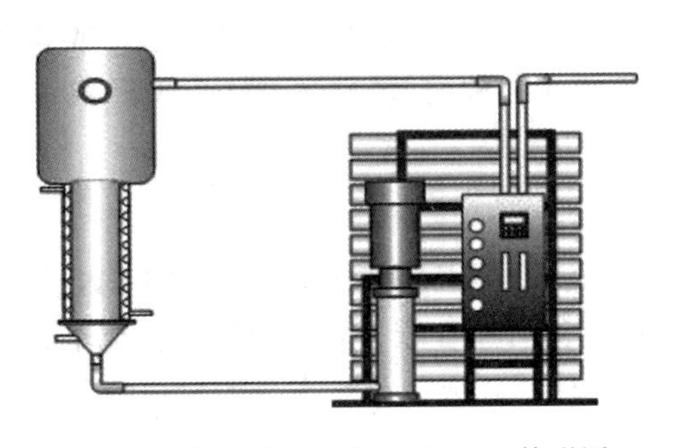
图 3-9　膜式酶反应器 MEF2000 外形图

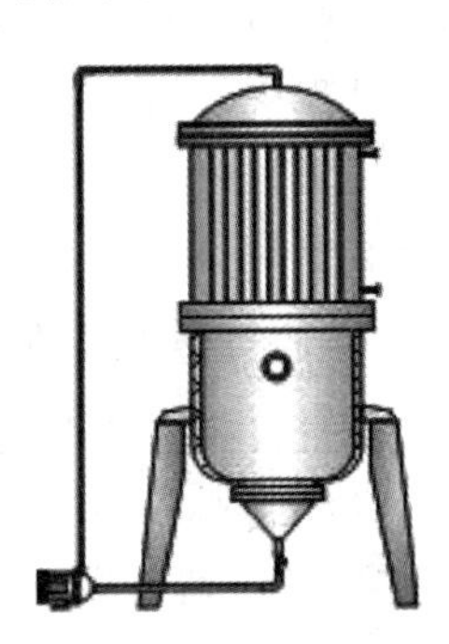
图 3-10　膜式酶反应器 EF2000 外形图

3.4.1.2　酶反应器的选择

酶反应器的类型多种多样，不同的反应器特点不同，在实际应用中，需根据酶的应用形式，底物和产物的性质以及操作要求，反应动力学及传质传热特性，酶的稳定性、再生及更换，反应器应用的可塑性及成本等进行选择。所选择的酶反应器应尽可能具有结构简单、操作方便、易于维护和清洗、可以适用于多种酶的催化反应、制造和运行成本较低等特点。

3.4.1.2.1　酶的应用形式

游离酶可以选用搅拌罐式、鼓泡式、喷射式反应器等，一般都是分批式反应器或者膜式反应器；连续搅拌罐反应器或超滤反应器虽然可以解决反复使用的问题，但酶常因超滤膜吸附与浓差极化而损失，同时高流速超滤也可能造成酶的切变失效。颗粒状酶可采用搅拌罐式、固定床式和鼓泡塔式反应器，而细小颗粒状的酶则宜选用流化床。对于膜状催化剂，则可考虑采用螺旋卷式、中空纤维式、平板式、管式等膜式反应器。固定化酶的机械强度越大越好。对搅拌罐式反应器，要注意颗粒不要被搅拌桨叶的剪切力损伤。对填充凝胶颗粒的固定床式反应器来说，必须用多孔板等将塔身部分适当隔成多层。

3.4.1.2.2　反应体系的性质

在酶催化过程中，底物和产物以及酶的理化性质会影响酶催化反应的速度。

通常底物有 3 种形式：可溶解性物质（包括乳浊液）、颗粒物质与胶体物质。任何类型的反应器对可溶解性底物都适用。难溶底物、底物溶液可选用连续式搅拌罐反应器、固定（填充）床式反应器。

对于有气体参与的酶催化反应，通常采用鼓泡式反应器。

当酶催化反应的底物或产物的分子量较大时，不宜采用膜式反应器。需要小分子物质作为辅酶参与的酶催化反应，通常也不采用膜式反应器。

3.4.1.2.3 反应操作要求

有的酶反应需要不断调整 pH、控制温度或间歇地补充反应物，或经常供氧，有时还需要更新酶。所有这些操作，在搅拌罐及串联罐类型的反应器中可以连续进行。若底物在反应条件下不稳定或酶受高浓度底物抑制时，可采用分批式搅拌罐反应器。若反应需氧，则反应器必须配有一种充分混合空气的系统，可选用鼓泡塔式反应器。对于某些价格较高的酶，由于游离酶与反应产物混在一起，可以采用膜式酶反应器。

3.4.1.2.4 酶的稳定性

酶的稳定性是酶反应器选择的一个重要参数。酶的失活可能是由热、pH、毒物或微生物等引起的。一些耐极端环境的酶，如高温淀粉酶，可以在高温下采用喷射式反应器。在酶反应器的运转过程中，由于高速搅拌和高速液流冲击，可使酶从载体上脱落，或者使酶扭曲、分解，或使酶颗粒变细，最后从反应器流失。在各种类型的反应器中，CSTR 一般远比其他类型反应器更易引起这类损失。

3.4.1.2.5 应用的可塑性及成本

选择反应器时，还要考虑其应用的可塑性，所选的反应器最好能有多种用途，生产各种产品，这样可降低成本。CSTR 类型的反应器应用的可塑性较大，结构简单，成本较低；而与之相对的 PBR 反应器则较为逊色。在考虑成本时，必须注意酶本身的价值与其在相应的反应器中的稳定性。

3.4.2 酶传感器

3.4.2.1 生物传感器概述

3.4.2.1.1 生物传感器的发展和定义

（1）生物传感器的发展

生物传感器是分析生物技术的一个重要领域，是现阶段必不可少的一种先进的检测方法和监控方法。

生物传感器发展大致可分为 3 个阶段。第一个阶段为 20 世纪 60～70 年代的起步阶段，以 Clark 传统酶电极为代表。第二阶段为 20 世纪 70 年代末期到 80 年代，其代表之一是媒介体电极，它不仅开辟了酶电子学的新研究方向，还为酶传感器的商品化奠定了重要基础。第三个阶段是 20 世纪 90 年代以后，取得了两个新的进展，一是生物传感器的市场开发获得了显著的成绩，二是生物亲和传感器的技术突破，以表面等离子体共振生物传感器和生物芯片为代表。

（2）生物传感器的定义

生物传感器是一类分析器件，它将一种生物材料（如组织、微生物细胞、细胞器、细胞受体、酶、抗体、核酸等）、生物衍生材料或生物模拟材料，与物理化学传感器或传感微系统密切结合，行使分析功能，这种换能器或微系统可以是光学、电化学、热学、压电学或磁学的。

3.4.2.1.2 生物传感器的分类

生物传感器的类型很多，目前主要有两种分类方法，即分子识别元件分类法和器件分类法。根据分子识别元件的不同可以分为酶传感器、免疫传感器、组织传感器、细胞传感器、微生物传感器等，见图3-11。

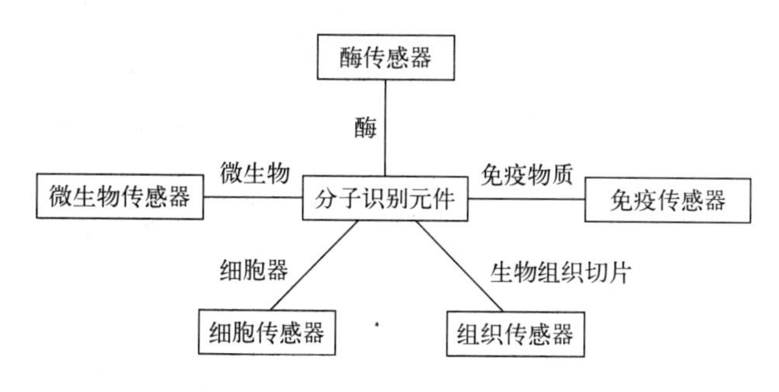

图3-11 分子识别元件分类法

按器件的不同可以分为电化学生物传感器、光生物传感器、热生物传感器、半导体生物传感器、声波生物传感器、压电晶体生物传感器等，见图3-12。

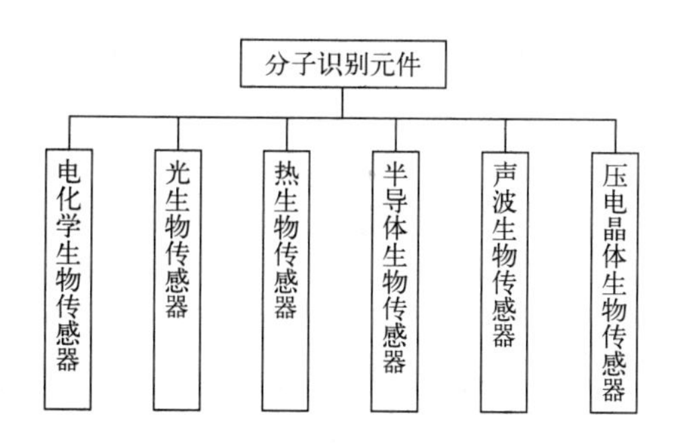

图3-12 器件分类法

3.4.2.2 酶传感器的结构与工作原理

酶传感器的一般原理，如图3-13所示。酶传感器的基本结构单元是生物活性材料和换能器。其生物活性材料是固定化酶膜，换能器是基体电极。被分析物进入生物活性材料，经分子识别，发生生物化学反应，产生的信号继而被相应的物理或化学换能器转变成可定量处理的电信号，再经过检测放大器放大并输出，便可计算出或直接读出被分析物浓度等相关信息。

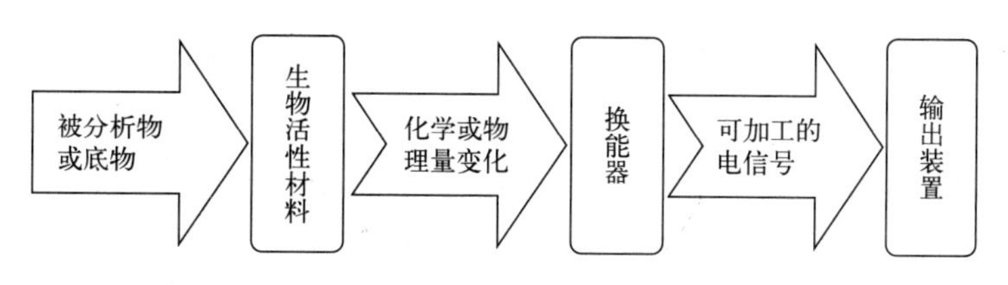

图3-13 酶传感器的原理

3.4.3 固定化多酶级联反应器

3.4.3.1 基本原理

固定化多酶级联反应关键在于酶自身的催化功能。酶与底物定向结合生成酶-底物复合物（ES）是酶发挥催化作用的关键条件。这种定向结合的特异性来自酶活性中心功能基团与底物发生的非共价相互作用，如氢键、疏水作用、络合作用、静电作用、离子作用以及范德华力等。这一历程决定了酶对底物的选择性，也促进了底物分子由基态转变成过渡状态，降低反应活化能并促进反应的迅速进行。不同酶的共同参与构成了多酶催化。在催化过程中，第一种酶催化形成的产物（中间体、中间产物）作为后续酶的底物或底物之一继续参与反应。以此经由不同酶参与逐级催化的过程称为多酶级联反应。其典型特征是上一级酶的催化反应产物是下一级酶催化作用的底物。通过减少中间产物的积累和抑制，缩短反应步骤并结合多酶的协同作用，显著提高了整体反应效率。

多酶级联反应从反应类型上可分为 4 种：①线性级联反应，即单一底物经多酶依序串级催化转化为单个最终产物的反应；②正交级联反应，即底物经一种酶催化转化为产物后通过偶联另一酶催化体系以使辅酶因子或辅助底物再生的反应；③平行级联反应，即两种或多种底物在相同的辅酶或辅助底物的协同下经不同的酶催化转化为各自不同产物的反应；④循环级联反应，即多个底物中的一个被选择性催化转化为中间体，然后又催化转化为最初底物，依次反复循环。

在实际应用中，基于自由溶液状态的多酶级联反应系统存在后续分离困难、难回收和反复使用、稳定性差等缺陷，难以推广。因此需发展有效的固定化酶策略来解决这一瓶颈。

图 3-14　固定化多酶级联反应器示意图

固定化多酶级联反应器是基于上述需求而发展起来的。它是将不同功能的两种及以上的酶通过物理、化学或生物手段固定或限制于特定载体的空间区域内，基于多酶级联反应原理通过协同方式促使底物发生加合、降解和转化等复杂反应的新型仿生催化技术（图 3-14）。由于其兼具多酶级联反应的高效协同催化和固定化酶可反复利用、稳定性好、在线偶合化和可灵活调控等优势，为有效实现多酶级联反应的高效催化和可操控性提供了新平台。

3.4.3.2 应用

在生物医学检测方面，固定化多酶级联反应器的高效协同催化性能可实现生物活性分子的快速高灵敏检测，并可实际用于临床检测与诊断。

3.5 酶工程在食品工业中的应用

3.5.1 水解纤维素

食品加工中，用纤维素酶对农产品进行预处理相较于传统的加热蒸煮或酸碱处理有很多优点，如使植物组织膨化松软，减少农产品香味和营养物质的损失，改善口感，更利于消化，节约处理时间等。纤维素酶在食品中主要用于发酵工业，如制豆馅，用于大豆脱种皮制豆腐、生产淀粉、抽提茶叶、橘子脱囊衣等。在果蔬加工中用纤维素酶进行果蔬的软化处理，可避免由于高温加热、酸碱处理引起的香味和维生素的大量损失；在果酱制作中用纤维素酶处理可使果酱口感更好；也可用纤维素酶处理蘑菇，制造新调味料。在食品发酵工业中可利用纤维素酶处理原料，提高细胞内含物的提取率，改善食品质量，简化生产工艺。如在酱油生产中，加入纤维素酶，可使大豆等原料的细胞壁膨胀软化而破坏，使包藏在细胞中的蛋白质、碳水化合物释放，缩短酿造时间，提高产率，同时还可提高品质，使氨基酸、还原糖含量增加。再如纤维素酶在酿酒中的应用，每100kg原料可增加出酒量10～15kg，节粮20%，酒味醇香，杂醇油含量低；白酒酿造所用原料中纤维含量较高，使用纤维素酶后，可同时将淀粉和部分纤维质转化为葡萄糖，再经酵母分解全部转化为酒精，提高出酒率3%～5%，酒体质量纯正，淀粉和纤维利用率高达90%。

3.5.2 功能性糖类的生产

功能性低聚糖是指2～10个单糖分子通过糖苷键连接而成的低度聚合糖，其分子量为200～2000。功能性低聚糖，具有低热量、抗龋齿、防治糖尿病、改善肠道菌群结构等生理作用，其甜度只有蔗糖的30%～50%，主要包括低聚果糖、低聚异麦芽糖、低聚半乳糖、低聚乳果糖等。工业上利用β-果糖转移酶或β-呋喃果糖糖苷酶催化蔗糖，进行分子间果糖转移反应生产低聚果糖；以淀粉为原料，利用α-淀粉酶、β-淀粉酶和α-葡萄糖苷酶生产低聚异麦芽糖；以乳糖为原料，利用β-半乳糖苷酶催化半乳糖转移反应，生产低聚半乳糖等。功能性低聚糖目前已广泛应用于制造焙烤食品、糖果、乳制品、饮料等。

3.5.3 干酪制品的生产

干酪（cheese）是以鲜乳为原料，经过添加发酵剂和凝乳酶使乳凝固，再经排除乳清、压榨、发酵成熟而制成的一种发酵乳制品。凝乳酶在干酪生产中起着关键作用。天然凝乳酶是在未断奶的小牛的第四胃中发现的天冬氨酸蛋白酶，这种酶的数量有限，因而促进了利用生物技术生产该酶的研究。20世纪80年代初，通过基因重组用工程菌生产的重组凝乳酶成功问世，解决了干酪生产中凝乳酶短缺的问题。

在干酪的现代化生产中还应用一些酶来加速干酪的成熟，改善干酪的质量。加速干酪成熟主要应用的酶有：蛋白酶、脂肪酶、β-半乳糖苷酶、肽酶及酯酶。其中蛋白酶和脂肪酶是当前开发干酪熟化酶系统的首选。蛋白酶可将干酪中的蛋白质分解成肽，由于很多肽具有苦味或酸味，所以还需要肽酶把肽进一步降解为具有风味增强特性的氨基酸和小肽。脂肪酶可降解脂肪生成脂肪酸，形成干酪特殊的风味，但是脂肪酸含量过高会产生酸败的风味，所以脂肪酶的用量要小心控制。总之，干酪成熟过程是其风味形成过程，是蛋白质、脂肪的分解及酯、酮、酸等风味物质的生成过程，该过程在自然状态下是缓慢发生的，若要加速该过程，则需利用平衡的酶系统加速各种风味物质的生成，但必须保证这些风味物质的生成能够控制。

3.5.4 环状糊精的生产

环状糊精是由6～12个葡萄糖单位以α-1,4糖苷键连接而成的具有环状结构的一类化合物，能选择性地吸附各种小分子物质，起到稳定、乳化、缓释、提高溶解度和分散度等作用，在食品工业中具有广泛用途。其中，应用最多的是α-环状糊精（含6个葡萄糖单位），又称为环己直链淀粉，β-环状糊精（含7个葡萄糖单位），又称为环庚直链淀粉，以及γ-环状糊精（含8个葡萄糖单位），又称为环辛直链淀粉。其中α-环状糊精的溶解度大，制备较为困难；γ-环状糊精的生成量较少；所以目前大量生产的是β-环状糊精。

β-环状糊精通常以淀粉为原料，采用环状糊精葡萄糖苷转移酶为催化剂进行生产。环状糊精葡萄糖基转移酶（cyclodextrin glycosyltransferase，CGT），又称为环状糊精生成酶。生产中，由于反应液中还含有未转化的淀粉和极限糊精，需要加入α-淀粉酶进行液化，然后经过脱色、过滤、浓缩、洁净、离心分离、真空干燥等工序获得β-环状糊精产品。

3.5.5 其他应用

在食品加工、储藏、运输和销售整个过程中，由于受到微生物、氧气、光等多种外界因素影响，食品色、香、味、形及营养卫生特性会发生劣变甚至腐败，从而导致食用价值和商品价值大幅降低。人们在长期实践中探索总结出一些有效保鲜技术，如干制、冷冻、腌制、发酵、使用防腐剂、罐藏等。酶制剂保鲜技术是利用酶的催化作用，防止或消除外界因素对食品的不良影响，保持食品原有的品质与特性的技术。

思考题

1. 简述酶、酶工程的定义以及酶工程当今的发展趋势。
2. 酶的催化作用有哪些特点?
3. 简述酶分子化学修饰的定义及基本原理。
4. 列举几种常见酶的化学修饰方法，并简要概括各自的特点。
5. 什么是人工模拟酶？人工模拟酶的理论基础是什么?
6. 固定化酶有哪些优、缺点?
7. 制备固定化酶有哪些方法？这些方法各有什么特点?
8. 试比较常见的酶反应器的类型及特点。
9. 简述酶传感器的一般原理及分类。
10. 酶传感器的直接测量方式和间接测量方式分别指的是什么?
11. 酶工程在食品及相关领域中都有哪些应用?

第4章 发酵工程与食品工业

本章导言

通过讲述发酵工程的概念及研究内容，让学生了解发酵工程在食品工业中的应用。

4.1 发酵工程概述

4.1.1 发酵工程的概念及特点

4.1.1.1 发酵工程的概念

发酵工程是指采用现代工程技术手段，利用微生物的某些特定功能，为人类生产有用的产品，或直接把微生物应用于工业生产过程的一种新技术，也称为发酵技术。

4.1.1.2 发酵工程的特点

① 发酵过程中实际上是复杂的生物化学反应，通常在常温常压下进行，因此没有高压反应，各种设备都不必考虑防爆问题。

② 原料一般以糖蜜、淀粉等碳水化合物为主，我国是农业大国，可以考虑以农副产品作为原料，降低生产成本，如在柠檬酸发酵中我国采用红薯干为原料，产品在国际市场具有竞争力。

③ 微生物反应器多为通气搅拌式通用型反应器，同一种或同类的反应器能生产各种产物。有些药厂车间称为“三抗车间”，指同套设备可生产三种不同的抗生素。

4.1.2 发酵方式与发酵技术

4.1.2.1 发酵方式

固体发酵（solid-state fermentation）指微生物在几乎没有可流动水的固体基质培养基上生长的发酵方式，也称惰性载体吸附固态发酵、载体培养。液体发酵（liquid fermentation）指微生物在完全流动性的液体中生长的发酵方式。分批发酵（batch fermentation）是指发酵的物料（空气，消沫剂，调 pH 的酸、碱除外）一次性加入发酵罐，然后培养基灭菌、接种微生物、进行发酵培养，最后整个罐的发酵液放出，进入下一个工序，产物提取。发酵罐清洗，重新装料，灭菌、接种，开始新一轮发酵。连续发酵（continuous fermentation）是指以一定的速度向发酵罐内添加新鲜的培养基，同时以相同的速度流出培养液，从而使发酵罐内培养液的量维持恒定，使微生物细胞能在近似恒定状态下生长的微生物发酵培养方式。

4.1.2.2 发酵技术

一些天然菌与基因工程菌发酵产品的有关应用实例见表 4-1、表 4-2。

表 4-1 天然菌发酵产品的应用实例

产品	应用	菌种	产品	应用	菌种
杆菌肽	抗菌类药物	枯草杆菌	青霉素	抗菌类药物	青霉菌
氯霉素	抗菌类药物	委内瑞拉链霉菌	转化酵素	糖果生产	啤酒酵母菌
柠檬酸	食用香味料	黑曲霉	胶质	水果果汁	黑曲霉
乳糖分解酵素	助消化类药物	大肠杆菌	蛋白酶	洗涤剂	枯草杆菌

表 4-2 基因工程菌发酵产品的应用实例

产品	应用	菌种
牛生长激素	奶牛产奶	大肠杆菌
纤维素酶	分解纤维素	大肠杆菌
人生长激素	治疗发育不良	大肠杆菌
人胰岛素	治疗糖尿病	大肠杆菌
肿瘤坏死因子	分散肿瘤细胞	大肠杆菌

4.1.3 发酵过程控制

4.1.3.1 培养基的主要营养成分

所有发酵培养基都必须提供微生物生长繁殖和产物合成所需的能源、碳源、氮源、无机元素、生长因子及水、氧气等。能源是指能为微生物的生命活动提供最初能量来源的营养物质或辐射能。碳源是组成培养基的主要成分之一。常用的碳源有糖类、油脂、有机酸和低碳醇。在特殊情况下，蛋白质水解产物或氨基酸等也可被某些菌种作为碳源使用。氮源是指工业生产上所用的微生物都能利用的有机氮源和无机氮源，有机氮源包括玉米浆、花生饼粉等，无机氮源包括氨水、铵盐或硝酸盐等。无机盐是微生物生命活动所不可缺少的物质，其主要功能是构成菌体成分，作为酶的组成部分、酶的激活剂或抑制剂，调节渗透压、pH 值和氧化还原电位等。此外，生长因子是一类调节微生物正常代谢所必需的，但细胞自身不能合成的微量有机化合物。各种不同的微生物需要的生长因子各不相同。一般来说，生长因子包括维生素、氨基酸、固醇、胺类以及脂肪酸等。

4.1.3.2 培养基的选择方法

不同的微生物对培养基的需求是不同的，因此，不同微生物培养过程对原料的要求也是不一样的。可根据微生物的特点以及用途，生产实践和科学试验的不同要求和经济效益方面考虑选择生产原料。

4.1.3.3 培养基的配制原则

不同的微生物所需要的营养成分是不同的，根据不同生产菌种的培养条件、生物合成的代谢途径、代谢产物的化学性质等确定培养基。同时微生物所需的营养物质之间应有适当的比例，培养基中碳氮的比例（C/N）在发酵工业中尤其重要。如培养基中氮源过多不利于产物的积累；氮源不足，则微生物菌体生长过于缓慢。此外各种微生物的正常生长均需要有合适的 pH 值，一般霉菌和酵母菌比较适合生长于微酸性环境，放线菌和细菌适合生长于中性或微碱性环境。配制培养基时，若 pH 值不合适必须加以调节。

4.1.3.4 微生物菌种生长条件

4.1.3.4.1 温度

温度主要通过影响微生物细胞膜的流动性和生物大分子的活性来影响微生物的生命活动。各种微生物生长都有 3 种基本温度：最低生长温度、最适生长温度、最高生长温度。表 4-3 所示为各菌种致死温度。

表 4-3 各菌种致死温度

菌名	致死温度/℃	致死时间/min	菌名	致死温度/℃	致死时间/min
大豆叶斑病假单胞菌	48～49	10	普通变形菌	55	60
胡萝卜软腐欧文菌	48～51	10	黏质沙雷杆菌	55	60
维氏硝化杆菌	50	5	肺炎链球菌	56	5～7
白喉棒杆菌	50	10	伤寒沙门杆菌	58	30

4.1.3.4.2 pH 值

培养基中的 pH 值与微生物生命活动有着密切关系，各种微生物有其可以生长的和最适生长的 pH 范围。微生物通过其活动也能改变环境的 pH 值，pH 是微生物生长和产物合成的非常重要的状态参数。

4.1.3.4.3 氧

微生物对氧的需要不同，是由于获得能量的方式不同。好氧菌主要是有氧呼吸或氧化代谢，厌氧菌为厌氧发酵（分子间呼吸），兼性厌氧菌则两者兼而有之。

4.1.3.4.4 通风和搅拌

通气可以供给大量的氧，通气量与菌种、培养基性质、培养阶段有关。只有氧溶解的速度大于菌体的吸氧量时，菌体才能正常地生长和合成酶。

4.1.3.4.5 种龄与接种量

（1）种龄

种子培养时间称为种龄，在种子罐内，随着培养时间延长，菌体量逐渐增加。由于菌体在生长发育过程中，不同生长阶段的菌体生理活性差别很大，接种种龄的控制就显得非常重要。

（2）接种量

接种量的大小直接影响发酵周期。生产上一般采取大接种量，一方面可以缩短发酵罐中菌体繁殖至高峰所需的时间，使产物合成速度加快，提高设备利用率，另一方面可以节约发酵培养的动力消耗，并有利于减少染菌机会。

4.2 发酵常用微生物及菌种的选育

4.2.1 发酵用菌种

4.2.1.1 发酵工程对菌种的要求

发酵工程所用菌种其生长代谢特性需要与大规模生产发酵相适应，一般需要满足以下基本要求：能够利用廉价的原料和成分简单的培养基，大量高效地合成易于回收的目的产物；发酵周期短，目的产物生产迅速；培养条件易于控制；菌种的遗传特性稳定，易于进行基因操作；抗其他微生物和噬菌体侵染能力强；生产特性符合工业要求；不产生任何危害动物、植物与微生物的生物活性物质和毒素。

4.2.1.2 发酵菌种分类

发酵工业应用的微生物可分为两大类：可培养微生物和未培养微生物。其中，发酵工业应用的可培养微生物通常分为四大类，即细菌、放线菌、酵母菌、丝状真菌，其中后二者为真核生物。工业中常用的微生物及其用途见表 4-4。

表 4-4 工业常用微生物

微生物	微生物名称	产物	用途
细菌	短杆菌	谷氨酸钠	食用、医药
	枯草芽孢杆菌	淀粉酶	酒精浓酸发酵、啤酒酿造、葡萄糖制造、糊精制造、糖浆制造、纺织品退浆、铜版纸加工、香料加工(除去淀粉)
	枯草芽孢杆菌	蛋白酶	皮革脱毛柔化、胶卷回收银、丝绸脱胶、酱油速酿、水解蛋白制造、饲料制造、明胶制造
	梭状杆菌	丙酮、丁醇	工业有机溶剂
	巨大芽孢杆菌	葡萄糖异构酶	由葡萄糖制造果糖
	大肠杆菌	酰胺酶	制造新型青霉素
	短杆菌	肌苷酸	医药、食用
	节杆菌	强的松	医药
	蜡样芽孢杆菌	青霉素酶	青霉素的检定、抵抗青霉素敏感症
霉菌	土曲霉	亚甲基丁二酸	工业
	赤霉菌	赤霉素	农业(植物生长激素)
	犁头霉	甾体激素	医药
	青霉菌	青霉素	医药
	青霉菌	葡萄糖氧化酶	从蛋液中除去葡萄糖、脱氧、食品罐头储存、医药
	灰黄霉菌	灰黄霉素	医药
	木霉菌	纤维素酶	淀粉和食品加工、饲料
	黄曲霉	淀粉酶	医药、工业
	红曲霉	红曲霉糖化酶	葡萄糖制造、酒精厂糖化用
	黑曲霉	柠檬酸	工业、食用、医药
	黑曲霉	柚苷酶	柑橘罐头脱除苦味

续表

微生物	微生物名称	产物	用途
霉菌	黑曲霉	酸性蛋白酶	啤酒防浊剂、消化剂、饲料
	黑曲霉	单宁酶	分解单宁、制造没食子酸、酶的精制
	黑曲霉	糖化酶	酒精发酵工业
	栖土曲霉	蛋白酶	皮革脱毛柔化、胶卷回收银、丝绸脱胶、酱油速酿、水解蛋白制造、饲料制造、明胶制造
	根霉	根霉糖化酶	葡萄糖制造、酒精厂糖化用
酵母菌	酿酒酵母	酒精	工业、医药
	酵母	甘油	医药、军工
	假丝酵母	石油及蛋白质	制造低凝固点石油及酵母菌体蛋白等
	假丝酵母	环烷酸	工业
	啤酒酵母	细胞色素	医药
	啤酒酵母	辅酶 A	医药
	啤酒酵母	酵母片	医药
	啤酒酵母	凝血质	医药
	类酵母	脂肪酶	医药、纺织脱蜡
	阿氏假囊酵母	核黄素	医药
	脆壁酵母	乳糖酶	食品工业
放线菌	小单孢菌	庆大霉素	医药
	灰色放线菌	蛋白酶	皮革脱毛柔化、胶卷回收银、丝绸脱胶、酱油速酿、水解蛋白酶制造、饲料制造、明胶制造
	球孢放线菌	甾体激素	医药
	其他各类放线菌	链霉素	医药
		氯霉素	医药
		土霉素	医药
		金霉素	医药
		红霉素	医药
		新生霉素	医药
		卡那霉素	医药

4.2.2 菌种选育的技术与方法

4.2.2.1 自然选育

自然选育指通过自然发生的突变和筛选法，筛选那些所需性状得到改良的菌种。自然选育是一种简单易行的选育方法，可以达到纯化菌种、防止菌种退化、提高产量的目的，但发生自然突变的概率特别低。

4.2.2.2 诱变育种

诱变育种是以诱变剂诱发微生物基因突变，通过筛选突变体，寻找正向突变菌株的一种诱变方法。诱变剂有物理诱变剂（α射线、γ射线、β射线等，直接或间接地改变DNA结构或导致染色体畸变，发生染色体断裂，形成染色体结构的缺失、易位和倒位等）、化学诱变剂（一类能与DNA起作用而改变其结构，并引起DNA变异的物质。其作用机制都是与DNA起化学作用，从而引起遗传物质的改变）和生物诱变剂。

4.2.2.3 原生质体融合育种

原生质体融合（protoplast fusion）也叫细胞融合（cell fusion）。目前常采用的融合方法有化学聚乙二醇（polyethylene glycol，PEG）融合、电诱导融合和激光诱导融合3种。表4-5总结了3种融合方式的优缺点。

表4-5 不同原生质体融合方式的优缺点

融合方法	优点	缺点
PEG融合	操作简便、适用范围广	原生质体聚集成团的大小不易控制、PEG对于原生质体的再生有影响、融合率低
电诱导融合	一定强度下对细胞无毒无害、直观性强、融合率较高	需要在专门的仪器上进行、设备成本较高
激光诱导融合	毒性小、损伤小	融合效率低、不适合于微生物、成本高、丧失了高度选择性、技术难度大、难推广、技术有待完善

4.2.2.4 基因组重排技术

基因组重排技术是在传统诱变技术和细胞融合技术基础上发展而来的，是对整个微生物基因组的重排，来选育具有优良性状菌株的新型育种技术。基因组重排技术主要由构建亲本库、原生质体递归融合、目的表型的筛选3个过程组成。如图4-1所示。

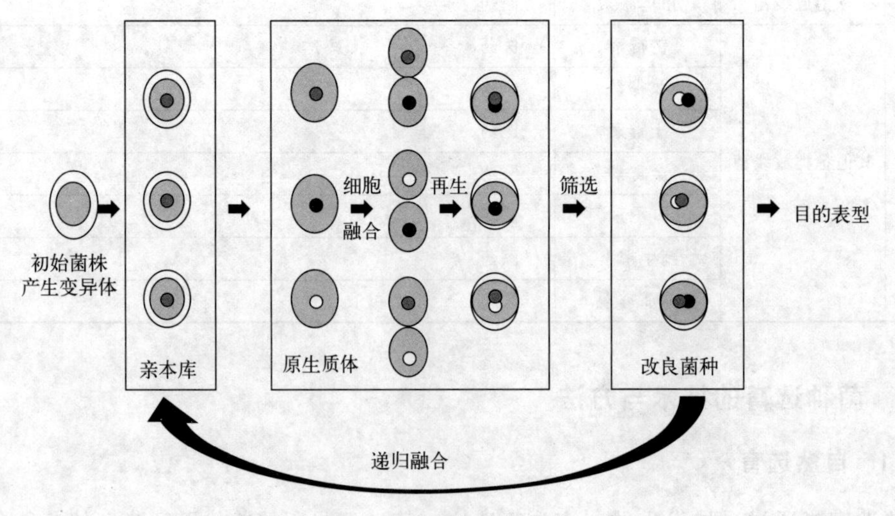

图4-1 基因组重排过程

4.2.3 影响生产种子质量的因素及其控制

4.2.3.1 影响生产种子质量的因素

培养基是微生物得以生存的营养来源，对微生物生长繁殖、酶的活性与产量都有直接的影响。接种龄和接种量是种子制备过程中重要的控制指标。接种龄是指种子罐中培养的菌体从开始移入下一级种子罐或发酵罐时的培养时间。接种量指的是移入的种子悬浮液体积和接种后培养液体积的比例。接种量大小取决于生产菌的生长繁殖速度。种子量大，酶量也多，有利于对基质的作用和利用，同时菌体量多，占有绝对生长优势，可以相对减少污染杂菌的机会。此外温度对微生物的影响，不仅表现在对菌体表面的作用，而且因热平衡的关系，热传递至菌体内，对菌体内部所有的物质都有作用。培养过程中各种微生物都有自己生长与合成酶的最适 pH 值。一般来说，高碳源培养基倾向于向酸性 pH 值转移，高氮源培养基倾向于向碱性 pH 值转移，这都跟碳氮比直接相关。不同微生物要求的通气量不同，即使是同一菌种，在不同生理时期对通气量的要求也不相同。因此，在控制通气条件时，必须考虑到既能满足菌种生长的不同要求，又要节省电耗，以提高经济效益。

4.2.3.2 种子质量的控制措施

种子质量的最终考查指标是其在发酵罐中所表现出来的生产能力。因此，保证种子质量首先要确保菌种的稳定性，其次是提供种子培养的适宜环境，保证无杂菌侵入，以获得优良种子。

4.2.4 生产菌种的改良

菌种改良除了可以通过诱变育种、细胞工程育种、基因工程育种方式进行，还可以通过以下方式进行。

4.2.4.1 基于代谢调节的育种技术（代谢工程育种）

代谢工程育种首先在初级代谢产物的育种中得到了广泛应用，成就显著。代谢工程育种是通过特定突变型的选育，以改变代谢通路、降低支路代谢终产物的生产或切断支路代谢途径及提高细胞膜的透性，使代谢流向目的产物积累的方向进行。代谢工程育种可以大大减少育种工作中的盲目性，提高育种效率，通常将其称为第三代基因工程。

4.2.4.2 蛋白质工程育种

实际工作中，由于常对蛋白质的性质有特殊要求，天然蛋白难以满足要求。酶或蛋白质在医药、工业和环境保护中起着重要的作用，为了获得具有新功能的酶或蛋白质，可以通过寻找新的物种，再从中分离筛选新蛋白质，或者通过对天然功能蛋白进行改造的方法实现。

4.2.4.3 组合生物合成育种

组合生物合成（combinatorial biosynthesis）是在微生物次级代谢产物生物合成基因和酶学基础上形成的，通过对微生物代谢产物合成途径中涉及的一些酶的编码基因进行操作（如替换、阻断、重组等）来改变生物合成途径产生新的代谢旁路，利用天然产物生物合成机制获得大量新的“非天然”产物的方法（图 4-2）。

4.2.4.4 反向生物工程育种

反向代谢工程是一种采用逆向思维方式进行代谢设计的新型代谢工程。就是先在异源生物或相关模型系统中，通过计算或推理确定所希望的表型，然后确定该表型的决定基因或特定的环境因子，最后通过基因改造或环境改造使该表型在特定的生物中表达。反向代谢工程也称逆代谢工程，在生物体代谢中起着不可或缺的作用（图 4-3）。

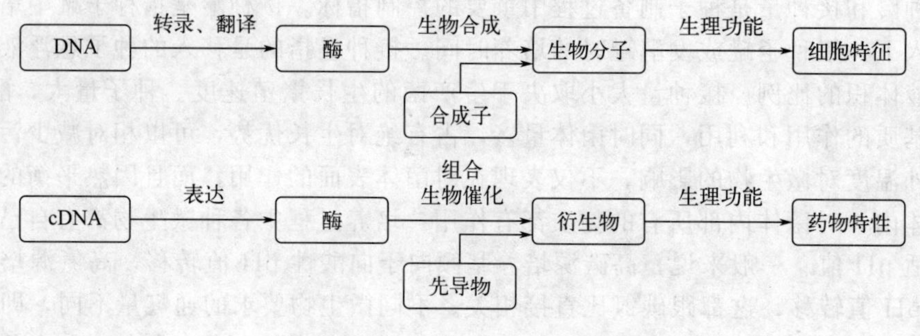

图 4-2　组合生物合成原理

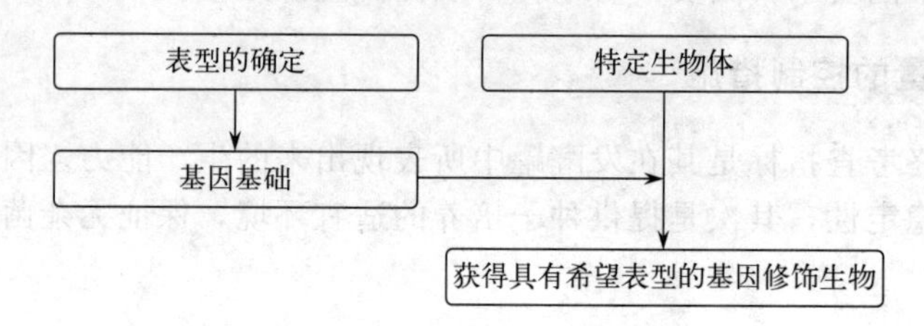

图 4-3　反向代谢工程典型策略

4.3　发酵罐与微生物细胞工厂

4.3.1　发酵罐的结构

广义的发酵罐是指为一个特定生物化学过程的操作提供良好而适宜的环境的容器，是为了生物细胞在适宜的条件下生长并且快速形成产物而设计，从而消耗最少的原料进行目标产物的最大积累（图 4-4）。发酵罐广泛应用于乳制品、饮料、生物工程、制药、精细化工等行业，罐体设有夹层、保温层，可加热、冷却、保温。罐体与上下填充头（上下填充头通常指发酵罐的上部和下部的封闭部分，用于填充物料或排放物料，一般是锥形结构）均采用旋压 R 角加工，罐内壁经镜面抛光处理，无卫生死角，而全封闭设计确保物料始终处于无污染的状态下混合、发酵，设备配备空气呼吸孔、CIP 清洗喷头、人孔等装置。发酵罐的分类方式有多种，如按照发酵罐的结构，分为机械搅拌通风发酵罐和非机械搅拌通风发酵罐；按照微生物的生长代谢需要，分为好气型发酵罐和厌气型发酵罐。

发酵罐使用注意事项如下：

① 罐体灭菌前务必检查其中液面高度，要求所有的电极都没于液面以下。

② 打开发酵罐电源前务必检查冷却水是否已打开，温度探头是否已插入槽中，否则会烧坏加热电路。

③ 发酵过程中一定要保持工作台的清洁，用过的培养瓶及其他物品及时清理，因故溅出的酸碱液或水应立即擦干。

④ 对罐体安装、拆卸和灭菌时要特别小心 pH 电极和罐体的易损又昂贵部件。

4.3.2　通气式和气升式发酵罐

4.3.2.1　通气式发酵罐结构

通气式发酵罐结构如图 4-5 所示。

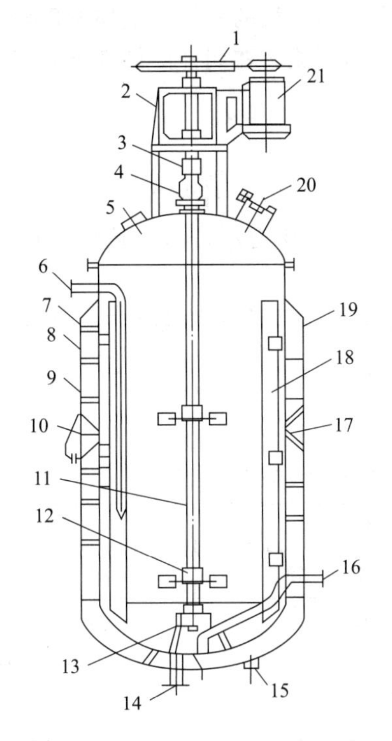

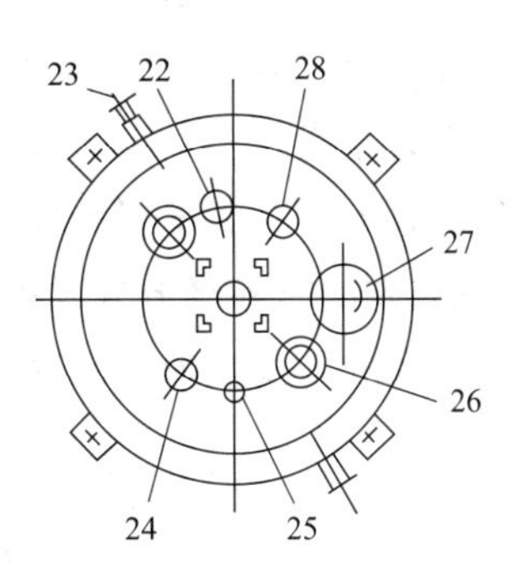

图 4-4　发酵罐图示

1—三角皮带转轴；2—轴承支柱；3—联轴器；4—轴封；5—窥镜；6—取样口；7—冷却水出口；8—夹套；9—螺旋片；10—温度计；11—轴；12—搅拌器；13—底轴承；14—放料口；15—冷却水进口；16—通气管；17—热电偶接口；18—挡板；19—接压力表；20—人孔；21—电动机；22—排气口；23—取样口；24—进料口；25—压力表接口；26—窥镜；27—人孔；28—补料口

① 罐体　发酵罐的罐体材料一般为不锈钢，罐体的各部分具有一定的比例要求，如筒身高度与罐体直径之比一般为 2.5～4。

② 通气装置　通气装置是将空气导入发酵罐的装置，最简单的是单孔管，单孔管的出口位于最下面的搅拌器的正下方，开口向下，可以避免发酵液中的固形物在开口处堆叠和固体物质沉淀在罐底。

③ 搅拌装置　搅拌装置的作用是打破发酵液中的气泡，使空气与溶液接触完全，从而使氧气能充分地溶解在发酵液中。

④ 挡板　挡板可以改变液流的方向和提高通气的效率。通常情况下，挡板宽度为发酵罐直径的 1/10～1/5。

⑤ 消泡器　消泡器可以将泡沫打破，使空气和发酵液能均匀混合。常用的消泡器有锯齿式、孔板式和梳状式。

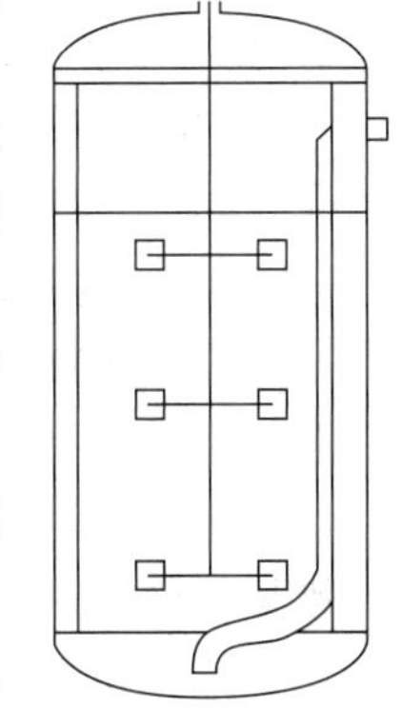

图 4-5　通气式发酵罐结构图

⑥ 联轴器　联轴器可以用于大型搅拌罐中，常用的联轴器有鼓形和夹壳形两种。

⑦ 换热装置　容积较小的发酵罐和种子罐多使用夹层式换热装置，容积较大的发酵罐多使用蛇形管式换热装置。

4.3.2.2　气升式发酵罐

4.3.2.2.1　气升式发酵罐的工作原理及结构

气升式发酵罐的工作原理是利用空气喷嘴喷出高速的无菌空气，无菌空气以气泡式分散于液体中，在通气的一侧，液体平均密度下降，在不通气的一侧，液体密度较大，因而与通气侧的液体产生密度差，从而形成发酵罐内液体的环流。在同样的能耗下，气升式发酵罐的氧传递能力比机械搅拌式通气发酵罐要高很多。

4.3.2.2.2 气升式发酵罐的特点

优点：①结构简单，无轴封，易于加工制造；②没有搅拌装置，节省钢材，节省动力；③操作、清洗简便，可以有效降低杂菌污染率；④剪切力小，适于培养对剪切力敏感的细胞；⑤溶氧速率和效率高。

缺点：①黏性较大的发酵液溶氧效率较低；②不能代替耗气量小的发酵罐。

4.3.2.2.3 通气式发酵罐和气升式发酵罐的区别

通气式发酵罐和气升式发酵罐的区别见表4-6。

表4-6 通气式发酵罐和气升式发酵罐的区别

不同点	通气式发酵罐	气升式发酵罐
功率消耗	包括机械搅拌功率和通气功率，功率消耗大	功率消耗较低
氧传递速率	氧传递速率低于气升式发酵罐	氧传递速率高
结构	有机械轴封	结构简单，无机械轴封
适用生产范围	抗生素、维生素、有机酸、酶制剂和酵母等	单细胞蛋白

4.3.3 机械搅拌式发酵罐

4.3.3.1 机械搅拌式发酵罐的基本要求

① 具有适宜的径高比：筒身高度与罐体直径之比一般为2.5～4。

② 具有承受一定压力的能力。

③ 具有合理有效的搅拌通风装置，能使气液充分混合，使发酵液中具有充足的氧气。

④ 冷却面积够大，传递效率高，能耗小。

⑤ 发酵罐内死角较少，能彻底灭菌，避免染菌。

⑥ 搅拌器的轴封严密，减少发酵液泄漏。

4.3.3.2 机械搅拌式发酵罐的结构

机械搅拌式发酵罐的主要部件包括罐身、轴封、消泡器、搅拌器、联轴器、中间轴承、挡板、空气分布管、换热装置以及管路等。

（1）罐身

罐体由筒体及椭圆形或蝶形封头焊接而成，罐顶装有视镜和灯镜，小型发酵罐罐顶和罐身采用法兰连接。为了方便清洗，小型发酵罐罐顶设有清洗用的手孔，中大型发酵罐则没有。

（2）搅拌器

搅拌的目的：①打碎气泡，增加气液接触面积；②产生涡流，延长气泡在液体中的停留时间；③造成湍流，减小气泡外滞流膜的厚度。

（3）挡板

挡板的作用是：①防止液面中央产生漩涡；②促使液体激烈翻动，增加氧的溶解；③改变液流的方向，由径向流改为轴向流。发酵罐热交换使用的竖立的列管、排管或蛇管也可以起相应的挡板作用。

（4）消泡器

在通气搅拌条件下，发酵液中含有的发泡物质会产生泡沫，发泡严重时发酵液会随着排气而外溢，且增加感染杂菌机会。有两种消泡方法：一是加入化学消泡剂，二是使用机械消泡装置。

（5）联轴器

大型发酵罐搅拌轴较长，常分为二至三段，用联轴器使上下搅拌轴成牢固的刚性连接。小型的发酵罐可采用法兰将搅拌轴连接，轴的连接应垂直，中心线对正。

（6）轴承

为了减少震动，中型发酵罐一般在罐内装有底轴承，而大型发酵罐装有中间轴承，底轴承和中间轴承的水平位置应能适当调节。

（7）变速装置

发酵罐常用的变速装置有三角皮带传动、圆柱或螺旋圆锥齿轮减速装置，其中以三角皮带变速传动较为简便。

（8）轴封

发酵罐的搅拌轴与不运动的罐体之间的密封很重要，它是确保不泄漏和不污染杂菌的关键部件之一。轴封的作用是使罐顶或罐底与轴之间的缝隙加以密封，防止工作介质（液体、气体）沿转动轴伸出设备之处泄漏和污染杂菌。

（9）空气分布装置

空气分布装置的作用是吹入无菌空气，并使空气均匀分布。

（10）换热装置

常见的换热装置类型有夹套式换热装置、竖式蛇管换热装置和竖式列管换热装置三种类型，其特点见表 4-7。

表 4-7 常见换热装置的特点

类型	特点
夹套式换热装置	①适用于容积较小的发酵罐、种子罐；②夹套高度比静止液面高度稍高即可，无须进行冷却面积的设计
竖式蛇管换热装置	①适用于容积 $5m^3$ 以上的发酵罐；②适用于冷却水温度较低的地区，水的用量较少；③当气温高时，冷却水温度较高，则发酵降温困难
竖式列管换热装置	①加工方便，适用于气温较高，水源充足的地区；②传热系数较蛇管低，用水较多

4.3.4 微生物细胞工厂的构建

基于基因组序列数据、代谢组分析和通量组计算重构的代谢网络，是对生物炼制细胞工厂运行过程进行调控和优化的基础。所有基因组编码的蛋白质构成了一个生物体的蛋白质组，它们催化生物化学反应、识别和结合其他分子、发生构象变化以控制细胞过程。理解微生物复杂的代谢网络，需要了解微生物在不同环境条件下的蛋白质表达情况。细胞工厂的构建策略如图 4-6 所示。

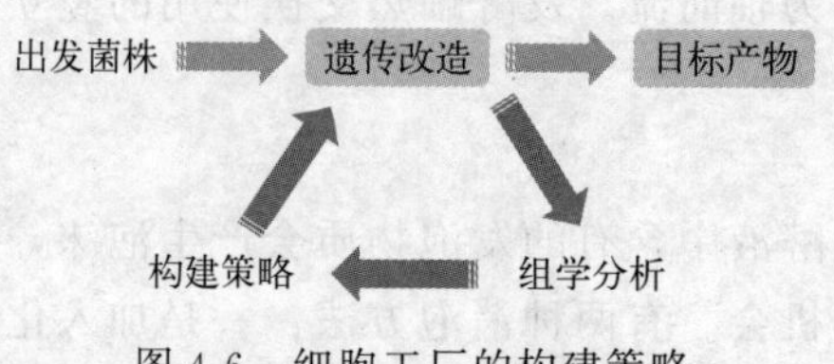

图 4-6　细胞工厂的构建策略

4.3.5 大肠杆菌和酵母细胞工厂

4.3.5.1 大肠杆菌细胞工厂

大肠杆菌代谢工程 30 余年的发展历程如图 4-7 所示。

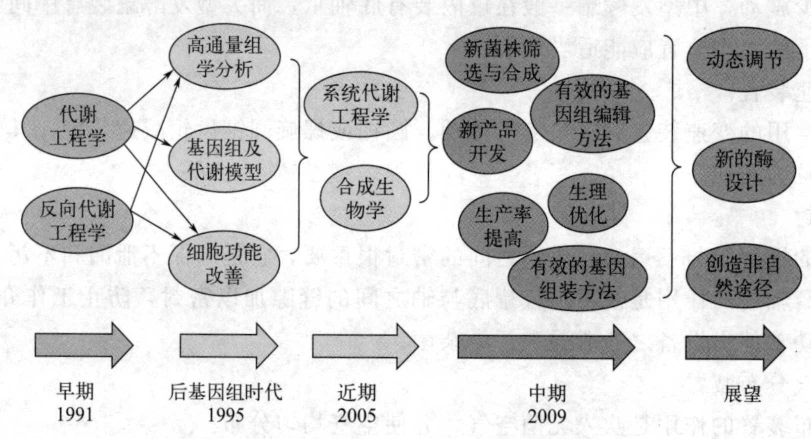

图 4-7　大肠杆菌代谢工程 30 余年的发展历程

设计的大肠杆菌代谢途径依据来源可分为 3 种情况：①利用大肠杆菌自身代谢途径。如丁二酸、丙酮酸、L-苏氨酸、L-缬氨酸等代谢产物的合成途径本就存在于天然的大肠杆菌代谢途径中。对大肠杆菌自身的代谢途径进行适当改造与调控，如解除关键位点的反馈抑制、提高限速酶的表达量、调控辅因子代谢平衡等，将代谢流最大程度地引向目标产品，得到相应的大肠杆菌细胞工厂。②引入外源代谢途径。大肠杆菌自身拥有的基因有限，常常需要利用外源基因将代谢途径补充完整或提高原有代谢途径的效率。③创建自然界中不存在的代谢途径。在蛋白质理性改造与从头设计等技术的加持下，代谢途径的设计也突破了天然途径的限制，逐步发展出了非天然的合成途径。

4.3.5.2 酵母细胞工厂

酵母是一类包括酿酒酵母和非常规酵母在内的多种单细胞真菌的总称，其中酿酒酵母是应用较多的重要工业微生物，广泛应用于生物医药、食品、轻工和生物燃料生产等不同生物制造领域。表 4-8 是代谢工程技术发展过程中酵母细胞工厂的应用实例。

表 4-8　酵母细胞工厂应用实例

方法	产物
酿酒酵母从头生物合成	青蒿素前体青蒿酸、阿片类化合物
酵母代谢重排	脂肪
重排酿酒酵母中心碳代谢	β-法尼烯

4.4 发酵工程在食品生产中的应用

4.4.1 生产食品添加剂

4.4.1.1 氨基酸类

① 谷氨酸（glutamic acid） 在食品工业中主要用于生产味精（谷氨酸钠），谷氨酸钠是重要的鲜味剂，可以提高食品的风味（图 4-8）。

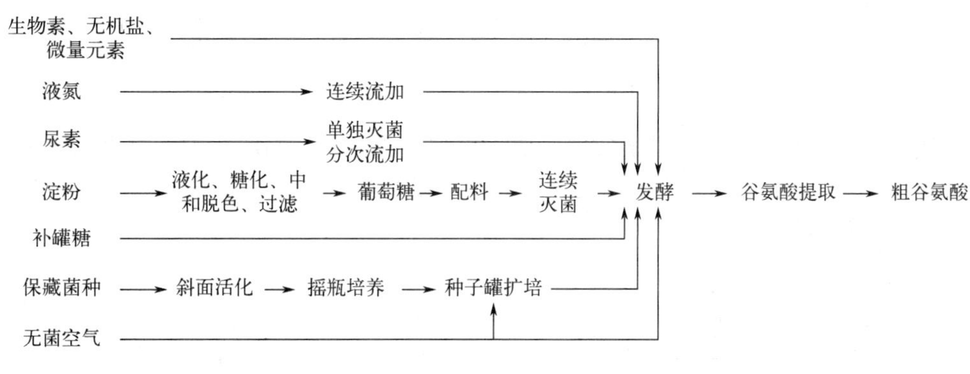

图 4-8 粗谷氨酸的生产工艺流程

② 赖氨酸（lysine） 可用作食品营养强化剂、除臭剂、保鲜剂、增香剂和发泡剂等。通过发酵法生产赖氨酸的原理是利用微生物的某些营养缺陷型菌株，改变其代谢途径实现生产（图 4-9）。

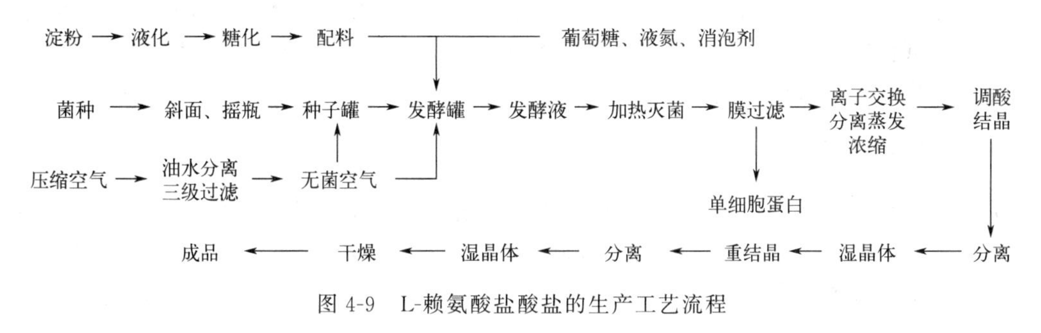

图 4-9 L-赖氨酸盐酸盐的生产工艺流程

③ L-精氨酸（L-arginine） 近年来广泛应用于功能性食品工业中，具有抗疲劳、耐缺氧等功效，它与生长激素、胰岛素、胰高血糖素等激素诱导紧密相关，其发酵工艺流程与赖氨酸类似。

④ L-苯丙氨酸（L-phenylalanine） 在食品工业中的主要用途是生产阿斯巴甜。阿斯巴甜是一种甜味剂，热量低并且甜度高，可用于饮料、酸奶、雪糕、果酱、糖果等多种饮品。发酵生产 L-苯丙氨酸的微生物菌种有酵母菌、短杆菌和假单胞菌等，目前主要使用的菌株为大肠杆菌。

4.4.1.2 有机酸类

① 柠檬酸 又名枸橼酸，无色晶体或粉末，有强酸味。柠檬酸既可从植物原料中提取，也可由糖进行发酵制得，在食品工业中作为酸味剂、增溶剂、缓冲剂、抗氧化剂、脱臭剂和

风味增进剂使用。发酵生产柠檬酸的菌种主要有黑曲霉、宇佐美曲霉、解脂假丝酵母，育种后获得高产的优良菌株进行发酵（图 4-10）。

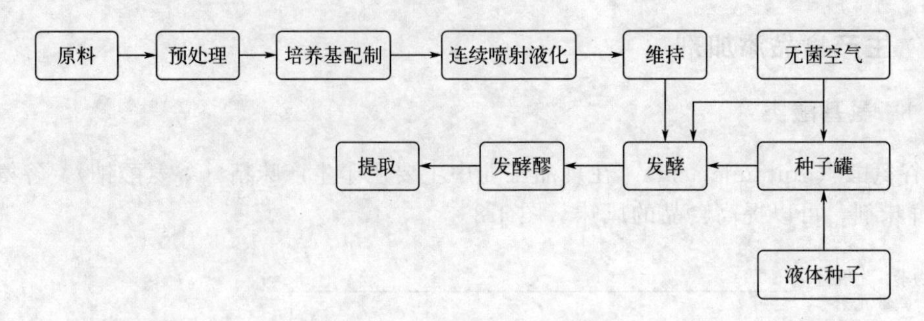

图 4-10　柠檬酸发酵工艺流程

② 乳酸　在食品工业中，乳酸容易吸收，有促进消化、抑制肠道中的有害细菌的作用，应用十分广泛，发酵生产乳酸主要以淀粉为原料，以乳酸菌的厌氧发酵为主，现在主要采用连续发酵的方式（图 4-11）。

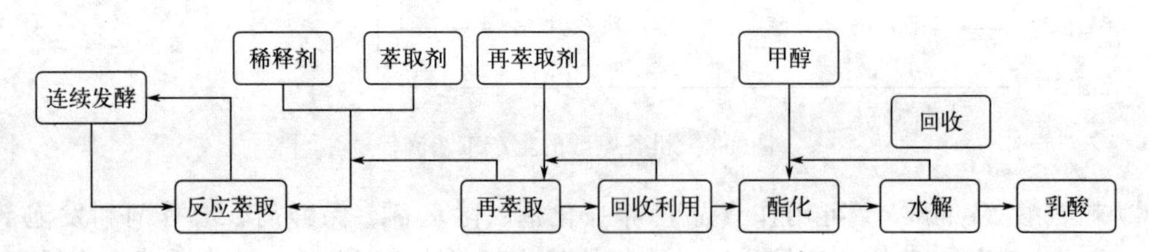

图 4-11　乳酸连续发酵新工艺流程

③ 酒石酸　在食品工业中是一种优良的酸味剂，也可用作螯合剂、抗氧化剂、增香剂、膨松剂等，可在饮料、果酱、果冻、罐头等食品中使用。常用化学合成和生物转化两种方式相结合的方法生产酒石酸。

4.4.1.3　糖类

① 山梨糖醇　在食品工业中可作为甜味剂、湿润剂、螯合剂和稳定剂使用，可按生产需要用于糕点、饮料、糖果等食品中。山梨糖醇的制备一般以蔗糖为原料，当蔗糖水解氢化后，将氢化产物分离得山梨糖醇（图 4-12）。

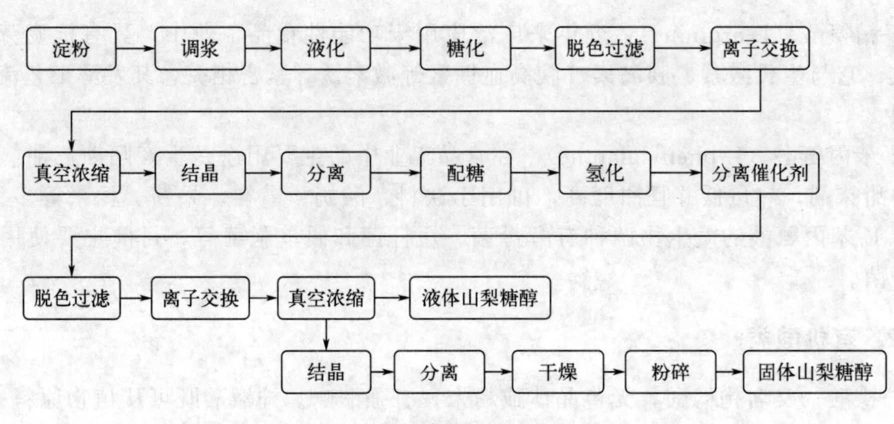

图 4-12　山梨糖醇的生产工艺流程

② 木糖醇　是一种天然的甜味剂，一些细菌、霉菌和酵母中都可以获得木糖醇，通过生物发酵法，微生物体内的木糖还原酶将木糖转化为木糖醇（图 4-13）。

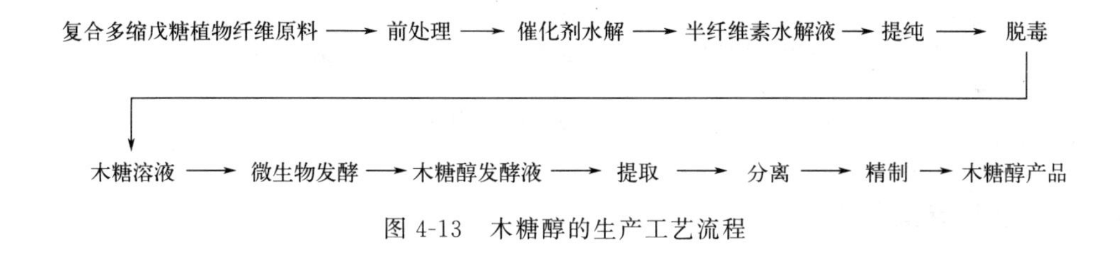

图 4-13　木糖醇的生产工艺流程

4.4.2　开发功能性食品

在功能性食品中，食品发酵技术可以用于蛋白质、脂肪酸、糖醇、膳食纤维等功能性食品的生产开发，也可以用于发酵乳制品、新型谷物发酵产品等的研制。

4.4.2.1　发酵乳制品

食用发酵乳制品是一种有着悠久历史的健康营养的食品。经过发酵的牛奶还具备了生产各种不同产品的能力。开菲尔是一种发酵的类似酸奶的浓稠饮料，通过将牛奶与“开菲尔粒”一起培养而成，其中含有糖、蛋白质、乳酸菌和酵母。由于具有减少乳糖不耐受症状、刺激免疫系统、降低胆固醇以及抗突变特性，开菲尔已经成为重要的功能性乳制品。可降低血清胆固醇和磷脂浓度。我国传统的酸奶成分如表 4-9 所示。

表 4-9　我国传统酸奶成分

项目		纯酸奶	调味酸奶	果料酸奶
脂肪含量	全脂	3.1	2.5	2.5
	部分	1.0～2.0	0.8～1.6	0.8～1.6
	脱脂≤	0.5	0.4	0.4
蛋白质含量	全脂、部分脱脂及脱脂≥	2.9	2.3	2.3
非脂乳固体含量	全脂、部分脱脂及脱脂≥	8.1	6.5	6.5

4.4.2.2　发酵乳清饮料

发酵乳清饮料是一种以乳制品为基础的非常规饮料，由于其高营养特性而获得了消费者的高度认可。乳清的初始蛋白质含量低于 5%。发酵乳清饮料的蛋白质含量几乎是其他酸奶产品的两倍。由于在发酵过程中加入了乳酸菌发酵剂，发酵乳清饮料中的乳清黏度有所增加。

4.4.3　γ-亚麻酸的制备

4.4.3.1　γ-亚麻酸概述

γ-亚麻酸（γ-linolenic acid，GLA）为顺，顺，顺-6,9-十八碳三烯酸，是一种 ω-6 系列多不饱和脂肪酸，常温条件下呈无色或淡黄色油状液，不溶于水，易溶于石油醚、乙醚、正己烷等非极性溶剂。在空气中不稳定，尤其在高温条件下易发生氧化反应。结构如图4-14所示。

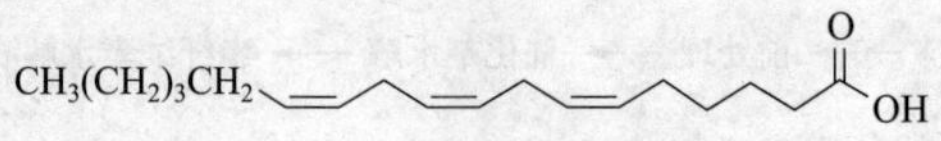

$CH_3(CH_2)_3CH_2$ ... OH

图4-14 γ-亚麻酸结构图

4.4.3.2 γ-亚麻酸制备

4.4.3.2.1 植物资源

自然界中富含GLA的资源较少，GLA主要存在于某些孢子植物及种子植物油中，寻找含GLA的植物资源是近年来GLA研究热点之一，目前已用于商业化生产的有月见草和玻璃苣两种，一些GLA含量较高的植物见表4-10。

表4-10 GLA含量较高的植物

植物	含油量/%	GLA含量/%
玻璃苣	28～31	17～25
蓝蓟	15	14
艾蒿	22	11
大麻	38	3～6
月见草	17～25	8～10
黑茶藨子	30	15～19
玄参	38	10

自然界中GLA极其有限，不能满足市场的需求，GLA在月见草油中的含量最多，可达8%～10%。

4.4.3.2.2 微生物资源

GLA的微生物来源主要是真菌和微藻。真菌类产GLA的主要是霉菌，霉菌属于接合菌目成员，被称为最有潜力的产脂资源，并能通过发酵法大规模生产GLA。用发酵法生产GLA不受产地限制，具有菌体生长速度快、培养简单且原料不受限制等优点。

（1）γ-亚麻酸的代谢途径

硬脂酸（stearic acid，SA）在Δ9-脂肪酸脱氢酶的催化作用下生成油酸（oleic acid，OA），油酸在Δ12-脂肪酸脱氢酶的催化作用下生成亚油酸（linoleic acid，LA），亚油酸在Δ15-脂肪酸脱氢酶的催化作用下形成α-亚麻酸（α-linolenic acid，ALA），随后α-亚麻酸进入多不饱和脂肪酸代谢的*n*-3途径或直接进入*n*-6途径。在*n*-3途径中，LA在Δ6-脂肪酸脱氢酶的催化下转化成GLA。在GLA的生成过程中，有3个关键酶：Δ9-脂肪酸脱氢酶、Δ12-脂肪酸脱氢酶、Δ6-脂肪酸脱氢酶。γ-亚麻酸代谢途径见图4-15。

（2）微生物发酵法生产γ-亚麻酸

对于产GLA的菌种研究最多的主要有被孢霉、毛霉、小克银汉霉、根霉等，不同菌属GLA产量不同，见表4-11。

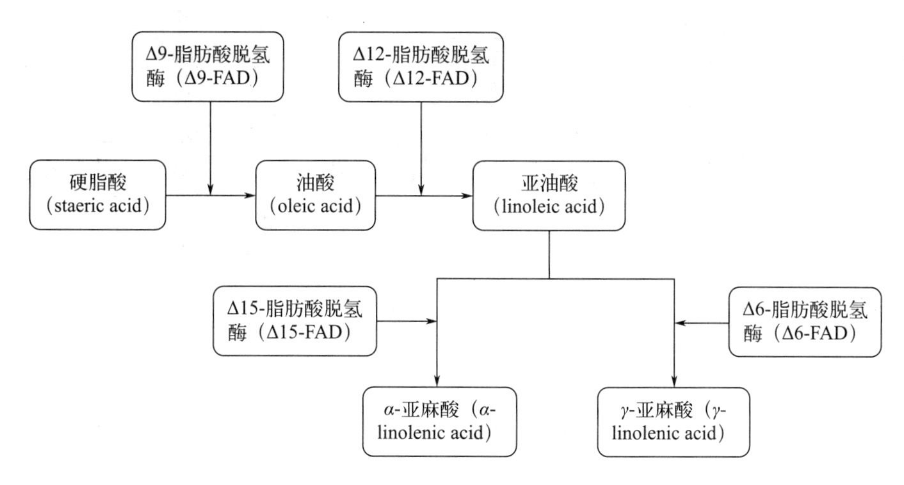

图 4-15　γ-亚麻酸代谢途径

表 4-11　不同菌属 GLA 产量

菌种	油脂含量/%	油脂中 GLA 的含量/%
深黄被孢霉(*Mortierella isabellina*)	86	3～11
拉曼被孢霉(*Mortierella ramanniana*)	46	7～12
葡萄酒色被孢霉(*Mortierella vinacea*)	66	3～11
雅致枝霉(*Thamnidium elegans*)	21	20～30
雅致小克银汉霉(*Cunninghamella elegans*)	56	18
山茶小克银汉霉(*Cunninghamella japoanica*)	37	21.2
卷枝毛霉(*Mucor circinelloides*)	65	15～18
冻土毛霉(*Mucor hiemalis*)	41	15.4
鲁氏毛霉(*Mucor rouxianus*)	28	14～15
土曲霉(*Aspergillus terreus*)	57	15～21

发酵法生产 γ-亚麻酸的过程分为五个部分：一是菌种制备；二是菌种扩大培养，通过生物积累获得富含天然 β-C 的发酵成熟醪；三是对发酵成熟醪进行粗提、真空干燥，获得含天然 β-C 菌体的固体粗产品；四是对粗产品进行有机溶剂浸提和精炼，获得纯度较高的油剂产品；五是采用先进的微胶囊技术，直接做成水溶性粉剂。详见图 4-16 天然 γ-亚麻酸生产工艺流程图。

（3）γ-亚麻酸的分离纯化

① 尿素包合法：该法是利用尿素分子在结晶过程中能够包合直链化合物的性质，其平衡方程式可写为：m 尿素$+n$ 脂肪酸$\longrightarrow$包合化合物（固）。

② 吸附分离法（adsorption separation）　主要是利用 $AgNO_3$、浸渍的硅胶板来吸附分离多不饱和脂肪酸。由于硅胶上的银离子与不饱和键之间发生电子转移形成 π 络合物，改变了分配系数，从而使饱和度不同的化合物得以分离。采用硝酸银硅胶板可从月见草油中分离层析得到含量 98%的 γ-亚麻酸甲酯。此法效果好，纯度高，但产量小，成本高，仅适用于实验室研究。

③ 超临界 CO_2 萃取法（supercritical fluid extraction）　超临界流体（supercritical fluid）

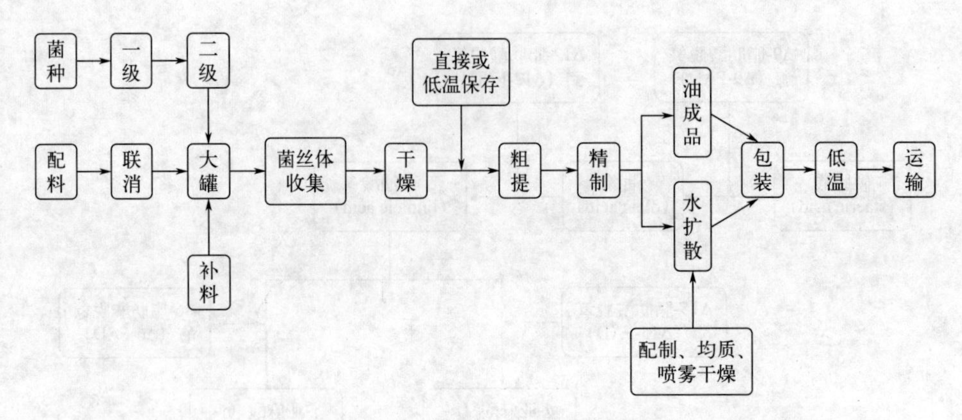

图 4-16　γ-亚麻酸生产工艺流程图

兼有气液两重性的特点：既有与液体相当的溶解能力，又有与气体相近的扩散能力。CO_2 作为超临界流体，具有无毒、无臭、不燃、来源广泛的优点，且其本身是惰性气体，可以避免产品的氧化。与传统的分离方法相比，超临界 CO_2 萃取技术在流程的简便程度、过程效率以及节省能耗、提高产品质量等方面都有优越性。

④ 脂肪酶浓缩法　利用脂肪酶极强的专一性和选择性可以对含多种混合脂肪酸的油脂进行选择性水解或酯化，从而使多不饱和脂肪酸分离纯化。利用脂肪酶在微水解介质中催化鱼油酯交换反应，以及 EPA、DHA 同甘油的酯合成反应，也可提高多不饱和脂肪酸在甘油三酯中的含量。

4.4.4　开发新糖源

（1）木糖醇

木糖醇（xylitol）又称戊五醇，是一种五羟基糖醇，化学式是 $C_5H_{12}O_5$，如图 4-17 所示，原产于芬兰，是从白桦树、橡树、玉米芯、甘蔗渣等植物原料中提取出来的一种天然甜味剂。它的甜度和热量与蔗糖相当，且它在人体中代谢不需要胰岛素，故可供糖尿病患者食用。木糖醇也能减缓血浆中脂肪酸的产生速度。除此之外，木糖醇作为食品添加剂还具有特殊的防龋功能。

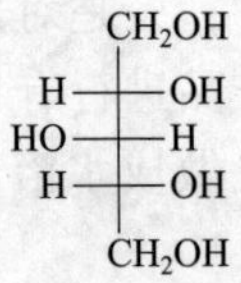

$$\begin{array}{c} CH_2OH \\ H-\!\!\!-\!\!\!-OH \\ HO-\!\!\!-\!\!\!-H \\ H-\!\!\!-\!\!\!-OH \\ CH_2OH \end{array}$$

图 4-17　木糖醇的分子式

（2）木糖转化生成木糖醇的代谢途径

以木糖为原料发酵生产木糖醇的微生物中研究最多的是酵母菌，根据现有资料，产木糖醇性能优越的酵母菌主要集中于假丝酵母属。酵母菌利用木糖一般需要经过两个步骤，首先是木糖还原酶以 NADPH 或 NADH 为辅酶，将木糖还原为木糖醇，木糖醇既可以作为主要产物进入培养基内，也可以被木糖醇脱氢酶催化氧化成木酮糖，最后木酮糖再被木酮糖激酶磷酸化为磷酸木酮糖进入磷酸戊糖代谢途径。

思考题

1. 发酵工程的定义是什么？
2. 常见发酵微生物有哪些？菌种选育的方法及影响因素有哪些？
3. 发酵罐是由哪几个部分组成？对应的作用分别是什么？
4. 通气式和气升式发酵罐有什么区别？
5. 请说出三种氨基酸在食品添加剂中的应用。
6. 多不饱和脂肪酸都有哪些？作用是什么？

第5章

细胞工程在食品工业中的应用

本章导言

细胞工程在食品工业中扮演着重要角色，为食品生产和创新提供了许多机会和可能性。利用细胞工程可将农副产品加工成食品并产业化，同时借助细胞工程还可以改造传统工艺，提高产品质量。细胞工程可为全球性的食物、蛋白质、环保和健康等方面的问题的有效解决提供有力支撑。

5.1 细胞工程概述

5.1.1 细胞工程的定义

细胞工程，也称细胞技术，是以细胞为基本单位，在离体条件下对细胞进行培养或人为的精细操作，使细胞在体外大规模地繁殖，使细胞的一些生物学特性按人们的意愿发生改变，从而达到体外生产生物产品的目的。细胞工程根据其研究对象不同，分为植物细胞工程、动物细胞工程和微生物细胞工程。

5.1.2 细胞工程的原理

5.1.2.1 细胞基础

（1）原核细胞和真核细胞

细胞作为生物体的基本组成单位，是细胞工程的主要研究对象。根据进化程度与结构的复杂程度，可分为原核细胞和真核细胞两大类。

由原核细胞构成的有机体包括细菌、放线菌和蓝藻等。原核细胞的细胞小，无典型细胞核，细胞内脱氧核糖核酸（DNA）的区域没有被膜包围，裸露于细胞质中，不与蛋白质结合，胞内无膜系构造细胞器，胞外由肽聚糖组成细胞壁。不过原核细胞生长迅速，无蛋白质结合的DNA易于人们进行遗传操作，因此它们是细胞改造的良好材料。

酵母、动植物等的细胞属于真核细胞，体积较大，结构复杂，内有细胞核和众多膜系构造细胞器。植物细胞与动物细胞相比，具有一些特有的细胞结构和细胞器，如液泡、叶绿体、细胞壁等。植物细胞壁是在细胞有丝分裂过程中形成的，主要成分是纤维素，还有果胶质、半纤维素与木质素等。液泡是植物细胞的代谢库，起调节细胞内环境的作用。液泡内部溶有盐、糖与色素等物质，溶液的浓度可以达到很高。叶绿体是植物细胞内最重要、最普遍的质体，它是进行光合作用的细胞器，具有将光能转变为化学能储存在碳水化合物中的作用。

（2）细胞的增殖和调控

对于体外培养细胞，首先要调节培养环境，即模拟体内细胞生长环境。同时，也要从细胞内部着手进行调控，使之按照人们的意愿生长或合成产物。这就需要对细胞个体和群体生长机制加以了解，以便调控整个细胞培养过程。

一个细胞周期就是细胞一次倍增的时间。培养中的“代”的概念只是指一次接种到再培养的时间，并不等于细胞周期。实际细胞传代一次，细胞能倍增 6～7 次。

5.1.2.2 细胞的全能性

细胞的全能性是细胞工程学科领域的理论核心。简单地讲一个与合子具有相同遗传内容的体细胞具有产生完整生物个体的潜在能力称为细胞的全能性。

细胞是生物体结构和功能的基本单位，同时，细胞显示出了生命的基本特征：自我复制、新陈代谢、应激性等。一个微生物细胞就是一个生命；而已分化的植物细胞在合适的条件下具有潜在的发育成完整植株或个体的能力。1970 年 Steward 用悬浮培养的胡萝卜单个细胞培养成了可育的植株，至此，植物分化细胞的全能性得到了充分论证。与植物和低等细胞相比，高等动物体细胞的发育潜能有显著差异，早期胚胎细胞具有发育的全能性，但随着分化程度的提高，细胞的发育潜能也逐渐变窄，所以动物细胞是否有全能性一直没有定论。1997 年研究人员将羊的乳腺细胞核移植到去核的卵细胞中，培养出成体羊“多莉”证明了已分化的体细胞核具有全能性。动物克隆的成功只能证明动物体细胞核具有发育全能性，对于成熟体细胞本身是否也具有发育全能性尚不能完全解释。对于细胞研究的一系列新发现表明，在成熟机体的多种组织中均存在可多向分化的全能细胞——组织干细胞，不仅刷新了人们对于细胞的传统认识，而且也使科学家不得不重新认识高等动物体细胞的发育全能性问题。

植物细胞全能性的概念在 20 世纪 80 年代之后又进一步发展，植物体细胞除了具有发育成完整植株和个体的潜能之外，还具有产生亲本植株所具有的化合物的能力。植物细胞培养可产生高价值的细胞次生代谢产物，比如香料、色素、生物碱、酶类等；动物细胞培养可产生细胞因子、抗体等。

5.1.3 细胞工程的应用及发展前景

细胞工程是一个具有战略意义的新兴高技术产业。从利用转基因技术培育抗旱植物改善生态环境，到研制基因疫苗和药物治疗疾病，从食品、轻工、材料、环保到刑事侦查、道德伦理、国家安全，细胞工程应用前景广阔，以下从几方面分别介绍。

在动植物快速繁殖领域，可通过细胞工程技术快速繁殖自然界现有的优良动植物尤其是濒危物种。主要技术包括试管植物、人工种子、试管动物、克隆动物等。例如，通过植物组织培养技术实现了一些有价值的苗木、花卉、药材和濒危植物的快速、大量繁殖；采用胚胎工程技术进行优良动物品种的快速繁殖并产生了可观的经济效益；利用体外受精、胚胎移植克隆等细胞工程技术进行大熊猫、东北虎等濒危灭绝动物的繁殖与保护，意义重大；“试管婴儿”人工助孕技术已经为一些家庭解决了生育问题。

在细胞工程生物制品方面，利用动植物细胞组织培养或者转基因动植物生物反应器生产生物制品是现代细胞工程的代表性领域，多用在食品、药物、生物能源等行业。动植物来源的生物制品受资源、土地、气候、环境等条件限制，因此很难保证充足的产量和较高的质量，而基于细胞培养的生物制品生产不受这些因素限制，同时可以采用代谢工程方法调控产物积累，大量获得有用物质。近年来，以杂交瘤细胞培养大量制备单克隆抗体，以动物细胞培养技术生产疫苗、生长因子等已产生可观的经济和社会效益；以转基因动物为代表的生物反应器在生物制药领域已展现巨大的应用前景。由于石油、煤炭等不可再生能源有限，近几年基于细胞工程基础上的生物能源，尤其是可再生生物能源的研究已经成为国际热点。

在细胞疗法与组织修复方面，细胞疗法对癌症、糖尿病、血友病等疾病都有一定疗效。组织修复是指利用培养的细胞或者离体再造的组织修复受损细胞与组织或器官的技术。运用组织工程技术使人体细胞在体外繁殖、分化，从而获得患者所需的具有相同功能的又不存在排斥反应的人造器官，可以克服目前器官移植的原料不足的问题。这些都体现了细胞工程与人类生产、生活息息相关，前景广阔，意义重大。

5.2 细胞融合技术

5.2.1 细胞融合技术的定义

细胞融合技术是20世纪60年代发展起来的一项细胞工程技术。它是指在一定条件下将不同来源的原生质体（除去细胞壁的细胞）相融合并使之分化再生，形成新物种或新品种的技术，细胞融合又称体细胞杂交。

动物细胞因没有细胞壁可以直接用于融合，植物细胞和微生物细胞常因有细胞壁不能直接用于融合，须经酶法除去细胞壁而得原生质体后再进行融合。

细胞融合的最初变化，是细胞在促融因子的作用下，出现凝集现象，细胞之间的质膜发生粘连，细胞开始融合，然后在培养过程中，进而发生核融合，形成杂种细胞。现在不仅微生物、动物、植物种内或种间可以杂交，而且微生物、动物、植物细胞之间也可以杂交，其可促进基因重组，对遗传育种、选育优良品系，以获得高产优质的品种具有重要实践意义。

5.2.2 细胞融合技术的原理与步骤

（1）细胞融合的原理

细胞融合实际上包括多个过程：首先是两个亲本细胞并列，然后细胞膜相接触以后膜组织局部破坏，最终形成包围融合细胞的连续胞膜。

不同的融合方法对细胞膜有不同的作用，但是它们都在由磷脂双分子层构成的细胞膜上引起类似的变化。一般糖蛋白分布在细胞的细胞膜表面，其疏水结构域埋在膜的脂双层内部，亲水性的结构暴露在膜外，水分子结合在膜外，形成的水合层阻抑了相邻细胞的脂双层膜接触。而细胞融合的关键就是要有脂双层的接触，并需要除去糖蛋白，露出无糖蛋白覆盖的区域（形成小孔以交换细胞质成分）。所有的融合剂都可诱发暴露区域，让两个细胞的脂双层能紧密结合。这些过程虽然在体外培养条件下会自然发生，但自发融合的频率极低，所以一般都需要添加具有诱导细胞融合功能的生物或化学因子，或应用物理方法如电场介导的电融合，以人工促进细胞融合。

（2）细胞融合的步骤

融合细胞制备过程大致可分为三个阶段：融合前准备、细胞融合、融合后细胞管理。融合前准备工作主要包括相关实验设备与材料准备，建立融合前有关实验方法等，融合后管理包括融合细胞筛选、克隆、保存等。

细胞融合技术的主要过程如下。①原生质体制备：植物细胞和微生物细胞都具有细胞壁，因此植物和微生物细胞融合前通常需要用特定的酶将细胞壁降解，而动物细胞表面无细胞壁，可直接进行细胞融合。②诱导细胞融合：将两种亲本细胞悬浮液调整到一定的细胞密度，按一定比例混合后，逐步滴加高浓度聚乙二醇或其他的细胞融合诱导剂，或使用电融合方法诱导细胞融合。③筛选、克隆杂合细胞：将上述细胞混合液移入选择性培养基中培养，使得杂合细胞生长而非融合细胞不能生长，并进一步筛选和克隆杂合细胞，从而获得具有双亲遗传特征的杂合细胞。

5.2.3 促进细胞融合的方法

在自然条件下细胞之间发生自发融合的概率很小，只有 10^{-6}～10^{-4}，细胞融合技术的出现大大改变了这一状况，但细胞融合技术也经历了一个发展过程，现在已经建立了多种细胞融合技术。

(1) 病毒诱导细胞融合

病毒诱导细胞融合的过程，与病毒和细胞的种类、病毒数量、温度和环境中离子强度等条件有关。应用病毒进行诱导时，需要对病毒进行灭活处理，融合过程刚开始，细胞表面要吸附足够数量的病毒粒子，接着细胞发生凝聚，病毒使相邻细胞的细胞膜发生融合，细胞质得以相互交流，最后形成融合细胞。

病毒诱导细胞融合具有很多的缺点，如病毒具有致病性与寄生性、制备比较困难、实验重复性不够、灭活不完全等，所以近年来已不多用。

(2) 化学诱导融合

20 世纪 70 年代以来，化学融合剂的研究得到了快速发展，应用也非常广泛，常用的化学融合剂有聚乙二醇（PEG）、二甲亚砜（DMSO）、甘油乙酸酯、油酸、磷脂酰胆碱、水溶性蛋白质和多肽等，在 Ca^{2+} 配合物存在下均可促进细胞融合。

PEG 是众多化学融合剂中应用最广泛的融合剂，与病毒相比更易制备和控制，活性稳定、使用方便，促进细胞融合的能力最强。在液相介质中，PEG 表面的许多醚键带有负电荷，通过 Ca^{2+} 参与，将带有正电荷的表面蛋白和带负电荷的糖蛋白连接在一起，细胞发生聚合，同时由于 PEG 与水分子以氢键结合，溶液中自由水消失，细胞脱水而发生膜质变化，导致细胞融合。

使用化学融合剂时，必须有 Ca^{2+} 参与，Ca^{2+} 与 PO_4^{3-} 形成水不溶性复合物，构成细胞间的钙桥，促使细胞融合。但也存在一定的问题：首先，使用浓度有一定的局限性，而且对细胞的毒害也比较大；其次，诱导产生率也停留在 10^{-5} 数量级的水平，相对比较低。

(3) 电处理融合

细胞电处理融合技术就是指在电场中，细胞极化成偶极分子，沿电力线排列成串，并且彼此紧密接触，然后采用高压、短时脉冲电流轰击细胞膜，使细胞膜形成纳米微口，从而使相互靠近的两个或几个细胞产生融合。

当细胞处于电场中，由于电场力作用，正、负电荷排列在细胞膜两面，细胞膜就产生电势，电势的大小与外加电场强度以及细胞的半径成正比，排列在细胞膜两面的正、负电荷发生吸引作用，细胞膜变薄，随着外加电场强度升高，吸引作用增加，当膜电势增强到临界电势时，细胞膜处于临界膜厚度，导致发生局部不稳定和降解，从而形成微孔。此操作必须在一定的温度条件下进行，不同的温度条件下膜微孔存在的时间也不同，4℃时膜微孔可存在

30min，37℃时膜微孔只能存在几秒至几分钟。

电处理融合技术是一种可控式细胞融合技术，其融合率高，重复性好，操作简便、快速，没有残留毒性，而且具有普遍性，可用于动物细胞、植物细胞和微生物等各类细胞。但电处理融合技术不适合大小相差较大的原生质体融合，加上设备昂贵等因素，在实际应用上也受到一定的限制。

(4) 其他融合方法

近年来，随着现代科学技术的不断发展，又出现了一些新的促进细胞融合的方法及电处理融合技术的改进方法。

① 激光融合技术　又称为激光细胞焊接，早在1987年，德国海德堡理化研究所就报道了利用激光诱导哺乳动物和植物原生质体融合的过程，整个过程只需要几秒，而且融合后的细胞仍运动，证明细胞是存活的。激光融合技术具有很多优点，可以在不接触的情况下进行任意两个细胞的非接触融合，安全且易于操作，并且能够观察整个细胞的融合过程。

② 细胞物理聚集电融合法　包括磁电融合技术和超声电融合技术。Vienken等研究发现，采用1.0MHz的超声波有助于细胞的融合，其优点是不需要进行细胞的前处理。

③ 细胞化学聚集电融合法　采用PEG、伴刀豆蛋白A等作为聚合剂促进细胞聚合接触，并加以高压短时脉冲电压促使细胞融合，融合后洗去聚合剂进行细胞培养。此法能够取得明显效果。

④ 特异性电融合法　利用特异性结合促进细胞聚集，并与电融合法连用诱导细胞融合的方法。有学者用3-(2-吡啶二硫代)丙酸*N*-羟基琥珀酰亚胺酯（SPDP）双功能试剂将抗原标记在骨髓瘤细胞上，利用抗原抗体特异性结合，制备转铁蛋白的抗体，特异性抗体阳性率可达100%。

5.2.4　细胞融合子的筛选

(1) 微生物融合子的筛选

原生质体融合后，来自两亲本的遗传物质经过交换并发生重组而形成的子代称为融合重组子或融合子。根据不同的实验目的和所选择亲本细胞性状的不同，可以选择不同的方法鉴别分析融合子，一般可通过两亲本遗传标记的互补而得以识别，有直接法和间接法。

对于微生物而言，常用的方法是直接法：对于营养互补型的亲本，可从不补充两亲本生长所需营养物的再生基本培养基上直接筛选；对于抗药性作为选择标记的融合，可从含药物的平板培养基上分离鉴定；对形态特征或色素方法的标记，其融合子可根据色素、形态特征来分离鉴定。直接法的优点是准确可靠，缺点是会使部分融合子遗漏。

间接法是把融合液涂布在高渗再生完全培养基上，使亲本细胞和融合子都再生成菌落，然后用影印法将它们复制到选择培养基上检出融合子。从实际效果上看，直接法虽然方便，但由于选择条件的限制，对某些融合子的生长有影响；虽然间接法操作上要多一步，但不会因营养关系限制某些融合子的生长，特别是对一些有表型延迟现象的遗传标记，宜用间接法。

(2) 植物融合子的筛选

双亲本原生质体经融合处理后产生的杂合细胞，一般要经含有渗透压稳定剂的原生质培养基培养（液体或固体）再生出细胞壁后转移到合适的培养基中培养。待长出愈伤组织后再按常规方法诱导其发芽、生根、成苗。在此过程中可对其是否是杂合细胞或植株进行鉴别与筛选。植物融合子的鉴定常利用两亲本原生质体的形状和结构的差异，如通过色素的有无、原生质体的状态、核大小、核的分裂等鉴定。

① 杂合细胞的显微镜鉴别　根据以下特征可以在显微镜下直接识别杂合细胞：若一方细胞大，另一方细胞小，则大、小细胞融合的就是杂合细胞；若一方细胞基本无色，另一方为绿色，则白绿色结合的细胞是杂合细胞；若双方原生质体在特殊显微镜下或双方经不同染料着色可见不同的特征，则可作为识别杂合细胞的标志。发现上述杂合细胞后可借助显微操作仪在显微镜下直接取出，移至再生培养基培养。

② 互补法筛选杂合细胞　显微鉴别法虽然比较可信，但有时会受到仪器的限制，工作进度慢且不知杂合细胞能否存活与生长。遗传互补法则可弥补以上不足。遗传互补法的前提是获得各种遗传突变细胞株系。如不同基因型的白化突变株 aBXAb，可互补为绿色细胞株 AaBb，这叫作白化互补。甲细胞株缺外源激素 A 不能生长，乙细胞株需要提供外源激素 B 才能生长，则甲株与乙株融合，杂合细胞在不含激素 AB 的选择培养基上可能生长，这种选择类型称生长互补。假如某个细胞株具某种抗性（如抗青霉素），另一个细胞株具另一种抗性（如抗链霉素），则它们的杂合株将可在含上述两种抗生素的培养基上再生与分裂，这种筛选方式即所谓的抗性互补筛选。如果一个细胞株是需要烟酸的缺陷型，另一个是叶绿体缺陷型并要求是葡萄糖转运缺陷突变体，这两者融合，可在无烟酸的培养基上选择杂种，这就是营养缺陷型互补。此外，根据碘代乙酰胺能抑制细胞代谢的特点，用它处理受体原生质体，只有融合后的供体细胞质才能使细胞活性得到恢复，这就是代谢互补筛选。

③ 采用细胞与分子生物学的方法鉴别杂合体　经细胞融合后长出的愈伤组织或植株，可进行染色体核型分析、染色体显带分析、同工酶分析以及更为精细的核酸分子杂交、限制性内切酶片段长度多态性和随机扩增多态性 DNA 分析，以确定其是否结合了双亲本的遗传物质。

④ 根据融合处理后再生长出的植株的形态特征进行鉴别　自从 Cocking 教授取得制备植物原生质体的重大突破以来，科学家在植物细胞融合，甚至植物细胞与动物细胞融合等方面进行了不懈努力，已在种内、种间、属间乃至科间细胞融合得到了许多再生株。最突出的成就当属番茄与马铃薯的属间细胞融合。已经获得的番茄-马铃薯杂交株，像马铃薯那样蔓生，能开花，并长出 2～11cm 的果实。成熟时果实黄色具番茄气味，但高度不育。

（3）动物细胞融合子的筛选

① 由抗药性细胞组成的杂种的筛选　早在 1962 年，有学者研究抗药性时发现，抗嘌呤突变型细胞缺乏次黄嘌呤鸟嘌呤磷酸核糖转移酶（$HGPRT^-$），而抗嘧啶突变型细胞缺乏胸腺嘧啶核苷激酶（TK^-），因此无法合成组成 DNA 的嘌呤和嘧啶。突变细胞在 HAT 选择培养基上无法存活。相反，$HGPRT^-$ 细胞与 TK^- 细胞的杂种细胞可在 HAT 培养基上生长。原理如下：HAT 培养基是含次黄嘌呤（H）、氨基蝶呤（A）和胸腺嘧啶核苷（T）的培养基。细胞可由两条途径合成 DNA 所需要的嘌呤和嘧啶。一条为主要途径，即从磷酸核糖焦磷酸（PRPP）和谷氨酰胺合成肌苷酸（IMP），进而转变为脱氧鸟苷三磷酸（DUMP），从而合成脱氧胸苷酸（dTMP），再转变为脱氧胸苷三磷酸（dTTP）。这一合成途径，可被二氢叶酸还原酶的叶酸类似物 A 所阻断。此时，只有 $HGPRT^-$ 和 TK^- 细胞才能通过另一条应急途径，利用外加的核苷酸的“前体”H 来合成 IMP 和利用 T 来合成 dTMP，而得以存活下来。相反，$HGPRT^-$ 和 TK^- 细胞则无法利用 H 和 T 来合成 DNA 而死亡。因此，$HGPRT^-$ 和 TK^- 细胞融合后，应用 HAT 培养基即可通过基因互补而同时将缺乏 HGPRT 和 TK 的杂种细胞筛选出来。

② 由营养缺陷变异型细胞组成的杂种的选择　营养缺陷型是指在一些营养物（如氨基酸、碳水化合物、嘌呤、嘧啶或其他代谢产物）的合成能力上出现缺陷，而难以在缺乏这些营养物的培养基中存活的变异型细胞。可按反选择分离法进行分离，在缺失培养基中加入氨

甲蝶呤去除掉生长中的原养型细胞之后，再补入所需营养物使其杂种细胞增殖；或利用分裂细胞具有分泌5-溴脱氧尿嘧啶核苷（BUDR）的能力，在含有BUDR的缺失培养基中，使迅速增殖的原养型细胞因渗入DNA的BUDR具有光敏性而被光照杀死后，再移入含有所需营养物的完全培养基，使其杂种细胞长成克隆。

③ 由温度敏感突变型细胞组成的杂种的选择　培养的哺乳细胞，均可在32～40℃生长，其最适温度则为37℃，但用筛选营养突变型细胞的类似方法，也可分离得到不能在38～39℃（非许可温度）生长的温度敏感突变型细胞。简单来说，就是先用化学诱变剂诱导细胞突变，再在正常条件下培养一段时间，使突变固定下来。然后，将培养物移到非许可温度下培养，使温度敏感突变体表型得以表达。同时，借加入选择性作用物，以杀死所有能在非许可温度下繁殖的正常细胞。而后再回到许可温度下培养，凡存活者即为温度敏感突变型细胞。

5.3 细胞培养技术

5.3.1 细胞培养的环境条件

细胞工程实验室要求严格保持无菌环境，避免微生物及其他有害因素的影响。一般来讲，它应能进行六方面的工作：无菌操作、培养、制备、清洗、消毒灭菌处理和储藏。各区最好分别设置于相连的各个房间，特别是无菌操作室最好能单独设置。如都安置在一大实验室内，则无菌操作区与清洗、消毒灭菌区应分别位于两端，而制备、储藏和培养区位于此两区之间。主要包括无菌操作室、培养与观察室、制备室、储藏室、清洗与灭菌室、驯化移植室等。细胞工程通用的仪器设备如下：

(1) 超净工作台

一般细胞培养室多利用两种超净工作台，一种是侧流式（或称为垂直式），另一种为外流式（或称为水平层流式）。两者的基本原理大致相同，都是将室内空气经粗过滤器初滤，由离心风机压入静压箱，再经高效空气过滤器精滤，由此送出的洁净气流以一定的、均匀的断面风速通过无菌区，从而形成无尘无菌的高洁净度工作环境（图5-1）。

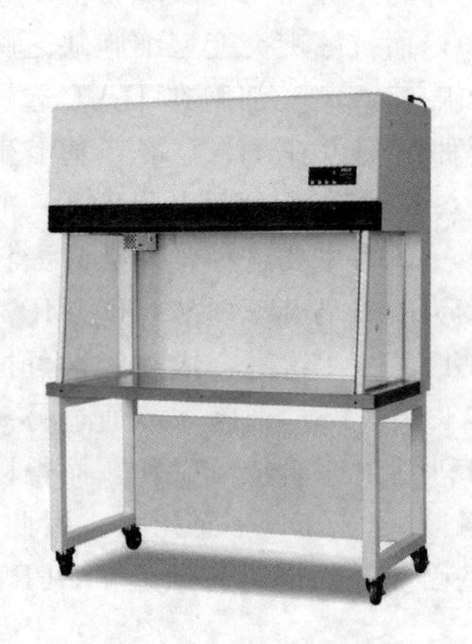

图5-1　超净工作台图例

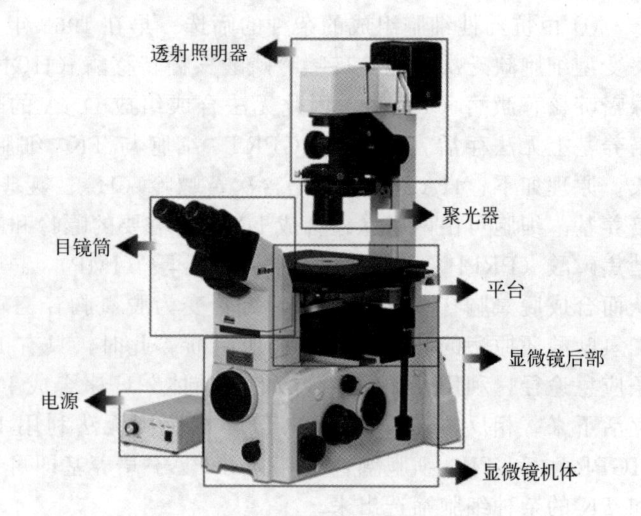

图5-2　倒置显微镜部件及名称

(2) 倒置显微镜

使用倒置显微镜定期检查培养细胞器皿中的细胞生长情况，可及时调整培养条件。若发现污染，可根据污染类型决定补救措施和处理方案。倒置显微镜可以从培养皿的下方检查培养物，减少观察对细胞生长的影响。若能配置带有照相系统的高质量相关显微镜，以及随时摄影、录像系统或缩时电影拍摄装置等，则效果更佳（图 5-2）。

（3）电热干燥箱

电热干燥箱用于细胞培养中的有些器械、器皿烘干时使用，玻璃器皿也需干燥消毒。一般选用的电热干燥箱规格为 650cm×500cm×500cm，温度范围在 50～300℃。实验室常用的是鼓风式电热干燥箱，其优点是温度均匀、效果较好，缺点是升温过程较慢。升温时不能先升温后鼓风，而应鼓风与升温同时开始，至 100℃时停止鼓风。消毒后，不能立即打开箱门以免骤冷而致玻璃器皿损坏，应该等温度自然下降至 100℃以下时方可开门。需要注意的是电热干燥箱有时由于温度过高可导致包裹的纸或棉花烧焦，烧焦的碎屑可影响细胞的生长。

（4）压力蒸汽消毒器

直接或间接与细胞接触的物品均须消毒灭菌处理。高压蒸汽因消毒效果好而被广泛采用。常用的高压蒸汽设备有外热源直接加热和内热源侵入式加热压力蒸汽消毒器两类。随着电力供应的普及和自动化控制水平的提高，前一种压力蒸汽消毒器正在被使用方便的内热式全自动控制压力蒸汽消毒器所取代，使用者可根据条件和需要选择不同型号、体积和自动化程度的压力蒸汽消毒器。

（5）细胞计数板和电子细胞计数仪

细胞计数板也称血细胞计数板，可进行培养细胞计数和活细胞的观察。对于悬浮培养的细胞，用吸管吹打成单个细胞后即可计数。对于贴壁培养的细胞，可经消化液消化并以吸管吹打使之脱离生长表面，用缓冲液洗涤、离心后，再加缓冲液或培养液制备成细胞悬液，然后再计数。电子细胞计数仪可自动计数细胞悬液中的细胞数，省时、省力，尤其适用于测定细胞生长曲线的实验。

（6）过滤除菌装置

大部分培养液可通过高压蒸汽消毒方式进行除菌消毒，但仍有很多培养用液（如人工合成培养液、血清、消化用胰蛋白酶液等）常含有维生素、蛋白质、多肽、生长因子等物质，这些物质在高温或射线照射下易发生变性或失去功能，因而多采用过滤除菌。目前常用的滤器有 zeiss 滤器、玻璃漏斗式滤器和微孔滤膜滤器。

5.3.2 动物细胞培养

动物细胞培养是将动物细胞或组织从机体取出，分散成单个细胞，给予必要的生长条件，模拟体内生长环境，使之在无菌、适温和丰富的营养条件下，在体外继续生长和增殖的过程。在整个过程中细胞不出现分化，不再形成组织。

培养基是供动物组织生长和维持用的天然的或人工配制的养料，一般含有碳水化合物、含氮物质、无机盐（包括微量元素）以及维生素和水等。培养基除了提供体外培养细胞生长繁殖所需的基本营养物质外，还为其创造生存环境。动物细胞培养所用培养基可分为天然培养基、合成培养基和无血清培养基。

（1）天然培养基

天然培养基也称复合培养基，含有化学成分还不清楚或化学成分不恒定的天然有机物。天然培养基使用最早，主要是将直接取自动物体液或从动物组织分离提取的天然物质作为动物细胞或组织培养的培养基。天然培养基种类很多，包括生物性液体（如血清）、组织浸液（如胚胎浸液）、凝固剂（如血浆）等。其优点是含有丰富的营养物质及各种细胞生长因子、激素类物质，渗透压、pH 等也与体内环境相似，能维持细胞正常的生长繁殖，保护细胞的各种生物学性状，培养效果良好；缺点是属于成分不明确的混合物，组成复杂，来源受限，制作过程复杂，批次间差异大。目前，常见的天然培养基有水解乳蛋白和新生牛血清。

水解乳蛋白是乳白蛋白经蛋白酶和肽酶水解后的产物，含有丰富的氨基酸。使用时用 Hank′s 液配制成 0.5%的溶液，一般与合成培养基按 1∶1 比例混合，可以用于许多细胞系和原代细胞的培养。水解乳白蛋白为淡黄色粉末，易潮解结块，虽对使用影响不大，但应注意贮存条件，同时注意严密封口以防潮。

血清的种类很多，包括胎牛血清（fetal bovine serum，FBS 或 fetal calf serum，FCS；以无菌手术剖腹取 210～300 日龄的牛胎，心脏穿刺采血制得）、新生犊牛血清（new born bovine serum，NBS 或 new born calf serum，NCS；出生 5 天内的小牛放血后制得）和小牛血清（calf serum；年龄在 6 个月、体重达 226kg 的小牛放血后制得）、马血清（horse serum）、兔血清（rabbit serum）、羊血清（sheep serum 或 goat serum）和人血清（human serum）等。其中以新生犊牛血清和胎牛血清应用最多、最广。目前国内外都有商品血清出售。优质血清透明，呈淡黄色。血清的厂家、产地、批号等不同时，对细胞培养的效果可能有差异。因此，若有条件，可先少量购买几种血清，进行细胞生长曲线、细胞克隆率等检查，从而筛选出质量好的血清。为了使试验结果稳定，便于前后比较，应使用同一批号血清。血清购回后一般要经 56℃、30min 热灭活，以避免其中的补体成分对细胞产生毒性作用。血清灭活后，其促进细胞生长的能力可能有所减弱，但性质相对稳定，便于使用和保存。

（2）合成培养基

1951 年 Earle 开发了供动物细胞体外生长的人工合成培养基（MEM）。合成培养基根据细胞所需要的营养成分，通过依次加入准确称量的高纯度化学试剂与蒸馏水配制而成，其主要包括氨基酸、维生素、碳水化合物、无机盐和一些特殊成分。合成培养基种类多、成分已知，便于控制实验条件，而且虽然各种培养基是针对不同的细胞设计的，但实际上每种培养基都可以适合多种细胞的培养。合成培养基的应用对动物细胞培养技术的发展有很大的推动力，但有很多天然的未知成分尚无法用已知的化学成分所替代，因此，现阶段多数人工合成的培养基只能满足动物细胞生存的要求，为了能够使细胞更好地生长繁殖，就要在基础合成培养基中加入一定量的天然成分，以弥补基础合成培养基的营养不足，最常添加的是一定量的血清。

动物血清是动物细胞培养中最常用的添加物和天然培养基，血清中含有丰富的营养成分，包括脂类、蛋白质、无机盐、维生素、激素等有效成分，能维持细胞的正常生长繁殖，但血清中也存在一些对细胞的生长和繁殖有害的成分，如免疫球蛋白、生长抑制因子等。另外血清成分复杂，各种生物分子混合在一起，有些成分至今尚不清楚，不同动物、不同批次之间也存在较大的差异。血清虽对细胞生长很有效，后期对培养产物的分离、提纯以及检测会造成一定困难。

（3）无血清培养基

无血清培养基就是全部采用已知的营养成分，不需要添加血清就可以维持细胞在体外生长繁殖的合成培养基。无血清培养基一般是由基础培养基和代血清的补充因子组成。代血清的细胞生长因子现已发现几十种，包括必需补充因子和特殊补充因子。前者包括动物细胞生长所需要的胰岛素和转铁蛋白。后者包括：①生长因子，如表皮生长因子、神经生长因子、血小板生长因子等；②贴壁因子，如纤黏蛋白、胶原、多聚赖氨酸和激素等。

无血清培养基的优势在于避免了血清对培养细胞的污染、毒性作用以及对产物纯化和检测等的不良影响，而且具备其他培养基无法达到的效果。虽然基础培养基加少量血清所配制的完全培养基可以满足大部分细胞培养的要求，但对于有些特殊实验，完全培养基就不适合了。例如，了解某一生长因子在细胞生长繁殖中起的作用，这需要排除其他生长因子的干扰作用，而血清中存在多种生长因子；又如需要获得细胞生长繁殖过程中分泌的特定产物（抗体、生长因子等）。无血清培养基的缺点是增加了成本，针对性太强，一种无血清培养基一般只适用于一种或一类细胞的培养，不具有普遍性。无血清培养基是全部用已知成分配制的不含血清的合成培养基，通常在合成培养基的基础培养基中加入促细胞生长因子，保证细胞良好生长，如 HamF10、HamF12、IMDM 和 TC199 等。另外，也有商品化的无血清培养液，如淋巴细胞无血清培养基、内皮细胞无血清培养基、杂交瘤细胞无血清培养基、巨噬细胞无血清培养基等。

目前的无血清培养基仍有不足之处，如成本较高；由于没有血清提供的保护和解毒作用，对试剂和水的纯度以及器皿等的清洁程度要求也更高；针对性较强，一种无血清培养基一般只适用于某一类细胞的培养等。迄今还没有研制出普遍适用的无血清培养基。

5.3.3 植物细胞培养

植物细胞培养即植物细胞体外培养，是指在无菌条件下，将植物细胞从机体内分离出来，在营养培养基上使其生存生长的过程。掌握植物细胞培养技术，需先掌握几个名词：外植体，即植物组织培养中作为离体培养材料的器官或组织的片段；愈伤组织，即由母体外植体组织的增生细胞产生的一团不定型的疏松排列的薄壁细胞，一般愈伤组织培养中没有明显的组织或器官的分化。利用细胞培养技术可以观察到细胞的形态和生长活动，并且将植物微生物化，在一定容积的反应器中得到大量的植物细胞。工业化植物细胞培养系统主要有悬浮细胞培养系统和固定化细胞培养系统。

5.3.3.1 植物组织培养技术

植物组织培养指在无菌条件下将植物器官、组织、细胞或原生质体等外植体材料培养在人工培养基上，在适当条件下诱发长成完整植株的技术。根据外植体的种类不同，又可分为器官培养、组织培养、胚胎培养以及原生质体培养等，整个组织培养过程的基本步骤如图 5-3 所示。

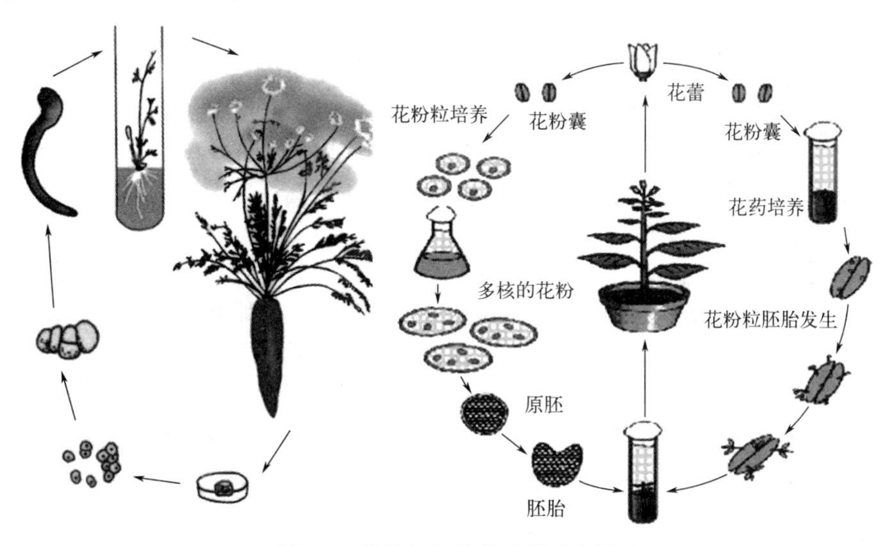

图 5-3　植物组织培养流程示意图

(1) 消毒与培养基制备

通常采集的植物材料带有各种微生物，一旦它们与培养基接触就很快繁殖造成培养基和培养材料的污染，因此在培养前必须进行严格的清洗和消毒处理。清洗过程中注意不要损伤实验材料，清洗后进行药剂消毒。药剂灭菌法适用于培养材料的表面消毒，常用的消毒剂有酒精、次氯酸钙、次氯酸钠、氯化汞等。消毒所需药剂原则上要求既达到灭菌目的，又不损伤植物组织。

组织培养跟培养基成分密切相关，培养基中含有外植体生长所需的营养物质和生长调节物质，是组织培养中外植体赖以生存的基础。成分大致包括水、无机营养、有机营养、天然附加物、植物生长调节物质五类。无机营养包括氮、磷、钾、硫、钙等大量元素和铁、锰、锌、硼、碘、铜、钴、钼等微量元素。有机营养主要有糖类、氨基酸和维生素。糖类为培养物提供所需要的碳源，并有调节渗透压的作用，常用的是2%～4%的蔗糖，有时也加入葡萄糖和果糖等。White培养基是较早使用的植物组织培养基，被广泛用于离体根的培养；MS培养基含有较高的硝态氮和铵态氮，适合多种培养物的生长；N6培养基适合禾本科及花粉的培养；B5培养基则适合十字花科植物的培养。

固体培养基和液体培养基都可用于组织培养。固体培养基使用方便，培养基基质透明，便于观察发根情况，因此得到广泛的应用。液体培养分静置培养和振荡培养两类，静置培养不需要添加专门设备，而振荡培养需要摇床等设备，在振荡培养过程中，可使培养基混合均匀，也可使培养物交替地浸没在液体中或暴露在空气中，有利于气体交换。

(2) 接种与培养

植物组织培养中的接种是把消毒好的材料在无菌的情况下切成小块并放入培养基的过程，一般在接种室或超净工作台中进行。植物已经分化的细胞经分割后，在适宜培养基上可诱导形成去分化状态的愈伤组织（图5-4）或细胞团。一般诱导愈伤组织的培养基中含有较高浓度的生长素和较低浓度的细胞分裂素。外植体一旦接触到诱导培养基，几天后细胞就出现DNA的复制，迅速进入细胞分裂期。由于细胞的分裂增殖，愈伤组织不断生长。如果把处在旺盛生长且未分化的愈伤组织切成小块进行继代培养，就可维持其活跃生长，经过多代继代培养的愈伤组织还可用于悬浮培养，用作单细胞培养研究、细胞育种和分离原生质体等。无论是固体培养还是液体培养都需控温在(25±3)℃，而且一般培养都需一定的光照，光源可采用日光灯或自然光线，每天光照约12h。

图5-4　植物愈伤组织图例

(3) 器官形成或体细胞胚发生

愈伤组织转入诱导器官形成的分化培养基上，可发生细胞分化。分化培养基中通常含有较高浓度的细胞分裂素和较低浓度的生长素。在分化培养基上，愈伤组织表面几层细胞中的某些细胞启动分裂，形成一些细胞团，进而分化成不同的器官原基。器官形成过程中一般先出现芽，后形成根，如果先出现根则会抑制芽的出现，对成苗不利。

在特定条件下，由植物体细胞发生形成的类似于合子胚的结构称为胚状体或体细胞胚，简称体胚。体胚最根本的特征是具有两极性，即在发育的早期阶段能从方向相反的两端分化出茎端和根端，而不定芽或不定根都是单极性的。体胚由于具有根茎两个极性结构，可以一次性再生出完整植株。体胚发生的方式可分为直接发生和间接发生两类，直接发生是指从原外植体不经愈伤组织阶段直接发育而来，间接发生是指体胚从愈伤组织、悬浮细胞或已形成的体胚上发育来的。

（4）移栽成活

当试管苗具有 4～5 条根后即可移栽，移栽前应先去掉试管塞，在光线充足处炼苗。移栽时先将小苗根部的培养基洗去，以免细菌污染。苗床土可采用沙性较强的菜园土或用泥炭土、珍珠岩、蛭石、砻糠灰等调配成的混合培养土。用塑料薄膜覆盖并经常通气，小苗长出新叶后，去掉塑料薄膜就能成为正常的田间植株。无性系繁殖植物的主要特点是繁殖速度快，通常一年内可以繁殖数以万计的种苗，对于名贵品种、稀优种质、优良单株或新育成品种的快速扩大推广具有重要意义。

5.3.3.2 植物细胞工程常用仪器设备

（1）光照培养箱

光照培养箱用于少量植物材料的培养。根据培养的植物材料及培养目的不同，可分为光照培养、暗箱培养两种类型，每种类型又有可调湿与不可调湿两种规格。如有条件还可采用全自动调温、调湿、控光的人工气候箱来进行植物组织培养和试管苗快繁。

（2）人工气候室

人工气候室能模拟自然界的各种气象条件，按照实验要求精确控制室内的温度、湿度、光照以及 CO_2 等指标，复现各种气候环境。它是在种子发芽、植物培养、组培、植保等领域应用广泛的实验设备，对温度、湿度、光照、CO_2 进行编程控制，24h 或任意设定周期循环。

（3）培养瓶

一般的植物组织和细胞培养常用玻璃三角瓶、试管、各种大小的广口玻璃瓶，有时甚至牛奶瓶和罐头瓶也都可以利用，特别是在进行快速繁殖时更常用造价较低的培养器皿。需要注意的是，必须使用硼硅酸盐玻璃器皿，钠玻璃对某些组织可能是有毒的，重复使用时毒害会更明显。

5.3.4 微生物细胞培养

5.3.4.1 微生物培养基的组成

微生物种类繁多，从细菌到真菌，从原核到真核，从需氧微生物到厌氧微生物，所需的培养条件相差很大。有的微生物可以利用化学成分简单的物质甚至是在完全无机的环境中生长发育，有的则需要一些现成的维生素、氨基酸及其他一些有机化合物才能生长。一般的培养基均包括以下成分。

① 碳源　碳元素是构成菌体成分的主要元素，又是产生各种代谢产物的重要原料。培养微生物最常用的碳源是糖类物质。实验室用碳源主要是化学纯试剂如葡萄糖、蔗糖、淀粉等。工业化发酵生产中则常利用谷物、马铃薯、甘薯、木薯等作为碳源。

② 氮源　氮是构成微生物细胞蛋白质和核酸的主要元素。因此，氮源在微生物培养过程中，是仅次于碳源的另一重要元素，但氮元素一般不为微生物提供能量（硝化细菌除外）。工业微生物利用的氮源可分为无机氮源和有机氮源两类。氮气、铵盐或硝酸盐等，均可作为微生物的无机氮源，其中铵盐用得最多，铵盐的利用率也较高。微生物对硝酸盐的利用有一定的适应过程，故不及铵盐。用氨气的微生物较少。通常配制实验室用的培养基，可用蛋白胨、牛肉膏、酵母膏等作为氮源；工业生产中常用的氮源有硫酸铵、尿素、氨水、黄豆粉、花生粉、棉籽粉、玉米浆等。

③ 水和无机盐　水和无机盐类是微生物生命活动所不可缺少的物质，无机盐的主要功能是：构成菌体的组成成分；作为酶活性基团的组成部分；调节微生物体内的 pH 等。无机元素包括主要元素和微量元素两类。主要元素有磷、硫、镁、钾、钙等，它们通常是在配制培养基时以磷酸盐、硫酸盐、氯化物及含有钠、钾、钙、镁、铁等金属元素的化合物形式加入。微量元素有钴、铜、铁、锰、钼及锌等，因为它们所需数量极微，故以“杂质”的形式存在于其他主要成分中就已足够，而不必另外添加。

④ 生长因子　生长因子是用来调节微生物正常生长代谢所必需的一类物质，且在培养基中难以自行合成，生长因子包括了维生素、碱基、嘌呤、嘧啶、生物素等。

5.3.4.2　微生物培养基的分类及用途

微生物培养基种类繁多，根据其成分、物理状态和用途可将培养基分成多种类型。

(1) 按成分划分

① 天然培养基　这类培养基含有化学成分还不清楚或化学成分不恒定的天然有机物，也称非化学限定培养基。牛肉膏蛋白胨培养基和麦芽汁培养基就属于此类。基因克隆技术中常用的培养基也是一种天然培养基。天然培养基成本较低，除在实验室经常使用外，也可用于工业上大规模发酵生产。

② 合成培养基　合成培养基是由已知化学成分的营养物质组成，也称化学限定培养基。配制合成培养基时重复性强，但与天然培养基相比其成本较高，一般适于在实验室用来进行有关微生物营养需求、代谢、分类鉴定、生物量测定、菌种选育及遗传分析等方面的研究工作。

③ 半合成培养基　在天然有机物的基础上适当加入已知成分的无机盐类，或在合成培养基的基础上添加某些天然成分，如培养霉菌用的马铃薯葡萄糖琼脂培养基。这类培养基能更有效地满足微生物对营养物质的需要。

(2) 根据物理状态划分

根据培养基的物理状态可划分为固体培养基、半固体培养基和液体培养基 3 种类型。常用的凝固剂有琼脂（agar）、明胶（gelatin）和硅胶（silica gel)。对绝大多数微生物而言，琼脂是最理想的凝固剂。

① 固体培养基　在液体培养基中加入一定量凝固剂，使其成为固体凝胶状态。在实验室中，固体培养基一般是加入平皿或试管中，制成培养微生物的平板或斜面。固体培养基为微生物提供一个营养表面，单个微生物细胞在这个营养表面进行生长繁殖，可以形成单个菌落。固体培养基常用来进行微生物的分离、鉴定、活菌计数及菌种保藏等。

② 半固体培养基　培养基中凝固剂的含量比固体培养基少，如琼脂含量一般为 0.2%～0.7%。半固体培养基常用来观察微生物的运动特征、分类鉴定及噬菌体效价滴定等。

③ 液体培养基　液体培养基中未加任何凝固剂。在用液体培养基培养微生物时，通过振荡或搅拌可以增加培养基的通气量。同时使营养物质分布均匀。液体培养基常用于大规模生产发酵产品和菌体。

(3) 按用途划分

① 基础培养基　尽管不同微生物的营养需求各不相同，但大多数微生物所需的基本营养物质是相同的。基础培养基是含有一般微生物生长繁殖所需的基本营养物质的培养基。牛肉膏蛋白胨培养基是最常用的基础培养基。

② 加富培养基　加富培养基也称营养培养基，即在基础培养基中加入某些特殊营养物质制成的一类营养丰富的培养基，这些特殊营养物质包括血液、血清、酵母浸膏、动植物组

织液等。加富培养基是用来增加所要分离微生物的数量，使其形成生长优势，从而分离得到该种微生物。因此加富培养基一般用来培养营养要求比较苛刻的异养型微生物；还可用来富集和分离某种微生物。

③ 鉴别培养基　鉴别培养基是用于鉴别不同类型微生物的培养基。根据需鉴别微生物（如产淀粉酶菌株）产生的代谢产物（胞外淀粉酶），可与基础培养基中添加的某种特殊化学物质（可溶性淀粉）发生特定的化学反应，产生明显的特征性变化（淀粉水解圈），据此达到区分鉴别菌种的目的。鉴别培养基主要用于微生物的快速分类鉴定，以及分离和筛选产生某种代谢产物的菌种。

④ 选择培养基　选择培养基是用来将某种或某类微生物从混杂的微生物群体中分离出来的培养基。根据不同种类微生物的特殊营养需求或对某种化学物质的敏感性不同，在培养基中加入相应的特殊营养物质或化学物质，抑制不需要的微生物的生长，有利于所需微生物的生长，从而达到分离所需微生物的目的。

除上述 4 种主要类型外，培养基按用途划分还有很多种，比如分析培养基（assay medium）常用来分析某些化学物质（抗生素、维生素）的浓度，还可用来分析微生物的营养需求；还原性培养基专门用来培养厌氧型微生物；组织培养物培养基含有动植物细胞，用来培养病毒、衣原体、立克次体及某些螺旋体等专性活细胞寄生的微生物。

5.3.4.3　微生物培养方法

（1）固体培养

固体培养是固体培养基表面上的培养，多用于菌种的分离、纯化、保藏和种子的制备。将含有许多微生物的悬浮液稀释到一定比例后，接种到琼脂培养基的固体斜面上，经保温培养，可以得到单独孤立的菌落。这种单独的菌落可能是由单一细胞形成，因而获得纯种细胞株。生长在斜面上的菌体，在 4℃下可以保藏 3～6 个月。实验室进行固体培养常使用试管、培养皿。

在工业生产中，固体培养常用来制曲以及进行食用菌菌丝的培养。制曲的一般操作是：将接种的固体基质薄薄地摊铺在容器表面，这样，既可使微生物获得充分的氧气，又可让微生物在生长过程中产生的热量及时释放。这就是曲法培养的基本原理。食用菌菌丝一般用棉籽壳、花生壳等固体基质进行规模生产。

（2）液体培养

在液体培养中，菌体在液体培养基中处于悬浮状态，导入培养基的空气中的氧通过气-液界面传质进入液相，再扩散进入细胞内部。采用液体培养法易于获得混合均匀的菌体悬浮液，从而便于对系统进行监测控制。同时，液体培养法也容易放大到工业规模。液体培养法基本上克服了固体培养法规模小、不均一和不便监控的缺点，成为大量培养微生物的一个重要方法。

实验室里的小型液体培养常使用摇瓶。瓶口封以多层纱布或用高分子滤膜封口以阻止空气中的杂菌或杂质进入瓶内，而空气可以透过瓶塞进入瓶内供菌体呼吸。摇瓶培养法是实验室获取菌体的常用方法，也用作大规模生产的种子培养。摇瓶培养的优点不仅在于操作简便，还在于可以同时采用许多摇瓶（在大摇床上可多达上百个）在相同的温度、振荡速度条件下进行实验，从而能广泛地改变培养条件并节省反复多次实验所需的时间。采用适当的传感器可以随时监测生长过程中的各种变化。从摇瓶培养得到的菌体一般还需经过实验罐或中试罐才能转移到大罐生产。

5.4 动物细胞工程在食品工业中的应用

5.4.1 繁育优良品种

目前，人工授精、胚胎移植等技术已广泛应用于畜牧业生产。精液和胚胎的液氮超低温（-196℃）保存技术的综合使用，使优良畜、禽的交配数与交配范围大为扩展，并且突破了动物交配的季节限制。另外，可以从优良母畜或公畜中分离出卵细胞与精子，在体外授精，然后再将人工控制的新型受精卵种植到种质较差的母畜子宫内，繁殖优良新个体。综合利用各项技术，如胚胎分割技术、核移植细胞融合技术、显微操作技术等，在细胞水平改造卵细胞，创造出高产奶牛、瘦肉型猪等新品种，特别是干细胞的建立，更展现了美好的前景。

5.4.2 单克隆抗体的生产

1975年，英国剑桥大学分子生物学研究室的Kohler和Milstein合作，将已适应于体外培养的小鼠骨髓瘤细胞与绵羊红细胞免疫小鼠脾细胞（B淋巴细胞）进行融合，发现融合形成的杂交瘤细胞具有双亲细胞的特征，既能像骨髓瘤细胞一样在体外培养时无限增殖，又能持续地分泌特异性抗体，通过克隆化可使杂交细胞成为单纯的细胞系。由此克隆系就可以获得结构与各种特性完全相同的高纯度抗体，即单克隆抗体（McAb）。单克隆抗体一经问世，许多人类无能为力的病毒性疾病碰到了克星。用单克隆抗体可以检测出多种病毒中非常细微的株间差异，鉴定细菌的种型和亚种。这些都是传统血清法或动物免疫法所做不到的，而且诊断异常准确，误诊率大大降低。因其具有特异性强和能够大量生产的特点而显示巨大的应用潜力。在疾病治疗方面，单克隆抗体如“人体卫士”，能识别“自己”和“异己”成分，在体内一旦发现病原体或异体成分便与之结合，同时补体、杀伤细胞、巨噬细胞便蜂拥而上，将其杀死或清除，用于癌症治疗方面尤为有效。单克隆抗体在畜牧业上也有良好的应用前景，如用于动物疾病的诊断和治疗。在生物医药工业中还可以利用单克隆抗体制备亲和吸附剂、纯化相应的药物，利用单克隆抗体与细胞表面抗原特异性而分离纯化目的细胞已成为实验室重要的技术之一。单克隆抗体制备流程如图5-5所示。

5.5 植物细胞工程在食品工业中的应用

5.5.1 粮食与蔬菜的生产

利用细胞工程技术进行作物育种，是迄今人类受益最多的一个方面。我国在这一领域已达到世界先进水平，以花药单倍体育种途径培育出的水稻品种或品系有近百个，小麦有30个左右。在常规的杂交育种中，育成一个新品种一般需要8～10年，而用细胞工程技术对杂种的花药进行离体培养，可大大缩短育种周期，一般提前2～3年，而且有利优良性状的筛选。蔬菜是人类膳食中不可缺少的成分，为人体提供必需的维生素、矿物质等。蔬菜通常以种子、块根、块茎、插扦或分根等传统方式进行繁殖，花费成本相对较低。但是，在引种与繁育、品种的种性提纯与复壮、育种过程的某些中间环节，植物细胞工程技术仍大有作为。

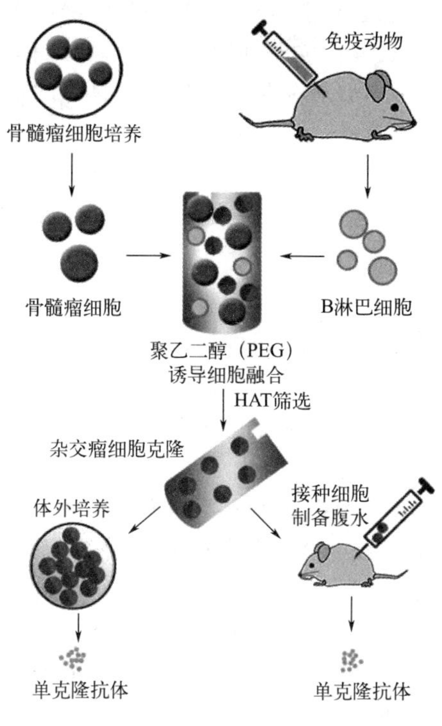

图 5-5　单克隆抗体制备流程图例

5.5.2　香料及天然调料的生产

利用植物细胞大规模培养技术已能生产多种香料物质。例如，在栀子花的细胞培养中产生的单萜葡萄苷、格尼帕苷和乌口树苷的产量很高。Mitsuoka 和 Nishi 发现了日本草木樨［*lotusofficinalis*（L.）Pall.］的愈伤组织中累积红色素。当愈伤组织培养在含有 2,4-D 的 LS 培养基中，光照条件下（3000lx），通过色谱鉴定证实是花色素苷。

Furaya 发现利用培养细胞的磷酸二酯酶从 RNA 生产 5′-核苷酸的方法。为了取得高产磷酸二酯酶的细胞株，科学家对许多植物细胞进行了筛选，最终选中长春花细胞株。它在悬浮培养时生长迅速，产酶率高。1L 长春花细胞匀浆液，加入 10g 酵母 RNA 和 NaF，在 60℃和 pH8.0 的条件下，2h 后生成 2.1g AMP、2.4g GMP、1.6g CMP 和 1.4g UMP，这些产物是用阴离子交换树脂分离的。

5.5.3　植物细胞固定化生物反应器

将细胞、原生质体固定于载体上在固定化反应器中培养细胞的方法称为细胞固定化培养。与悬浮培养相比优点在于：固定化细胞生长速度比游离细胞缓慢，有利于次生物质代谢积累，因此在高等植物细胞次生代谢物生产方面具有极大的潜力；细胞位置固定，可建立细胞间的物理、化学梯度，为细胞提供一种接近生物体内的环境，因此是最贴近自然状态的培养方法；易于获得高密度细胞群体、易于控制环境和收获次生代谢产物。

利用转基因植物作为生物反应器生产药用蛋白的研究逐渐受到各国的重视，研究探索的热点之一是利用转基因植物生产口服疫苗。中国农业科学院生物技术研究所的科研人员将乙型肝炎病毒表面抗原基因导入马铃薯和番茄，通过饲喂小鼠试验检测到较高的保护性抗体，浓度足以对小鼠产生保护作用。该所还进行了利用植物叶绿体作为生物反应器生产药用蛋白的探索，目前已将丙肝病毒（HCV）抗原基因导入衣藻叶绿体。利用转基因植物生产口服疫苗可以大大降低疫苗的生产成本，在发展中国家更有良好的发展前景。

思考题

1. 细胞工程的定义是什么？
2. 简述细胞工程的发展现状。
3. 细胞融合的方法有哪些？有什么优缺点？
4. 简述细胞融合技术的原理与步骤。
5. 细胞培养实验室与一般实验室的结构区别是什么？并说明理由。
6. 动物细胞培养的方法有哪些？细胞生产次生代谢产物的策略有哪些？
7. 简述单克隆抗体制备流程。
8. 植物细胞培养的方法有哪些？细胞生产次生代谢产物的策略有哪些？
9. 植物原生质体制备的方法有哪些？各有什么优缺点？
10. 简述 PEG 融合与电融合的原理及影响因素。
11. 简述植物细胞工程在食品工业中的应用。

第6章

蛋白质工程在食品工业中的应用

本章导言

掌握蛋白质工程原理及蛋白质改造的主要方法，了解蛋白质组学研究体系和蛋白质工程在食品工业的应用。培养学生独立思考的能力，引领学生自主学习、自主实践、自我创新，去创造更多有益于食品工业进步和人类生活质量提高的物质。

6.1 蛋白质工程概述

6.1.1 蛋白质工程的概念

蛋白质工程是在重组DNA技术应用于蛋白质结构与功能研究之后发展起来的一门新兴学科。所谓蛋白质工程，就是通过对蛋白质已知结构和功能的了解，借助计算机辅助设计，利用基因定点诱变等技术，特异性地对蛋白质结构基因进行改造，产生具有新的特性的蛋白质的技术，并由此深入研究蛋白质的结构与功能的关系。蛋白质工程是在遗传工程取得的成就的基础上，融合蛋白质晶体学、蛋白质动力学、计算机辅助设计和蛋白质化学等学科而迅速发展起来的一个新兴研究领域，它开创了按照人们意愿设计制造符合人们需要的蛋白质的新时期，因此，被誉为第二代遗传工程。蛋白质工程的出现，为认识和改造蛋白质分子提供了强有力的手段。

6.1.2 蛋白质工程技术的原理

蛋白质工程的基本原理，是在了解蛋白质结构和功能的前提下，根据需要设计预期的蛋白质结构，推测应有的氨基酸序列，找到相对应的DNA序列并改造基因（或者修饰基因、合成基因），从而构建具有预期功能的蛋白质分子。

相比于基因组研究的进展速度，蛋白质组研究显得相对滞后，因为蛋白质组的研究远比基因组的研究复杂，这一方面表现为蛋白质的数目远大于基因的数目，另一方面，组成蛋白质的氨基酸有20种，加上修饰的氨基酸就更多，而DNA仅由4种核苷酸组成，更重要的是由于不存在度量修饰蛋白质种类的尺度，人们也许永远不能像确定基因组核苷酸序列那样，准确地统计出生物体内蛋白质组的蛋白质总数。而且，与传统的针对单一蛋白质进行研究相比，蛋白质组学要求采用高通量和大规模的研究手段。至今，人们还没有找到类似 PCR 的能扩增微量蛋白质的方法，还没有开发出类似自动化 DNA 测序技术的蛋白质测序技术。

目前对蛋白质组研究的基本流程如图 6-1 所示，可以看出，实际上蛋白质组学研究需要两条互补的实验工作流程——基于凝胶的工作流程（gel-based workflow）和基于液相色谱的工作流程（LC-based workflow）。

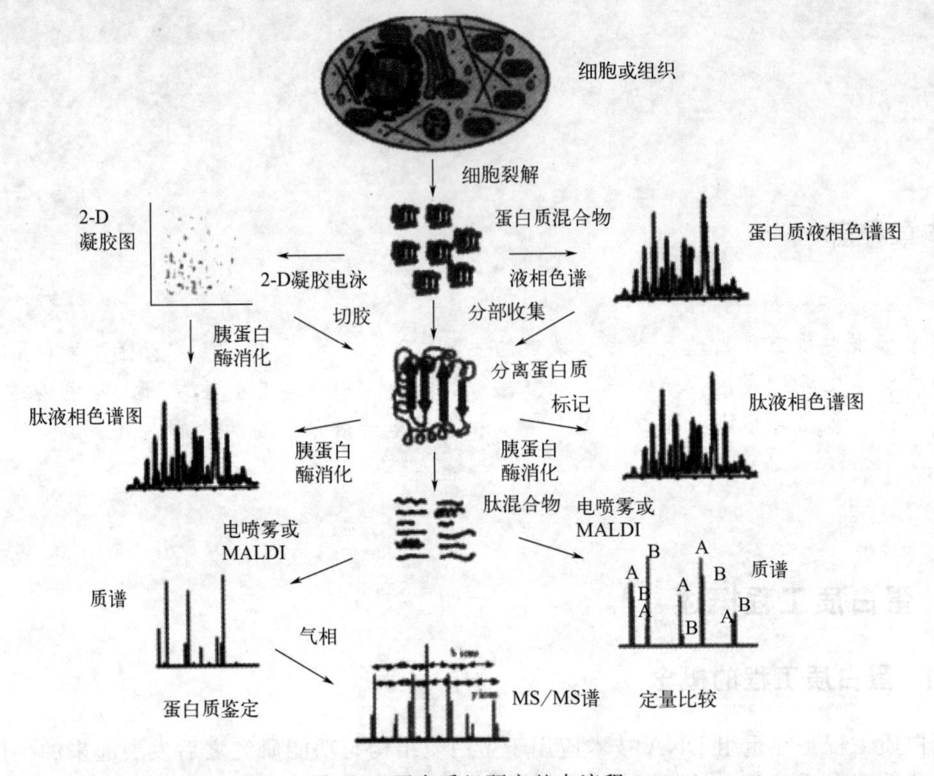

图 6-1 蛋白质组研究基本流程

基于凝胶的工作流程是目前使用较为广泛、发展最为成熟的工作流程，主要通过样品制备、样品标记、双向电泳分离、图形获取、图像分析、切胶、酶切、点靶和 MALDI-TOF 蛋白鉴定等一整套技术手段获得蛋白质性质的有关数据。基于液相色谱的工作流程则可以对在双向电泳中难以分离鉴定的高分子量或低分子量、极酸性、极碱性和疏水性强的蛋白质进行有效的分离鉴定。两种方法的结合可以对复杂样品进行预分离，对低丰度蛋白进行富集，还可以完成蛋白酶解后多维液相分离（MDLC）。下面介绍其中的关键技术：双向凝胶电泳（two-dimensional polyacrylamide gel electrophoresis，2-DE）。

双向凝胶电泳是基于凝胶的技术平台中最关键的步骤之一，其完成的好坏直接关系到最终结果。双向凝胶电泳的基本原理是：第一向电泳基于蛋白质的等电点不同用等电聚焦分离蛋白质，第二向电泳则按分子量的不同用变性聚丙烯酰胺凝胶电泳（SDS-PAGE）分离蛋白质，把复杂蛋白质混合物中的蛋白质在二维平面上分开（图 6-2）。

双向凝胶电泳用于分离蛋白质组所有蛋白质的两个关键特点是高分辨率和可重复性。高分辨率可使更多的不同种类的蛋白质得以分开；而可重复性是使一个操作者不同批的实验数据之间，以及不同实验室在相同条件下得到的数据可以相互比较的前提。在目前的情况下，双向凝胶电泳的一块胶板（16cm×20cm）可分出 3000～4000 个蛋白质斑点，甚至 10000 个可检测的蛋白质斑点。可重复性受多方面因素的影响，如操作人员的实验技能、样品制备的

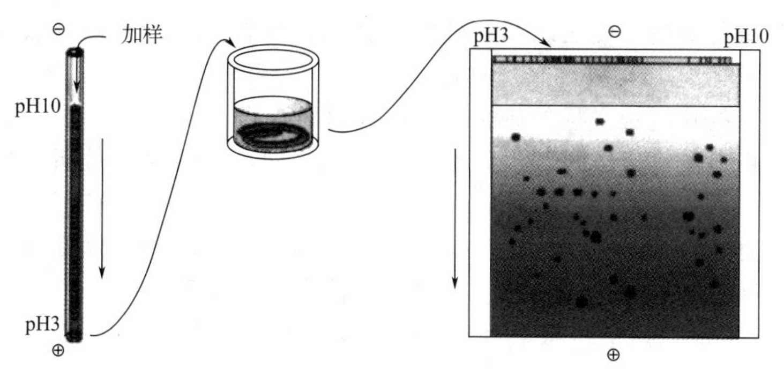

图 6-2　双向凝胶电泳示意图

好坏、第一向电泳中 pH 梯度的稳定性、两向胶之间转换时接触的完好性、凝胶染色方法的选择等。第一向等电聚焦（isoelectric focusing，IEF）最早采用载体两性电解质 pH 梯度等电聚焦，其中包括平衡 pH 梯度电泳和非平衡 pH 梯度电泳。1982 年，研究人员建立了固相化 pH 梯度（immobilized pH gradients，IPG）等电聚焦技术，IPG 胶具有力学性能好、重现性好、易处理、上样量大的特点，克服了载体两性电解质阴极漂移等许多缺点而得以建立非常稳定的、可以随意精确设定的 pH 梯度。这是双向凝胶电泳技术上一个非常重要的突破。由于可以建立很窄的 pH 范围（如每厘米 0.05pH 单位），因此对特别感兴趣的区域可以在较窄的 pH 范围内做第二轮分析，从而大大提高了分辨率。此种胶条及配套的等电聚焦设备均已经商品化生产，如 GE 公司的 Ettan IPGphor，BIO-RAD 公司的 PROTEAN IEF 等，基本上解决了双向凝胶电泳重复性的问题。经过四代的更新发展，目前成熟使用的是第四代。可作为双向电泳第一向的是“杂交等电聚焦”。第二向 SDS-聚丙烯酰胺凝胶电泳（SDS-PAGE），有垂直板电泳或水平超薄胶电泳两种。在第一向等电聚焦完成后 IPG 胶条被置放在均一或梯度 SDS-PAGE 凝胶的阴极端，在电场作用下，带负电的 SDS-蛋白质复合物根据它们的大小以不同的速度朝着阳极移动，可以有效分离分子量 10000～150000 范围的蛋白质。

6.1.3　蛋白质工程的基本步骤

蛋白质工程一般要经过以下操作步骤（图 6-3）。

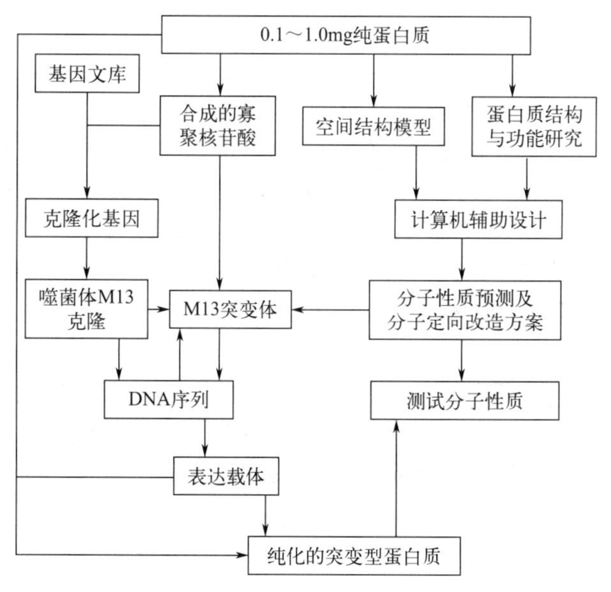

图 6-3　蛋白质工程的程序

① 分离纯化目的蛋白，使之结晶并做X晶体衍射分析，结合核磁共振等其他方法的分析结果，得到其空间结构的尽可能多的信息。

② 对目的蛋白的功能做详尽的研究，确定它的功能域。

③ 通过对蛋白质的一级结构、空间结构和功能之间相互关系的分析，找出关键的基团和结构。

④ 围绕这些关键的基团和结构提出对蛋白质进行改造的方案，并用基因工程的方法去实施。

⑤ 对经过改造的蛋白质进行功能性测定，看看改造的效果如何。

然后，重复④和⑤这两个步骤，直到获得比较理想的结果（图6-3）。

6.2 蛋白质的改造

6.2.1 蛋白质分子的理性改造

蛋白质的理性改造主要利用定点突变技术，在已知蛋白质的结构与功能的基础上，有目的地改变蛋白质的某一活性基团或模块，从而产生具有新性状的蛋白质。

6.2.1.1 蛋白质分子的改造策略

蛋白质工程中，常根据一些经验性的规律而采取相应的策略和方法，它们包括：

① 疏水性氨基酸常常出现在蛋白质的活性中心区域；α-螺旋和β-折叠区通常不会是酶的活性中心或配体以及底物结合的中心，而是作为结构的支架；环（loop）区、转角（turn）区域和带电荷区域通常位于蛋白质的表面。基于这种经验，在设计突变时要注意保留脯氨酸或半胱氨酸残基。因为脯氨酸常被用来终止α-螺旋区，而半胱氨酸常形成起稳定作用的二硫键，同时二硫键又是许多分泌性蛋白的标志。

② 进行定点突变时，应注意保守氨基酸残基。如果要改变酶活性、底物结合活性等高度特异性的性质，则应尽量保留保守氨基酸残基。

③ 应注意保留潜在的N糖基化位点（Asn-X-Ser/Thr-X-Pro）中的Asn（天冬酰胺）、Ser（丝氨酸）或Thr（苏氨酸）。在很多情况下，特别是分泌性蛋白和穿膜蛋白，能否正确糖基化对蛋白活性物影响很大。

④ 对于含有内含子的序列，可以删除某一外显子或外显子组合，因为单个外显子通常编码独立折叠的结构域，删去该结构域后可能不会影响蛋白质其余部分的正确折叠。

⑤ 构建两个同源蛋白的嵌合体时，应尽量使其接合部位处在具有相同或相近功能的氨基酸序列中；而当两个非同源蛋白组成嵌合体时，则应使接合部位尽量位于所预测结构的边缘。

⑥ 如果对目的蛋白的三维结构一无所知，那么可以在目的序列中随机插入六聚体接头以鉴定功能性结构域。插入六聚体接头后，在原蛋白质序列中添加两个氨基酸，比插入更多的氨基酸对蛋白质整体功能的破坏要小。

⑦ 进行缺失突变时，应避免直接利用天然存在的限制性酶切位点进行删除。如果直接利用这种限制性内切酶位点，很容易破坏正确的ORF（开放阅读框），或得到的缺失突变体边界不能落在适当的位置，而使蛋白质不能正确折叠。

6.2.1.2 定点突变

定点突变技术（site-directed mutagenesis）是一种在体外特异性地置换、插入或缺失

DNA 序列中任何一个特定碱基的技术，在预先了解野生型基因序列的基础上，对 DNA 分子特定位点进行突变。定点突变技术的基本原理是首先合成一段含有突变碱基的 DNA 引物，然后这段合成的引物可以杂交到包含目的基因的单链 DNA 上，用 DNA 聚合酶将剩余片段进行延伸，得到的双链分子转入宿主细胞并被克隆，最后用特定的筛选方法将突变子筛选出来。按照突变引入的方式，可以将定点突变分为寡核苷酸诱导和寡核苷酸置换两大类，分别适于不同类型的预先确定突变氨基酸位置的突变。

（1）寡核苷酸诱导的定点突变

寡核苷酸诱导定点突点的基本原理是将带有预定突变碱基的寡核苷酸单链作为引物，与带有目的基因的单链 DNA 互补，然后用 DNA 聚合酶使寡核苷酸引物延伸，完成单链 DNA 复制。由此产生的双链 DNA，一条链为野生型亲代链，另一条为突变型子代链。这段带有突变位点的寡核苷酸短片段将成为新合成 DNA 子链的一个组成部分。

① 经典的寡核苷酸诱导定点突变　常用于寡核苷酸指导定点突变的载体是环状噬菌体 M13 DNA。寡核苷酸介导突变技术程序如图 6-4 所示。

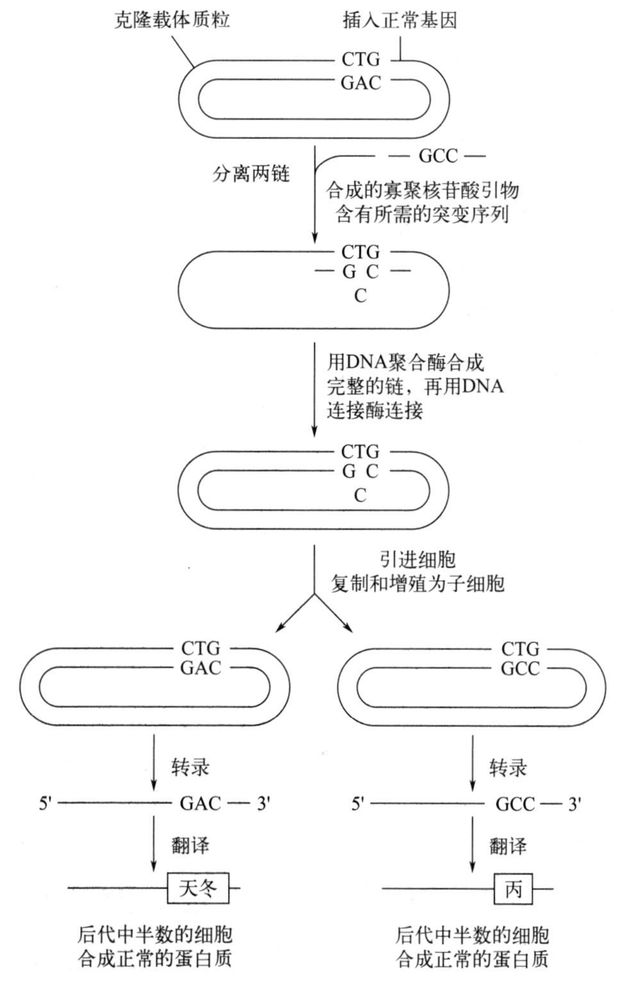

图 6-4　寡核苷酸介导突变技术程序

② 对经典方法的改进　双引物法、退火产物直接转化法、偶联双引物法、异源 M13 双链法（缺口 M13 双链法）、dUMP 正链法、硫代核苷酸负链法（图 6-5）。

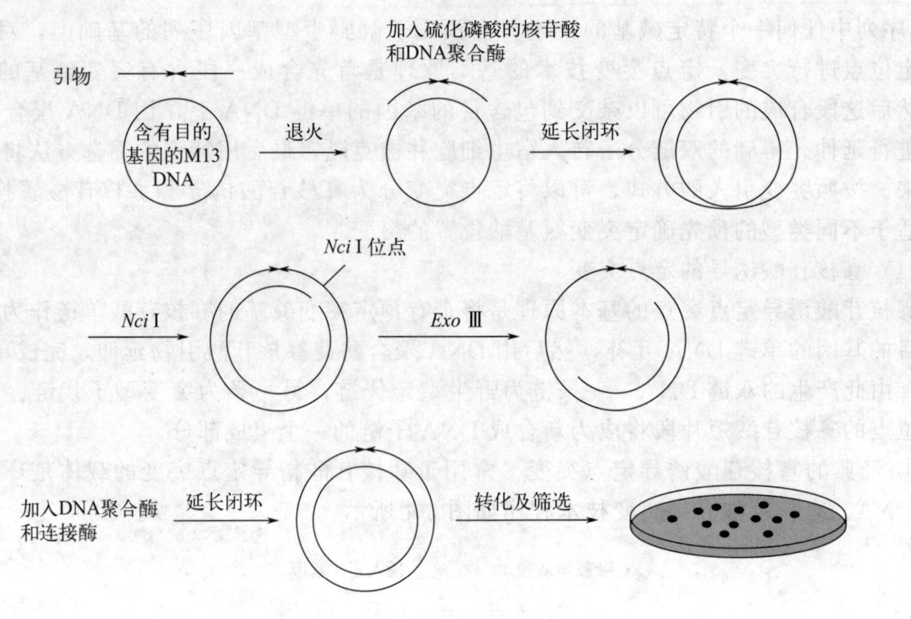

图 6-5　硫代核苷酸负链法定点突变

（2）寡核苷酸置换的定点突变

寡核苷酸诱导的定点突变，只适用于将蛋白质中的某一氨基酸转变为预定的另一种或有限几种氨基酸。如果事先不能确定转变产物，需将每一种可能代替的氨基酸逐一实验时，就需要同时进行某一位点的多种突变，适合这类要求的突变方法就是寡核苷酸置换的定点突变。其分为盒式突变和双氨基酸突变两种。

6.2.2　蛋白质分子的定向进化

蛋白质的理性改造需要先研究、分析蛋白质的三维空间结构，理解结构与功能之间的关系，然后采用定点突变的方法来改变蛋白质分子中个别氨基酸从而产生某个含有新性状的蛋白质，但这类方法仅适用于已知三维结构且对结构与功能的关系比较清楚的蛋白质。事实上，对大多数蛋白质的三维结构信息并不清楚以及蛋白质结构的复杂性极大地增加了理性设计的难度。然而，随着分子生物学技术的不断发展，特别是 PCR 和基因重组技术的应用，近年来定向进化已从体内转为体外进行，可以实现在不了解目标蛋白结构信息和作用机制的情况下，通过在体外模拟自然进化过程，使基因产生大量变异并定向选择出具有所需要的性质或功能的蛋白质。实验方法也变得简便、快速和高效，而高通量筛选和体外技术的发展更进一步拓展了体外定向进化的应用范围。

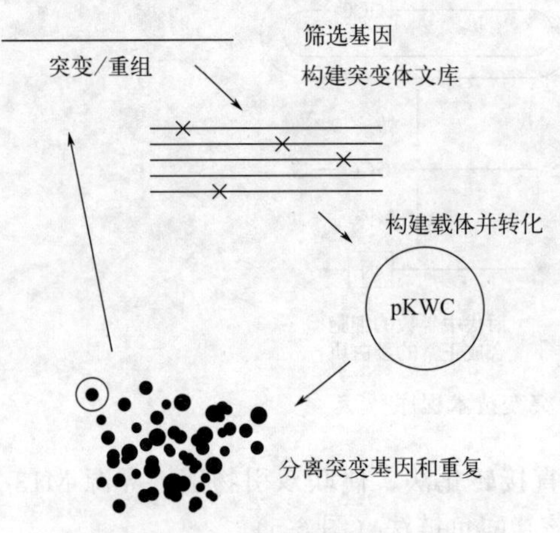

图 6-6　定向进化法改造酶蛋白质

6.2.2.1　蛋白质定向进化原理

获得生命的进化和新功能需要通过突变、重组等过程来实现，而在实验室中进行的蛋白质改造正是对这一过程的模仿：首先创造突变体文库，然后通过筛选方法挑选出满足特定要求的突变体（图 6-6）。由于目的蛋白的特性是预先设定的，这一改造过程被称为定向进化。

定向进化属于蛋白质的非理性设计，不需事先了解蛋白质的空间结构和催化机制，通过人为创造的特殊条件，模拟自然进化机制在体外改造基因，并定向选择出具有所需性状的突变蛋白。定向进化的基本原则是获取所筛选的突变体，亦即定向进化＝随机突变＋选择。

在进行蛋白质定向进化过程中，需要：①产生包含大量带有微量有利突变的突变体的文库；②突变体应能在适当的微生物体内进行功能表达；③采用灵敏的筛选方法，能反映出由一个氨基酸的置换而引起的预期性状的较小改变。

6.2.2.2 定向进化策略

蛋白质定向进化的本质是构建分子多样性文库以及从文库中筛选到性状有改进的突变体，根据文库构建原理的不同，可分为随机进化、半理性进化和理性进化三种策略。其大致思路均为由某一靶基因或一簇相关的家族基因起始，通过对编码基因进行突变或重组，创建分子多样性文库；筛选文库获得能够编码改进性状的基因，作为下一轮进化的模板；在短时间内完成自然界中需要成千上万年的进化，从而获得具有改进功能或全新功能的蛋白质。表6-1总结了最新发展的蛋白质定向进化方法及其特点。

表 6-1 蛋白质定向进化策略比较

项目	随机进化	半理性进化	理性进化
方法	TRIN;序列饱和突变技术;重叠延伸 PCR	组合活性中心饱和突变试验(CAST);定点饱和突变;ISM;盒式诱变	计算机建模;从头设计
优势	增加突变多样性;针对每个或多个密码子;增强生物鲁棒性	避免终止密码子;减小文库大小;增加阳性突变比例	指导和模拟实验;实现从头设计;优化反应途径
发展方向	突变多个连续密码子;有益突变的评价标准(功能、结构、突变率)	同源模型的选择;突变区域的确定	计算机算法的优化(能量函数、力场等)
劣势	突变文库通常较为庞大,筛选困难	文库大小随突变点的增多而呈指数级增长,突变体超多,有时候很难筛选	大大减少了实验需进行的筛选工作,但通常得到的蛋白质活性不高

定向进化策略具有以下3个显著特征：①严密控制进化中每一关键步骤；②修饰改善蛋白质已有特性和功能、改造引入一个具有新的功能的蛋白质，以执行从不被生物体所要求的反应，甚至可以为生物体策划一个新的代谢途径；③能从进化结果中探索蛋白质结构和功能的基本特征。

(1) 随机进化

蛋白质结构与功能研究相关技术的快速发展，产生了大量的蛋白质结构信息，然而，蛋白质有效突变点的预测仍然十分困难，因而随机进化仍是十分有效的蛋白质定向进化手段。随机进化方法主要分为体外随机进化和基于重组的体内随机进化，前者包括非重组的体外随机进化和基于重组的体外随机进化（表6-2）。

表 6-2 随机进化的方法及其特点

项目	非重组的体外随机进化	基于重组的体外随机进化	基于重组的体内随机进化
方法	易错 PCR(epPCR) ScSaM	DNA 重组、交错延伸重组(StEP)、TRIN	重组工程、多元自动化基因组工程(MAGE)、MIPE
改进性质	蛋白质活性、pH/热稳定性、催化效率	pH/热稳定性、反馈抑制、蛋白质活性、产物得率、底物选择性	催化效率
目标蛋白	青霉素 G 酰化酶、麦芽糖淀粉酶、cAMP 受体蛋白、吲哚-β-1,4-聚糖酶	纤维二糖水解酶、cAMP 受体蛋白、酯酶、转氨酶、单胺氧化酶	核酸酶、红色荧光蛋白

(2) 半理性进化

尽管随机进化策略十分有效，但仍存在突变文库大、阳性突变少和难以筛选等问题。半理性进化策略可借助生物信息学分析方法，在研究分析大量蛋白质序列比对信息、二级结构数据和利用同源建模得到目的蛋白三维空间构象的基础上，更有针对性地对蛋白质进行改造，不但提高了阳性突变率，而且大大缩小了突变文库容量，更易于筛选。

半理性进化的关键是通过计算机模拟获得潜在的有益突变位点，再利用适当的饱和突变技术构建合适的突变文库，表 6-3 为不同的计算机算法以及结构分析方法。另外，对于结构较为复杂的蛋白质，可将其分为不同的结构单元，并在其内部独立进化，组合筛选最佳进化单元，而得到完整蛋白质。

表 6-3 半理性进化的计算机算法和基于结构分析方法

项目	计算机算法		基于结构分析
	基于三维结构或同源建模分析	基于性质分析	
突变位点获得	SCHEMA HotSpot Wizard、ProSAR	QSAR ASRA	SCOPE
文库构建方法	GSSM、ISM、CASTing		外显子重排
改进性质	对应选择性、热稳定性、底物特异性		配基-受体

(3) 理性进化

理性进化策略主要在计算机中完成，通过计算机建模预测蛋白质活性位点，考察基因突变对目标蛋白稳定性、折叠以及与底物结合的影响，从而对蛋白质进化进行设计指导和模拟筛选，提高实验的成功率。

6.2.2.3 突变基因文库的构建

在突变库的构建过程中，希望得到中等适合度和丰度的突变体库，且适合度与蛋白质筛选通量相匹配。虽然不同的蛋白质有不同的要求，但一般控制突变频率在每个序列 2～3 个碱基或 1 个氨基酸残基变异的水平，可以获得适当活性的基因文库。

由单一亲本基因起始进行构建突变体文库的方式有 2 种：一种是在运用随机点突变技术构建起始基因文库后，选择适合度高于某一域值的所有良性克隆，并以此为亲本构建 DNA 改组文库；另一种是在运用随机点突变技术构建起始基因文库后，选择最好的克隆进入下一轮随机点突变。建立突变体库是蛋白质定向进化的首要步骤，因此，需要运用不同的突变技术增强突变体库的多样性，提高定向进化的成功率。

(1) 基于非 DNA 重组的随机突变

① 易错 PCR (epPCR)。

② 易错滚环扩增 (EP-RCA)。

③ 多元自动化基因组工程 (MAGE)。

④ 定点突变和定点饱和突变。

⑤ 组合活性中心饱和突变试验 (CAST)。

(2) 基于 DNA 重组的随机突变

① DNA 改组 (DNA shuffling) (图 6-7)。

② 基因家族改组 (图 6-8)。

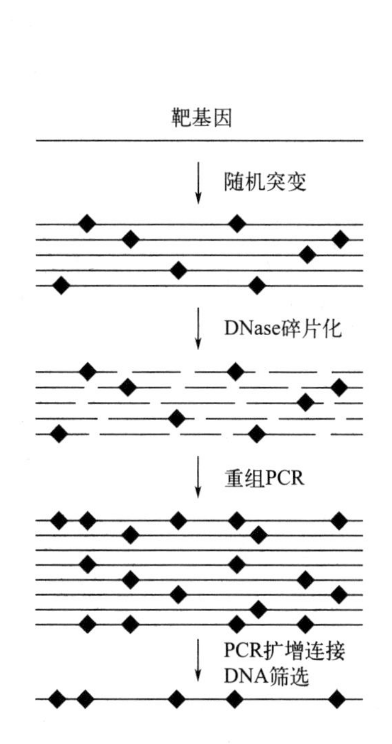

图 6-7 DNA 改组介导的随机突变

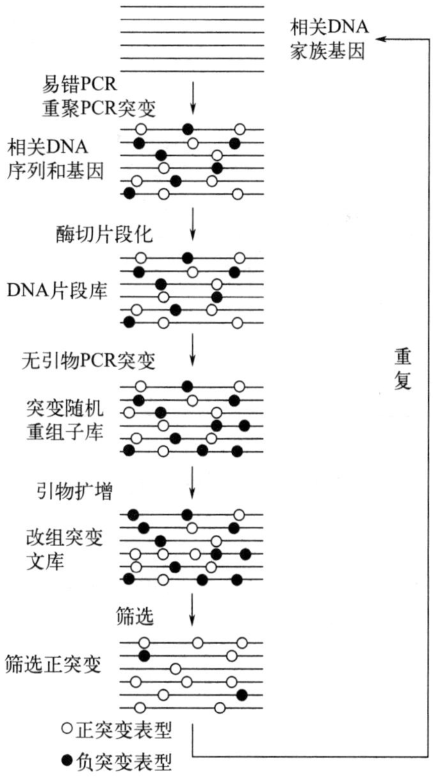

图 6-8 基因家族改组原理

③ 全基因组改组。

④ 外显子改组。

(3) 基于 DNA 同源重组的随机突变

① 有性 PCR。

② 交错延伸重组 (StEP) (图 6-9)。

③ 随机引导重组 (RPR)。

④ 过渡模板随机嵌合 (RACHITT)。

上述几种基于 DNA 同源重组的随机突变技术的比较见表 6-4。

(4) 基于非同源重组的随机突变

分为渐进式切割产生杂合酶 (ITCHY) 和 SCRATCHY 文库。

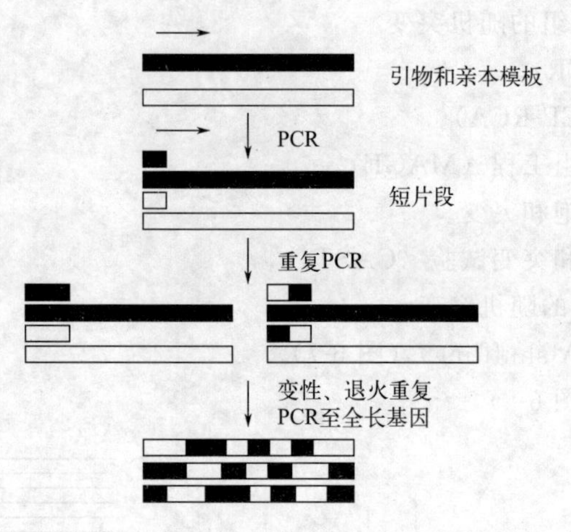

图 6-9 交错延伸过程

表 6-4 基于 DNA 同源重组的随机突变技术比较

突变技术	优点	缺点
有性 PCR	多个亲本基因参与进化，迅速积累有益突变，消除有害突变	亲本要求较高同源性
RPR	对模板 DNA 需求量少，方便引入突变	需随机引物，扩增片段有局限性
StEP	操作简单，在同一反应管中进行，无需 DNA 片段纯化过程	最适 PCR 反应条件难以把握
RACHITT	重组率高，可获得小于 5bp 的重组片段，减少 PCR 反应引入的有害突变	外切核酸酶不完全切割影响文库质量，实验前需获得单链 DNA 模板和重组片段

6.2.2.4 定向进化文库的筛选

在突变体文库产生之后，通过筛选条件确定蛋白质预期特征的进化方向。建立简单、高效、灵敏的文库筛选方法，则成为定向进化成功的关键。一般筛选过程包括：首先将突变基因进行分离并尽可能多地表达成蛋白质，然后将蛋白质活性通过亲和、催化或报告基因等手段表现为可检测形式，最后将符合要求的蛋白质分离出来。

6.2.2.5 定向进化的优势

相较于蛋白质分子的合理设计，蛋白质的体外定向进化属于非合理设计。其突出的优点是不需事先了解蛋白质的空间结构和催化机制。它适宜于任何蛋白质分子，大大地拓宽了蛋白质工程学的研究和应用范围，特别是它能够解决合理设计所不能解决的问题，使我们能较快较多地了解蛋白质结构与功能之间的关系，为指导应用（如药物设计等）奠定理论基础。此外，该技术简便、快速、耗资低且有实效。总之，蛋白质的体外定向进化是非常有效的更接近于自然进化的蛋白质工程研究的新策略。它不仅能使蛋白质进化出非天然特性，还能定向进化某一代谢途径；不仅能进化出具有单一优良特性的蛋白质，还可能使已分别优化的蛋白质的两个或多个特性叠加，产生具有多项优化功能的蛋白质，进而发展和丰富蛋白质资源；完全在试管中进行的蛋白质的体外定向进化，使在自然界需要几百万年的进化过程缩短至几年，这无疑是蛋白质工程技术发展的一大飞跃。目前，对一些蛋白质、砷酸盐解毒途径、抗辐射性、生物合成途径、对映体选择性、抗体库以及 DNA 结合位点定向进化的可喜成果令众多的相关科学家为之振奋。可见，进化能发生在自然界，也能发生在试管中，它与合理设计互补，将会使分子生物学家更加得心应手地设计和剪裁蛋白质分子，将使蛋白质工程学显示出更加强大的威力和诱人的前景。

6.3 蛋白质工程在食品工业中的应用简述

通过蛋白质工程可以按照人类的需求创造出原来不曾有过、具有不同功能的蛋白质及其新产品，或生产具有特定氨基酸序列、高级结构、理化性质和生理功能的新型蛋白质。在食品工业中，蛋白质工程技术主要用于创造或改进食品工业用酶。

食品加工过程通常伴随高温、极端 pH 值等条件，而酶的作用条件通常较温和，因此，食品工业用酶的稳定性十分重要。二硫键是一种稳定蛋白质分子空间结构的重要共价化学键，利用定点突变技术可将二硫键引入蛋白质分子，从而提高其热稳定性。高温下天冬酰胺和谷氨酰胺易脱氨使蛋白质构象改变而失活，通过定点突变技术，可将易脱氨的残基转化从而提高热稳定性，如酿酒酵母的磷酸丙糖异构酶的改造。利用定点突变技术，还能改变酶的最适 pH 值条件或提高酶的催化活性等，如将葡萄糖异构酶的酸性氨基酸置换为碱性氨基酸，从而使其最适 pH 值为酸性。从头（*de novo*）设计是理性设计的一个重大突破，利用该技术可根据现有的序列和结构创造出多样化的新蛋白质如各种功能性食品酶，以增强天然蛋白质的功能，生产新型功能性食品。

运用非理性设计即定向进化，可以针对某一蛋白酶的基因，通过诱变技术改造酶的基因，构建突变文库，然后根据改造目的筛选出更适合生产的非天然的酶。如随机诱变大麦中的 β-淀粉酶筛选出耐热型酶使其热稳定性增加；通过在分子的 α-螺旋二级结构中使甘氨酸突变为丙氨酸，制备了具有热稳定性的淀粉酶；有些食品缺乏某种氨基酸，如豆类缺乏含硫氨基酸尤其是甲硫氨酸，谷类中的赖氨酸、苏氨酸和色氨酸含量较低，可通过半理性设计向植物蛋白中插入氨基酸残基，以改善其营养特性。除此之外，还有一些反应可改变蛋白质的结构以实现蛋白质的改性，如脱酰胺反应，在过去的三十多年中，脱酰胺已成功地用于修饰食品蛋白质，以改善其现有的功能特性或为其引入新的特性。

思考题

1. 蛋白质工程的主要研究内容是什么？与基因工程有何关系？
2. 随机进化、半理性进化和理性进化三者的区别是什么？
3. 尝试列举蛋白质工程技术在食品工业中的应用。
4. 蛋白质工程技术的原理是什么？

第7章

生物工程下游技术

本章导言

本章概括地介绍了生物工程下游技术涉及的主要内容，学生在对生物工程上游技术全面了解的基础上，掌握生物工程下游技术的路线以及主要的分离纯化单元操作的硬件设施、原理、操作注意事项、适用范围和优缺点等。

7.1 生物工程下游技术的理论基础

在大多数情况下，基因工程、细胞工程、发酵工程和酶工程的产物不能直接成为产品或商品，必须经过分离纯化工程才能得到高纯度的产品或能被市场接受的商品。因此，生物工程下游技术是生物技术产业工业化的必不可少的重要组成要素。

生物工程下游技术也是生物制品成本构成中的主要部分。在一般情况下，在生物工程产品的成本构成中，分离纯化部分的成本占总成本的50%以上，而且在原料中目标成分的浓度越低，分离工程的人力、物力投入也就越大，产品的价格也就越高。因此改进分离纯化工程是生物技术产业降低生产成本和提高经济效益的关键。通过改进工艺路线和技术参数有可能较大幅度地减少分离纯化过程中目标成分的损失，提高回收率，增加经济效益。

现代分离纯化工程的发展，也在深刻地改造着传统的食品工业和制药工程，从而形成了精细食品工程（精细食品化工和精细食品生物化工）和生物制药工程两大学科和产业门类。

7.1.1 生物工程下游技术的概念

生物工程下游技术也叫下游工程（downstream processing）或生物活性物质分离纯化（separation and purification of bioactive substances），是指从通过基因工程获得的动植物和微生物的有机体或器官中，从细胞工程、发酵工程和酶工程产物（发酵液、培养液）中把目标成分分离纯化出来，使之达到商业应用目的的过程。

生物工程下游技术和生物活性物质分离纯化在原理和操作上是一致的，只是在目的和规模上有所区别。下游工程的目标成分和目的产物是一物的两面。从化学分离角度来看，它就是目标成分。从生产应用角度来看，它就是目的产物。

7.1.2 下游工程的目的产物

食品生物技术目的产物是指对人体有保健或治疗作用的功能因子、专用添加剂，以及专用于食品工业的微生物或酶类等。

7.1.2.1 目的产物的特点

① 通常是具有生理活性的有机化合物，不稳定，易变性，易失活。

② 许多目的产物的分子量较大，如酶类的相对分子质量介于$1\times10^4\sim5\times10^5$之间，多糖介于1万到数百万之间。

③ 目的产物在制备液中的浓度往往很低，但要求产品的纯度却很高，通常应在95%以上，结晶态更为理想，产品的数量很小，但附加值很高。

④ 目的产物为生物制剂，含有丰富的营养成分，易被微生物污染和分解。

⑤ 目的产物成分较为复杂，有的可用常规分析方法检测，有的则需应用分子检测技术进行检测。

⑥ 许多功能因子参与人体机能的精细调节，因此发生任何性质上或数量上的偏差，非但不能起到治疗保健作用，反而可能造成严重的危害。

7.1.2.2 目的产物的分类

食品生物技术目的产物可分为以下5类。

① 蛋白质、多肽、氨基酸类　包括抗菌蛋白、内源抗生素、降压多肽、防御素、肿瘤坏死因子、干扰素、生长因子、红细胞生成素等。

② 酶、辅酶、酶抑制剂类　包括溶菌酶、纤维素酶、麦芽淀粉酶、蛋白酶、弹性蛋白酶、尿激酶、天冬氨酸酶、超氧化物歧化酶、各种辅酶、蛋白分解酶抑制剂、糖苷水解酶抑制剂等。

③ 多糖类　包括食用胶、促红细胞生长素、肝素、硫酸软骨素、透明质酸、壳聚糖、真菌多糖等。

④ 免疫调节类　如生长激素、白细胞介素等。

⑤ 其他　包括脂类、多不饱和脂肪酸、去氧胆酸、维生素、芳香物质、色素等。

7.1.2.3 目的产物的商业用途

目的产物可以直接作为商品，或作为半成品进一步加工成商品。目的产物的商业用途有以下4种：

① 功能食品　有许多蛋白质、活性多糖、脂类具有增强免疫和调节生理活动的功能，因而可用于输液或制备成片剂，满足部分人群的需要。

② 食品添加剂　如食用胶、抗菌蛋白、乳链菌肽（nisin），可作为精细生物化工产品，用于食品加工业，改善食品的卫生质量和风味质量。

③ 生物药物　食品生物技术和医药生物技术在保障人体健康的目的上和生物技术的手段上是一致的。一些食品生物技术的目的产物不仅具有调节生理活动的功能，而且具有治疗作用，如干扰素等。

④ 化妆品　部分目的产物可作为原料加工成各种化妆品，满足人们追求美的需要，如

超氧化物歧化酶（SOD）。

7.1.3 下游工程的流程和单元操作

不同的目标成分具有不同的分离纯化路线。分离纯化路线的确定，取决于目标成分的性质和它在细胞中所处的位置即分布在胞内还是在胞外。整个分离纯化路线一般可分为预处理、固液分离、初步纯化、精细纯化、成品加工 5 个主要步骤。每一个步骤又通过若干个单元操作来完成。图 7-1 是以发酵液或培养液为原料时下游工程的基本操作流程。

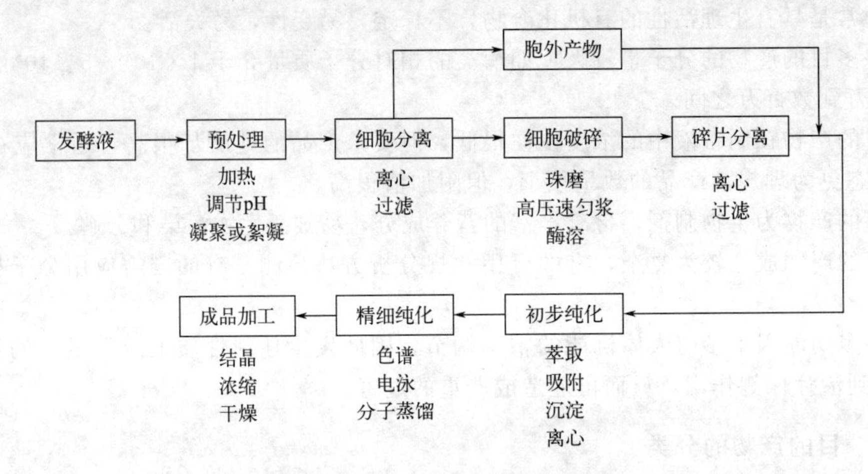

图 7-1 下游工程的基本操作流程

① 预处理 采用加热、调节 pH、凝聚或絮凝等措施和单元操作改变发酵液的理化性质，为固液分离作准备。

② 固液分离 采用珠磨、匀浆、酶溶、过滤、离心等单元操作除去固相，获得包含目标成分的液相，供进一步分离纯化用。

③ 分离单元操作 采用离心、过滤、萃取、吸附、沉淀等单元操作，将目标成分与大部分杂质分离开来。

④ 纯化单元操作 采用色谱、电泳、分子蒸馏等单元操作，将目标成分与杂质进一步分离，使产物的纯度达到国家标准或企业标准。

⑤ 成品加工 采用结晶、浓缩、干燥等单元操作将目标成分加工成适应市场需要的商品。

7.1.4 生物工程下游技术的发展趋向

7.1.4.1 古代酿造业

生物技术产业的历史可追溯到古代的酿造业，它包括酿酒以及制酱（油）、醋、酸奶和干酪等。

7.1.4.2 第一代生物技术

第一代生物技术主要指 19 世纪 60 年代到 20 世纪 40 年代青霉素等抗生素出现之前的生物技术产业。这一时期发现了发酵的本质是微生物的作用，掌握了纯种培养技术，生物技术进入近代酿造产业的发展阶段。此时开始引入化学工程中成熟的近代分离技术，如过滤、蒸馏、精馏等。

7.1.4.3 第二代生物技术

第二代生物技术以20世纪40年代出现的青霉素产品为代表。产品品种、类型迅速增加，不仅有初级代谢产物，也有次级代谢产物；不仅有小分子的物质，也有具生命活性的大分子物质，有些产品的分子结构相当复杂。

7.1.4.4 第三代生物技术

第三代生物技术一般认为以20世纪70年代末崛起的DNA重组技术及细胞融合技术为代表。此时，生物技术在其主要领域如基因工程、酶工程、细胞工程和微生物发酵工程方面取得了长足进步，一批对人类十分有益的高附加值的产品开始面世，如乙肝疫苗、干扰素等。

综上所述，生物工程下游技术的发展具有悠远历史，在整个历程中可以发现生物工程下游技术“发展”的指引方向一直是：通过对传统分离技术的提高和完善、新技术的研究和开发、下游工程与上游工程相结合、强化化学作用对下游工程的影响、改进上游因素简化下游过程以及清洁生产来达到成本低、质量较高、环保等目的。

7.2 原料与发酵液预处理

由于原料的多样性和每一种产物性质的多样性，产物的提取方法也是多种多样的，但是，任何一种提取方法都是利用产物和杂质在物理和化学性质上的差异采用不同的方法和工艺路线使目的产物与杂质分别转移至不同的相中而得到分离。通常情况下目的产物的分子量、结构、极性、两性电解质性质、在各种溶剂中的溶解性、沸点以及对pH值、温度和溶剂等化学物质的敏感性等都是决定产物分离提取与精制方法的基本因素。因此，在分离提取之前，必须尽可能地了解目的产物和杂质的性质，从而确定最佳的提取工艺。

大多数菌体或细胞代谢产物都存在于发酵液或培养液中，与各种溶解的和悬浮的杂质混在一起，因此要分离纯化目标产物，首先必须对发酵液或培养液的特性有清楚的了解。发酵液中绝大部分是水，含水量可高达90%～99%。发酵产物的浓度比较低，除了乙醇、柠檬酸、葡萄糖酸等少数发酵产物的浓度可以达到10%以上之外，一般发酵产物的浓度均在10%以下。抗生素的浓度更低，甚至在1%以下。发酵液中的悬浮固形物主要是细胞和蛋白质的胶状物，这些物质的存在不仅增加了发酵液的黏度，不利于发酵液的过滤，而且也增加了提取和精制等后续生产工艺的操作困难。例如，在发酵液浓缩的过程中，发酵液会变得更加黏稠，并容易产生大量的泡沫。采用溶剂萃取方法提取时，蛋白质的存在会产生乳化作用，从而使溶剂相和水相分层困难。采用离子交换法提取时，蛋白质的存在会增加树脂的吸附量，加重树脂的负担。发酵液的培养基残留成分中还含有无机盐、非蛋白质大分子杂质及其降解产物，这些成分的存在对目的产物的提取和精制均有一定的影响。发酵液中除了主要目的产物之外，通常还含有少量的代谢副产物，有些代谢副产物的结构特性可能与目的产物极为相似，这就会给产物的分离纯化操作造成困难。有的发酵液中还含有色素、热原质和有毒、有害的物质，尽管这些有机杂质的确切成分尚不十分明确，但是这些物质对产物分离提取的影响比较大，为了保证产品的质量和安全性，应该通过发酵液的预处理将其除去。发酵液的稳定性差，容易受热、酸、碱、有机溶剂、酶、氧化等因素的影响。

7.2.1 发酵液处理

不同菌种的发酵液具有不同的性质，大多数目标成分存在于发酵液中，少数存在于菌体中或者发酵液和菌体中兼而有之。原料发酵液的成分极为复杂，有微生物菌体、残存的培养基、各种有活性的酶类、微生物的代谢产物等。发酵液呈悬浮液状态，悬浮物颗粒小，浓度低，液相黏度大，为非牛顿型流体，性质不稳定。因此，应及时对发酵液进行处理，否则轻则增加分离纯化的难度，重则使所含的目标成分分解失活。

发酵液预处理的目的：改变发酵液的物理性质，促进悬浮液中分离固形物的速度，提高固液分离器（离心、过滤）的效率；尽可能使目标成分转入便于后处理的某一相中（多数是液体）；尽可能去除发酵液中部分杂质，以利于后续各步操作。

为了进行固液分离，必须对发酵液作必要的简单的预处理。通过加热、调节 pH、凝聚或絮凝等措施，使发酵液的黏度下降，为以后的离心、过滤作准备。

7.2.2 固液分离

按照工艺路线，发酵液经预处理后即应进行固液分离步骤。在目标成分为胞外产物的情况下，液相部分即为操作者关注的部分。如目标成分为胞内产物，则固相部分为关注部分。固相部分必须经细胞破碎后，将目的产物转移至液相部分，才能以液相部分为对象进一步开展分离纯化。固液分离是下游工程的瓶颈问题，引起了各国科学家的重视和研究。固液分离的单元操作有离心、过滤等。细菌和酵母菌的发酵液一般采用离心分离，霉菌和放线菌的发酵液一般采用过滤分离。

离心是借助于离心力，使密度不同的物质进行分离的方法。过滤是借助于过滤拦截，使体积不同的物质进行分离的方法。

7.2.3 细胞破碎

大多数目标成分是胞外产物，如微生物胞外多糖、胞外酶等，发酵液经离心分离或过滤分离以后，除去微生物细胞，得到含有活性物质的清液或滤液，即可进行下一步的分离纯化工作。但也有一些目标成分是胞内产物，特别是基因工程产品大多存在于宿主细胞内，就必须在预处理和固液分离以后进行细胞破碎，使目标成分释放到胞外，再进行固液分离，对液相进行分离纯化。

基因工程产品的分离更有其特殊的困难之处，动物细胞培养重组 DNA 技术表达的产品（如胰岛素、干扰素、白细胞介素等）必然是胞内产物，而且作为目标成分的蛋白质常常互相交联在一起，形成不溶性聚集物，在分离工程中称为包涵体。存在于包涵体中的重组蛋白质在大多数情况不溶于水也不具备生物活性，因为其分子内和分子间的二硫键搭错了位置。这也许是自然界保护物种免受外来基因侵袭的本能行为，使外来基因即使表达了也没有生物活性。因此，对于基因工程产品的分离除了细胞破碎以外，还要进行包涵体的分离、溶解和蛋白质复性等操作。

细胞破碎方法有机械和非机械两类，机械类包括珠磨法、高压匀浆法、超声波法等，非机械类包括酶溶法、化学渗透法等。机械破碎时，机械能转化为热量而使溶液温度升高，因此必须采取冷却措施，以免生物活性物质失活。

7.3 初步纯化

在抽提液中，除了目的产物以外，通常不可避免地混有其他小分子和大分子物质。由于产物的来源不同，其与杂质的性质不尽相同，分离纯化的方法也是多种多样的。但是任何一种纯化方法都是利用产物和杂质在物理和化学性质上的差异，采取相应的方法和工艺路线，使目的产物和杂质分别转移至不同的相中达到分离纯化目的。目的产物的分子量、结构、极性、两性电解质的性质、在各种溶剂中的溶解性以及其对 pH 值、温度、化合物的敏感性等都是决定其分离纯化方法的基本因素。

7.3.1 溶剂萃取法

溶质在溶剂中的溶解度取决于两者分子结构和极性的相似性。通常选择萃取能力强、分离程度高的溶剂，并要求溶剂的安全性好、价格低廉、易回收、黏度低、界面张力适中。

若目标成分是偏于亲脂的物质，一般多用亲脂性有机溶剂，如苯、氯仿或乙醚进行两相萃取。若目标成分是偏于亲水的物质，就需要用弱亲脂性溶剂，例如乙酸乙酯、丁醇等，还可以在氯仿、乙醚中加入适量乙醇或甲醇以增大其亲水性。

在用有机溶剂萃取水相中的目标成分时，应调节水相的温度、pH、盐浓度等，以改善萃取效果。萃取时水相温度应为室温或低于室温。用有机溶剂萃取水相中的有机酸时，应先将水相酸化。反之亦然，用有机溶剂萃取水相中的有机碱时，应先将水相碱化。在水相中加入氯化钠等盐类，可降低有机化合物在水相中的溶解度，增加其在有机溶剂相中的量。在溶剂萃取时加入去乳化剂可防止出现操作引起的乳化现象和分离困难，常用的去乳化剂为阳离子表面活性剂溴代十五烷基吡啶或阴离子表面活性剂十二烷基磺酸钠。

溶剂萃取方法有单级萃取、多级错流萃取和多级逆流萃取 3 种。萃取设备有搅拌罐、脉动筛板塔、转盘塔等。溶剂萃取法可进行工业化生产，操作简单、产物回收率中等，但使用溶剂量大、安全性较差。

7.3.2 吸附法

吸附法是利用吸附剂和产物之间形成的分子吸引力，将产物吸附在吸附剂上，然后再通过适当的洗脱剂将吸附的产物从吸附剂解吸下来，以此达到分离纯化的目的。吸附剂一般为多孔微粒，具有很大的比表面积。吸附法具有不用或少用有机溶剂、操作简便、安全的优点，生产过程中 pH 值变化幅度小，适用于分离稳定性较差的物质；但是，吸附法也具有选择性差、回收率低、吸附性能不稳定、不能够连续操作、劳动强度大等缺点。

其中，在生物活性物质分离中常用固体吸附剂吸附溶液中的目的物质，称为正吸附；也可吸附杂质，称为负吸附。

7.3.3 离子交换法（离子交换色谱）

离子交换色谱（ion exchange chromatography，IEC）是根据被分离物质与所用分离介质间异种电荷的静电引力不同来进行分离。各种蛋白质分子由于暴露在分子外表面的侧链基团的种类和数量不同，在一定的离子强度和 pH 值的缓冲液中，所带电荷的情况也是不相同的。如果在某 pH 值时，蛋白质分子所带正负电荷量相等，整个分子呈电中性，这时 pH 值即为该蛋白质的等电点。与蛋白质所带电荷性质有关的氨基酸主要有组氨酸、精氨酸、赖氨酸、天冬氨酸、谷氨酸、半胱氨酸以及肽链末端氨基酸等。例如，当 $\mathrm{pH}<6.0$ 时，天冬氨酸和谷氨酸的侧链带有负电荷；当 $\mathrm{pH}>8.0$ 时，半胱氨酸的侧链由于巯基的解离，也带负电荷；如果 $\mathrm{pH}<7.0$，组氨酸残基带正电荷，大多数蛋白质等电点多在中性附近，因而色谱过程可以在弱酸或弱碱条件下进行，避免了离子交换时 pH 急剧变化而导致蛋白质变性。

离子交换作用是在固定相和流动相之间发生的可逆的离子交换反应。蛋白质的离子交换过程分为两个阶段：吸附和解吸附。吸附在离子柱上的蛋白质可以通过改变 pH 值或增强离子强度，使加入的离子与蛋白质竞争离子交换剂上电荷位置，从而使吸附的蛋白质与离子交换剂解离。不同蛋白质与离子交换剂形成的键数不同，即亲和力大小有差异，因此只要选择适当的洗脱条件就可将蛋白质混合物中的组分逐个洗脱下来，达到分离纯化的目的。

离子交换剂的母体是一种不溶性高分子化合物，往往亲水性比较高，一般不会引起生物分子变性失活，如树脂、纤维素、葡聚糖等，其分子中引入了可解离的活性基团，这些基团在水溶液中可与其他阳离子或阴离子起交换作用。

7.3.4 沉淀法

沉淀法（precipitation）是发酵工业中最简单和最常用的提取方法之一。它是利用加入试剂或改变条件使目的产物离开溶液，生成不溶性颗粒而沉淀析出的方法。析出的物质又有沉淀和结晶之分，沉淀和结晶在本质上都是新相析出的过程，两者的主要区别在于形态的不同，以同类分子或离子有规则排列形式析出的称为结晶；以同类分子或离子无规则紊乱排列形式析出的称为沉淀。目前，沉淀法广泛应用于氨基酸、蛋白质及抗生素的分离提取。

沉淀法的优点是设备简单、成本较低、原料易得，在产物浓度越高的溶液中越容易形成沉淀、产物回收率越高；沉淀法的缺点是过滤困难、产品质量较低、需重新精制。沉淀法主要包括等电点沉淀法、盐析法、有机溶剂沉淀法等。

7.3.5 双水相萃取法

双水相萃取法（aqueous two-phase extraction，ATPE）：两种亲水性高聚物溶液混合后静置分层为两相（双水相），生物大分子在两相中有不同的分配而实现分离，而且生物大分子在上相和下相中浓度比为一常数。溶质的分配总是趋向于系统能量最低的相或相互作用最充分的相。

常用的双水相体系有聚乙二醇（PEG）/葡聚糖（dextran）体系、PEG/硫酸盐体系、PEG/磷酸盐体系、聚乙醇胺/盐体系等。

聚乙二醇/葡聚糖体系常用于蛋白质、酶或核酸的分离，聚乙醇胺/盐体系则用于生长素、干扰素的萃取。

双水相萃取的优点在于可以从发酵液中把目的产物酶与菌体相分离，还可把各种酶互相分离。操作方法举例，*Candida bodinii* 的发酵液的湿细胞含量调整为 20%～30%，加入 PEG/dextran 双水相，即可把菌体中的甲醛脱氢酶和过氧化氢酶提取出来，酶分配在上层，菌体在下层。两种酶分配系数不同，可进一步用双水相萃取法分离。但双水相萃取使用的葡聚糖较昂贵，因此较多使用 PEG/磷酸盐体系。

7.3.6 超临界流体萃取

超临界流体萃取（supercritical fluid extraction，SFE）是利用超临界流体的溶解能力与其密度有关的原理，利用压力和温度变化影响超临界流体溶解不同物质的能力而进行分离的方法。在超临界状态下，超临界流体与待分离的物质接触，有选择性地把极性大小、沸点高低和分子量大小不同的成分依次萃取出来。在萃取罐，目标成分被超临界二氧化碳流体萃取，经升温气体和溶质分离，溶质从分离罐下部取出，气体经压缩冷却又成为超临界流体，反复使用（图 7-2）。

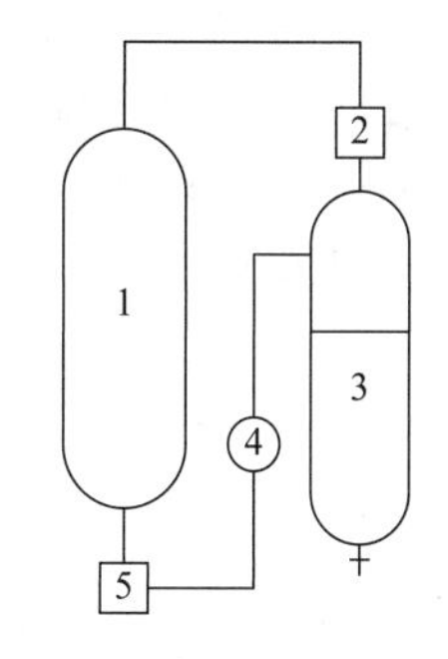

图 7-2　超临界二氧化碳流体萃取装置
1—萃取罐；2—加热器；3—分离罐；4—压缩泵；5—冷却器

目前常用的超临界萃取溶剂是二氧化碳。二氧化碳无毒、无臭、价格低廉，对很多溶质有较大的溶解能力，临界温度接近室温（31.1℃），临界压力适当（7.38MPa）。溶质在超临界流体中的溶解度取决于两者的化学相似性、超临界流体的密度、流体夹带剂等因素。化学上越相似，溶质的溶解度越大。流体的密度越大，非挥发性溶质的溶解度越大，而流体的密度可通过调节温度和压力来控制。二氧化碳流体中加入少量（1%～5%）夹带剂即可有效地改变流体的相行为。常用的夹带剂有乙醇、异丙醇、丙酮等。

用超临界二氧化碳流体萃取鱼油中的多不饱和脂肪酸可按以下方法进行：鱼油水解成脂肪酸，再合成为沸点较低的脂肪酸乙酯，加入尿素除去饱和脂肪酸乙酯和单烯脂肪酸乙酯，再用二氧化碳流体萃取 CO_2 以下的组分，剩余的即为 EPA 和 DHA 等多烯酸。

超临界 CO_2 流体萃取与传统的有机溶剂萃取分离工艺比较，具有以下优点：①可在低温下实现萃取与分离，不破坏生物活性物质，特别是热敏性成分；②在密闭的高压系统中进行，可保证产品质量，不会对环境造成污染；③无有机溶剂残留，安全性好；④萃取与分离一体化，工艺操作简单；⑤可用于萃取多种产品，特别有利于从天然植物、动物体中提取纯天然产品以及从中草药里提取有效成分等。主要缺点是设备昂贵、制造周期长，更换产品时，清洗容器和管道比较困难。

7.3.7 反胶束萃取

在水和有机溶剂构成的两相体系中，加入一定量的表面活性剂，使其存在于水相和有机相之间的界面，表面活性剂能不断包围水相中的蛋白质，形成直径为 20～200nm 的球形“胶束”，并引导入有机相中，完成对蛋白质的萃取和分离，这就是反胶束萃取（reversed micelle extraction）（图 7-3）。在反胶束中蛋白质并不与有机溶剂接触，而是通过水化层与表面活性剂的极性头接触，因而蛋白质在萃取过程中是安全的。

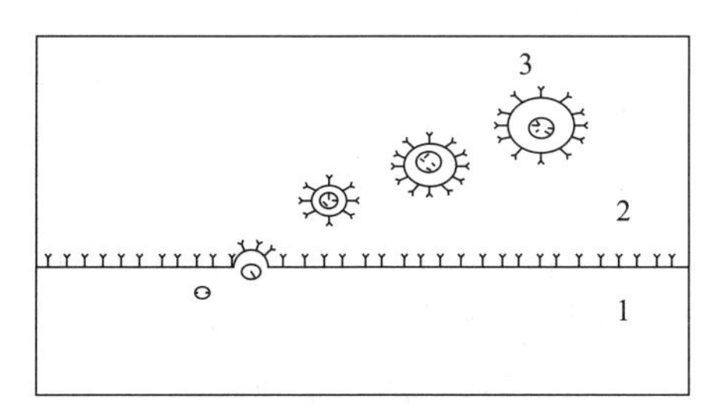

图 7-3　反胶束萃取
1—水相；2—有机组；3—反胶束

反胶束萃取中常用的有机溶剂为辛烷、异辛烷、庚烷、环已烷、苯，以及混合的有机溶剂乙醇-异辛烷、三氯甲烷-辛烷、乙醇-环乙烷等。

表面活性剂的选择是反胶束萃取的关键，常用的表面活性剂有丁二酸-2-乙基已基磺酸钠（AOT）、十六烷基三甲基溴化铵（CTAB）、三辛基甲基氯化铵（TOMAC）、磷脂酰胆碱、磷脂酰乙醇胺等。表面活性剂的浓度约为 0.5mmol/L。反胶束萃取不能用于萃取分子量较大的蛋白质如牛血清蛋白（68000），最适宜于萃取分子量较小或中等的蛋白质如 α 糜蛋白（25000）。在使用阴离子表面活性剂时，在萃取前应调节水相的 pH 至比目标蛋白质等电点 pI 低 2～4 个单位，以增加蛋白质分子的表面电荷，提高萃取效果。在使用阳离子表面活性剂时，应调节水相的 pH 至高于目标蛋白质 pI，使蛋白质净电荷为负值。

反胶束萃取操作简单、萃取能力大、选择性中等，但前期选择表面活性剂的研究工作量大，使用受限制。

7.3.8 超滤

超滤（ultrafltration）是在一定压力（正压或负压）下将溶液强制性通过固定孔径的膜，使溶质按分子量、形状、大小的差异得到分离，所需要的大分子物质被截留在膜的一侧，小分子物质随溶剂透过膜到达另一侧。这种方法在分离提纯酶时，既可直接用于酶的分离纯化，又可用于纯化过程中酶液的浓缩。用超滤膜进行分离纯化时超滤膜应具备以下条件：要有较大的透过速率和较高的选择性；要有一定的机械强度，能够耐热、耐化学试剂；不容易遭受微生物的污染；价格低廉。

常用超滤膜的截留分子量的范围在 1000～1000000。对具有相同分子量的线形分子物质和球形蛋白质类分子，截留率大于或等于 90%。截留率不仅取决于溶质分子的大小，还与下列因素有关：分子的形状，线形分子的截留率低于球形分子；吸附作用，如果溶质分子吸附在孔道壁上，会降低孔道的有效直径，因而使截留率增大；其他高分子物质的存在可能导致浓度极化层的出现，而影响小分子的截留率；温度的升高和浓度的降低也会引起截留率的降低。

制造超滤膜的材料很多，对膜材料的要求是具有良好的成膜性、热稳定性、化学稳定性、耐酸碱性、微生物侵蚀性和抗氧化性，并且具有良好的亲水性，以得到高的水通量和抗污染能力。目前超滤膜通常用聚砜、纤维素等材料制成，使用时一定要注意膜的正反面，不能混淆。超滤膜在使用后要及时清洗，一般可用超声波、中性洗涤剂、蛋白酶液、次氯酸盐及磷酸盐等处理，使膜基本恢复原有水通量。如果超滤膜暂时不再使用，可浸泡在加有少量甲醛的清水中保存。超滤法的优点是超滤过程无相的变化，可以在常温及低压下进行分离，条件温和，不容易引起酶蛋白变性失活，因而能耗低；设备体积小，结构简单，故投资费用低，易于实施；超滤分离过程只是简单地加压输送液体，工艺流程简单，易于操作管理，适合于大体积处理。缺点是只能达到粗分的要求，只能将分子量相差 10 倍或以上的蛋白质分开。

7.4 纯化精制

发酵液经前期处理和初步纯化操作以后，得到了含有少量杂质的目标成分的溶液，下一步必须采用精细的纯化精制技术提高其纯度和质量。此时液相中杂质的物理化学性质已经与目标成分十分接近，继续采用初步纯化操作已不能达到更好的效果，陷入了在脱除杂质的同时，必然损失目标成分的困难境地。因此要求采用一些特殊的高新技术把杂质和目标成分进一步分离开来。纯化精制操作包括色谱、分子蒸馏、电泳等。

7.4.1 色谱

色谱分离技术在下游工程中有着极广泛的应用。常见的色谱分离有纸色谱、薄层（平板）色谱、柱色谱 3 种。纸色谱和薄层色谱操作简便，分辨率高，但分离量太少，因而主要用于定性和定量分析。柱色谱进样量大，回收容易，因而主要用于分离纯化，当然也可用于定性、定量分析。近年来，柱色谱发展很快，下面只介绍使用最广的凝胶色谱、亲和色谱和制备型高效液相色谱3种。

7.4.1.1 凝胶色谱

凝胶色谱包括葡聚糖凝胶色谱、琼脂糖凝胶色谱和聚丙烯酰胺凝胶色谱等。

(1) 葡聚糖凝胶色谱 (dextran gel chromatography)

葡聚糖凝胶是应用最广泛的色谱固定相，商品名 sephadex，由右旋糖酐 dextran 通过交联而成，干胶为坚硬白色粉末状，吸水后膨胀，呈凝胶状，在 pH 2～10 稳定，在强酸下水解，在氧化剂下分解，在中性时可经受120℃加热灭菌。sephadex G 后面的编号数字表示其吸液量［每克干胶膨胀时吸水体积（以毫升计）］的10倍，如 sephadex G-25 即为每克干胶吸水量为2.5mL（表7-1）。

表7-1 sephadex G 葡聚糖凝胶的性质

型号	吸水量(以干凝胶计)/(mL/g)	膨胀体积(以干凝胶计/(mL/g)	对蛋白质的分离范围(分子量)	对多糖的分离范围(分子量)
G-10	1.0	2～3	200	700
G-15	1.5	2.5～3.5	1500	1500
G-25	2.5	4～6	1000～5000	100～500
G-50	5.0	9～11	1500～30000	500～10000
G-75	7.5	12～15	3000～70000	1000～5000
G-100	10.0	15～20	4000～15000	1000～100000
G-150	15.0	20～30	5000～400000	1000～150000
G-200	20.0	30～40	5000～800000	1000～200000

在一般过滤时，小分子物质通过过滤介质，大分子物质被截留。而凝胶色谱则相反，移动相通过具网状结构的葡聚糖凝胶时，小分子可进入凝胶内部空间，而大分子则被排阻于凝胶相之外，在不断洗脱时大分子被首先洗脱，小分子被最后洗脱，从而把大小分子分离开来（图7-4）。

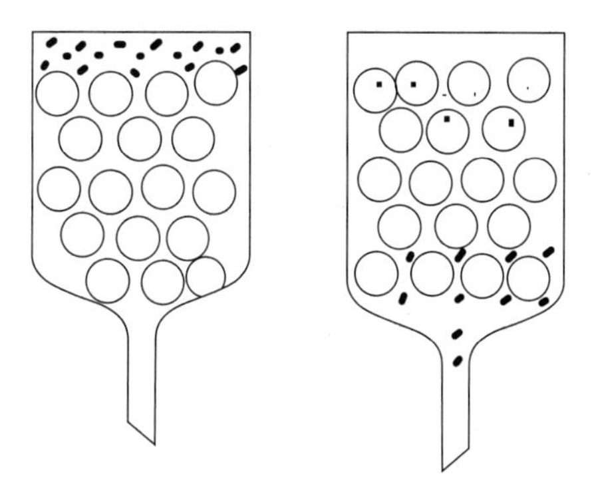

图7-4 葡聚糖凝胶对不同分子量的溶质的分离作用

凝胶色谱的基本操作程序包括固定相准备、加样、冲洗展层、分步收集、固定相再生。葡聚糖凝胶在水中浸泡1～3d，装柱，排除气泡，展层剂洗脱，分步收集器收集，用紫外检测等手段确定目标物质的管位，合并洗脱液，得到分离纯化的生物大分子。

使用过的凝胶可洗涤后反复使用，使用次数过多时凝胶被污染，分离速度减缓，应采用反冲法洗去污染杂质。使用后的凝胶如短期内不用，应加入防腐剂0.02%叠氮化钠，以防霉菌生长。如长期不用，用递增浓度的酒精浸泡直至酒精达95%，最后沥干，在70℃烘干保存。葡聚糖凝胶常用于分离纯化蛋白质和多糖等，以及成品加工中除热原。

(2) 琼脂糖凝胶色谱 (agarose gel chromatography)

琼脂糖是从海藻琼脂中除去带磺酸基和羧基的琼脂胶后得到的中性多糖，商品名有

sepharose、BioGel 等。我国生产的 sepharose 2B、4B 和 6B，对蛋白质的分离范围分别为 $7\times10^4\sim4\times10^7$、$6\times10^4\sim2\times10^7$、$10^4\sim4\times10^6$。琼脂糖凝胶的化学稳定性较葡聚糖凝胶差，正常使用 pH 范围为 4～9，干燥、冷冻、加热等操作都会使琼脂糖失去原有的性能。

琼脂糖经修饰接上烷基、苯基等疏水基团，即形成疏水作用琼脂糖凝胶，能把溶液中不同疏水性的蛋白质，甚至蛋白质的不同亚基分离开来。

琼脂糖经修饰生成双羧甲基氨琼脂糖，与过渡金属结合，形成金属螯合琼脂糖凝胶，即可把与金属离子配位亲和力不同的蛋白质（如血清蛋白、糖蛋白）分离开来。

(3) 聚丙烯酰胺凝胶色谱（polyacrylamide gel chromatography）

聚丙烯酰胺为化学合成凝胶，商品名为生物凝胶 P（BioGel-P)。生物凝胶 P 化学稳定性好，在 pH 2～11 范围内使用，机械强度好，有较高的分辨率。生物凝胶 P 的孔径度取决于交联度和凝胶浓度。P-10、P-100、P-150 对蛋白质的分离范围分别为 1500～20000、5000～100000、15000～150000。

凝胶色谱操作简便，不需要昂贵的设备，分辨效果好，应用广泛，但较费时和消耗大量溶剂。

7.4.1.2 亲和凝胶色谱

亲和凝胶色谱是连接在琼脂糖凝胶上的配基与移动相中的生物大分子进行特异的可逆的结合，从而把生物大分子分离纯化。

一些生物分子与另一些生物分子无论在生物体内还是在试管里都表现出特别的亲和，例如酶与底物、酶与抑制剂、酶与辅酶、抗体与抗原、抗体与病毒、激素与受体蛋白、激素与载体蛋白、外源凝集素与多糖化合物、外源凝集素与糖蛋白、核酸与组蛋白、核酸与核酸聚合酶等。每一组亲和的生物分子都互为配基。因此，举例来说，把激素偶合组装到琼脂糖上，则可把溶液中的受体蛋白分离出来；反之，把受体蛋白组装到琼脂糖上，则可把溶液中的激素分离出来。

亲和凝胶色谱的操作步骤包括载体的选择、配基的选择、配基的固相化、加样、洗脱、收集、再生。载体一般为琼脂糖、葡聚糖、聚丙烯酰胺、纤维素等。配基包括专一配基和通用配基 2 种。专一配基选择特异性强，一种配基只与另一种配基亲和，例如某一抗原的抗体。而通用配基则可与一类物质亲和，例如 NADH 为脱氢酶的通用配基，ATP 为激酶类的通用配基，伴刀豆球蛋白 A 为糖蛋白、活性多糖、糖脂的通用配基（图 7-5)。

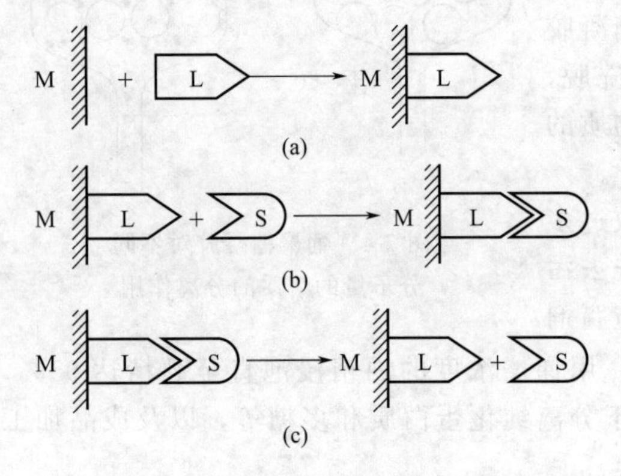

图 7-5 亲和色谱的工作原理

(a) 配基固相化；(b) 目的物质吸附；(c) 目的物质解吸附

M 表示载体，L 表示配基，S 表示目的物质

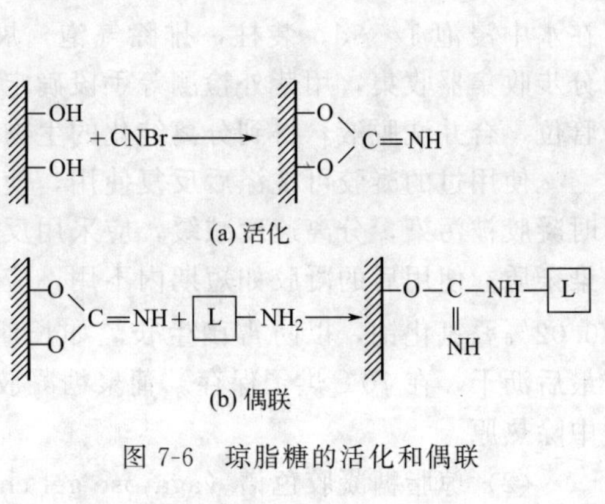

—OH —OH + CNBr → —O—C(=NH)—O—

(a) 活化

—O—C(=NH)—O— + L—NH₂ → —O—C(=NH)—NH—L

(b) 偶联

图 7-6 琼脂糖的活化和偶联

配基固相化是将配基偶联到载体上的操作。琼脂糖经溴化氰活化后，再与配基上的氨基偶合，即形成专一性亲和凝胶（图 7-6）。

色谱的具体操作方法：固相化的亲和凝胶上柱后，充分平衡，静置 30min。用平衡用缓冲液将上柱样品溶解，配制成蛋白质浓度约为 20mg/mL 的样液，上样，上样量为柱床体积的 5%，在 4℃下用缓冲液洗涤，样液中对应物被配基吸附，杂质被洗脱，用高盐缓冲液或不同 pH 缓冲液将对应物洗脱下来。洗脱条件可参考前人的实验或自己的摸索。亲和凝胶在洗脱后用缓冲液充分平衡后即可重复使用，无须特殊再生处理。

亲和色谱的一个重要分支是免疫亲和色谱（immune-affinity chromatography），它利用抗原抗体的亲和反应进行酶的分离纯化。操作时先将作为目标物质的酶纯化后注入试验动物体内，试验动物即产生抗体，从试验动物血清中分离纯化抗体，并将抗体偶合到琼脂糖上，装柱即可从粗酶液中将目标酶吸附洗脱下来，得到纯化的目标酶。其中制备免疫物质的技术称为单克隆抗体法。

免疫亲和色谱除了可以分离纯化酶以外，还可用来分离纯化受体蛋白，即细胞表面能与激素、功能因子或药物发生专一性结合的生物大分子。

活性染料配基亲和色谱是较新发展的技术。偶然发现人工合成的活性染料与生物大分子有亲和作用，因此把活性染料偶合到琼脂糖上，制成亲和色谱柱，用以分离蛋白质。常用的活性染料有 Cibacron F3GA 蓝色染料、procion H-E3B 红色染料、procion MX-8G 黄色染料等。Cibacron 蓝色染料在分子结构上与 NAD 极为接近，因而和氧化还原酶、各种激酶、核酸酶等亲和。

亲和色谱的分辨力高，但配基的选择和固相化比较困难，因而工业应用不如凝胶色谱那么广。目前一些公司已生产了一些亲和色谱预装柱介质投入市场，专门用于重组蛋白的分离。

7.4.1.3 制备型高效液相色谱

制备型高效液相色谱（HPLC）是在分析型高效液相色谱（HPLC）的基础上发展起来的。制备型 HPLC 对色谱中的样品容量（负荷）、回收率、产率要求较高，而对分离度和速度要求不高。

制备型 HPLC 的色谱柱为内径大于 8cm 的不锈钢柱或钛钢柱，能承受 $1960N/cm^2$（$200kgf/cm^2$）的压力，压力为 $98\sim147N/cm^2$（$10\sim15kgf/cm^2$）时可用玻璃柱。柱的填料为硅胶羟基磷灰石、高分子聚合物等。填料粒度为 20～50μm，流动相的流速为 10～20mL/min，泵的压力上限为 $1960N/cm^2$（$200kgf/cm^2$）。进样时样品应低浓度大体积，不应为高浓度小体积。样品应注射在整个柱的横截面。进样量根据柱的内径、柱长、固定相和流动相类型、分离的难易而定，每克填料进样量＞1mg。制备型 HPLC 一般不用梯度洗脱。所选溶剂应黏度低、易挥发。控制溶剂的组成、离子强度和 pH，使之适于分离。洗脱剂中加入少量乙酸和吗啉可减少峰形拖尾现象。溶剂必须是高纯度的，否则在挥发去除流动相时不挥发的杂质将浓缩，造成对目的产物的污染。还必须强调指出，溶解样品的溶剂极性应低于洗脱溶剂的极性，否则分离效果大大降低。

制备型 HPLC 常用于分离肽、蛋白质、核酸、核苷酸、多糖等。制备型 HPLC 分离效果好，但需要昂贵的设备和专门的操作人员。

7.4.2 分子蒸馏

蒸馏是食品加工常用的单元操作，如酒精蒸馏，可将液体中各种组分依其挥发能力的大小区分开来。当混合物中目标成分的挥发性与杂质的挥发性很接近时，或者目标成分的热稳定较差时，使用一般的蒸馏操作进行分离就有困难，必须采用分子蒸馏技术。

7.4.2.1 分子蒸馏的特点

① 分子蒸馏在高度真空条件下进行蒸馏操作，从而降低了蒸馏时所用的温度，避免了目的产物的热失活。操作压力一般控制在 0.0131.33Pa。在这样高的真空度下，即使在常温下，气体分子的自由飞行距离也大增，平均自由程可达 0.5～50m。因此，从理论上来说，分子蒸馏可在任何温度下进行。但实际上蒸馏时蒸发面和冷凝面必须维持一定的温度差，一般为 100℃。

② 分子蒸馏缩短了蒸发器表面与冷凝器表面之间的距离（仅 2～5cm），比气体分子的平均自由程还要小。也就是说，气体分子一离开蒸发面即被冷凝器表面捕捉，无暇返回蒸发器。很显然，只允许液相到气相的分子流，控制了气相返回液相的分子流，必然会大大提高蒸馏的效率。

③ 在离心或刮板作用下，液体物料一到蒸发器表面，立即被加热蒸发，在不产生气泡的情况下实现相变，缩短了物料的受热时间。

7.4.2.2 分子蒸馏的硬件设施

分子蒸馏装置有离心式分子蒸馏器、薄膜式短程蒸发器等。

(1) 离心式分子蒸馏器

离心式分子蒸馏器如图 7-7 所示，物料从进料管到达离心蒸发器表面，在离心力的驱使下，物料在蒸发器表面形成薄膜，立即被加热器加热，在高真空下蒸发汽化，蒸汽中沸点低的组分被冷凝器冷却成蒸馏液，蒸汽中沸点高的组分由真空接口抽走，没有汽化的残留液由残留液出口排出。

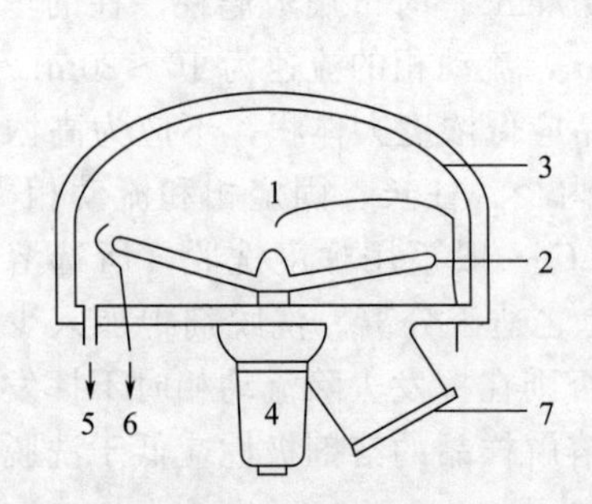

图 7-7 离心式分子蒸馏器

1—进料口；2—带加热器的离心蒸发器；3—冷凝器；4—驱动离心蒸发器的马达；5—蒸馏液出口；6—残留液出口；7—真空接口

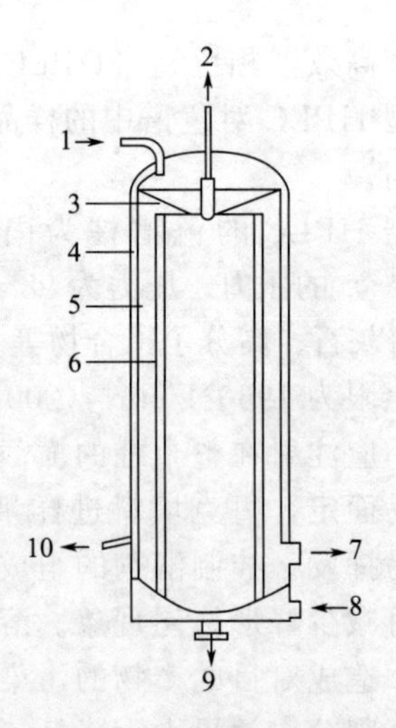

图 7-8 转子型薄膜式短程蒸发器

1—料液入口；2—冷却介质出口；3—转子刮板；4—加热套；5—加热表面；6—冷凝表面；7—真空接口；8—冷却介质入口；9—蒸馏液出口；10—残留液出口

离心式分子蒸馏的操作温度低，分离效果好。通常将 3～5 台离心式分子蒸馏器组合成一个多级机组，逐级提高目的产物的纯度。在蒸馏前应对物料液进行预处理，除去水、溶剂等杂质。分子蒸馏设备较为昂贵，处理量较小。

(2) 薄膜式短程蒸发器

薄膜式短程蒸发器由蒸发器、冷凝器、转子刮板和真空系统组成。蒸发器为圆筒形外壳，冷凝器为内筒，蒸发器和冷凝器之间的间距较小。转子刮板为环形，不断将蒸发器表面物料刮成薄膜。物料从蒸发器上方进入，沿蒸发面流下，并被转子刮板刮成薄膜，蒸发后，蒸汽中一部分被冷凝，一部分被真空系统抽出，残留液由出口处排出（图 7-8）。

分子蒸馏已经在单甘酯、维生素 A 和维生素 E 的工业化分离纯化中得到了应用。

7.4.3 电泳

和色谱技术一样，电泳技术最初也仅仅用于生化物质的定性分析，后来才逐步用于分离纯化，分离规模也逐步提高。蛋白质是两性大分子，在一定的 pH 缓冲液中，蛋白质或带正电，或带负电，或在等电点时不带电。在电场作用下，带正电荷的蛋白质移向负极，带负电荷的蛋白质移向正极，处于等电点的蛋白质不移动。根据此原理，可将两性大分子分离开来。

电泳技术有凝胶电泳、等电点聚焦电泳和制备型连续电泳等。

7.4.3.1 凝胶电泳

凝胶电泳常用聚丙烯酰胺凝胶电泳（PAGE），较少用琼脂糖凝胶电泳，因为琼脂糖在电场下易带负电。聚丙烯酰胺凝胶电泳装置如图 7-9 所示。

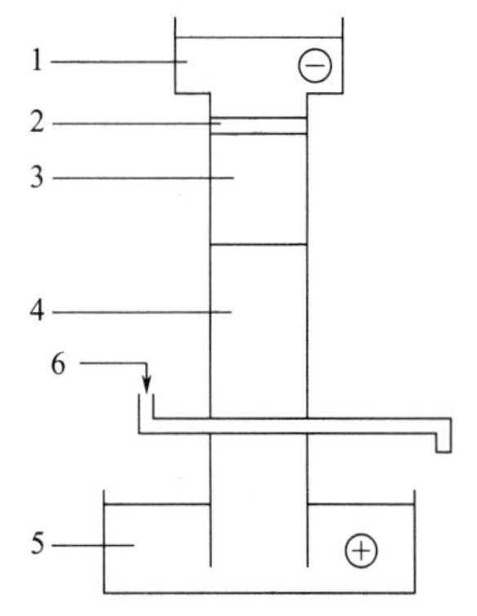

图 7-9 聚丙烯酰胺凝胶电泳

1—缓冲液Ⅰ；2—样品；3—浓缩层；4—分离层；5—缓冲液Ⅱ；6—洗脱液

不同浓度的聚丙烯酰胺凝胶有不同的孔径，浓度越高孔径越小。3.5%的聚丙烯酰胺凝胶用于分子量为 100 万～500 万的蛋白质的分离纯化，7%～7.5%的凝胶用于分子量为 1 万～100 万的蛋白质的分离纯化，15%的凝胶用于分子量小于 1 万的蛋白质的分离纯化。如果电泳柱中只填装 1 个浓度的聚丙烯酰胺凝胶，即为连续式凝胶电泳。在较多情况下电泳柱中填装不同浓度的凝胶，成为不连续式聚丙烯酰胺凝胶电泳。上层凝胶浓度较低（3.5%），孔径较大；下层凝胶浓度较大（7.5%～25%），孔径较小。上层凝胶称为浓缩层，下层凝胶称为分离层。

操作时，样品加入浓缩层表面，样品量 50～100mg，在 100V 电压下开始电泳。在浓缩层，两性大分子一方面受到电场作用而移动，另一方面受到凝胶网格的阻滞作用，一边移动一边排列，形成区带，从而达到分离的目的。一方面带负电荷少的、分子量大的蛋白质分子移动较慢，另一方面大分子在分子筛中移动又快于小分子，使大分子的电泳迁移行为变得很复杂。区带进入分离层后，在电场下进一步分开。目的蛋白质移动至洗脱处，透过支撑膜，被洗脱液洗脱。凝胶层上部和下部分别使用不同 pH 的缓冲液，有助于缩短分离时间，提高分离效果。

聚丙烯酰胺凝胶电泳分离效果较好，时间短，通常需时 20～30min。但操作较复杂，要求操作人员专业化程度高，分离量较小，洗脱液中目的产物的浓度较低，必须采取降温措施克服电压梯度引起的发热现象。

7.4.3.2 等电点聚焦电泳

当载体为连续 pH 梯度时，不同蛋白质移动至该蛋白质等电点的 pH 位置处，便不再移动，聚集成极窄的区带，从而达到分离的目的。载体通常填充在绕卷成线圈状的软管中

(图 7-10)。载体中加入载体量 1/10 的两性电解质，在电场作用下，两性电解质泳动分布，使整个载体形成 pH 3～10 的连续的稳定的 pH 梯度。软管两端施加电压。电泳电压为 400V，电泳时间约为 2 天，不同蛋白质即泳动排列。电泳结束后，将软管剪成数截，取出载体，回收目的蛋白质。

等电点聚焦电泳分辨率高，可将等电点相差仅 0.02 pH 的蛋白质分离开来，但操作较复杂，成本高，进样量小。

7.4.3.3 制备型连续电泳

凝胶电泳和等电点聚焦电泳都很难做到连续操作，制备型连续电泳解决了此问题。其装置为垂直放置的间隔 0.8mm 的两块塑料板构成的电泳槽，槽内填装凝胶等载体。缓冲液自上而下流过电泳槽，要求缓冲液平行匀速移动。在两侧电场的作用下，两性大分子在向下移动的同时向两侧方向水平移动，最后在下部收集口收集流出的组分（图 7-11)。

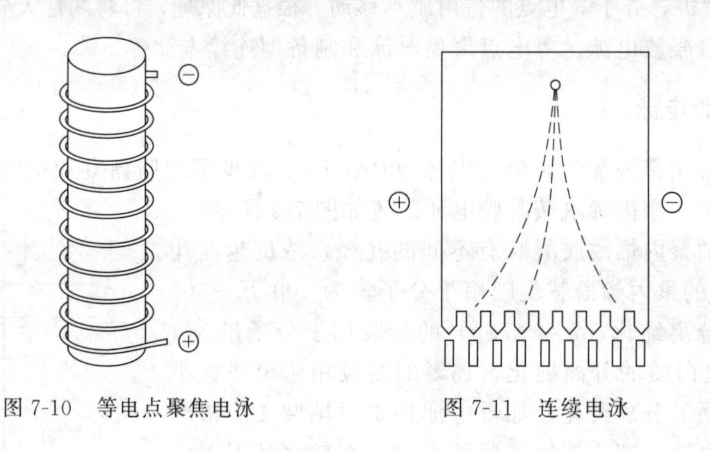

图 7-10 等电点聚焦电泳　　图 7-11 连续电泳

7.5 成品加工

经过分离纯化得到的高纯度和较高浓度的溶液，可以制备成各种口服液或输液等成品，也可以作为半成品，进一步加工成精细食品、药品和化妆品。

但是大多数生物工程的最终产品都是以固态形式出现的，以便于贮存、运输和使用。因此，必须采用浓缩、干燥结晶等单元操作，才能获得在纯度、感官指标和卫生指标等方面都符合国家标准或企业标准的固态成品。

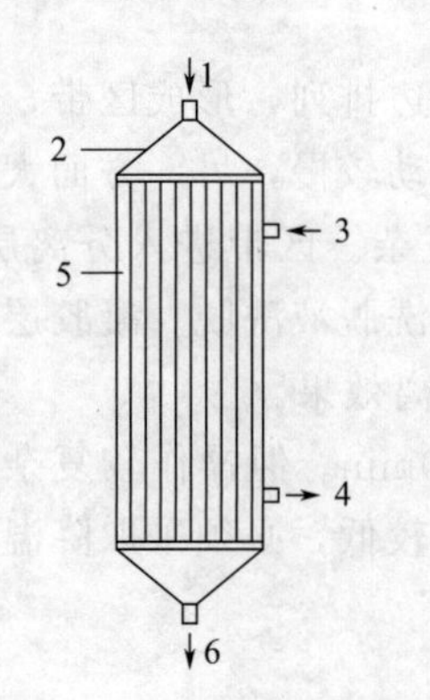

图 7-12 降膜式薄膜蒸发器

1—料液入口；2—液体分配器；3—蒸汽入口；4—蒸汽出口；5—蒸发室；6—浓缩液出口

7.5.1 浓缩

浓缩是经常使用的操作单元，用于提高液相中溶质的浓度，为结晶和干燥操作做准备。浓缩方法的选择应视目的产物的热稳定性而定。对于热稳定的目的产物可用常规的水浴常压蒸发、减压蒸发等。

中、小规模的生产可用旋转蒸发器浓缩。当生产规模较大时可采用降膜式薄膜蒸发器（图 7-12)，液相预热后通过分配器流入加热管，沿着管内壁呈膜状向下移动，同时受热蒸发。该设备生产能力大，节约能源，热交换效果好，受热时间短。降膜蒸发可蒸发较高浓度和黏度的溶液，但不适用于易结垢或易结晶的溶液。

对于热不稳定的生物大分子通常采用冷冻浓缩、葡聚糖凝胶浓缩、聚乙二醇浓缩、超滤浓缩等方法。

7.5.2 干燥

干燥是从湿物料中除去水分或其他溶剂的过程，它是获得生物最终产品的最后一个工艺环节。许多生物制品，如有机酸、氨基酸、蛋白质、酶制剂、单细胞蛋白以及抗生素等均为固体产品，因此，所获得的湿晶体必须经过干燥处理，干燥后的产品不仅能够长期保存，而且大大减小了产品本身的体积和质量，方便包装和贮藏运输。

工业上常用的干燥方法是采用热能加热物料，使物料中水分蒸发后而干燥或者用冷冻法使水分结冰后升华而除去。一个完整的干燥操作流程应该包括加热系统、原料供给系统、干燥系统、除尘系统、气流输送系统和控制系统。

7.5.3 去热原

在加工输液产品时，还必须先去除热原，因为在分离纯化过程中有可能污染微生物，产品可能带有热原。热原（pyrogen）是微生物细胞膜上的脂多糖（lipopolysaccharide），是一种内毒素（endotoxin），可以通过输液方式进入人体，引起体温升高、寒战、恶心呕吐等症状，甚至导致死亡。热原耐高热，高压蒸汽灭菌（121℃，20min）不能使其破坏。高温加热（180℃，4h；250℃，45min；650℃，1min）才能使热原失去作用。不能用加热的方法去除生物产品中的热原，因为在热原被加热破坏以前，生物活性物质早就被破坏了。通常用超滤法去除溶液中的热原。

7.5.4 结晶

结晶是重要的化工单元操作之一。结晶和沉淀有所不同。一般而言，结晶是固体物质以晶体形态从溶液中析出的过程，沉淀则是固体物质以无定形态从溶液中析出的过程。结晶是同类分子或离子进行规则排列的结果，只有当溶质在溶液中达到一定纯度和浓度要求后方能形成晶体，而且纯度越高越容易结晶。如纯度低于50%，蛋白质和酶就不能结晶。因此结晶往往说明制品的纯度达到了一定的水平。

在下游工程中要求晶体有规则的晶形，适中的粒度和大小均匀的粒度分布，以便于进行洗涤、过滤等操作步骤，提高产品的总体质量。

结晶是一个热力学不稳定的多相多组分的传质、传热过程。结晶过程包括3个步骤：过饱和溶液的形成、晶核的生成和晶体的生长。

思考题

1. 生物工程下游技术的一般工艺过程分哪几个阶段？
2. 发酵液预处理有哪些具体过程？

第8章

现代食品生物技术与农副产品的综合利用

本章导言

结合生物技术在日常生活中的农产品副产物综合应用中的作用，引领学生发现问题并进行讨论分析。学生通过学习培养实践创新精神，以最大化、最优化处理农产品副产物。

8.1 生物技术与果蔬的综合利用

在我国果蔬生产加工中，受食用习惯及加工工艺的影响，常常会产生大量的废弃物，如次果和加工边角料（果皮、果核、种子、花、茎、根、叶）等，占食品原料的20%～25%，这些材料来源丰富，价格低廉，且安全无毒副作用，可进行综合利用提高附加值，减少污染和浪费。果蔬的综合利用（comprehensive utilization）是指根据各类果蔬不同部分所含的成分和性质来采用不同的加工工艺，对它们进行全植株的综合利用，从而达到使果蔬原材料得到最大程度利用的目的。通过果蔬的综合利用，既能变废为宝，又能减少环境污染，实现农产品原料的梯度加工及增值，提高经济效益及社会效益。目前，在果蔬综合利用中常使用的生物技术包括酶工程技术、发酵工程技术和基因工程技术等。

8.1.1 果蔬综合利用中生物技术的应用概况

8.1.1.1 食品酶工程技术与果蔬综合利用

食品酶工程（enzyme engineering of food）是指将酶工程的理论与技术应用在食品工业领域，将酶学基本原理与食品工程相结合，为新型食品的开发和食品原料的充分利用提供理论支持和技术支持。在现代食品工业中，酶的应用渗透到各个领域，目前，食品工业中应用到的酶主要包括淀粉酶、蛋白酶、葡萄糖异构酶、果胶酶、脂肪酶、葡萄糖氧化酶等，它们大多为水解酶，其中约60%为蛋白酶类，30%属于碳水化合物水解酶，用于果蔬加工的酶多属此类。

(1) 果蔬汁提取

果实和蔬菜中含有不同含量的果胶（pectin）、纤维素（cellulose）和半纤维素（hemicellulose），它们是影响果蔬汁成汁率的主要因素，利用食品酶工程技术不仅可以提高果蔬汁产量，还可提高全植株的综合利用率，研究表明，与物理压榨等传统加工手段相比，加酶法可使苹果、柑橘、胡萝卜、南瓜等裸果的利用率提高12%～37%。在果蔬汁榨取的过程中，可采用加酶澄清法来提高产品出汁率和减轻果汁的浑浊现象。加酶澄清法是利用酶制剂来水解果蔬汁中影响成汁率和浑浊度的物质，从而达到提高产品产率和品质的目的。最常用的为果胶酶（pectinase），它可水解果蔬汁粗产品中的果胶物质，产生聚半乳糖醛酸及其降解产物。当果胶失去胶凝化作用后，便可使果蔬汁中的非可溶性悬浮颗粒聚集在一起，导致果蔬汁形成一种肉眼可见的絮状产物，当它与纤维素酶（cellulase）、半纤维素酶（hemicellulase）、淀粉酶（amylase）等混合作用时，可降解其中的不溶性物质，使果实得到最大程度的利用。

(2) 果皮化学成分提取

① 橘皮化学成分提取　我国是柑橘生产大国，柑橘种植面积广泛，产量居世界第二，然而加工过程中只利用了柑橘的果肉，其剩下的40%～50%的柑橘皮未能得到充分利用，大部分都是将橘皮进行填埋或充当饲料。目前，酶法应用最广的便是橘皮产业，通过加入果胶酶、纤维素酶等进行处理后，更有利于目标化合物的溶出，提高提取效率。例如利用纤维素酶提取橘皮香精、膳食纤维和果胶，果胶酶联合纤维素酶提取多糖、黄酮、色素，木瓜蛋白酶联合纤维素酶及果胶酶提取谷胱甘肽等。

② 芒果果皮化学成分提取　芒果果皮约占整个鲜果的15%，其中富含多糖、膳食纤维、苷类、植物挥发油等功效成分，具有抗氧化、抑菌、调节脂代谢等作用。与热水浸提法、超声波辅助乙醇沉淀法等相比，利用酶解法对果皮进行处理，可使得芒果中的活性物质（多糖、维生素C等）的提取效率大大提高。例如将芒果果皮利用纤维素酶处理后，在pH=5.0，酶解时间为100min，加酶量为10.5mg/mL，液料比为7.6∶1(mL/g)，酶解温度45℃的情况下，可使得多糖的提取量较乙醇沉淀法等提高5倍以上。

8.1.1.2 食品发酵工程与果蔬综合利用

发酵（fermentation）一词是拉丁语“发泡、沸涌”（fervere）的派生词，即指酵母菌在无氧条件下利用果汁或麦芽汁中的糖类物质进行酒精发酵产生CO_2的现象。发酵工程（fermentation engineering）是指利用生物细胞（或酶）的某种特性，通过现代化工程技术手段进行工业规模化生产的技术。

(1) 发酵饲料及有机发酵肥料

很多果蔬原料加工生产的废弃物可直接用作饲料或加工成饲料，如蔬菜废粕、果渣、果皮等。利用生物技术生产发酵饲料，既提高了饲料的营养价值，又改善了适口性。一个很好的例子便是利用甜菜废粕生产发酵饲料。干甜菜粕粗蛋白含量约为9.6%，采用黑曲霉发酵后的干饲料，其蛋白质含量为22%～25%，较未发酵干粕提高了两倍多，产品白而致密，有炒香味。甜菜废粕发酵饲料工艺流程如图8-1所示。

果蔬加工下脚料还含有丰富的纤维素、淀粉、糖分、无机盐、含氮物质及其他营养物质，是微生物生长繁殖良好的天然培养基。在合适的条件下，经自然厌氧发酵后便是可直接使用的有机发酵肥料，这样既避免了加工废弃物对环境的污染，又实现了果蔬附加价值的提高。目前，市面上常见的果蔬有机发酵肥料有发酵大豆肥料、发酵瓜皮肥料等。

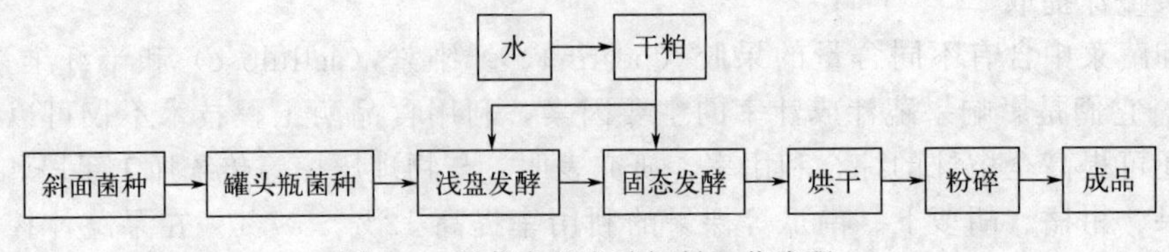

图 8-1 甜菜废粕发酵饲料工艺流程

(2) 发酵工程与清洁能源

果蔬原料加工下脚料还可以通过厌氧微生物处理而产生乙醇、甲烷等清洁能源。厌氧微生物处理也称为厌氧消化或厌氧发酵，是指在厌氧条件下，利用微生物对有机物进行降解的过程。发酵过程分为两个阶段进行，即酸性发酵阶段和碱性发酵阶段，见图 8-2。

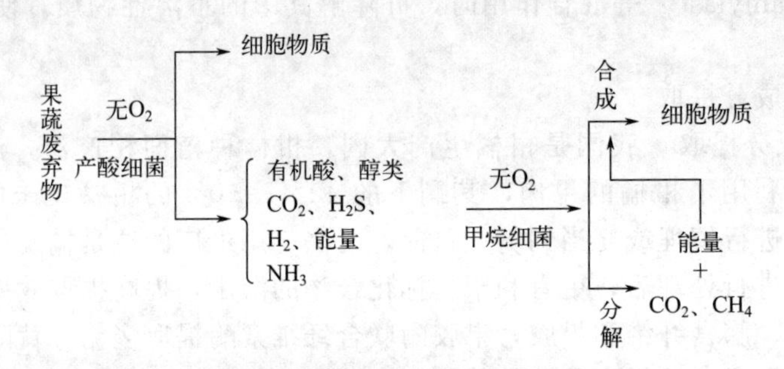

图 8-2 果蔬废弃物的厌氧发酵

在酸性发酵阶段，废水中的复杂有机物在产酸细菌的作用下，分解为简单的有机酸包括甲酸、乙酸、丁酸和醇、氨、二氧化碳、氢、硫化物等。在碱性发酵阶段，参与作用的微生物主要是产甲烷菌，发酵代谢产物主要为甲烷和二氧化碳，还有少量的氨、氢气和硫化氢等。目前，可用于清洁能源发酵的原材料有橘皮、柚皮等。

8.1.1.3 基因工程技术与果蔬综合利用

(1) 基因工程对果蔬原材料的直接改良

维生素和微量矿物质元素都是维持人类和动物生长发育所必需的营养物质。维生素可分为水溶性和脂溶性两类，由于人类和动物不能合成或合成维生素的能力较差，机体所需的维生素必须从植物性食物中摄取，因此，采用现代基因工程技术进行果蔬原材料改良具有重要意义。近年来，一些维生素如维生素 A、维生素 C 和维生素 E 等在植物中的合成途径已经阐明，其相关关键酶也已可被克隆表达，通过基因工程技术改良植物中的维生素含量已成为可能，例如维生素 A。提高作物中维生素 A 原的最著名的例子是“金米”的培育：一般情况下，水稻胚能够合成和积累类胡萝卜素的前体 GGPP，但是不能形成类胡萝卜素。科学家分别将黄水仙的八氢番茄红素脱氢酶基因和番茄红素 β-环化酶基因连接到胚乳特异性表达的谷蛋白启动子上，同时将细菌八氢番茄红素脱氢酶基因连接到花椰菜花叶病毒 35S 启动子上，然后一起构成表达载体转入水稻当中，结果获得了胚乳呈黄色的金色大米，大米中 β-胡萝卜素的含量（以干重计）最高达 1.6μg/g。

(2) 基因工程与食品加工

在食品加工行业，原料的品质特性直接影响着食品的加工工艺。果酒、啤酒发酵生产采用的酿酒酵母因不含 α-淀粉酶而需要利用麦芽产生的 α-淀粉酶使谷物淀粉液化成环糊精。采用基因工程技术将果实、大麦中的淀粉酶基因转入酿酒酵母并实现高速表达，此酵母便可以直接利用淀粉进行发酵，简化了生产工序，缩短了生产流程。此外，来源于果蔬的各种食品添加剂，包括氨基酸、维生素、增稠剂、有机酸、食用色素、食用香料及调味料等，目前都可以利用基因工程菌发酵生产得到，同时还能利用基因工程技术开发得到更为优良的食品添加剂新品种。

8.1.1.4 利用蛋白质工程进行风味修饰

通过蛋白质工程技术对蛋白质进行风味修饰，目前涉及的技术有多种，主要包括物理改性、化学改性、酶法改性等。其中，化学改性主要利用蛋白质的活性基团在酰基、氨基、羧基、羟基和巯基等部位进行琥珀酰化、乙酰化、磷酸化、酰胺化、硫醇化、酯化、糖基化和去酰胺基等化学修饰，产生具有新功能的聚合物结构，最终改变或增加蛋白质的功能特性，改变蛋白质的风味。

8.1.2 水果渣的综合利用

我国是世界上水果的生产和消费大国，每年都有大量的水果用于食品加工，同时伴随的还有大量果渣的产生。果渣营养价值丰富，然而果渣含水量大，不易储存运输，营养利用率低等问题使得大量果渣被丢弃，造成资源浪费和环境污染，因此，开发利用果渣资源是水果加工产业一项重要的战略任务和研究方向。

8.1.2.1 水果渣发酵饲料

果渣经微生物发酵后水分含量会发生变化，致使产品贮藏时间延长，还可以将植物蛋白转化为单细胞生物蛋白，同时可将纤维素、植酸、单宁等抗营养物质降解为小分子物质，提高了产物的营养价值及利用率，改善了饲料的适口性及品质，促进动物对营养物质的消化吸收。

8.1.2.2 水果渣活性成分提取

柠檬酸是一种广泛应用于食品、医药和化工领域等的重要有机酸，目前，国内的柠檬酸生产主要以玉米、瓜干、蜜饯等为原料，生产成本较高。以苹果果渣、柑橘渣、柠檬渣等果渣为原料，黑曲霉固态发酵生产柠檬酸，其生产工艺简单，设备投资少。同时，果渣经发酵后不仅能提取柠檬酸，还可大量生产果胶酶，用于果胶的提取。果渣中还含有丰富的酚类物质，例如苹果果渣中就含有丰富的苹果酚、没食子酸等，利用苹果渣加工出来的多酚，其感官指标良好。

刺梨果渣中大多还富含维生素 C、类黄酮等抗氧化、抗炎物质，而其他的一些果渣，如苹果渣、橙渣及香蕉渣等同样是良好的抗氧化剂提取原料，树莓渣提取物更被试验验证具有良好的抗氧化、抗癌和抗菌活性。

除上述案例外，还有利用桑葚渣提取桑葚红素，从沙棘果渣中提取原花青素，利用葡萄皮渣发酵提取乙醇及酿制果醋，提取果渣籽粒纤维用于造纸，将佛手果渣制成活性炭等的应用报道。

8.1.2.3 利用水果渣进行无氧发酵产沼气

从 20 世纪 80 年代开始，欧美众多国家和地区陆续开始研究专门针对蔬果加工废弃物的处置办法，这些方法的开发借鉴了传统固体废物处理和水处理技术的经验，并针对蔬果废弃物的特点进行了改进和优化，主要包括好氧堆肥法、厌氧消化法、好氧-厌氧联合处理法等。

厌氧消化法又称无氧发酵法，它的最大的优点是可以回收沼气能源，这种方式可以实现比较完全的废物稳定化和能源回收利用，因此是一种比较理想的蔬果废物处理方法。

8.1.3 蔬菜渣的综合利用

蔬菜废弃物是指蔬菜生产及产品收获、贮存、运输、销售和加工处理过程中被丢弃的无商品价值的固体废弃物，包括根、茎、叶、烂果和尾菜等。在我国的传统蔬菜产业中，对从田间至加工食用中间各个环节产生的蔬菜渣的最常见的处理方式是堆置、焚烧、填埋、还田、喂养禽畜等。蔬菜废弃物的无害化处理和资源化利用研究成为蔬菜加工行业的一个重要研究方向。

8.1.3.1 蔬菜渣作饲料

蔬菜废弃物具有含水量高、营养成分含量高等特点，能用来生产青贮饲料，可以为动物提供生长所需的营养物质。另外，由于蔬菜废弃物中的营养物质亦可以作为微生物生长的天然培养基，利用微生物在生长繁殖的过程中产生蛋白饲料，这种饲料不仅蛋白质含量高，还含有动物生长所需的各种营养物质，如碳水化合物、脂肪、维生素和各种矿物质，较植物蛋白饲料有更大的优越性。

8.1.3.2 将蔬菜渣用于堆肥

蔬菜废弃物由于水分含量高、营养成分高等特点，也比较适合作为堆肥原料。堆肥是指在微生物的作用下，通过高温发酵使有机物矿质化、腐殖化和无害化而变成腐熟肥料的生物化学过程。堆肥可以使蔬菜废弃物中的有机质转变为腐殖质，是处理有机废物的有效方法。对蔬菜废弃物进行发酵堆肥，一方面可以解决蔬菜废弃物带来的环境污染问题，另一方面也可以获得一定的经济价值。

8.2 生物技术与畜禽产品的综合利用

我国的畜禽副产物包括骨、血液、内脏、皮毛等，资源极为丰富，它们含有丰富的蛋白质、微量元素、矿物质、生物活性物质、天然药物等，可满足人类健康需求，但是受加工技术水平限制，每年都有大量的畜禽余料被浪费或是简单加工成附加值很低的产品。

畜禽副产物综合利用主要包括对猪、牛、羊、鸡、鸭、鹅等畜禽的血液、骨、内脏、皮毛、蹄等的进一步综合加工利用。充分利用畜禽余料开发新型、天然和绿色的营养食品及食品添加剂，提高肉品加工企业的综合效益，具有广阔的应用前景。特别是利用畜禽副产品进行生化制药，是与现代生物科技紧密结合的一项产业，具有科技含量高、附加值高等特点，已成为畜禽副产品开发的方向。目前，畜禽副产物综合利用中常使用的生物技术包括酶工程技术、发酵工程技术和基因工程技术等。

8.2.1 畜禽产品综合利用中生物技术的应用概况

8.2.1.1 酶工程与畜禽产品综合利用

酶作为一种生物催化剂，一经发现就被人们广泛地用于酿造、食品、医药等领域，目前应用于肉类工业的酶制剂种类在不断增加，并主要用于改善产品的质量（色、香、味）等、增加产品的花色品种及提高副产品附加值等方面。它分为内源酶酶解法和外源酶酶解法。其中蛋白质水解酶在酶解骨蛋白中应用最多，蛋白质水解酶有3类：植物蛋白酶（如木瓜蛋白酶、菠萝蛋白酶、无花果蛋白酶等）、动物蛋白酶（如胃蛋白酶、胰蛋白酶、胰凝乳蛋白酶等）和微生物蛋白酶。目前用得较多的蛋白酶有胰蛋白酶、木瓜蛋白酶、中性蛋白酶和碱性蛋白酶。酶解是一条优化利用骨蛋白的途径，可将一般加工温度和短时间加热难以利用的骨胶原蛋白水解成多肽及L-氨基酸，大大提高其营养价值和功能特性，从而变废为宝，为企业减少经济损失、提高经济效益。

8.2.1.2 发酵工程与畜禽产品综合利用

微生物发酵技术通过细胞培养将动物组织的单个细胞接种在特殊控制的培养基中进行离体组织培养，不需屠宰动物直接获得天然生化药物，这既不受自然资源的限制，又可人工控制有效成分的含量。在这方面，中国、美国、日本等国家均已研制成功，并投入生产，如用肾组织细胞培养制造尿激酶和促红细胞生成素等。

8.2.1.3 基因工程与畜禽产品综合利用

通过转基因技术，制备动物生物反应器，培育能生产特殊药用价值的转基因动物。这方面以乳腺和血液作为动物生物反应器来生产生化药物已有新的突破。

8.2.2 骨的加工利用

骨是动物的结构器官，脊椎动物骨包含软骨、坚硬骨、骨髓等几种类型的组织，主要由骨膜、骨质和骨髓三部分构成。

动物骨的开发利用起步较晚，20世纪80年代方才在世界上受到重视。并且，随着食品科学和生物技术的发展，人们对动物骨头资源的开发和利用的研究也将不断深入。下面介绍生物技术在骨产品开发中的应用。

8.2.2.1 骨胶原多肽的生产

胶原蛋白是哺乳动物中分布最广泛、含量最丰富的蛋白质之一。一般使用的胶原类型包括Ⅰ型、Ⅱ型、Ⅲ型、Ⅳ型等多种胶原类型。作为一种结构蛋白，它在组织结构中起着重要的作用，如组织的结构完整性和强度。骨胶原肽是指胶原蛋白水解物和胶原蛋白衍生的肽，这些胶原肽具备多种生物功能活性，包括对人体的神经、消化、吸收、免疫、生长代谢等起到重要的调节作用。

目前畜禽类骨胶原肽最常用的提取方法是酶解法。酶解法反应条件温和，易控制，并且安全性高，成本低，可根据所需功能片段选择相应的酶，在合适的酶解条件下水解，利用酶的专一性准确切割到正确的疏水氨基酸处，确保获得具有所选定功能的肽段。由于不同的肽具有不同的特定功能，因此在采用酶解法制备骨胶原肽时，蛋白酶的选择尤为关键。

8.2.2.2 骨明胶的生产

明胶是动物体结缔组织经预处理，再在适当温度下提取出来的具有水溶性和能凝冻的一类物质的总称。明胶的形成是胶原经水解后，胶原的共价键和氢键断裂，空间结构中三股螺旋解旋生成的无规则卷曲变性产物。其明胶作为一种重要的天然高分子物质，广泛应用于食品、医药、化妆品以及其他行业。

酶法是指酶处理使胶原溶解，经热变性成为明胶的方法。酶法具有污染小、周期短、产物分子量分布窄等优点。此外酶法可以使胶原交联的化学键断裂，又不破坏或少破坏胶原三螺旋区域。所以酶法处理制备明胶的过程中，酶的筛选是获得高质量明胶产品的关键。

8.2.2.3 硫酸软骨素的生产

硫酸软骨素属于硫酸化糖胺聚糖的一种，是广泛存在于高等动物结缔组织中的酸性黏多糖，具有高度分散性。硫酸软骨素是以蛋白聚糖的形式存在的一种天然高分子生物化合物，具有抗血栓、抗凝血和防止血管硬化等作用。硫酸软骨素的传统动物软骨生产工艺包括碱提醇沉法、酶解-超滤法和酶解-树脂法。

① 碱提醇沉法　是目前企业采用的主要生产方法，常用的有猪牛羊、禽类及鲨鱼的软骨，原料不同，生产工艺略有差异，其主要生产流程为：软骨→高温蒸煮→烘干粉碎→5%氢氧化钠浸提→盐酸调 pH 值→离心过滤→乙醇沉淀。此法操作简易，生产成本低，但氢氧化钠、盐酸和乙醇的大量使用导致污染严重，能耗较高，而且此法容易产生氢氧化钠的过度水解以及蛋白质残留高等问题，但得到的硫酸软骨素纯度一般在 90%以下，难以达到出口要求，而且澄清度也很难合格。

② 酶解-超滤法　是采用蛋白酶水解软骨中的特定蛋白质肽键，释放出硫酸软骨素，再通过超滤膜过滤，去除酶解液中的蛋白质、油脂、盐和小分子杂质，兼具纯化和浓缩的双重作用。

③ 酶解-树脂法　是采用离子交换树脂对酶解液中的硫酸软骨素进行纯化的方法。采用阳离子交换树脂，则蛋白质杂质被吸附在树脂上，使硫酸软骨素被洗脱；采用阴离子交换树脂，则硫酸软骨素被吸附，蛋白质被洗脱，同时采用阴离子交换树脂还可以采用不同盐浓度进行梯度洗脱，获得不同分子量的糖胺聚糖分子。

8.2.2.4 骨粉的生产

骨粉是指以畜骨为原料制成的粉状产品。因骨骼中含有丰富的畜禽生长与代谢所需的重要活性物质，故若将畜禽骨加工成骨粉，同样具有丰富的营养成分。食用的骨粉不仅可以添加到食品中，制成骨粉饼干、挂面等骨食品，且可制成保健品，如骨髓壮骨粉、骨精及各种钙制剂等。但为了提高人体对骨粉营养成分的吸收与利用，骨粉在被应用于食品加工前，还需进行必要的改造和处理以提高其使用价值。

传统制作骨粉的工艺是将骨直接破碎，但这种方法获得的骨粉中的营养物质，包括钙和蛋白质在人体内的吸收利用率较低。采用酶解联合发酵加工的方式可提高骨粉中营养成分的利用率。比如，先利用木瓜蛋白酶与中性蛋白酶对牛骨粉进行复合分步酶解，再以 2∶1 的保加利亚乳杆菌和嗜热链球菌为发酵剂对水解后的牛骨粉进行发酵，最后制成牛骨粉咀嚼片，获得的骨粉能够明显促进低钙大鼠对钙的吸收利用。

8.2.2.5 骨素（肽）风味基料的生产

骨素又称鲜骨抽提物，是以畜禽骨、鱼骨副产物为原料，借助食品分离提取技术，获取畜禽骨或鱼骨中的骨胶原蛋白、矿物质等营养成分，再经脱脂和相关衍生化加工而得到的一类骨源食品。由于在骨素抽提中部分蛋白质分解，降解为分子量较低的多肽物质和具有生物活性的游离氨基酸，如骨素中人体所必需的赖氨酸和蛋氨酸含量特别丰富，同时含有钙、磷及大脑不可缺少的磷蛋白、磷脂质等。这些成分经过降解，变成易溶于水的小分子物质，更易被人体消化吸收。

利用酶制剂对骨汤肉骨渣进行酶解，使大分子蛋白质分解为小分子多肽或氨基酸，脂肪酶能够将脂肪降解成酯类物质，增加骨汤的风味，并降低骨汤的黏度，有利于将骨汤加工成调味品。对畜禽骨进行酶解，能进一步提取高温蒸煮未能提取的可溶性固形物，使营养和风味物质充分释放，避免了资源的浪费，也改善了骨肉渣风味和降低了其硬度。以下介绍几种酶解工艺在骨汤生产中的应用。

(1) 酶解畜骨咸味复合肽

通过采用两种蛋白酶分步水解畜骨蛋白，获得含有咸味复合肽的酶解液，畜骨蛋白最终水解度为14%～22%，咸度相当于0.5%～1.4%质量分数的钠盐溶液，且无苦味，可降低咸味食品中钠盐含量，克服利用钾盐等金属盐替代部分钠盐带来的苦味及用量限制问题，是一种安全、营养、健康的新型钠盐替代物。

(2) 羊骨汤加工

利用木瓜蛋白酶对骨素进行酶解，对酶解产物氨基酸成分进行分析，确定了制备氨基酸含量最高的羊骨汤最佳的制作工艺。

(3) 骨汤酶解液酸奶类饮品加工

杨莎等（2014）对猪骨汤进行了创新性研究，利用生物酶解技术对猪骨汤进行加工，对酶解液的营养成分和口感风味进行对比研究，将其加入酸奶并对创新性假设进行稳定性试验分析，开发出骨汤酶解液酸奶类饮品。

8.2.3 脏器的加工利用

脏器的主要成分为蛋白质、脂肪、水分及无机盐，此外还有各种酶类，主要加工为营养价值极高的美味食品，不仅在国内市场畅销，在国际市场也供不应求。许多脏器和腺体组织含有多种复杂的生化成分，可以深度加工制成药剂，故以牲畜的脏器和腺体制药称“生化制药”。生化药物有的可以补充人体代谢中某些必需成分，调理生理功能，对某种疾病具有特殊疗效。

8.2.3.1 肝脏蛋白的提取

肝脏中蛋白质的含量高达24.6%，肝脏的蛋白质具有多种生物活性，比如抗氧化活性、抗肿瘤作用、治疗糖尿病、降脂减肥及免疫调节等功能。对肝脏蛋白的提取分离需去除杂质或其他非蛋白成分，避免杂质对目的蛋白造成不良影响。不同来源的材料，为了尽可能多地提出目的蛋白，同时避免目的蛋白的失活，需要选择和设计相应的易于提取纯化的方案，目前酶解法越来越多地应用于肝脏蛋白的提取分离。

8.2.3.2 鹅肝肽生产

我国鹅肝资源丰富，但利用率较低。目前对鹅肝的利用仍限于初加工产品，研究多集中在鹅肝酱的研制，而对其精深加工研究鲜有报道。普通鹅肝腥、异味重，质地粗糙，浆液松散，不被消费者推崇，但其蛋白质含量高，具有潜在的利用价值。大分子蛋白结构复杂、抗原性强且不易被机体直接吸收等原因影响其利用率。小分子多肽，不仅易消化吸收，还具有抗菌、抗病毒、抗氧化、抗肿瘤、抗衰老以及调节免疫等功能。微生物发酵法除可降解大分子蛋白，增强发酵制品的营养和风味特性外，还有助于生物活性肽的释放。

8.2.3.3 肝素的生产

肝素是一族天然酸性黏多糖化合物，是麦克伦在1916年研究凝血问题时，从狗的肝脏中发现的，此后引起了人们的兴趣和关注，十几年后，又从牛肺中提取了肝素。肝素具有抗凝血活性，并作为临床应用的抗凝血剂。从此以后，肝素作为抗凝血药物受到国内外广泛重视。肝素是哺乳动物体内结缔组织的肥大细胞产生的，它广泛存在于各种器官组织中。提取的主要原料为猪肠黏液和牛肺脏。常用的提取方法有盐解法、酶解法、酶解结合法等。

8.2.4 皮、毛的开发利用

畜禽产品的皮毛是提取光氨酸、谷氨酸的好原料。动物皮中胶原蛋白的含量可达 90%以上，是世界上资源量最大的可再生动物生物质资源，因此可通过生物技术利用皮来生产胶原蛋白。

8.2.4.1 动物皮

动物皮中胶原蛋白的含量可达 90%以上，是世界上资源量最大的可再生动物生物质资源，因此可利用动物皮生产胶原蛋白。

8.2.4.2 羽毛

家禽的羽毛主要是由蛋白质构成的，羽毛中的蛋白质含量可高达 90%以上。且羽毛中含有家禽所需的十几种氨基酸，通过酶解技术提取复合氨基酸，作为饲料添加剂，有助于家禽对饲料中营养的吸收，有利于羽毛蛋白资源的充分利用。

8.3 生物技术在粮油副产物生产加工中的应用

我国是粮油生产大国，粮油副产物的资源也是非常丰富的，包括麸皮、稻壳、豆渣、米糠、饼粕、油料等。粮油副产物中含有丰富的功能性成分，如低聚糖、糖醇、生物活性肽、膳食纤维、功能性油脂等。但是我国粮油副产品存在分布散、得不到充分利用等缺点，不仅造成了资源浪费，还会污染环境。

8.3.1 粮油综合利用中生物技术的应用概况

通过提高粮油副产品的综合利用率，可以获得更高的经济和社会效益。我国的油脂制备业主要是把农业生产的油籽加工成食用油，主要产品是油脂，副产品是饼粕及油脂精炼的下脚料。随着人们生活质量的改善、科学技术的进步和人们对油脂及蛋白营养功能认识的提高，油料不仅是一个重要的脂质资源，而且是一个丰富的蛋白质和营养素资源。产品的开发重点已由油脂转向蛋白质和类脂物及其重要的衍生物。相应在加工技术上也朝着有利油料内容物分离提取，有效成分不受到破坏或变化的方向不断革新，例如混合溶剂萃取、低温脱溶、水溶法、超临界 CO_2 萃取等制油方法得到了新的发展。

在粮油副产物的综合利用中，应用的生物技术主要有酶工程和发酵工程。酶工程可以用于制备多种具有功能活性的成分，如膳食纤维、低聚糖、生物活性肽和木糖醇等。发酵工程主要用于粮油副产物的发酵，不仅提高了营养成分的利用率，还可用于新产品的开发。大米蛋白粉是大米淀粉的副产物，具有丰富的饲料营养价值，是畜牧业中的优良蛋白质原料。采用固态发酵的方式对大米蛋白粉进行发酵处理，粗蛋白质含量和酸溶蛋白含量均显著提高，有利于促进饲用大米蛋白粉的资源化开发和利用。同时发酵法还可用于制取膳食纤维。粮油副产物的发酵还用于一些产品的开发，如用稻壳酿酒、用大豆制作乳酸豆奶等。

8.3.2 膳食纤维的制备

膳食纤维包括抗性低聚糖、非淀粉类多糖、碳水化合物类似物、木质素及相关植物物质，是指能抵抗人体小肠消化吸收，而在人体大肠能部分或全部发酵的可食用的植物性成分、碳水化合物及其类似物的总和。根据膳食纤维在水中的溶解性，一般将其分为可溶性膳食纤维及不溶性膳食纤维。膳食纤维按其来源又可分为大豆膳食纤维、麦麸膳食纤维、玉米膳食纤维等。制备膳食纤维的方法主要有化学分离法、酶法、膜分离法和发酵法等。下面简要介绍应用生物技术的酶法和发酵法制备膳食纤维。

8.3.2.1 酶法制备膳食纤维

酶法是用多种酶逐一除去原料中除膳食纤维外的其他组分，主要是蛋白质、脂肪、还原糖、淀粉等物质，最后获得膳食纤维的方法。所用的酶包括淀粉酶、蛋白酶、半纤维素酶等。

酶法制取水溶性膳食纤维的实验室方法如下：原料预处理（烘干、除杂、清洗等），蒸煮1h左右，根据所用酶的最适条件加入缓冲液调节pH值，冷却，加入纤维素酶液酶解1.5h，加热到85℃，10min灭酶降温，再调节pH值，然后加入木瓜蛋白酶溶液（浓度为10g/L）酶解30min，迅速冷却过滤，滤液以4倍体积无水乙醇沉淀，过滤分离，将沉淀物干燥（有的需要漂白，再干燥），粉碎即得产品。

谷物麸皮和很多蔬菜都是良好的不溶性纤维的来源。酶法提取不溶性膳食纤维的方法：原料预处理，根据所用酶的最适条件加入缓冲液调节pH值，冷却，加入α-淀粉酶液、糖化酶液和蛋白酶液等在60℃分别酶解1h，离心脱水，干燥称重，即得水不溶性膳食纤维。姬玉梅对以化学法、酸-酶法、复合酶法制备的小麦麸皮膳食纤维进行了比较分析，发现产物的基本成分有明显不同，复合酶法不溶性膳食纤维的纯度优于酸-酶法及化学法，通过化学法测定其中纤维素含量为29.23%、半纤维素含量为33.02%、木质素含量为6.41%，且其结合水能力与抗氧化能力较强。

膳食纤维在谷物原料中广泛存在，谷物和豆类的皮壳一般都含丰富的纤维素物质，谷物麸皮是优质活性膳食纤维的重要来源之一。谷物碾磨加工成粉时，麸皮和胚芽从胚乳上被分离，利用生物酶法把分离出的麸皮制备成膳食纤维，可应用在生产面包、饼干、糕点、比萨饼等食品中；还可利用膳食纤维具有的吸水、吸油、保水等性质，添加到面条、豆酱、豆腐和肉制品中，可以保鲜和防止水的渗透。有学者利用大豆豆渣来制备膳食纤维，通过碱法脱腥、蛋白酶水解除去残留蛋白质，从豆渣中提取得到的膳食纤维持水性提高了86.95%，溶胀性提高了94.35%。有研究用木霉酶处理小麦和大麦，使得提取的总膳食纤维的量基本没有变化，而水溶性膳食纤维的量提高了3倍。酶法提取膳食纤维的优点之一是提取的膳食纤维纯度高，它适用于蛋白质和淀粉含量较高的原料。酶法应用成本相对较高，但作用条件温和，水解专一性强，能最大限度回收有效成分，且获得的产品品质好，对环境无污染。

8.3.2.2 发酵法制备膳食纤维

发酵法的原理是：选用适当的菌种，利用菌种自身产生的淀粉酶、蛋白酶等酶系来水解原料中的淀粉、蛋白质等杂质，对原料采用发酵的技术提取膳食纤维，然后水洗至中性，干燥得到膳食纤维。涂宗财等利用自制混合菌曲发酵制得的豆渣膳食纤维为浅黄色的粉末产品，该产品具有特殊香味、无豆渣原有的豆腥味和苦涩味、持水力高、吸水性强等特点，且加工过程中不易失去水分，水溶性膳食纤维占总膳食纤维的比例高达13.13%，生理活性明显增强，是一种优质的膳食纤维。

采用微生物发酵制取膳食纤维是一种比较新颖的途径。其生产过程简单，成本低廉，且易实现工业化生产，是一种既安全又高效、既经济又优产的膳食纤维制备方法，为生产高活性膳食纤维寻找到了一条新途径。目前，国内外提取膳食纤维方法以化学法为主，此工艺简单、投入成本低，已应用到工业化生产中，但由于在加工过程中对膳食纤维产品的理化性质和生理功能有明显影响，更为不利的是用化学法提取膳食纤维不可避免会排放大量的污水，对环境造成严重的污染，而处理费用昂贵。鉴于此，在研究膳食纤维起步较早的欧美和日本等国家和地区，正在积极探索采用较为温和的工艺方法和环保的高新技术提取分离膳食纤维。酶法和发酵法因其反应条件较为温和，同时对环境的污染相对较小，将是今后提取膳食纤维的研究方向之一。

8.3.3 生产低聚糖

低聚糖又称小糖和寡糖，是由2～10个单糖通过糖苷键连接起来形成的低度聚合糖的总称，是介于多糖大分子和单糖之间的碳水化合物。低聚糖具有优越的生理功效，是一种重要的功能性食品基料。其最显著的功能在于它们不被人体所消化吸收，直接进入大肠并优先为双歧杆菌所利用，是双歧杆菌的有效增殖因子，在调节肠道菌群、润肠通便和增强免疫等方面具有良好功效。以粮油副产物为资源的功能性低聚糖包括大豆低聚糖、低聚异麦芽糖、棉籽糖等。

目前低聚糖开发原料以大豆为主，大豆低聚糖可从大豆籽粒中提取。可溶性低聚糖包括水苏糖、棉籽糖和蔗糖等。目前多以生产浓缩或分离大豆蛋白时的副产物大豆乳清为原料生产，产品形式有糖浆、颗粒和粉末状等3种。

从脱毒棉籽中可提取生产棉籽糖，棉籽糖是除蔗糖外植物界中最广泛的低聚糖；低聚异麦芽糖可以淀粉为原料经酶解制得，包括异麦芽糖、异麦芽三糖、异麦芽四糖及以上的各支链低聚糖等。

谷物麸皮也是低聚糖的良好来源。小麦麸皮含有20%左右的低聚糖，是制备低聚糖的良好资源。周中凯等（1999）人以小麦麸皮为原料，采用生物技术得到新型低聚糖，其含量可达80%，利用小麦麸皮制备的低聚糖可以促进益生菌增殖、增强免疫应答、抑制高脂膳食引起的氧化应激反应等，在食品、药品等领域均可以广泛应用。

8.3.4 生物活性肽的制备

生物活性肽是指一类对人体功能有积极影响的、具有特定的生理功能的、最终将影响人体健康的特定的蛋白质片段。研究发现，食物来源的生物活性肽，具有消除自由基、抗衰老、增强免疫、激素调节、降血压、降血脂、抗疲劳、抗氧化、促进钙吸收等多种生理调节作用。利用粮油副产物制备生物活性肽，主要通过酶法来酶解粮油副产物，主要包括谷胱甘肽和降压肽。

谷胱甘肽具有抗氧化性，可清除自由基，使生物大分子、生物膜免受损害。谷胱甘肽的生产方法主要有溶剂萃取法、发酵法、酶法和化学合成法等4种。利用小麦加工主要的副产物小麦胚芽可生产谷胱甘肽，且已成为研究热点。从小麦胚芽中分离富集谷胱甘肽主要采用萃取法，通过添加适当的溶剂或结合淀粉、蛋白酶等处理，再分离精制而成。制备的谷胱甘肽作为功能活性因子，可制成不同类型的功能食品。另外利用谷胱甘肽的氧化还原性，将其用于面制品、酸奶、婴儿食品和水果罐头等食品，还可起到抗氧化作用。

在众多的生物活性肽中，具有降血压作用的血管紧张素转化酶抑制剂是研究的热点之一。目前已从多种粮食加工副产物中分离出许多具有血管紧张素转换酶抑制肽活性的降压肽。小麦谷朊蛋白（又称面筋蛋白）是小麦淀粉加工的副产物，其蛋白质含量高达70%，是一种良好的植物性蛋白来源。利用碱性蛋白酶水解谷朊蛋白，酶解之后可得到血管紧张素转换酶抑制肽。玉米麸质蛋白质具有独特的氨基酸组成，使它成为多种活性功能肽的良好来源。利用玉米蛋白粉，通过酶解能制备具有多种生理功能的玉米活性肽，如谷氨酰胺肽、降压肽和玉米蛋白肽、疏水性肽等。已从米糠蛋白的酶解物中分离提取了具有降血压或增强免疫功能的生物活性肽。

大豆肽是大豆蛋白的酶水解产品，大豆肽易于消化吸收，具有促进脂肪代谢，增强肌肉运动力、加速肌红细胞的恢复，较低的过敏性和降低血清胆固醇等良好生理功能，在功能性食品、特殊营养食品上得到应用。以低变性脱脂大豆粕为原料可以生产大豆肽，即在制取大豆分离蛋白的工艺生产线中，将中和后的蛋白凝乳进行蛋白酶水解得到大豆蛋白肽粗制品，再经脱盐、脱苦、超滤分离得精制大豆蛋白肽。

酶法是目前生产活性肽的最主要的方法，其优点是产品安全性极高，生产条件温和、高效，对蛋白质营养价值破坏小，可定位生产特定的肽，成本低。

8.3.5 木糖醇的制备

木糖醇是一种常见的五碳糖醇。木糖醇的外观为白色粉末状晶体，它具有一定的吸湿性，无毒也无臭，热稳定性很好。木糖醇的理化性质与蔗糖的最为相似，甜度则与蔗糖相当。木糖醇本身并不宜发酵，是很多微生物的不良培养基，因此能延长所制食品的货架期。木糖醇是一种新的甜味剂，除具有蔗糖、葡萄糖的共性外，还具有特殊的功能，如它不需要胰岛素就能被人体吸收，并具有降血脂、抗酮体等功效，是糖尿病与肝炎等病症患者的食糖的替代品。木糖醇作为蔗糖的替代物可以生产功能性糖果，能够预防龋齿的发生，木糖醇还可以作为甜味剂添加到糖尿病患者食品中。

自然界中存在的一些微生物具有发酵木糖的能力，其中酵母菌是最有效的木糖醇生产菌之一。可采用在木糖中加入酶或者微生物菌种生物转化法生产木糖醇。生物转化法利用了微生物体内的木糖还原酶把木糖变成木糖醇，这种方法生产木糖醇，能克服化学合成法的缺点，在整个生产过程中反应的条件温和，并且较容易控制，工艺也简单，目的产物较单一，能降低生产成本。生物转化法生产木糖醇，只需要在原来的工厂的制备工艺当中加入通风发酵设备就可以，其他单元操作就可按照木糖醇生产中的一般工艺流程进行，可以大大节省投资。生物转化法生产木糖醇分为细菌发酵法、丝状真菌发酵法和酵母发酵法。

真菌可以通过转化木糖成为木酮糖，然后再将其还原就可以产生木糖醇。很多研究人员认为此过程进行当中一定存在着木糖以及木酮糖的异构化，对于真菌能否用氧化还原的途径来代谢木糖用来制备木糖醇一直就存在很多争议。

细菌以及一些丝状真菌能用来制备木糖醇，其中最好的为酵母，酵母中特别好的是假丝酵母属。

粮食植物纤维废料如玉米芯、稻壳以及其他禾秆、种子皮，均可作为制备木糖醇的原料。木糖醇可由多缩戊糖水解制得，而玉米芯富含多缩戊糖，是制备木糖醇的良好原料。生产木糖醇的方法主要是水解富含木聚糖的半纤维素后分离、纯化制得木糖，然后催化加氢还原制得木糖醇。目前出现了木糖醇的发酵法生产技术，原料也多采用谷物半纤维素的水解液，生产出的木糖经过发酵转化成为木糖醇，整个过程不需要纯化木糖，对设备也没有特殊要求，易于分离纯化，生产成本相对较低，产生良好的社会效益及经济效益。

8.4 生物技术与食用菌菌糠的再利用

食用菌菌糠即食用菌废料，又被称作菌渣、下脚料，是栽培食用菌后的培养料，在农业生产以及动物养殖上具有较高的利用价值。

8.4.1 菌糠的理化性质

食用菌菌糠形似泥土，颜色不固定，主要呈棕色或浅棕色，其结构松散、质地疏松且粒径大小不一。菌糠含水率一般在30%～50%之间，pH值为6.0～8.0，有机质质量分数为40%～60%（干基），碳、氮比一般为30∶1以下。菌糠的理化性质受到多种因素影响，如栽培菌种、地区、原料和出茬次数等。菌糠疏松的质地有利于保持营养物质和水分不流失，再加上较高的有机质含量，均为其资源化利用提供了良好的基础。

8.4.2 菌糠的种类及组成

菌糠成分复杂，主要包括以棉籽壳、锯木屑、玉米芯和以秸秆、甘蔗渣等为栽培原料的菌糠。由于不同食用菌生长所使用的培养基组成不同，菌糠组成也存在较大的差异（表8-1）。

表8-1 常规菌糠的原料组成

菌糠种类	原料组成
平菇、猴头菇、滑子菇菌糠	玉米芯39%，麦麸13%，豆粕3%，玉米面4%，木屑39%，石膏1%，石灰1%
杏鲍菇、白灵菇菌糠	玉米芯23%，麦麸23%，豆粕5%，玉米面11%，木屑18%，玉米秸秆粉18%，石灰1%，轻质 $CaCO_3$ 1%
榆黄蘑菌糠	玉米芯81%，麦麸10%，豆粕2%，玉米面5%，石膏1%，石灰1%
金针菇菌糠	玉米芯37%，麦麸8%，米糠38%，大豆皮5%，啤酒糟5%，棉籽壳5%，石灰1%，轻质 $CaCO_3$ 1%

8.4.3 菌糠的营养价值

食用菌的生物固氮作用和酶解作用会使培养基的营养成分产生很大变化。培养基中约2/3的营养成分被食用菌自身利用，其中1/3被用来合成菌体，1/3被用来供应菌体的呼吸代谢，剩余部分残留在菌糠中。各种原料的培养基在栽培食用菌后，粗纤维含量会大幅下降，而且由于菌体蛋白的残留，菌糠中粗蛋白含量有较大程度的提高，富含各种氨基酸、菌类多糖及K、Fe、Ca、Zn、Mg等元素，营养价值相当于糠麸类饲料，菌糠的营养特性受食用菌种类影响。

8.4.4 食用菌菌糠的再利用

8.4.4.1 菌废料用作食用菌再发酵配料

食用菌生产完后剩下的菌糠依然存在各种丰富的营养物质和大量有机物，其中部分可供食用菌吸收利用的营养成分反而高于新料，且不经菌丝分解转化便可直接利用，故可将废料晒干粉碎后再做栽培的部分替代料。比如，草腐型、木腐型食用菌菌糠中木质素、纤维素利用率不同，因此，种植过草腐型食用菌的菌糠可再用于种植木腐型食用菌，同样，种植过木腐型的菌糠可再用于种植草腐型食用菌。且培养料经前菌物分解后，存在着较多的简单化合物，能被菌丝直接利用吸收，使菌丝快速生长，另外菌糠的持水性和物理性质较好，更加有利于菌丝的生长和穿透。食用菌菌糠的氨基酸种类齐全，其中许多种氨基酸含量与玉米接近，氨基酸总量也与玉米较接近。菌糠还含有多糖类、有机酸类、酶及生物活性物质，用于二次栽培食用菌菇，既降低栽培成本，又可提高产量。

由于出菇潮次少营养好，二次种菇多利用工厂化菌糠。采用单一菌糠为主料栽培食用菌，生物学效率一般不高，表现为接种后菌丝萌发快，生长速度快，但后期生长速度慢。因此，菌糠应与作物秸秆、棉籽壳、玉米芯等配合使用。目前，使用菌糠栽培的食用菌主要包括鸡腿菇、草菇、平菇、双孢蘑菇、灵芝、金针菇等。

8.4.4.2 菌糠有机肥的应用

菌糠经过菌丝体在纤维素酶的协同作用下，将农作物秸秆中的纤维素、半纤维素、木质素等分解成葡萄糖等小分子化合物，起到降解作用，富含有机物和多种矿质元素，其中 N、P、K 养分含量高于稻草和鲜粪，与其他农作物废弃物相比是良好的堆肥原料。在菌糠堆肥中接种高温纤维菌，对菌糠腐熟工艺条件进行研究，发现接种高温纤维菌后经过 45 天堆制，其总养分、有机质含量、pH 值和外观形状等技术指标均达到有机肥料的标准（NY/T 525—2021）。

食用菌的原料配方不仅有机质含量高，而且营养成分相对均衡，经过发菌和产菇，原料中大分子的木质素得到一定程度降解后形成的菌糠成为一种新的营养丰富的有机基质。菌糠经过适当处理后，在微生物作用下，粗有机物分解成为小分子有机物或无机物，可用于生产优质有机肥料。这种以菌糠制作的有机肥能够提高土壤肥力、改善土壤理化性状、增强持水力和通透性，而且有利于微生物的生长，是一种良好的生物菌肥。

（1）食用菌菌糠有机肥的制备流程

利用菌糠制成有机肥的一般流程为：菌糠经堆肥化处理后，粉碎过筛，加辅料复配，再混合造粒，即加工成商品有机肥。采用条垛式、圆堆式、机械强化槽式和密闭仓式堆肥等技术进行好氧堆肥处理。好氧堆肥工艺包括一级发酵和二级发酵。一级发酵即高温阶段，保证料堆内温度在 50～60℃，当温度超过 65℃时进行翻堆，使此过程发酵温度在 50℃以上保持 7～10d 或 45℃以上不少于 15d。一级发酵过程含水量宜控制在 50%～60%，发酵周期为 35～40d。二级发酵即降温阶段，堆体温度在 50℃以下，适时控制堆高、通风和翻堆作业，发酵周期为 15～20d。当堆温不再上升，料呈黑褐色、无异味时发酵结束。

（2）食用菌菌糠有机肥的应用实例

食用菌菌糠、烟草下脚料、羊粪等农副产品材料经过微生物复合菌种发酵、成粒或制粉成为符合有机肥料行业标准的合格有机肥料产品后，即可用于各种农作物的栽培。用平菇菌糠有机肥栽培辣椒，可显著提高辣椒的维生素 C 含量和可溶性蛋白含量，改善了辣椒的品质，也使辣椒产量提高 47.75%。利用废弃菌糠制造有机肥，在大豆和玉米两个作物上进行初步试验，结果发现有机肥施肥区化肥施用量比常规施肥减量 20%，大豆有机肥施肥区比对照常规施肥区增产 8.99%，玉米有机肥施肥区比对照常规施肥区增产 9.82%～15.96%。菌糠作为肥料，在大豆田施用后，土壤中的有机质含量增加，速效磷增加，可使大豆的产量提高 16.3%～25%。日本采用食用菌菌糠中菌丝浸出物的稀释液制成植物激素，喷洒于黄瓜、西红柿、茄子、扁豆、大豆等作物上，能促进作物生长，增加产量。

8.4.4.3 菌糠在动物饲料中的应用

菌糠营养价值丰富，纤维素、半纤维素和木质素等均已被很大程度地降解，粗蛋白、粗脂肪含量有了较大提高，特别是一般饲料缺乏的必需氨基酸以及铁、钙、锌、镁等微量元素含量也相当丰富，而且菌糠所特有的蘑菇香味也使之具有良好的适口性，因此饲料价值很高。

（1）草食动物饲料

在奶牛日粮中添加5%和10%的菌糠替代等量的精料补充料，可分别提高产奶量4.85%和1.24%，乳脂率和乳密度没有显著差异，饲料成本下降4.11%和8.21%，经济效益明显提高。用5%～10%的菌糠替代混合精料饲喂奶牛，日产奶量提高2%～4.8%，乳脂率和乳密度分别提高1.3%～4.4%和1.4%～3.8%，且奶牛精料成本下降4%～8.2%。利用平菇菌糠饲喂羊30d，试验组比对照组日增重提高34.6%，效益增加34.5%。给獭兔饲喂菌糠饲料，可提高日增重8.6%，经济效益提高12.5%。在混合料中配合10%的菌糠饲喂肉兔，经8周的试验可见，肉兔增重快，饲料报酬高，对屠宰率无影响。对长毛兔饲喂香菇菌糠，可使其毛长、毛重、体重均有所增加。

（2）家禽饲料

用金针菇菌糠饲喂仔鹅，仔鹅对菌糠的采食速度可提高10%以上，采食量增加6.46%，试验组比对照组日增重提高4.48%，经济效益增加19.3%；在蛋鸡、肉鸡和北京鸭饲料中添加适宜比例的菌糠饲料，效果均较好，能够降低饲料成本，提高经济效益；将平菇菌糠按5%～10%添加到鸡饲料中，肉鸡生长快速，可提早上市。

（3）猪饲料

菌糠用于猪饲料的研究相对较多。据报道，以适量的棉籽壳基料栽培金针菇生产的菌糠喂养瘦肉型猪，可明显增重，并能改善肉质。用含稻草和麦秸的菌糠饲料饲喂猪的试验表明，在日粮中菌糠的比例在20%～30%，不仅使猪的食欲旺盛、皮肤发红、皮毛光亮、生长发育正常，而且能够降低饲料成本10%～25%。在繁殖母猪日粮中添加30%菌糠效果最佳，对其窝均产活仔数、平均初生重、泌乳力和断奶内返情率等繁殖性能均表达为强的正相关；并具有提高仔猪断奶成活数和降低仔猪腹泻等疾病发生率的功能。在饲粮中添加发酵的菌糠有利于增强断奶仔猪肠道黏膜屏障、免疫功能和优化微生物群的组成。

（4）鱼饲料

菌糠饲料还可以应用于渔业养殖中。以30%的菌糠替代配方中等量的麦麸，菌糠饲料不但能满足鱼的生理营养需要，不影响鱼的增重与成活率，而且还节约部分糠麸类饲料，能够使经济效益显著提高。

（5）蚯蚓饲料

菌糠通气性好，易保温保湿，且养分充足，是养殖蚯蚓的好饲料。草菇菌糠可有效地促进蚯蚓的生长和繁殖，经60d饲养试验，体重增加7%，繁殖系数提高14%，经折算，1kg菌糠可使蚯蚓增殖5～6kg。

8.4.4.4 生物活性物质及酶类的制备

食用菌的菌丝体分泌多种生物活性酶，包括纤维素酶、木聚糖酶、酸性蛋白酶、淀粉酶、漆酶、果胶酶、多酚氧化酶等。经过这些酶的作用，基质中的纤维素、半纤维素、木质素、蛋白质被分解，从而满足食用菌生长繁殖所需的营养。食用菌采收后一部分酶仍会滞留于菌糠，分析菌糠中的生物活性酶，并进行提取再利用，可变废为宝，具有十分重要的意义。以菌糠为原料进行酶的提取不仅降低了预处理成本，缩短了时间，也推动了菌糠的二次利用，不仅可实现废物的循环利用，减少环境污染，同时还可获得可观的经济效益。

（1）纤维素酶

纤维素酶是降解纤维素生成葡萄糖的一组酶的总称。它不是单种酶，而是起协调作用的多组分酶系，由C1酶、Cx酶和葡萄糖苷酶组成。C1酶是纤维素酶系中的重要组分，在天然纤维素降解中起主导作用，可将纤维素降解成短链或直链纤维素。Cx酶是作用于经C1酶活化的纤维素、分解β-1,4-糖苷键的纤维素酶，有外切和内切2种酶，产物为纤维糊精、纤维三糖、纤维二糖和葡萄糖。葡萄糖酶可将纤维二糖、纤维三糖及其他低分子纤维糊精分解为葡萄糖。

纤维素酶比较昂贵，但废弃菌糠的菌丝体中富含纤维素酶，可提取再利用。废弃的木耳菌糠含有大量的纤维素酶，且具有一定活性。通过酶活力测定发现香菇菌糠、凤尾菇菌糠、姬菇菌糠、秀珍菇菌糠和金针菇菌糠均具有纤维素酶活性，其中以香菇菌糠纤维素酶活力最高，其次是金针菇菌糠，分别为16.56U/g、6.63U/g，其他菌糠均较低。

（2）木聚糖酶

木聚糖酶能破坏植物的纤维组织，将木聚糖分解成木糖。在酿造、饲料工业中，木聚糖酶可以分解酿造饲料工业中的原料细胞壁以及β-葡聚糖，降低酿造中物料的黏度，促进有效物质的释放，降低饲料用粮中的非淀粉多糖，促进营养物质的吸收利用。

食用菌栽培常选用木屑、棉籽壳、麦麸等物质构成栽培基质，其中含有大量的纤维素和半纤维素，可诱导食用菌分泌木聚糖酶等，将大分子物质分解为小分子物质，以供食用菌生长发育利用。在食用菌采收后，菌糠中残存一定量的木聚糖酶。对食用菌菌糠中的饲用酶活性进行测试，发现被测的8种食用菌菌糠均具有木聚糖酶活性，其中双孢蘑菇和毛木耳菌糠中木聚糖酶活性最高，分别为2.856U/g和1.109U/g；黑木耳、金针菇、糙皮侧耳和草菇菌糠中的木聚糖酶活性在0.5～1.0U/g；杏鲍菇和白灵菇菌糠中木聚糖酶活性在0.4U/g左右。在pH值6.0和温度60℃左右，平菇、猴头菇菌糠中木聚糖酶具有较高的酶活。

（3）漆酶

漆酶是含铜的多酚氧化酶，是可借助氧将对苯二酚（氢醌）氧化成对苯醌的酚氧化酶的一种，亦称为对苯二酚氧化酶，是一种结合多个铜离子的蛋白质，属于铜蓝氧化酶，存在于菇、菌及植物中。漆酶可存在于空气中，发生反应后唯一的产物就是水，因此本质上是一种环保型酵素。食用菌是大型白腐类真菌，具有较高的产漆酶能力，菌糠中不仅含有大量的菌丝体，还具有较高漆酶活性。

（4）β-葡聚糖酶

β-葡聚糖酶是一种内切酶，专一作用于β-葡聚糖的1,3及1,4糖苷键，产生3～5个葡萄糖单位的低聚糖及葡萄糖，可有效分解麦类和谷类植物胚乳细胞壁中的β-葡聚糖。在饲料中可用于降低非淀粉多糖及其抗营养因子的含量，改善畜禽对营养物质的吸收，提高畜禽的生长速度和饲料转化效率。在啤酒酿造上用于降低麦汁黏度，改善过滤性能，提高麦芽溶出率，防止啤酒浑浊，稳定啤酒质量。

一些食用菌菌糠具有明显的β-葡聚糖酶活性。如杏鲍菇和毛木耳菌糠中β-葡聚糖酶活性分别为0.389U/g和0.351U/g；双孢蘑菇、白灵菇和草菇菌糠中活性在0.2U/g左右，而黑木耳和金针菇菌糠中活性较低。

（5）果胶酶

果胶酶是分解果胶的一个多酶复合物，通常包括原果胶酶、果胶甲酯水解酶和果胶酸酶，它们的联合作用使果胶质得以完全分解。天然的果胶质在原果胶酶作用下，转化成在水中可溶的果胶，果胶被果胶甲酯水解酶催化去掉甲酯基团，生成果胶酸，果胶酸经果胶酸水解酶类和果胶酸裂合酶类降解生成半乳糖醛酸。

部分食用菌菌糠具有明显的果胶酶活性。果胶酶活力以香菇菌糠为最高，其次是金针菇菌糠，分别为 2.61U/g、2.31U/g，其他菌糠都较低。

(6) 超氧化物歧化酶（SOD）

超氧化物歧化酶是一类具有生物活性的金属酶，有胞内酶、胞外酶之分，是目前为止发现的唯一以自由基为底物的酶，可以催化超氧阴离子歧化为过氧化氢，具有抗衰老，提高机体免疫力，增强机体对外界环境的适应能力等生理功能。

少数食用菌菌糠也含有丰富的 SOD。如杏鲍菇菌糠中的 SOD 含量会随着食用菌的生长而变化，呈现出先增加后减少的趋势，即使是到出菇后期，SOD 的活性仍可达到 1088.26 U/g，比其他菇类的含量都高。

(7) 其他酶

除上述含量较多的生物活性酶外，一些食用菌菌糠还含有少量 α-半乳糖苷酶、过氧化物酶等，例如，在 75℃下蘑菇渣堆肥中锰过氧化物酶活性为 0.58U/g。但这些酶的活性相对较低，含量较少，还需进一步分析测定。

(8) 菌糠中生物活性物质及酶类的提取

菌糠中含有由菌丝体在生长过程中分泌的激素类物质和特殊的酶，可采用煎煮法、渗滤法和水提取法提取激素类物质或农药，如可从平菇菌糠中提取激素和抗生素成分制成增产素和抗生素。食用菌发酵过程中产生多种酶类，采用生化方法将蘑菇渣磨碎，每千克干蘑菇渣可提取粗纤维素酶 11.06g；通过物理和化学的方法，可从菌糠堆肥抽提液中回收纤维素降解酶；利用 Tris-HCl 缓冲液可以提取菌糠中的漆酶。

思考题

1. 应用在果蔬综合利用中的生物技术主要有哪些？原理是什么？
2. 水果渣和蔬菜渣的综合利用可以运用于哪些方面？
3. 简述畜产品综合利用的意义和运用的生物技术。
4. 简述硫酸软骨素的生产加工方法及其功效。
5. 粮油副产物主要包括哪些？
6. 简述生物技术在粮油副产物生产加工中的应用。
7. 制备膳食纤维的方法主要有哪些？并简述具体方法。
8. 食用菌菌糠的再利用途径包括哪些？
9. 食用菌菌糠有机肥的制备流程如何？
10. 食用菌菌糠中包含哪些可被利用的酶类？

第9章 现代生物技术在饮料生产中的应用

本章导言

生物技术应用于饮料生产，可以在资源利用、产品开发、改进生产工艺以及提高产品质量等方面发挥巨大作用。益生菌发酵乳、无醇啤酒、植物蛋白饮料、果醋、奶茶等各具特色的新型饮料产品不断问世，极大地促进了饮料工业的发展。

9.1 发酵工程在饮料生产中的应用

9.1.1 发酵乳

发酵乳是一类发酵乳制品的综合名称，种类很多，包括酸乳、发酵酪乳、酸奶油、开菲尔、乳酒等。发酵乳制品营养全面，风味独特，比乳更易被人体吸收利用，还有一些对人体有益的功能，比如减轻乳糖不耐症，提高免疫力，增强胃肠道蠕动。

9.1.1.1 风味酸乳

风味酸乳以乳为原料，经以保加利亚乳杆菌（*Lactobacillus bulgaricus*）和嗜热链球菌（*Streptococcus thermophilus*）为主的发酵菌混合发酵制成。根据加工工艺的不同以及是否加入糖、果汁、果料等，可分为凝固型酸乳（set type yoghurt）、搅拌型酸乳（stirred type yoghurt）、果味酸乳（fruits flavored yoghurt）、果料酸乳（fruits yoghurt）以及液状酸乳（liquid yoghurt）。

9.1.1.2 益生菌发酵乳

益生菌酸乳以乳为原料，在嗜热链球菌和保加利亚乳杆菌发酵的基础上进一步添加嗜酸乳杆菌、两歧双歧杆菌或两歧乳杆菌等混合菌种发酵剂制成。由于益生菌能在人体肠道内附着繁殖，故益生菌发酵乳具有整肠作用，对慢性便秘、痢疾等肠道疾病有一定疗效，因而日益受到消费者的青睐。

9.1.1.3 乳酸菌饮料

乳酸菌饮料由发酵乳进一步兑水制成，配料包括白砂糖、柠檬酸、酸乳味香料、大豆多糖等，可直接饮用，包括液体状酸乳型乳酸菌饮料和果汁型乳酸菌饮料。

9.1.1.4 开菲尔发酵乳酒

开菲尔（kefir 或 kephir）是以牛乳、羊乳或马乳为原料，添加含有乳酸菌和酵母菌的开菲尔粒发酵剂（kefir grain），经发酵酿制而成的传统酒精发酵乳饮料。所用的发酵剂中含有短乳杆菌、保加利亚乳杆菌、高加索乳杆菌、乳酸链球菌、乳脂链球菌等乳酸菌和热带假丝酵母、高加索乳酒酵母、异酒香酵母和乳脂圆酵母等不同菌群。菌剂中的乳酸菌和酵母菌具有很强的共生关系，可以促进乳酸发酵和酒精发酵，一般制得成品中含酒精含量为1%～1.5%。

9.1.2 植物蛋白发酵饮料

植物蛋白饮料是以植物的果仁、果肉为原料，经过一系列工艺制得的乳状饮品，如豆奶、花生奶、核桃奶、杏仁奶和椰子奶等。发酵型植物蛋白饮料是在原料制浆后，加入少量奶粉或某些可供乳酸菌利用的糖类作为发酵促进剂，经乳酸菌发酵而成，它既保留了植物蛋白饮料的营养成分，又利用乳酸菌的作用产生了宜人的酸味和其他风味物质，并部分脱除植物蛋白原料中的某些异味。乳酸菌还对植物蛋白进行适度降解，提高了植物蛋白的营养价值。因此，发酵型植物蛋白饮料兼有植物蛋白饮料和乳酸菌饮料的双重优点。

植物蛋白发酵饮料不但含有充足的优质植物蛋白和必需脂肪酸，摄入不会导致胆固醇升高，还具有整肠作用和预防肠道疾病的功能，是一类新型营养健康型软饮料。

9.1.2.1 豆汁儿

豆汁儿是北京地区独有的、久负盛名的传统风味小吃。绿豆是制作豆汁儿的主要原料，由于营养成分全面，有粮食中的“绿色珍珠”之美誉。豆汁儿大多数呈灰绿色，闻之有酸臭味，其口感丰富饱满，以酸味为主并伴有回甘。

豆汁儿的发酵主要源于环境微生物，是多种菌种共同发酵的制品。对不同豆汁儿样本进行基于16S rDNA的高通量测序分析发现，豆汁儿中乳杆菌目（Lactobacillales）占比95.8%以上，其中，乳杆菌属（*Lactobacillus*）是豆汁儿中的优势菌属，食窦魏斯氏菌（*Weissella cibaria*）和沙克乳酸杆菌（*L. sakei*）是优势菌种。沙克乳酸杆菌能够抑制食物腐败菌和食源性病原体；食窦魏斯氏菌不产生胺类物质，耐低酸、胆盐，可促进发酵食品的风味形成。豆汁儿发酵菌体中乙醛脱氢酶、乙醇脱氢酶、醇脱氢酶等丰度均值较高，推测豆汁儿中的风味物质主要来源于氨基酸代谢。同时，乳酸杆菌中α-半乳糖苷酶和β-半乳糖苷酶的转糖基作用可用于生产益生元α-低聚半乳糖和β-低聚半乳糖，并进一步催化转糖苷反应合成低聚半乳糖（galactooligosaccharide，GOS），有利于促进肠道内双歧杆菌增殖。

9.1.2.2 发酵豆乳

大豆乳酸发酵饮料是向大豆乳中接种乳酸菌后经发酵而成的一种新型乳酸菌饮料。大豆含有约40%的优质蛋白、20%的脂肪、27%的碳水化合物、多种维生素和矿物质，还含有充足的膳食纤维和大豆异黄酮，因此大豆有植物肉和绿色乳牛之称。由此可见用大豆制成的乳酸菌蛋白饮料具有很高的开发和利用价值。但是大豆中存在几种不利因素限制了它的广泛食用：①异味，大豆的异味主要是独特的豆腥味，大豆中的脂肪氧化酶是使大豆产生异味的主要原因；②抗营养性因子的存在，主要是胰蛋白酶抑制因子；③大豆蛋白中含有大量纤维，导致口感粗糙、粉质感重；④缺少专门的大豆蛋白发酵菌种。这些都是限制大豆蛋白发酵乳产品开发的因素。

目前，大豆发酵奶生产上主要采取的措施有：①采用动物性来源的菌种使其适应植物蛋白的发酵环境。主要包括两类，一是乳杆菌类如嗜酸乳杆菌、干酪乳杆菌、詹氏乳杆菌、拉曼乳杆菌等，二是双歧杆菌类如长双歧杆菌、短双歧杆菌、卵形双歧杆菌、嗜热双歧杆菌等。②加入少量奶粉或新鲜牛奶及某些糖类作为发酵促进剂，利用保加利亚乳杆菌和嗜热链球菌为发酵剂，优化配比发酵而成。酸豆奶发酵过程中，豆浆中的植酸含量降低了50%，低聚糖、脂肪氧化酶等抗营养因素分解，从而提高了产品中Fe、Zn、Ca等营养素的生物利用率，减少了胀气成分寡糖的含量，豆腥味风味改善，使得大豆蛋白更易被人体消化吸收，且不含胆固醇，因而具有良好的营养价值。

9.1.2.3 发酵米乳

发酵谷物饮料是以大米、大麦、小麦等为原料，经过预处理、均质化、凝胶化、糖化等工艺后，利用乳酸菌发酵而成的一种营养饮料。产品种类包括：①以白精米为主要原料开发的蛋白质米乳、大米胚乳及大米复合乳。②以糙米为主要原料开发的米露、糙米乳，以及利用发芽糙米制备的富含γ-氨基丁酸（GABA）的糙米乳。③混合其他食品制备的复合米乳，如茶米乳、玉米荞麦混合乳、红枣米乳饮料等。

发酵米乳所用菌种乳酸菌主要以单糖和双糖为碳源，不能直接利用淀粉。此外，当淀粉受热发生糊化时会导致介质的黏度大幅增加而抑制微生物的生长。因此为了使乳酸菌能有效利用大米中的碳水化合物，制作米浆时可采用液化和糖化工艺，通过添加α-淀粉酶和β-淀粉酶使大米中的淀粉水解成糊精和麦芽糖，再经糖化为葡萄糖，为乳酸菌生长提供能快速利用的碳源，促进乳酸菌生长。目前，从天然的米酸汤、酸米浆中分离的适合发酵米乳的乳酸菌报道较少，尚缺乏系统的分类，工业上米乳发酵还是以保加利亚乳杆菌和嗜热链球菌为主，优化配比发酵而成，得到的产品酸甜可口，具有大米特有的米香味及酸乳的滋味、气味。

9.1.2.4 其他植物蛋白发酵饮料

除了以豆奶为主的植物蛋白发酵乳，发酵型椰浆、发酵型核桃乳、发酵型巴旦木乳饮料等新型植物蛋白发酵饮料也逐渐推向市场。一些适合植物蛋白发酵的菌种，如鼠李糖乳杆菌（*Lactobacillus thamnosus*）、副干酪乳杆菌（*Lactobacillus paracasei*）、食窦魏斯氏菌（*Weissella cibaria*）、干酪乳杆菌（*Lactobacillus casei*）等被筛选出来，使得植物蛋白发酵过程更加优化。同时辛烯基琥珀酸淀粉钠、羧甲基纤维素钠、高酯果胶等食品添加剂被用到复合蛋白酸奶饮料中，使得植物蛋白发酵乳口感更加醇厚柔和，乳化体系稳定，有利于商品乳的保藏。

9.1.3 发酵果蔬汁

水果、蔬菜种类繁多，营养丰富，但受到生产季节性强和地域性的限制。果蔬汁、果蔬酱料和果蔬粉的加工不仅最大限度保留了果蔬中的营养成分，改进了果蔬食用价值，而且可以使产品的色香味及组织形态更好，所以发展前景广阔。然而，新鲜蔬菜如胡萝卜、苦瓜等榨汁或打浆后普遍存在厚重的野蒿味，这种不良风味让多数人难以接受，此外，果蔬汁（浆）经过高温灭菌处理后，风味变差。这都在很大程度上限制了果蔬汁的市场发展空间。

发酵果蔬汁饮料是指以水果或蔬菜、果蔬汁（浆）、浓缩果蔬汁（浆）等经发酵后制成的汁液和水为原料，添加或不添加其他食品原辅料和（或）食品添加剂的制品。发酵果蔬汁是对果蔬汁进一步深加工的产物，不仅改善了果蔬汁的风味，提升原料的质感，增加风味复杂度和饱和度，还能天然降糖，更有利于肠道健康。

9.1.3.1 乳酸菌发酵果蔬汁

乳酸菌发酵果蔬汁是以果汁、蔬菜汁为原料，经过混合乳酸菌发酵，再进行调香调味的一类现代发酵食品。目前常见用于果蔬发酵的乳酸菌主要有植物乳杆菌、德氏乳杆菌、鼠李糖乳杆菌、副干酪乳杆菌、嗜酸乳杆菌。

乳酸菌发酵能保护及提高果蔬汁的营养价值及保藏性能。乳酸菌发酵大量产酸，创造的酸性环境能有效减缓酚类物质、维生素 C、超氧化物歧化酶（SOD）等抗氧化物质的氧化分解速率，提高了果蔬汁在贮藏过程中的营养特性；乳酸菌代谢过程能合成 B 族维生素和维生素 K 等；在利用单糖和寡糖进行代谢繁殖的过程中合成释放出具有杀菌、抗肿瘤等功能的胞外多糖。此外，乳酸发酵产生酚酸酯酶释放果蔬中的结合酚或产生酚酸脱羧酶（phenolic acid decarboxylase，PAD）实现酚类物质的转化，从而改变酚类物质的含量与组成，有利于降低果蔬汁原有涩味，并为保护果蔬汁原有的色泽和滋味提供条件。乳酸菌发酵后果蔬中的总酚、黄酮、维生素、矿物质、胞外多糖等功效成分得到调整和提升。

乳酸菌发酵能极大提升果蔬汁的感官风味。研究发现枇杷果汁经植物乳杆菌发酵后风味强度增强，其挥发性风味物质主要来源于糖代谢，醇类、酸类与其他挥发性成分共同构建了枇杷发酵果汁的特征风味。乳酸菌发酵是一个复杂的动态生化过程，不同的果蔬发酵基质富含不同的营养成分，不同的菌株产生不同的发酵特性，发酵过程中表现出不同的生长和代谢方式。微生物通过苹果酸和丙酮酸转化生产乳酸与二氧化碳；通过柠檬酸转化生成醋酸盐和乳酸盐；通过氨基酸转化生成醇类、酯类以及甲基化的硫化物导致发酵汁中糖含量下降，酸度上升，赋予果蔬汁酸甜适度的味感。通过酯化生成短链脂肪酸；通过酰基转移酶或酯酶等作用生成醇类、醛类、酯类挥发性化合物导致挥发性风味成分的浓度不同，从而改变了果蔬汁原有营养成分和香气成分，形成独特的乳酸菌发酵果蔬汁风味。

9.1.3.2 酵母菌发酵果蔬汁

酵母是兼性厌氧的单细胞真菌，酿酒酵母能将糖分转化为酒精，产香酵母和产酯酵母等能辅助改善酒的风味。有氧条件适合生长繁殖，无氧条件则适合代谢产酒精。酵母菌能利用果汁中的糖类供自身生长繁殖，同时厌氧发酵产生酒精，得到果酒。果酒酒精浓度较低，有水果的感官风味，受众较广且有较好的营养保健功能，还可以进一步好氧发酵得到果醋，有利于果蔬深加工进而提高经济收益。

酵母菌发酵果蔬汁不仅保留果蔬原有的芳香，还增加了陈酿的香味。芒果胡萝卜果汁在酵母菌发酵过程中，主体香气成分由萜烯类逐渐转变为酯类，最终得到色泽橙黄饱满，透明清亮，具有浓郁果香和酒香、口感甘甜醇厚的芒果胡萝卜果酒。酵母代谢过程中，果蔬细胞中的成分及结合类物质得到释放和转化，但花色苷等活性物质也有一定程度的氧化和损失。

9.1.3.3 醋酸菌发酵果蔬汁

果蔬汁是醋酸菌良好的发酵基质，许多果蔬原料均能被醋酸菌利用进行果醋发酵。适量的醋酸可以提高果蔬汁的营养和风味，并抑制腐败菌的生长。果醋中含有丰富的有机酸、氨基酸、维生素，以及多酚、黄酮等抗氧化成分，具有调节体内酸碱平衡、抑菌、降脂减肥、降血糖、抗氧化、抗疲劳等生理功能。苹果醋可直接对大肠杆菌、金黄色葡萄球菌和白色念珠菌等致病菌产生抗菌作用。番茄醋中富含的酚酸、黄酮、谷胱甘肽使其超氧化物歧化酶类似物（SOD-like）值远高于传统食醋。

在感官方面，果蔬汁和醋酸菌相辅相成。一方面，醋酸菌发酵产生的酸涩风味能突出原果蔬的特征风味；另一方面，果蔬中含有多种有机酸、醇类、醛类、酯类等使醋的风味更为丰富柔和。醋酸菌与其他菌种协同发酵，既能提升果蔬汁的营养价值，还能丰富果蔬汁的口感，利用酵母菌或乳酸菌对果蔬汁原料进行发酵，再经醋酸发酵酿造，可以得到被誉为“第四代饮料”的果醋。

9.1.3.4 混菌发酵果蔬汁饮品

与单一菌种发酵果蔬汁相比，多种菌种协同发酵可以使发酵果蔬汁营养更加丰富。混菌发酵果蔬汁借鉴“果蔬酵素”的发酵方式，以一种或多种果蔬（果蔬汁）为原料，利用多菌种发酵，如乳酸菌、酵母菌、醋酸菌等，生产富含多种营养物质并具有多种功能性的饮料。混菌发酵后的果蔬汁含有维生素、酶类、氨基酸、矿物质等多种活性功能成分。这些活性成分赋予了果汁多种功能特性，如维持体内营养平衡、提高自身免疫力、延缓衰老、抗氧化、消炎抑菌等。

采用混合菌种对复合果蔬汁进行发酵还可以明显增加挥发性风味物质含量，获得感官风味优良、活菌数更高的复合发酵果蔬汁。利用嗜酸乳杆菌（*Lactobacillus acidophilus*）GIM. 1.208、戊糖乳杆菌（*Lactobacillus pentosus*）CICC. 22210 和生香酵母混菌发酵刺梨果渣得到的果渣风味更加协调、柔和。植物乳杆菌（*Lactobacillus plantarum*）LP-L134-1-P 和酒酒球菌（*Oenococcus oeni*）6066 发酵青梅汁，能够有效降低其中的苹果酸和柠檬酸含量，改良风味。选择芒果、圣女果和胡萝卜为复合果蔬汁原料，以植物乳杆菌、副干酪乳杆菌和瑞士乳杆菌进行复配发酵，气相色谱-质谱（GC-MS）检测分析风味物质，发现发酵过程中由于乳酸菌代谢，酸类增加，并与醇酯化成酯类物质；醇类、酯类和酸类的挥发性风味物质赋予了混合果蔬汁浓郁的水果香味，风味特性更加饱满。

从功能性上看，混合菌种中的乳酸菌主要是代谢果蔬汁中的酚类物质，使其转化为具有较高的生物可利用性和生物活性的小分子酚类化合物，并将果蔬汁中的不溶性膳食纤维降解为可溶性膳食纤维；酵母菌可以分泌丰富的蛋白酶、淀粉酶；醋酸菌可以发酵产生醋酸，破坏致病微生物的结构蛋白和代谢酶。混菌发酵体系中不同的菌株组合，可以通过彼此之间的共生或互生作用的营养利用，克服中间产物积累过多对终产物带来的不利影响。混菌发酵对果蔬汁活性成分的影响见表 9-1。

表 9-1 混菌发酵对果蔬汁活性成分的影响

营养指标	接种方式	
	单菌发酵	混菌发酵
总酚类物质含量/(mg/mL)	1.95±0.07	2.42±0.11
总黄酮醇类物质含量/(mg/L)	3924.93±34.20	4321.07±64.89
总游离氨基酸含量/(mg/L)	3127.02±16.86	3198.68±16.73
可溶性膳食纤维含量(以原粉计)/%	23.1±1.9	35.4±3.1
总膳食纤维含量(以原粉计)/%	75.3±0.8	84.1±4.9
SOD 酶活性/(U/mL)	36.19±0.794	42.07±1.810

注：数值为平均值±标准值（$P<0.05$）。

混菌发酵果蔬汁作为一种功能性饮品，通过优化多菌种协同发酵的工艺，使饮品具有更丰富的风味和柔和的口感，富集更多的活性功能成分，并保持较高的贮藏品质，是发酵果蔬汁饮料的主要发展方向。

9.2 酶工程在饮料生产中的应用

9.2.1 果胶酶在饮料生产中的应用

9.2.1.1 果胶酶用于改善果蔬汁品质与出汁率

果胶酶是应用在果蔬饮料生产中最主要的酶类，它能较大幅度地提高果蔬饮料的出汁率，改善其过滤速度和保证产品贮存稳定性等。果蔬的细胞壁中含有大量果胶质、纤维素、淀粉、蛋白质等物质，破碎后的果浆十分黏稠，压榨取汁非常困难且出汁率很低。果胶酶不但能催化果胶降解为半乳糖醛酸，破坏了果胶的黏着性，稳定悬浮微粒的特性，有效降低黏度、改善压榨性能，提高出汁率和可溶性固形物含量，而且能增加果汁中的芳香成分，减少果渣产生，同时有利于后续的澄清、过滤和浓缩工序。利用酶解技术可使不同果蔬的出汁率提高10%～35%，具体数值因不同果蔬中果胶含量和压榨方法的不同而不同。采用复合果胶酶对蓝莓酶解工艺进行优化后，蓝莓出汁率达到86.76%，比不加酶提高了43.36%，还增加了花色苷的溶出量。利用果胶酶处理芒果肉时，发现出汁率和可溶性固形物含量都显著增加，出汁率最高达72.3%，果汁中的营养物质（抗坏血酸、碳水化合物、有机酸）也大幅增加。

果胶酶用于改善果蔬汁的品质主要基于果胶酶水解植物的细胞壁，使结合其上的酚类化合物释放出来，更多地出现在果汁中，而多酚类化合物尤其是花色苷的增加有利于提高果蔬汁的品质，改善外观色泽。果胶酶还有利于保留果蔬汁中的营养成分。研究表明，酶处理后的果汁中葡萄糖、山梨糖和果糖含量显著提高，蔗糖含量略有下降，总糖含量上升。由于果胶的脱酯化和半乳糖醛酸的大量生成，果汁的可滴定酸度上升，pH值下降。芳香物质含量也有明显提高，经果胶酶处理后的葡萄汁，各种酯类、萜类、醇类和挥发性酚类含量提高，葡萄汁的风味更佳。由于细胞壁的破坏，类胡萝卜素、花色苷等大量色素溶出，矿物质元素含量也有较大提高，大大提高了果蔬汁的外观品质。

9.2.1.2 果胶酶用于果蔬汁饮料澄清

浑浊度是果汁饮料重要的感官评价指标之一，浑浊度高、沉淀物多不但影响了消费者的第一印象，还会使果蔬汁口感粗糙黏稠，稳定性降低。导致果蔬汁浑浊的主要原因有二：其一是榨汁的初品本身残留的果肉颗粒导致汁水浑浊；其二是初品中含有的果胶起到植物纤维的作用，它阻止液体流动，使果蔬汁中其他的大分子如淀粉、蛋白质等粒子保持悬浮，汁液处于均匀的浑浊状态。传统的澄清方法是在果蔬汁中加入明胶、膨润土（一种吸水性层状硅酸铝黏土）、活性炭和硅胶等澄清剂。澄清的主要机制是通过表面吸附蛋白质、果胶和重金属离子，然后通过过滤去除这些化合物。而利用果胶酶澄清果蔬汁具有绿色环保、高效高敏、成效显著等优点。利用果胶酶澄清的实质包括果胶的酶促水解和非酶的静电絮凝两部分：其一，果胶酶分解果胶使果蔬汁黏度降低，使部分生物大分子和果蔬颗粒得以沉降有利于过滤去除；其二，果胶在果胶酶作用下部分水解后，原来被包裹在内的部分带正电荷的蛋白质颗粒就暴露出来，与果蔬汁中带负电荷的物质相结合，从而导致絮凝的发生。絮凝物在沉降过程中，吸附、缠绕果汁中的其他悬浮粒子，通过离心、过滤可将其除去，从而达到澄清目的。果胶酶已广泛应用于樱桃汁、苹果汁、甘蔗汁、蟠桃汁、桃杏李果汁等的澄清中。

近年来发现固定化果胶酶展现出更好的澄清效果而且具有可重复使用的优秀特性，通过共价固定化的果胶酶在处理菠萝汁时，菠萝汁的透光率达到了 80.8%～95.3%，显著高于游离态果胶酶处理时的 78.8%～86.9%，并且重复 6 次之后还保持着 60%以上的活性，这表明共价固定化提高了酶在酸性条件下的稳定性。

9.2.1.3 果胶酶用于改善果酒的品质

果酒酿造中使用果胶酶可以降低酒体黏稠度，提高出汁率和澄清度，提高香气物质和色素、丹宁的浸出率，从而提高呈色强度、增加酒香、增强酒体的丰满度，改善酒的品质。利用果胶复合酶处理红葡萄酒，发现果胶酶不仅可以降解葡萄细胞的细胞壁，改善释放到葡萄酒中多糖的分子量分布，还可以提高葡萄酒中鼠李糖半乳糖醛酸聚糖的含量，并且改善酒体中多酚类物质的组成和呈色强度。利用果胶酶处理枸杞酒的原料可以促进 β-类胡萝卜素的释放，对异戊二烯类化合物的含量有显著影响，提高了枸杞酒香气成分含量。总体来说，在果酒酿制中使用果胶酶处理原料，可以增加天然色素的提取量，改善酒的色泽与风味，增加酒香，产生起泡性，对提高酒的品质具有重要作用。

9.2.1.4 果胶酶用于茶和咖啡发酵

在茶的发酵过程中果胶酶与纤维素酶、多酚氧化酶和蛋白酶等共同作用，催化茶叶中相关物质的转化，与发酵茶甘醇、厚滑等口感的形成密切相关。利用复合酶制剂作用于普洱茶渥堆过程中，检测普洱茶部分理化成分及品质变化的结果表明，联合应用果胶酶、多酚氧化酶、蛋白酶等制成的复合酶制剂，在一定浓度下有利于普洱茶中水浸出物、茶多酚、可溶性糖的增加，有助于普洱茶品质的形成，并可缩短渥堆发酵时间。在咖啡发酵过程中可以利用产碱性果胶酶的微生物除去咖啡豆的表皮，以及添加碱性果胶酶来去除含大量果胶质的果肉状表层。目前，茶叶发酵过程中的果胶酶是由渥堆生产中自然接种的微生物分泌的，如何将工业生产的果胶酶直接应用于茶叶加工过程中，还有待进一步研究。

9.2.2 酶工程应用于啤酒生产

啤酒以其特有的“麦芽的香味、细腻的泡沫、酒花的苦涩、透明的酒质”为人们所喜爱。啤酒因含有丰富的氨基酸和维生素，被称为“液体面包”。制麦芽大麦含有全麦啤酒酿造用到的所有的酶，而现在企业大量用其他原料如大米、玉米、小麦、杂粮等作为辅料，可降低粮耗、降低成本；同时又能提高啤酒质量，使啤酒清淡爽口。辅料价值的实现，需要外源淀粉酶的作用。利用现代酶工程技术与传统啤酒酿造技术相结合，将提高啤酒质量，降低生产成本，增加企业效益。目前酶在啤酒生产中的作用主要有固定化发酵、辅料液化、提高发酵度、降低双乙酰含量、改善麦汁过滤、增加 α-氨基酸含量、提高啤酒稳定性、改善膜过滤速度、消除杂菌污染、啤酒除氧等。

9.2.2.1 固定化啤酒酵母的应用

酵母固定化技术，是指利用物理、化学等手段，将游离酵母定位于限定的空间区域，使其活动受阻碍和限制，且能保持活性并能反复利用的一项技术。目前，用于啤酒生产的固定化酵母多采用包埋法，它是在一个预制的基质材料中将酵母细胞包埋进去，用琼脂、明胶、海藻酸钠、聚乙烯醇和聚丙烯酰胺等材料来固定啤酒酵母，进行连续发酵的过程。它有利于实现规模效益，促进啤酒生产的现代化、连续化，同时可以大大缩短啤酒的发酵周期。

9.2.2.2 淀粉酶促进辅料液化

目前，啤酒发酵工业中辅料量一般占30%左右，不少工厂高达40%～50%。一般依赖耐高温α-淀粉酶、糖化酶促进辅料中淀粉糊化、液化和糖化。淀粉酶可分为α-淀粉酶、β-淀粉酶和γ-淀粉酶。源于细菌的α-淀粉酶最适作用温度高（普通α-淀粉酶为70～80℃，耐高温α-淀粉酶为95～105℃），水解淀粉的主要产物是糊精。β-淀粉酶水解产生麦芽糖。γ-淀粉酶又叫葡萄糖淀粉酶，简称糖化酶，它的主要作用是水解淀粉、糊精、糖原等，最终得到葡萄糖。这些耐高温的淀粉酶综合应用于高辅料啤酒酿造新工艺，在保证啤酒质量的同时，又降低了啤酒酿造成本，具有较显著的经济效益。

9.2.2.3 酶法降低啤酒中双乙酰含量

双乙酰即丁二酮，是啤酒酵母在发酵过程形成的代谢副产物。其含量是影响啤酒风味的重要因素，也是品评啤酒成熟与否的主要依据。一般成品酒的双乙酰含量不得超过0.1mg/L，当啤酒中双乙酰的浓度超过阈值时，就会产生一种不愉快的馊酸味。因此，双乙酰的消除速度对促进啤酒成熟和缩短发酵周期起着重要作用。双乙酰是由前体物质α-乙酰乳酸经非酶氧化脱羧形成，加入α-乙酰乳羧酶可使α-乙酰乳酸转化为β-羟基丙酮，从而有效地降低啤酒中双乙酰的含量，加快啤酒的后熟。

目前尝试的手段包括运用基因工程修饰异亮氨酸-缬氨酸生物合成途径，从而减少双乙酰的形成。研究者利用分子克隆技术将源于啤酒酵母的γ-谷氨酰半胱氨酸合成酶基因（*GSH1*）和铜抗性基因（*CUP1*）取代酵母质粒pLZ-2中α-乙酰乳酸合成酶基因（*ILV2*）内部约213kb的DNA片段，构建重组质粒pICG。限制酶酶切质粒pICG后获得约610kb的连接有*GSH1*和*CUP1*的*ILV2*基因片段。用此片段转化啤酒酵母YSF31，得到铜抗性高的转化子。筛选阳性克隆后实验结果表明酵母工程菌产生的谷胱甘肽含量增高34%，而双乙酰含量降低25%，发酵周期缩短3d，成品啤酒的保鲜时间延长50%。

9.2.2.4 酶技术应用于啤酒的澄清

避免浑浊的产生是啤酒生产中的关键之一，引起啤酒浑浊的原因很多，大致可分为生物浑浊和非生物浑浊两种。非生物浑浊在啤酒浑浊中是主要因素，包括蛋白质多酚浑浊（包括冷浑浊、热和氧化浑浊等）、糊精浑浊、无机盐引起的浑浊等。这些浑浊的产生，严重损害啤酒的质量。而非生物浑浊中蛋白质引起的浑浊又是主要的，占90%以上。解决非生物浑浊可以通过添加酸性蛋白酶和葡萄糖氧化酶。木瓜蛋白酶或菠萝蛋白酶可以分解啤酒中的蛋白质，提高啤酒的非生物稳定性，从而使啤酒得以澄清。葡萄糖氧化酶的主要作用是除去啤酒中的溶解氧，阻止啤酒因为氧化而变质，并阻止啤酒老化味产生。这两种酶都有助于提高啤酒稳定性，保持啤酒原有风味。

9.2.2.5 其他酶

用于啤酒生产的酶还有普鲁兰酶、酸性木聚糖酶、纤维素酶、β-葡聚糖酶、α-葡萄糖苷酶等。普鲁兰酶的主要作用是切割淀粉支链，增加出糖；酸性木聚糖酶和β-葡聚糖酶可以改善麦汁过滤速度并提高啤酒的持泡性；纤维素酶可以减少啤酒中双乙酰含量，增加出糖，提高出酒率；添加α-葡萄糖苷酶生产出来的啤酒富含异麦芽糖、潘糖和异麦芽三糖等低聚异麦芽糖（双歧因子），可以改善啤酒的口感。

9.2.3 保健饮料生产中酶的应用

保健饮料是保健食品中的一个大类，生物技术应用于保健饮料生产，就是通过生物技术这一手段，研制开发出符合饮料生产特点的生理活性成分。这些成分可以增强人的机体功能、调节生理，将其应用到饮料生产中去可制成各种保健饮料，如营养强化饮料、活性肽饮料、膳食纤维饮料、多糖饮料、低聚糖饮料、功能性果蔬汁、螺旋藻保健饮料、抗氧化性保健饮料、活性益生菌保健饮料、保健茶饮料，以及各种天然营养口服液等。目前针对保健饮料原料生产开发的有酶法生产低聚糖（低聚果糖、低聚半乳糖、大豆低聚糖），基因工程生产乳酸菌类（乳酸杆菌、双歧杆菌、德氏乳杆菌等），发酵法生产细菌多糖（黄原胶、葡聚糖）及真菌多糖（猴头菇多糖、香菇多糖、灵芝多糖、茯苓多糖等）等。除了直接添加营养素的营养强化类饮料，大多数保健饮料的开发与酶制剂有关。

9.2.3.1 多肽饮料

活性肽和某些具有特殊作用的蛋白质是一类重要的生理活性物质，它们具有普通肽和蛋白质所没有的特殊生理功能。已鉴别功能的主要活性肽和活性蛋白质包括降压肽、谷胱甘肽、酪蛋白磷酸多肽、免疫球蛋白、可控制胆固醇的蛋白质等。除此之外，仍然存在大量功能性活性肽未被人认知，蛋白质中一些衍生的生物活性肽在没有释放前没有任何生物活性效应，水解后则被鉴定为具有抗氧化、抗运动疲劳等多种生理活性。同时，多肽或寡肽更有利于人体吸收利用，因此酶解多肽饮料成为保健饮料开发的热点。

目前多肽饮料包括源于动物蛋白的乳清多肽、牡蛎肽、贻贝多肽、鸡源多肽、胶原蛋白肽、羊肉肌原纤维蛋白发酵饮料；源于植物蛋白的小麦肽、大豆多肽、玉米胚芽蛋白、绿豆肽、榛仁肽、核桃肽等。研究者用中性蛋白酶、风味蛋白酶、碱性蛋白酶三种酶分别水解羊肉中肌原纤维蛋白，确定中性蛋白酶是酶解肌原纤维蛋白最佳选择后，利用保加利亚乳杆菌、清酒乳杆菌和植物乳杆菌三种乳酸菌对酶解后的肌原蛋白进行发酵，制备优质蛋白肽饮料，获得了有利于老龄人群及患病人群消化吸收的多肽饮料。

9.2.3.2 多糖及膳食纤维饮料

来自灵芝、猴头菇等真菌和藻类以及其他一些天然植物中的活性多糖，具有提高人体免疫能力的作用。借助于生物技术可以有效地从中提取出多糖物质，作为生产多糖保健饮料的原料。利用纤维素酶对灵芝破壁孢子粉进行酶解后可获得2.87%左右的灵芝多糖，制备成灵芝多糖功能饮料后其DPPH自由基半清除率（IC_{50}）为0.537mg/mL，羟自由基清除率（IC_{50}）为0.65mg/mL。表明灵芝多糖功能饮料存在良好的抗氧化活性，能够有效清除羟自由基，对人体内稳态的维持起到非常重要的作用。

膳食纤维是指“木质素与不能被人体消化道分泌的消化酶所消化的多糖的总称”，这里主要是指植物性物质，如纤维素、半纤维素、木质素、戊聚糖、果胶和树胶等。目前营养学界公认，缺少膳食纤维是引起便秘、胆结石等疾病的原因之一，摄取一定量的膳食纤维对缓解肥胖、降低血糖和胆固醇、预防糖尿病和肠道疾病有一定的作用。选用水溶性膳食纤维可以生产出优质的膳食纤维饮料。对水溶性较差的膳食纤维，应进行适当预处理，如均质和添加适量悬浮剂等，以改善膳食纤维在饮料中的分散性和适口性等。目前多采用纤维素酶法从果蔬中提取水溶性膳食纤维，如从豆渣、香菇柄、土豆、香蕉皮、苹果皮、葡萄皮等材料中酶解提取得到的膳食纤维与辅料结合，开发出具有良好风味的保健饮料。

9.2.3.3 醇类饮料

较为引人注目的有 γ-谷维醇、二十八烷醇等。

(1) γ-谷维醇

γ-谷维醇主要存在于米糠及米胚芽中，是环木菠萝醇同系物阿魏酸酯的混合物，在米糠中的含量为 0.3%～0.5%，可以明显降低血清总胆固醇和低密度脂蛋白含量，降低甘油三酯和肝胆固醇含量。采用木瓜蛋白酶和纤维素酶对米糠进行酶解，均可提高 γ-谷维醇的得率，进行米糠保健饮料的制备。

(2) 二十八烷醇

二十八烷醇是一种直链、高分子量的脂肪醇，各种植物的表皮蜡质层中都含有微量的二十八烷醇，主要存在于小麦胚芽油、米糠油中。二十八烷醇具有抗疲劳、降低收缩期血压、减轻肌肉疼痛、提高反应灵敏性等多项生理功能。在人群试验中，二十八烷醇可改善动脉疾病患者的心血管功能和步行能力，它影响健康成人的血清低密度脂蛋白和高密度脂蛋白浓度，能调节 2 型高胆固醇血症患者的低密度脂蛋白、高密度脂蛋白、总胆固醇和甘油三酯水平。在过度体重变化和高强度运动中摄入二十八烷醇能影响胆固醇代谢和血液中的氧化应激，具有增强人的体力和耐久力、促进基础代谢的功能。目前二十八烷醇主要从米糠或者小麦中进行酶解提取，是抗疲劳饮料中除了咖啡因、牛磺酸之外的另一大主要成分。

9.2.3.4 酶改善蛋白饮料风味

植物蛋白饮料多以植物种子为原料，这类原料不仅富含蛋白质，同时，植物种子原料中脂肪含量也较高，黑芝麻、杏仁、花生中的脂肪含量都在 40%以上，核桃中的脂肪含量更是高达 58.8%。与动物脂肪相比，植物脂肪的突出优势为不含胆固醇且不饱和脂肪酸含量高。多不饱和脂肪酸不稳定，极易受到过氧化作用产生脂质过氧化物，导致油脂哈败产生不良风味，降低了产品的可食用性和商品性。如大豆中脂肪氧化酶的活性很高，当大豆的细胞壁破碎后，只需有少量水分存在，脂肪氧化酶就可以与大豆中的亚油酸、亚麻酸等底物反应，发生氧化降解，产生明显豆腥味。

用 GC-MS 的分析手段，已鉴定出近百种氧化降解产物。其中己醛是造成豆腥味的主要化合物。研究发现脂肪氧化酶的耐热性较差，经轻度的热处理就可以达到钝化酶的目的。豆奶加工过程中，采用 80℃以上热磨的方法，是防止脂肪氧化酶作用产生豆腥味的一个有效的方法，也是现行豆奶加工中广为采用的方法。此外，采用适当的热处理还可以使得大豆中的胰蛋白酶抑制物和血细胞凝集素失活，有利于减少豆奶中的抗营养因子。

9.3 基因工程在饮料生产中的应用

1973 年美国斯坦福大学和旧金山大学 Coken 和 Boyer 两位科学家成功地进行了 DNA 分子重组试验，揭开了基因工程发展的序幕。1984 年，Bevan 报告了将从粪链球菌中提取的基因转入烟草（*Nicotiana plumbaginifolia*）的基因组，开创了转基因生物时代。1993 年，美国农业部（USDA）和美国食品药品监督管理局（FDA）批准第一个转基因作物产品——延熟保鲜番茄进入市场之后，转基因生物作为食品进入人们的生活。

时至今日，由于重组 DNA 技术以及胚胎操作和移植方面的研究进展已经使将特定基因引入动物种系变得相对常见，转基因动物中外源基因的表达可以通过组织特异性和分化特异性的方式进行控制。人们最早使用基因工程技术对奶牛进行人工操纵主要是尝试提高其生长速度和饲料转化率，如 FDA 批准利用重组牛生长激素（rBST）注射奶牛以增加乳制品产量。随后人们尝试将所需要的基因置于乳蛋白基因的启动子和增强子元件的控制之下，利用奶牛乳腺分泌生产新型和有价值的蛋白质，如血浆增溶剂、人血清白蛋白等药用蛋白质。

牛乳作为重要的饮料原料，对其主要成分的遗传修饰亦成为基因工程研究的重点。人们可以设想通过操纵关键的代谢酶调节牛奶中的乳糖以及其他功能成分，以获得具有高商业价值和营养价值的牛奶。这些操作的类型包括引进现有的基因、应用高表达水平蛋白的基因调节序列、移植来自其他物种的乳蛋白基因、移植具有特异的化学修饰功能的乳蛋白和其他乳汁成分的基因。

9.3.1 改良乳饮料加工原料

9.3.1.1 酪蛋白

酪蛋白是牛奶中的主要蛋白，占牛奶中总蛋白的 78%以上。由于自身的相对数量、磷酸化的程度及酶切位点等决定了酪蛋白的物理和化学性质，从而对牛奶加工产生重要影响，如增加牛奶中 α-酪蛋白和 β-酪蛋白可能会增加凝乳硬度和在加工奶酪时的性质。增加 κ-酪蛋白的数量可能会使胶粒变小、加强牛奶的热稳定性和降低凝胶化的概率。减少磷酸盐的含量可能会产出更柔软、湿润的奶酪，而增加磷酸盐的含量可能会产出比较硬实的奶酪。由于牛奶中的酪蛋白分子含有丝氨酸磷酸，它能结合钙离子而使酪蛋白沉淀。采用氨基酸定点突变技术，可以使 κ-酪蛋白分子中 Ala-53 被丝氨酸所置换，以提高其磷酸化率，使 κ-酪蛋白分子间斥力增加，提高牛奶的热稳定性，这对防止消毒奶沉淀和炼乳凝结起重要作用。改变酪蛋白的氨基酸序列还可以产生对蛋白水解酶敏感的肽链，从而增加其在奶酪成熟过程中结构改进的概率。此外，还可在奶牛基因组中引入外源酪蛋白基因或通过额外表达内源酪蛋白基因的克隆片段，以便提高牛奶中酪蛋白含量。

9.3.1.2 乳清蛋白

乳清蛋白存在于沉淀酪蛋白后的乳清中，牛奶中乳清蛋白多是易于变性的球蛋白，主要是 α-乳白蛋白和 β-乳球蛋白，其中 α-乳白蛋白约占乳清蛋白的 20%，β-乳球蛋白约占 50%。此外，乳清蛋白中还有少量的牛血清白蛋白、免疫球蛋白、乳铁蛋白、乳过氧化氢酶和蛋白胨等。β-乳球蛋白被认为是引起食品加工和婴（幼）儿营养吸收方面许多问题的源头。这些问题包括 β-乳球蛋白的 Cys121 上游离的巯基在牛奶加工过程中会产生异味、β-乳球蛋白紧密的球状结构易造成消化困难，以及它可能引发婴儿的过敏反应（天然的 β-乳球蛋白是婴儿牛奶过敏症的主要致敏原）。解决这些问题的一个可行的办法是用如基因敲除等方法将 β-乳球蛋白从牛奶中去除。由于 β-乳球蛋白中含有大量的 Cys，基于营养要求，用易消化且不易引起变态反应的蛋白来代替 β-乳球蛋白时，还应考虑半胱氨酸的含量变化。针对 β-乳球蛋白性质的研究，包括固有性质的直接利用、消除其对于婴儿的致敏性、潜在生物功能活性的研究和通过改变其性质扩大其在食品工业中的应用范围等，一直是牛奶产业开发研究的重点。

乳铁蛋白也是一种乳清蛋白。乳铁蛋白含量虽低，但生物活性高，具有抗细菌性、铁质转移、促进细胞生长、提高免疫力、抗氧化性、抑制游离基形成等特性。其在人乳中水平较高，在牛奶中则相对水平较低。中国研究者成功利用体细胞克隆技术获得人乳铁蛋白基因和人 α-乳清白蛋白转基因克隆牛，且表达的蛋白质具有与天然蛋白质相同的生物活性。

9.3.1.3 乳糖

在乳腺中，α-乳白蛋白的主要生理功能是参与乳糖的合成，是乳糖合成酶的一部分。乳糖是一种不能被大部分人很好吸收的二糖。美国国家奶牛委员会研究结果显示，世界上大多数人（大于70%）肠道中缺少乳糖酶，不能将乳中的乳糖有效分解为单糖，这种消化不良导致了许多肠道问题，并使好多人不能食用乳制品。但是完全将乳白蛋白从牛奶中排除并不合适，最好的选择是获得适当水平的乳糖，既不会造成消化不良又不影响乳腺功能。为达到这一目标，科学家已经提出了许多分子遗传的方法，如基因反义抑制技术、RNA构成酶技术等。目前主要有2种方法可以降低牛乳中的乳糖含量。一种是分泌后技术，即牛奶挤出后进行各种乳糖酶的预处理，水解掉至少70%的乳糖，但由于这一处理的繁琐和费时，增加了乳品加工的成本和难度，所以未被广泛采用。另一种是分泌前技术，通过基因剔除和胚胎干细胞方法除去α-LA基因。已有研究用同源复合和胚胎干细胞的方法产生了缺乏α-LA的小鼠。

9.3.1.4 乳脂

人乳中脂肪酸的成分与牛奶中的有明显不同。其中短链脂肪酸、胆固醇和饱和脂肪酸含量较少而不饱和脂肪酸含量较高。重组DNA技术可以用来改进牛奶中脂质的组成以满足婴儿的需要。方法之一就是通过克隆人源的乙酰辅酶A羧化酶基因来调节牛乳腺的脂肪酸合成，一旦这个酶的调控机制得到更好的诠释，就可以将调节基因整合到牛的基因组中，用来改变牛奶中的脂质成分。

人们还尝试利用miRNA调节山羊奶的脂质代谢，如过表达miR-25抑制三酰基甘油合成和脂液滴积累，以及通过乳腺特异性表达启动子对硬脂酰-CoA去饱和酶基因进行过表达，该基因参与饱和脂肪酸转化为单不饱和脂肪酸的代谢过程，可以改善乳脂肪不饱和脂肪酸的水平，降低饱和脂肪酸的含量，从而获得高水平的ω-3多不饱和脂肪酸。

9.3.2 提供全新的菌种

9.3.2.1 基因工程酵母菌

（1）啤酒酵母

啤酒酵母的质量控制决定了啤酒的质量，随着DNA重组技术的发展，啤酒酵母的定向育种迅速发展起来。近年来，多株Lager酵母菌株陆续完成了全基因组测序，为探索不同类型Lager酵母起源提供了基因组学基础。利用基因工程技术，在不改变酵母原有特性的基础上，可以有效利用麦芽汁中的营养物质，降低不利的副产物生成量，改良发酵性能等，赋予酵母新的特性。

① 直接糖化淀粉　早在20世纪90年代，人们就尝试克隆泡盛曲霉（*Aspergillus awamori*）的葡萄糖淀粉酶基因，将其置于酵母烯醇酶（enolase）启动子和终止子之间，构建了表达载体，转化非营养缺陷型酒精酵母AS.2.1364，获得能直接将淀粉转化为葡萄糖并可发酵产生酒精的转基因酵母菌株。这种由酵母代谢产生的低热量啤酒不需要增加酶制剂，且缩短了生产时间。

② 分解β-葡聚糖　β-葡聚糖的黏度很高，不利于麦芽汁和啤酒的过滤性能的保持以及啤酒的风味稳定性。β-葡聚糖酶可以通过水解β-葡聚糖的β-1,4和β-1,3葡萄糖苷键，降低醪液的黏度。含有细胞外β-葡聚糖基因的酵母能降解β-葡聚糖，改善啤酒的过滤性能。研

究人员克隆了枯草芽孢杆菌和真菌的葡聚糖酶基因，转化并获得了具有葡聚糖分解能力的重组酵母菌，从而解决了啤酒中由葡聚糖引起的浑浊问题。

③ 降低双乙酰的生成量　双乙酰是啤酒发酵的副产物，对啤酒风味的影响很大，因此其含量高低成为衡量啤酒是否成熟的指标（0.1mg/L）。双乙酰是由丙酮酸在生物合成缬氨酸或异亮氨酸时，中间代谢产物 α-乙酰乳酸转化得到的。双乙酰在酵母体内可被还原酶作用生成乙偶姻和2,3-丁二醇，或直接被 α-乙酰乳酸脱羧酶作用快速生成乙偶姻。

④ 降低 H_2S 的生成量　H_2S 是啤酒中主要的硫化物之一，影响啤酒的风味。主要在发酵过程中形成，是酵母对半胱氨酸及硫酸盐和亚硫酸盐的同化作用及酵母合成蛋氨酸受抑制时的中间产物。可通过克隆 *NHS5* 基因并引入酵母，或将 *MET25* 基因置于糖酵解启动子控制下，并将其整合到酵母的 rDNA 中进行组成型表达，均可降低酵母 H_2S 的生成量。

⑤ 降低高级醇的生成量　高级醇是啤酒的主要香味和口味物质之一，在主发酵期间形成，是3个碳以上的一元醇类物质的总称，包括正丙醇、正丁醇、异丁醇、异戊醇等，目前啤酒中检出30多种高级醇类化合物。适量的高级醇能使酒体丰富，口味协调，给人以醇厚的感觉，但如果含量过高，会导致饮后上头并使啤酒有异味，应严格控制。高级醇的产生途径，一方面来自氨基酸转氨途径，另一方面来自糖代谢途径。丙酮酸脱羧酶是从缬氨酸到异丁醇的代谢途径中，合成异丁醇的关键酶，可通过构建抑制丙酮酸脱羧酶基因表达的工程菌来降低异丁醇的生成量。此外，丙酮酸在合成缬氨酸的过程中会生产异丁醇的前体物质 α-酮异戊酸，该化合物能被异丙基苹果酸合成酶（LEU1）催化生成异戊醇的前体物质 α-酮异己酸。研究者通过构建重组质粒 pUC-LABK，获得 LA-KanMXLB 重组盒，转入酵母后，筛选出 *LEU1* 基因缺失的突变株 A-L9，使得异戊醇的生成量显著下降。也可以通过敲除编码氨基酸转运蛋白的基因 *GAP1*，使得重组酵母菌在生长性能基本保持不变的情况下，对 α-氨基氮和麦芽糖利用能力下降，进而使得高级醇的含量下降约22%。

⑥ 解决醇高酯低的问题　啤酒发酵的副产物中，乙酸乙酯和高级醇是影响啤酒风味的重要物质。氨基酸转氨酶（BAT2）基因影响高级醇的生成量，醇乙酰基转移酶（Lg-ATF1）基因影响乙酸乙酯的生成量，利用酶切连接法构建重组质粒 pUC-PLABBK，获得重组菌株 S5-Lg，通过敲除酵母 BAT2 基因同时过表达 Lg-ATF1 基因，使得菌株 S5-Lg 发酵后高级醇降低9.12%，乙酸乙酯升高26.81%，醇酯比更为适宜。且与原菌株 S5 的生长性能和发酵性能基本保持一致。

⑦ 发酵性能的改良　啤酒酿造过程中，酵母絮凝性的好坏是至关重要的。絮凝性是啤酒酵母的重要特性之一，良好的絮凝性能使酵母在啤酒发酵后快速沉淀到发酵罐底部，既能降低分离酵母所需的能耗，也能避免酵母悬浮在发酵液中不及时沉淀造成的自溶现象。但是在啤酒发酵中使用高 PYF 活力水平的麦芽时，酵母便会提前絮凝，该现象对啤酒酿造产生不利影响。絮凝是酵母自我保护的方式，在不利环境中，酵母的絮凝可使其避免受到各种因素的胁迫，絮凝基因（*FLO8* 基因）的改变会影响酵母对抗逆境的能力。人们尝试利用 PCR 介导基因中断技术，以 pUG6 为模板，设计含有与 *FLO8* 基因两侧序列同源的引物，构建带有 *KanMX* 基因的中断盒，转化啤酒酵母 G-03，利用基因片段同源重组，敲除 *FLO8* 基因。从而削弱啤酒酵母的絮凝力，使其在高 PYF 值麦芽汁中发酵时能保持很好的发酵性能。

⑧ 高温高浓度发酵菌种的构建　啤酒酿造通常采用低温发酵，而高温高浓度发酵将给啤酒生产带来更大的便利和降低成本，但也会存在酵母回收、副产物高级醇生成量过高等问题。人们通过弱化线粒体支链氨基酸转氨酶（BAT1）的表达以及过表达 *FLO5* 基因，构建了重组酵母载体，发酵后高级醇生成量为142.13mg/L，降低了18.4%，啤酒酵母的凝聚性

达到85.44%，提高了63%。通过对*FLO5*基因和*BAT1*基因的遗传改造，提高了啤酒酵母高温高浓度发酵的凝聚性能，并降低了高级醇的生成量，此研究对啤酒发酵后酵母的回收及啤酒风味具有重要意义。

⑨ 抗自溶啤酒酵母菌种的选育　啤酒酵母的自溶会影响啤酒的品质，人们发现，*RLM1*基因编码一种血清效应因子，作为重要的转录因子参与了乙酰转移酶（Spt-Ada-Gcn5-acetyltransferase，SAGA）复合物对细胞壁应激反应的转录调控。研究者发现将*RLM1*基因敲除后，将导致细胞壁完整性（CWI）通路失活，啤酒酵母的抗自溶性会变差，并影响酵母的抗渗透压性能，减弱细胞壁损伤的耐受性、抗氮饥饿性能和温度耐受性；而*RLM1*基因过表达则会有助于啤酒酵母的抗自溶。进而发现细胞壁组装及DNA损伤应答相关基因*GAS1*的表达随*RLM1*的过表达与敲除而调整，表明*RLM1*基因编码的血清效应因子通过调控酵母逆境胁迫基因，对酵母的抗自溶能力产生影响，为啤酒酵母抗自溶能力菌株的选育提供依据。

(2) 葡萄酒酵母

在葡萄酒中同样存在高级醇含量相对偏高的问题。人们尝试利用基因工程手段通过阻断高级醇前体物α-酮酸的产生和促进其分解两方面来实现葡萄酒中高级醇含量的降低。以精氨酸缺陷型葡萄酒酵母YZ22为出发菌株，通过构建游离型表达载体表达线粒体支链氨基酸转氨酶基因（*BAT1*）；构建整合型表达载体过表达*BAT1*基因同时敲除细胞质支链氨基酸转氨酶基因（*BAT2*）；构建整合型表达载体过表达*BAT1*基因同时敲除二氢酸脱水酶基因（*ILV3*）。结果发现，过表达*BAT1*以及敲除*BAT2*均可以达到较好的减弱高级醇的发酵效果，并且随着发酵温度升高，异丁醇和异戊醇含量的降低幅度也逐渐增大。

还有人尝试利用基因工程将烟曲霉中的柠檬酸裂解酶基因导入酿酒酵母细胞，使蓝莓汁中的柠檬酸裂解为丙酮酸，降糖快、发酵周期短，而且提高了蓝莓酒的风味。

总之，基因工程技术不仅能够克服化学合成法和酶解法成本高的缺陷，还能根据需要，获得目标产物，具有广阔的市场前景。

(3) 产酯酵母

产酯酵母是一类可产酯类物质的酵母菌，具有较强的氧化特性，在发酵过程中可产生醇类、酯类、酸类、烷烃类、芳香烃类、酮类等。这些物质含量各异，构成了不同酵母菌的独特发酵香气，已应用于白酒、葡萄酒及调味品等食品发酵行业中。

对优势产酯酵母的选择除了自然选育、诱变育种、原生质体融合育种，还有基因工程育种。基因工程育种具有定向性明确、遗传稳定的优势。CRISPR-Cas9是一种RNA引导的DNA核酸内切酶，它利用RNA-DNA碱基配对来靶向外源目标基因，是操作细菌、酵母和人类细胞基因重组的简单高效的系统。人们通过CRISPR-Cas9系统将酿脓链球菌（*Streptococcus pyogenes*）中RNA聚合酶Ⅲ杂合启动子应用于马克思克鲁维酵母（*Kluyveromyces marxianus*），可影响酵母菌细胞中乙酸乙酯和乙醇的合成。考虑到基因工程改良菌种中外源基因的安全性一直备受争议，利用基因工程技术改造的菌种尚不能直接应用于食品饮料生产，但可为选育产酯优良的酵母和改善发酵食品风味提供一定思路和参考。

9.3.2.2 基因工程乳酸菌

乳酸菌（lactic acid bacteria，LAB）是人和动物肠道内的一种常见益生菌，常见菌属包括乳酸杆菌属、乳酸乳球菌属、双歧杆菌属和链球菌属等，具有提供营养、改善胃肠道功能、提高免疫力、抗菌等作用。随着基因工程技术的发展，乳酸菌及其食品级表达系统被作为载体传递系统，广泛应用于生物制剂、口服疫苗、抗菌肽制备等领域，发挥了益生作用和外源基因表达的双重功能。

乳酸菌的食品级表达载体包含目的基因、复制子、启动子、选择标记以及其他一些元件等表达载体的通用元件，但其选择标记是食品级别的。目前乳酸菌表达载体的诱导型启动子主要有糖诱导启动子和细菌素诱导启动子。糖诱导启动子最具代表性的是来自乳酸乳球菌乳糖操纵子的 lacA 启动子，在诸如大肠杆菌、酵母菌等表达系统中得到广泛运用。乳链菌肽（nisin）诱导启动子是乳酸菌特有的诱导表达系统，nisin 是乳酸乳球菌产生的一种食品级抗菌肽，而乳链菌肽控制表达系统是在 nisin 诱导下由 nisA 启动子控制的目的基因高效表达系统。pNZ8149 是目前常用的诱导型食品级表达载体，研究人员已经以此为基础构建了一系列表达载体，在 nisA 启动子的控制下表达外源基因。

乳酸菌的基因工程技术改善了菌种的特性，提高了菌种的品质，增加了其商业价值。食品级载体 pFG1 表达瑞士乳杆菌编码的肽酶基因，能够缩短奶酪生产的成熟期，对生产具有改良特性的奶酪至关重要。低聚半乳糖是人体肠道中双歧杆菌的增殖因子，常作为营养物质添加在婴幼儿的食品中，能够改善婴幼儿的消化吸收。人们通过构建表达食品级 β-半乳糖苷酶的重组乳酸乳球菌 MG1363，其表达产物 β-半乳糖苷酶用于乳糖转化和低聚半乳糖的形成，并通过小鼠实验评估证明该系统有效地减轻了乳糖不耐患者摄取乳糖后引起的腹泻症状，有望成为缓解乳糖不耐症的益生菌。

9.3.2.3 解淀粉芽孢杆菌

解淀粉芽孢杆菌（*Bacillus amyloliquefaciens*），又名瓦雷兹芽孢杆菌，在多种工业酶（如蛋白酶、α-淀粉酶、β-葡聚糖酶和纤溶酶等）及核苷酸、氨基酸和生物聚合物等的生物制造中都具有广泛的用途。因其高效的胞外蛋白分泌能力，解淀粉芽孢杆菌在作为高效蛋白重组表达宿主菌方面展现出了巨大的发展潜力。近几十年来，对该菌的研究主要集中在应用领域开发和生物发酵工艺过程控制等方面。

作为重要的微生物遗传操作工具，枯草芽孢杆菌作为模式菌株的常用质粒如穿梭质粒 pHY300PLK(复制蛋白 RepB)、组成型表达载体 pMA5(复制蛋白 RepB)、诱导型表达载体 pHT01 和 pHT43(复制蛋白 RepA)、温度敏感型质粒 pDR(复制蛋白 RepF) 均可在 *B. amyloliquefaciens* 中使用。此外，Pr2、P41、P43、Phpa Ⅱ 等在 *B. amyloliquefaciens* 中被证实是特征明显的强组成型启动子，被广泛用于酶的过表达和代谢工程，而 Pgrac (IPTG 诱导型)、PxylA(木糖诱导型) 和 PsacB(蔗糖诱导型) 等诱导型启动子已报道成功实现蛋白在 *B. amyloliquefaciens* 中高水平表达。

作为多种食品工业酶的生产菌株，*B. amyloliquefaciens* 因拥有极强蛋白分泌能力常被作为外源蛋白表达的理想宿主。目前，已有多种淀粉酶、蛋白酶等已成功实现在 *B. amyloliquefaciens* 的异源重组合成。高温球菌来源的 α-淀粉酶（PFA）具有耐热性、半衰期长和在低 pH 条件下的最佳活性，在淀粉加工方面具有巨大的工业应用潜力。鉴于不同信号肽对于外源蛋白的表达具有不同程度的影响，Qiu Y B 等（2020）在 *B. amyloliquefaciens* NBC 中优化了 SPamyQ、SPsacB、SPnpr、SPyncM 和 SPsacC 等 5 个信号肽来强化果聚糖酶在 *B. amyloliquefaciens* 中的分泌表达，发现 SPnpr 信号肽的分泌效率最高。为了提高 *B. amyloliquefaciens* NK-ΔLP 合成果聚糖的产量，Feng 等（2015）移除了 6 个蛋白酶相关基因、生物膜基质蛋白 TasA 和 γ-PGA 合成酶基因簇（PgsBCA），改造后重组菌株的果聚糖产量提高了 103%。

近年来，CRISPR-Cas 已发展成为生命科学领域备受关注的热点研究方向，基于这种简单、灵活、高效的基因组编辑技术，人们可以按照意愿对工业微生物进行快速设计与改造。

B. amyloliquefaciens 同样适用于能够快速对基因组多基因进行无痕修饰的 CRISPR-Cas9 Nickase(CRISPR-Cas9n) 双质粒系统。邱益彬等（2022）围绕多元分子量 γ-聚谷氨酸（γ-PGA）可控合成为目标，开发了以降解酶为“开关”调控产物分子量和浓度的新策略。设计的 CRISPRi 系统采用了多重 sgRNA 组合的策略来对 γ-PGA 降解酶 pgdS 进行动态调控，实现了高、中、低多元分子量 γ-PGA 的制备。此外，基因工程改造后的 *B. amyloliquefaciens* 菌株还广泛应用于胞外多糖、核苷酸、抗菌脂肽、乙偶姻等化合物的合成。

9.3.3 改善饮料加工原料

利用基因工程改造后的菌种，不仅可以使产品的产量和风味获得提升，还可以使原来从动植物体中提取的各种食品添加剂，如天然甜味剂、香料、色素、维生素等转为由微生物直接生产而来。目前通过菌种改良，已能大规模发酵生产如索玛甜、红曲色素、维生素 C、香味脂类和黄原胶等食品饮料工业的原料，有的通过直接添加以塑造饮料的新口感，有的通过混合菌发酵改良风味、提升品质，使得饮料的加工工艺发生极大的改变。

9.3.3.1 天然甜味剂

早期化学合成的甜味剂因口感不好并有致癌嫌疑，逐渐退出了市场，而天然甜味剂热量低、安全无毒又不易被细菌利用，其制成的食品能满足肥胖、高血压、冠心病、糖尿病患者对甜味的嗜好。因此，从天然资源中找到天然甜味剂越来越被人们重视。

（1）甜蛋白

从植物中发现的甜蛋白是一种天然的安全甜味剂，它们甜度高、热量低、不致龋齿、安全性好。可应用于食品、饮料、糖果、蜜饯、乳制品、保健品、宠物饲料以及医药、化妆品中作为添加剂或辅料。

人们陆续从热带植物中发现了几种天然甜蛋白。

① 索马甜（thaumatin） 天然索马甜存在于西非热带雨林竹芋科植物 *Thaumatococcus daniellii* Benth 的假种皮中，其甜度是等量蔗糖的 3000 倍。索马甜被认为是目前最甜的甜味物质之一。它既是天然甜味剂又是风味改良剂，能掩盖食品的苦涩味并增加芳香味，用于口香糖、食品、饮料、糖果和宠物饲料添加剂。

由于 *T. deniellii* Benth 的引种较为困难，人们尝试应用基因工程的手段进行生产的探索。但是先后用大肠杆菌和酵母菌作为表达载体的尝试都难以获得完整的蛋白结构或者表达蛋白不可溶并且没有甜味。1990 年，新西兰科学家用毛发根转化技术将甜味蛋白基因插入马铃薯基因组中，甜味蛋白先被克隆在植物穿梭载体 pWIT2 中的花椰菜花叶病毒启动子 CaMV35S 下游，然后将此克隆载体与农杆菌质粒一起接种在马铃薯的愈伤组织中，随后诱导培养出完整植株。结果在转化体的叶片、茎、毛根和块茎组织均有甜味，这说明马铃薯可以对外源的甜味蛋白基因表达的产物进行准确的后加工，并形成高级构象，使之具有甜味蛋白的活性。

② 应乐果甜蛋白（monellin） 应乐果甜蛋白最早由 Morris 和 Cagan 在 1972 年从西非植物 *Dioscoreo phyllumuumminisii* Diels 的浆果中分离提纯得到，应乐果甜蛋白的甜度同样约为等重蔗糖的 3000 倍。天然应乐果甜蛋白由 A、B 两条多肽链聚合而成，这种聚合体在高温条件下稳定，在 65℃时会解离从而失去甜味，因此它的应用受到限制。利用蛋白质工程技术将 A 链的氨基端和 B 链的羧基端连接起来，提高了该蛋白结构的稳定性，但是并不改变其甜度，从而增加了该蛋白的实用性。应乐果甜蛋白分子量小，甜度高，因此吸引了很多科学家在大肠杆菌、酵母、马铃薯和莴苣中进行基因工程研究。

③ 马槟榔蛋白　1983年，中国科学院昆明植物研究所的胡忠等人（1983）从中药马槟榔（*Capparis masaikai* Levl.）的成熟种子中分离出了一种甜蛋白，它的分子量与应乐果甜蛋白接近，甜度是等量蔗糖的375倍。已发现5种马槟榔蛋白异构体，其中4种有较高的热稳定性，80℃保温48h仍有甜味。由于马槟榔仅分布在中国热带和亚热带地区，数量少，引种移栽较难，目前有报道在大肠杆菌和食品级乳酸菌中表达马槟榔蛋白。通过构建果实特异性表达E8启动子驱动的重组马槟榔甜蛋白（MBLⅡ）植物表达载体，侵染人参果愈伤组织，构建再生体系，可以实现甜蛋白基因在人参果果实中的特异表达，有望利用转基因技术在完全保留人参果独特的低糖、低脂肪，富含维生素C、硒、钼等特点及其他一些优良性状的同时，为改善其风味和增加甜度奠定基础。

此外，培它丁（pentadin）和布那珍韦（brazzein）都是从非洲热带植物 *Pentadiplandra brazzeana* 的果实中分离得到的甜蛋白；仙茅蛋白（curculin）是从马来西亚石蒜科植物光叶仙茅的果实中分离得到的；奇果蛋白（miraculin）是在西非植物 *Richardella dulcifica* 中发现的一种变味修饰蛋白。尽管甜蛋白由于其蛋白质组成特性，稳定性不如蔗糖，应用范围有一定的局限性，但可通过与其他甜味剂合用，起到协同增效的作用，如索马甜与阿斯巴甜合用，有协同效果，添加10mg/kg的索马甜能减少30%阿斯巴甜的用量，而甜度相同，因此被广泛使用在包括饮料在内的食品和日化、医药等领域。

利用基因工程来生产植物甜味蛋白尚需要解决生产成本、安全认证和消费者认可度等问题，但毋庸置疑，利用高新生物技术生产甜蛋白在未来的甜味剂市场竞争中大有作为。

（2）甜菊糖

甜菊糖（stevia sugar），或称甜菊糖苷，是甜叶菊（*Stevia rebaudiana*）的提取物，在巴西和巴拉圭，甜菊糖作为天然食糖已经有几百年的历史。这类糖苷的化学成分由双萜苷元和糖基组成（图9-1），其甜度为蔗糖的200～300倍，但在人体内基本不会被代谢和吸收。甜菊糖作为新一代的天然高倍甜味剂在近几年得以迅速发展，已成为第一代糖源（蔗糖）和第二代糖源（阿斯巴甜）的替代品，被称为世界“第三代天然零热量健康糖源”。甜叶菊的甜菊糖主要在叶片合成，是由甜菊醇（steviol）这一萜类化合物加糖基所形成的多种甜菊糖苷的混合物（表9-2）。

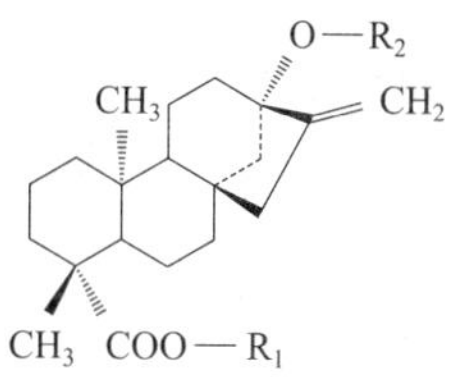

图9-1　甜菊醇及甜菊糖苷的结构

表9-2　常见的甜菊糖苷

分子名称	R_1	R_2
甜菊醇(steviol)	H	H
甜菊醇单糖苷(steviolmonoside)	H	β-glc
甜菊双糖苷(steviolbioside)	H	β-glc-β-glc
甜菊糖苷A(rebaudioside A)	β-glc	β-glc
甜菊糖苷B(rebaudioside B)	H	β-glc β-glc-β-glc
甜菊糖苷M(rebaudioside M)	β-glc β-glc-β-glc	β-glc β-glc-β-glc

注：R_1 和 R_2 为图9-1中的两个基团。

参与甜菊糖苷合成的基因大多已被发现并克隆，甜菊醇作为双萜类衍生物，与植物体内其他萜类化合物一样，主要通过异戊二烯生物合成途径产生，由于甜叶菊这类植物含有特异的贝壳杉烯酸-13-羟化酶，它可将异贝壳杉烯酸羟化成甜菊醇。随后几个葡糖基转化酶(UGT）再以UDP-葡糖基为底物将糖基转移到甜菊醇的C-13和C-19的羟基上以合成不同的甜菊糖苷。已从甜叶菊中克隆编码KAH的基因，该基因属于细胞色素P450家族的一员，研究者发现拟南芥中的一个细胞色素P450蛋白CYP714A2可使贝壳杉烯酸转化成为甜菊醇。过量表达CYP714A2可使不含甜菊糖的拟南芥积累甜菊醇。人们从12个甜叶菊的UGT中找到了3个参与甜菊糖苷合成的UGT。其中UGT85C2可催化C-13的糖基化，UGT74G1可将葡萄糖加到C-19上，而UGT76G1则将另一葡萄糖加到C-13葡萄糖的C-3位上产生甜菊双糖苷A。甜菊糖苷生物合成途径上关键基因的发掘与验证将有利于通过基因工程和植物代谢工程的手段改良甜菊糖的生产，扩宽其零能量饮料甜味剂的市场。

(3）赤藓糖醇

赤藓糖醇是一种四碳糖醇，具有热量低、人体耐受性高、防龋齿、不引起血糖变化等优点，可以作为甜味剂添加到食品、饮料和日化消费品中。目前主要通过化学法、微生物发酵法生产赤藓糖醇。微生物发酵法具有反应温和、成本低廉、生产效率高等优点，因而更加广泛地应用于赤藓糖醇的工业化生产。其中主要使用的菌种是耐高渗透酵母，包括*Pichia*(毕赤氏酵母属)、*Candida*(假丝酵母)、*Torulopsis*(球拟酵母属)、*Trigonopsis*(三角酵母属)、*Moniliella*(丛梗孢酵母属)、*Trichospornides*(丝孢酵母属)、*Yarrowwia*(耶氏酵母属)、*Hansenula*(汉逊氏酵母属）等属的酵母。

酵母菌能够分别利用葡萄糖和甘油合成赤藓糖醇，其中葡萄糖主要来源于淀粉质原料的酶解，获取成本较高。甘油可作为副产物从生物燃料生产过程中获取，成本低廉，而且所具备的高渗透压特性能增强酵母菌生产赤藓糖醇的能力，酵母菌以甘油为基质生产赤藓糖醇的代谢途径复杂，其中涉及的酶和中间产物较多，因而具有更大的研究潜力。酵母菌在利用甘油合成赤藓糖醇的途径中存在许多关键性的酶，如转酮酶、转醛醇和赤藓糖醇还原酶等，对酵母菌的赤藓糖醇产量有极大的影响。采用基因工程的方法对产赤藓糖醇的酵母基因序列进行修饰，影响相关酶的基因表达量，最终可以实现增加赤藓糖醇的生产量和转化率的目的。超量表达酵母菌中编码赤藓糖还原酶的基因（YALIOF18590g)，可提高20%的赤藓糖醇产量；进一步超量表达GUT1(甘油激酶）和GUT2(甘油-3-磷酸脱氢酶）基因，增加赤藓糖醇代谢途径中的中间体，赤藓糖醇产量增加了35%；另有研究超量表达GUT1和TKL1(转酮醇酶）基因，比母本菌株的生产速率提升了75%，然后敲除FCY214中分解利用赤藓糖醇的关键基因EYK（赤藓酮糖激酶)，使该菌种无法以赤藓糖醇作为碳源，最终赤藓糖醇产量大大提高。

9.3.3.2 多糖

多糖（polysaccharide）是由糖苷键结合的糖链，是超过10个的单糖组成的聚合糖高分子碳水化合物。由相同的单糖组成的多糖称为同多糖，如淀粉、纤维素和糖原；以不同的单糖组成的多糖称为杂多糖，如阿拉伯胶是由戊糖和半乳糖等组成。多糖不是一种纯粹的化学物质，而是聚合程度不同的物质的混合物。微生物多糖在食品工业中的应用比较广泛，可以用作食品添加剂、抗凝剂、保鲜剂等，已经获得工业应用的有结冷胶、黄原胶、海藻糖、琼脂糖等。

(1）结冷胶

由少动鞘脂单胞菌（*Sphingomonas paucimobilis*）发酵产生的结冷胶（gellan gum）是一种高分子线性阴离子型胞外荚膜多糖，在水溶液中能够形成高黏性凝胶，经碱脱乙酰基处理后在不同阳离子存在下可形成硬而脆的凝胶。结冷胶既可形成类似琼脂和明胶的热可逆凝胶，也能形成类似海藻胶和卡拉胶的盐诱导凝胶。结冷胶具有黏着、涂膜、乳化、稳定泡沫、抗结晶、增稠等多种性能，应用在饮料中可以提高饮料的口感和营养价值。为了解决结冷胶发酵过程中氧的供需矛盾，有效提高结冷胶产量，研究者采用 CRISPR-Cas9 技术对菌株 *Sphingomonas elodea* JLJ 进行改造，将透明颤菌血红蛋白（VGB）基因敲入少动鞘氨醇单胞菌细胞内，并敲除乙酰基转移酶（NAT）基因，获得重组菌株 JLJ-vgb，成功表达有活性的血红蛋白（VHB），通过改造其代谢网络，从而提高菌株摄取和利用氧的能力，使得结冷胶的产量比出发菌株提高 127.32%。

（2）黄原胶

黄原胶（xanthan gum）是一种高黏度水溶性的胞外多糖，由黄单胞菌属（*xanthomonas campestris*）微生物经由好氧发酵产生，是新型的发酵工程产品及食品添加剂。黄原胶具有优良的乳化稳定性、温度稳定性、与食品中其他组分的相溶性以及流变性，被广泛应用于各种食品中。可作为增稠稳定剂应用于各种果汁饮料；作为乳化剂用于各种蛋白质饮料、乳饮料等中，防止油水分层、提高蛋白质的稳定性；还可作为高黏度填充剂、保水剂、保鲜剂、凝固剂等。

由于黄原胶的重大商业价值，利用基因工程改造生产菌株一直不断进行。近年来，黄原胶生产菌中与产胶相关的基因陆续被分离、测序，其中 *gum* 基因簇被认为是直接影响黄原胶结构和组成的一类结构基因。人们以野油菜黄单胞菌 X58 基因组为模板通过 PCR 扩增得到产胶基因 *gumBC*，构建了含 *gumBC* 基因表达载体（pBBR-gumBC）的重组菌株 X58-BC，通过对 *gumBC* 过量表达，获得了产生的黄原胶黏度值提高了 62%，剪切性能值提高了 57%的基因工程菌株。

9.3.4 其他饮料添加成分

9.3.4.1 维生素 C

维生素 C 又名 L-抗坏血酸（L-ascorbicacid），是一种水溶性维生素。因其所含还原性质子起电子载体的作用，而具有抗氧化特性，在人体胶原蛋白合成、氨基酸和胆固醇代谢、保持酶活性等方面发挥着重要的生理作用，是人体必需的维生素。因为人体不能表达维生素 C 合成的关键酶——L-古洛糖酸内酯氧化酶，所以必须依靠食物摄入。

目前，工业上主要采用两步发酵法生产维生素 C，主要特征是其第二步发酵为两种菌的混合发酵。一种菌为产酸菌（普通生酮基古龙酸杆菌，俗称小菌），可单独将山梨糖转化为维生素 C 前体 2-酮基-L-古龙酸（2-keto-L-gulonicacid，2-KLG），但其单独培养困难，转化效率极低。另一种菌为伴生菌（巨大芽孢杆菌，俗称大菌），它主要提供促产酸菌生长和产酸的“伴生物质”，从而大幅度提升产酸菌的发酵效率。但是采用混菌发酵模式，存在两菌间营养和空间竞争、伴生菌抑制产酸菌等固有问题，是当前阻碍发酵效率进一步提升的瓶颈问题，亟待生产技术和工艺的革新。研究者试图通过使用各种诱变选育、适应性进化和基因工程技术来改造目前的发酵菌种。主要的研究思路是构建能直接利用 D-葡萄糖或 D-山梨醇产 2-KLG 的基因工程菌进行单菌发酵。主要方法包括：①通过代谢工程改造小菌菌株实现单菌发酵，如通过重构 *Ketogulonigenium robustum* SPU-BO03 的 XFP-PTA 代谢途径，使该菌株胞内乙酰辅酶 A 含量提高 2.4 倍，生物量和 2-KLG 产量分别提高 17.27%和 21.09%。②在工程菌中过表达转化酶以实现单菌发酵。如在大肠杆菌中过表达 SSDHs 及其辅酶吡咯喹啉醌（PQQ），使重组工程菌的 2-KLG 产量达 72.4g/L，转化率达到 71.2%，具有经进一步改造后达到当前工业发酵水平的潜力。

9.3.4.2 癸内酯

癸内酯（γ-decalactone，GDL）被认为是安全的食品添加剂，具有奶油、椰子和桃子的香气，广泛应用于乳制品、饮料和其他食品工业。研究人员以解脂假丝酵母（*Yarrowia lipolytica*）的单倍体尿嘧啶缺陷型菌株为出发菌株，分别敲除酰基-CoA 氧化酶（POX3）和甘油激酶（GUT2）基因，以质粒 pSP72 作载体构建敲除组件，分别获得发酵 GDL 能力较高的转化子 POX-T5 和 GUT-T1，其产 GDL 能力可达到出发菌株的 2.53 倍和 1.3 倍。

9.3.4.3 红曲色素

红曲色素商品名叫红曲红，是红曲霉属的丝状真菌（*Monascus*）经培育、提取而成的天然优质色素。红曲色素因为具有天然营养、性质稳定、耐热性强、着色力佳等优点，被普遍应用于肉类、酒业等食物加工产业。近年来，由于合成色素的安全性问题，世界上很多国家法律明令限制使用某些人工合成色素，使得安全无毒的天然色素日益受到全世界各国人们的重视。

某些红曲菌株可以产生一种毒素——橘青霉素，污染红曲色素产品，使红曲色素产品的安全性受到了挑战。根据现行国家标准 GB 1886.181—2016《食品安全国家标准　食品添加剂红曲红》规定，红曲红单位色价的橘青霉素含量≤0.04mg/kg。因此，控制红曲色素产品中橘青霉素的含量成为红曲色素工业中的重要课题，主要包括低产橘青霉素菌株的筛选、发酵条件优化以及基因工程改造。

人们发现，橘青霉素的生物合成途径涉及 16 个基因，其中聚酮合酶（polyketide synthase，PKS）是合成橘青霉素的第一个关键酶。有学者将红色红曲菌（*M. ruber*）中的该基因敲除，发酵产物中橘青霉素的含量降低了 99%。研究者利用根癌农杆菌介导的转移脱氧核糖核酸（transfer deoxyribonucleic acid，T-DNA）转化技术敲除紫色红曲菌（*M. purpureus*）J01 的橘青霉素合成关键基因 *pksCT*，获得菌落形态及生物量与出发菌无显著性差异的 *pksCT* 基因敲除菌株 J42，利用高效液相色谱（HPLC）与液相色谱串联质谱（LC-MS/MS）对发酵产物中的橘青霉素含量与红曲色素色价进行了测定，发现菌株 J01 的橘青霉素含量为 5.1mg/kg，J42 菌丝体中未检测到橘青霉素，且菌株 J42 的红曲色素总色价为 415U/mL，是原始菌株的 1.56 倍，成功构建了一株不产橘青霉素高产红曲色素的生产菌株 J42。因此，通过基因工程构建橘青霉素合成基因的敲除菌株，能够有效抑制橘青霉素的合成，有利于红曲色素的工业生产。

9.3.4.4 γ-氨基丁酸

由于转基因食品生产的限制，直接利用基因工程技术改造菌种进行乳品发酵尚未被批准商品化，因而工业上目前主要通过诱变育种或者混菌发酵技术进行饮料加工工艺的革新。

γ-氨基丁酸（γ-aminobutyric acid，GABA）是一种天然的、四碳非蛋白氨基酸，由于具有降血压、抗抑郁、抗焦虑、改善脑机能等多种生理功能而得到广泛关注。动植物体中天然存在的 GABA 含量较低导致生产成本较高，因此各类富含 GABA 的食品成为开发的热点。以发酵乳制品为载体开发 GABA 功能性食品具有较好的市场前景，同时也符合我国奶业振兴促进乳制品创新升级的国家战略。GABA 乳制品通常是选育高产 GABA 的乳酸菌为发酵剂生产富含 GABA 的发酵乳、酸奶或奶酪。此外还可以在发酵过程中添加一定量的谷氨酸盐或辅酶磷酸吡哆醛以提高产品中 GABA 产量。利用浓缩乳清蛋白强化的脱脂乳粉发酵酸奶，在发酵剂中添加能赋予酸奶高黏特性和产 GABA 的混合菌，可以使酸奶中 GABA 含量达 1.64mg/100mL，是相应只添加具有高黏性菌株处理组的 4.56 倍。通过筛选得到的高产GABA的短乳杆菌DL1-11，可以在优化后的发酵条件下，提升发酵乳产品中GABA含量至（101.20 ±2.48)mg/100g。通过高产GABA乳酸菌的筛选及乳品配料的改良，能够显著提高乳制品中GABA产量。

思考题

1. 常运用于发酵饮料生产的菌种有哪些？分别具备什么样的生理特点。
2. 概述发酵工程在蛋白类发酵乳中的运用。
3. 举例说明果胶酶在饮料生产中的应用。
4. 概述饮料生产过程中酶工程的作用。
5. 举例说明基因工程改造的菌种对饮料生产的作用。

第10章

现代生物技术在食品保鲜方面的应用

本章导言

引领学生自主寻找问题，结合身边实例进行思考和讨论，培养学生创新进取精神，探索生物技术在食品保鲜方面的新应用。

10.1 食品保鲜概述

食品保鲜是指食品在保证安全的基础上，还能在营养、色泽、质地和风味等方面得到保证，保持食品的原汁原味。因此，为了保证食品固有的质量，控制不良变化的发生，食品保鲜成了食品贮藏过程中至关重要的一环。根据各类食品的特性和要求进行科学的食品保鲜，不仅可以保持食品的品质和食用安全性，还可以降低食品损耗、延长食物供应期、增加经济效益。

10.1.1 食品保鲜的含义

食品保鲜是在研究食品贮藏过程中物理特性、化学特性和生物特性的变化规律的基础上，探讨这些变化对食品质量及其保藏性的影响，并采取相应的技术措施减少食品质量变化。

10.1.2 食品品质在储藏中的变化

绝大多数食品都来源于植物界和动物界，不仅含有大量的水分，而且含有丰富的营养成分。它们多是属于性质不稳定的物质，既容易发生物理和化学变化，又容易受到微生物的污染。许多食品中还含有多种酶类，因此容易引起复杂的酶促反应，所有这一切都会导致食品的品质发生变化。食品品质变化的类型错综复杂，引起食品品质变化的原因也多种多样，但基本可以把它们分为两大类。

第一类是由食品内部原因引起的，包括鲜活食品的生理变化和生物学变化，如鲜活食品的呼吸作用，果实的后熟与衰老，禽畜鱼的死后僵直、成熟、软化和自溶，以及食品成分发生的各种物理特性和化学特性的变化。物理特性主要是指食品的形态、质地等物理性质。化学性质是指食品中的水分及其水分活性（AW）、各种天然物质（碳水化合物、脂类、蛋白质、矿物质、维生素、色素、风味物质和气味物质等）以及食品添加剂在食品中所具有的性质。常见的如水分变化、营养成分变化、色素分解、香气逸散等。

第二类是由于外部原因引起的，其中包括微生物污染，寄生虫、昆虫与鼠类的侵害，生产、包装与流通中的污染（包括添加剂使用不当和掉落物），机械损伤及意外事故。

10.1.2.1 食品营养物质的流失

食品在贮藏过程中营养素含量的变化可影响其营养价值。食品中营养素含量的变化与贮藏条件如温度、湿度、氧气、光照，以及贮藏方法和时间长短有关。例如谷类贮藏期间，由于呼吸、氧化、酶的作用可发生许多物理、化学变化，其程度大小、快慢与贮藏条件有关。

10.1.2.2 褐变

褐变作用按其发生机理可分为非酶褐变和酶促褐变两大类。在储藏过程中褐变会影响食物外观，降低营养价值和风味。

非酶褐变主要有羰氨反应、焦糖化反应和抗坏血酸的自动氧化作用。它对营养的影响主要是：氨基酸因形成色素和在 Strecker 降解反应中被破坏而损失；与色素以及糖结合的蛋白质溶解度降低，并且不易被酶分解，尤其是赖氨酸最易损失，从而降低蛋白质的营养；水果中维生素 C 因氧化而减少。

酶促褐变发生在水果、蔬菜等新鲜植物性食物中。果蔬采摘后，组织中仍在进行活跃的代谢活动。在正常情况下，完整的果蔬组织中氧化还原反应是偶联进行的，但当发生机械性损伤或遇到异常的环境变化（如受冻、受热等）时，便会影响氧化还原作用的平衡，发生氧化产物的积累，造成变色。

10.1.2.3 淀粉老化

淀粉老化是因为食品温度逐步降低时，已糊化淀粉的分子动能降低，分子间以一些原有的氢键结合点为起点重新聚合，相邻分子间的氢键结合逐步恢复，形成微晶结构。但老化淀粉的微晶束不再呈现原有状态，而呈零乱组合。由于淀粉羟基很多，结合得十分牢固，所以难溶于水，也不易被酶水解。淀粉老化降低了食品的可口性，也降低了食品的营养价值。

10.1.2.4 脂肪酸败

通常将脂类的变质称为酸败。脂肪酸败有各种途径，在食品保藏中的酸败主要是自动氧化酸败以及酶催化导致的水解酸败。具有共轭双键的不饱和脂肪酸受到光照、加热、金属离子催化等因素的作用，很容易产生自由基并引发自动氧化酸败。在生成过氧化物后，脂肪酸被分解成许多小分子化合物，如醛类、醛酯类、内酯类、酮类、羟基酸和酮基酸类等，产生酸败的哈喇味。

10.1.2.5 维生素的降解

食品中的维生素在储藏中易被破坏，它受多种因素的影响，特别是一些对热、光和氧气敏感的维生素更是如此。水果在贮藏过程中，受自身呼吸作用，抗坏血酸氧化酶、过氧化物酶及细胞色素氧化酶等酶的破坏以及环境因素的影响，维生素C的含量逐渐下降。因此，不同新鲜度的水果测得的维生素C含量是不同的。

10.1.3 食品保鲜原理及方法

食品在物理、生物化学和有害微生物等因素的作用下，失去固有的色、香、味，进而腐烂变质。食品品质在储藏过程中的变化是难以避免的，但其变化的速度受到多种环境因素的影响，并遵循一定的变化规律。因此，人们通过控制各种环境因素和利用其变化规律就可以达到保持食品品质，减少腐烂变质的目的。

10.1.3.1 促生完全生机原理保藏法

使食品中的腐败菌数量减少或消灭到食品长期保存所允许的最低限度来保证食品安全性，是一种维持食品中微生物最低生命活动的保藏方法。例如，在某些物理化学因素的影响下，食品中微生物和酶的活力受到抑制，从而延缓食品的腐败。但这些因素一旦消失，微生物和酶的活动迅即恢复，因此这只是一种暂时性保藏措施。属于这类的保藏方法有冷冻保藏、高渗透压保藏（如干制、腌制、糖制等）、烟熏及使用添加剂等。

10.1.3.2 抑生假死原理保藏法

利用某些物理化学因素抑制微生物和食品的生命活动及生化反应，延缓食品的腐败变质。此类方法主要用于保藏新鲜果蔬原料。果蔬采摘后，其生命活动依然进行着，但只是向分解方向进行。因此，采用低温保藏或保鲜剂保藏，抑制果蔬的呼吸作用，降低其生命活动，有利于延缓储存物质的分解，保持天然免疫力，抵御微生物的入侵。若空气温度和流通控制良好，就能减少水分蒸发，降低果蔬成熟速度。但过度的抑制会使果蔬细胞进行无氧呼吸，加速其腐败；过低温度的保藏也会使果蔬组织发生冷伤害。

10.1.3.3 促生不完全生机原理保藏法

创造有利于食品保藏的微生物的发育条件，促进生物体的生命活动，借助有益菌的发酵作用或其代谢产物防止食品腐败变质，又称发酵保藏。例如，借助于有益微生物的发酵活动（如乳酸发酵、醋酸发酵、酒精发酵等）的产物，建立起抑制腐败微生物生长的环境达到防腐和增进风味的作用。

10.1.3.4 制生无生机原理保藏法

它是运用无菌原理，通过热处理、微波、辐射、过滤等工艺处理食品，停止食品中一切生命活动和生化反应，杀灭微生物，破坏酶的活性。例如，利用热处理、辐射、过滤以及常温高压等方法处理，将食品中腐败微生物数量杀灭到在该菌数下食品能长期储藏的程度，并维持这种状况，防止食品再次污染。

以上原理可以总结为以下四点：一是能使微生物的蛋白质凝固或变性，从而干扰其生长和繁殖；二是防腐剂对微生物细胞壁、细胞膜产生作用，防腐剂能破坏或损伤细胞壁，或干扰细胞壁合成，致使胞内物质外泄，或影响与膜有关的呼吸链电子传递系统，从而具有抗微生物的作用；三是作用于遗传物质或遗传微粒结构，进而影响到遗传物质的复制、转录、蛋白质的翻译等；四是作用于微生物体内的酶系，抑制酶的活性，干扰其正常代谢。

10.1.4 生物保鲜技术的种类

食品保鲜方式有物理保鲜、化学保鲜和生物保鲜。其中，物理保鲜以杀灭微生物或调控环境条件为主，效率较高，但耗能严重。化学保鲜则是利用一些化学防腐剂等对食品进行保鲜，效果明显，但大量使用会有潜在的危害和污染问题。因此，天然、绿色的化学保鲜剂已成为如今的发展趋势。生物保鲜技术是从动植物、微生物中提取或利用生物工程技术获得的对人体安全的保鲜剂，它有三个显著的优点：无毒害、无残留、无副作用。

10.1.4.1 利用微生物菌体保鲜

利用微生物菌体对果蔬进行保鲜的这种方式，实际上，就是通过利用微生物的菌体，在其增殖的基础上，以及菌体本身与有害的微生物之间的良性竞争，抑制有害微生物的进一步生长，以此达到对果蔬防腐保鲜的有效目的。

10.1.4.2 利用菌体次生代谢产物保鲜

菌体次生代谢产物是指从多样的微生物菌种发酵液中，直接提取出来的混合液产物。利用菌体次生代谢产物，充分抑制有害微生物的生长，从这个角度来说，这种方法具有明显的防腐、保鲜作用。

将病原菌的不可致命病菌株喷洒在果蔬的表面，这样一来，便可以最大程度地降低病毒害发生的概率。比如，在种植的草莓生长结果之后，采摘前可以喷洒适量的木霉菌，喷洒了该类微生物，就可以尽可能地降低草莓被采摘后发生霉病的概率。

10.1.4.3 利用抗菌肽保鲜

乳链菌肽不仅能够高效、规范地抑制有害的微生物生长、繁殖，还能够尽可能地延长果蔬保存期，帮助果蔬更好地运输、储存。换言之，乳链菌肽实际上也是一种高效、高质量的天然性食品防腐剂。

10.1.4.4 利用生物酶保鲜

生物酶保鲜，主要就是为果蔬制造一种良好的保鲜环境。根据不同类果蔬中所含有的酶的种类的不同，令果蔬自身所含有的酶有利于果蔬的实际保鲜，最终来达到果蔬保鲜的效果。

10.1.4.5 利用生物体的天然成分保鲜

近些年的相关研究数据表明，生物提取物质的抗菌活性较好，保鲜效果也比较好。在天然的生物保鲜物质中，主要有杀菌、抑菌的核心成分。这些天然的成分，不仅能够对有害的病菌起到一定的抑制作用，还能够降解且无残留。

10.1.4.6 利用遗传基因保鲜

通过基因编辑、基因敲除、基因过量表达等遗传操作方法进行分子育种，可以改善果蔬储藏的特性，降低果蔬“衰老”的速率，有效地进行保鲜。

10.2 生物技术在果蔬保鲜中的应用

由于果蔬生产的季节性和地域性的限制，果蔬在运输或贮存期间容易发生腐烂。果蔬腐烂受三个因素的影响，即果品品质、运输过程的机械损伤和贮藏期间采后病害的侵染，其中，采后病害是导致果蔬腐烂最主要的原因。

生物保鲜技术（biological preservation technology）是指利用天然提取物质对食品进行保鲜，是基于生物角度进行研究的一类保鲜技术。生物保鲜剂本身具有良好的抑菌作用，从而达到保鲜防腐的效果。生物保鲜剂是指从动植物和微生物中提取或利用生物工程技术改造而获得的对人体安全的具有保鲜作用的产品。生物保鲜技术根据来源及性质可以分为动物源保鲜剂、植物源保鲜剂、微生物源保鲜剂（表 10-1）。不同的生物保鲜剂对果蔬的保鲜机理也不尽相同，有些生物保鲜剂能够抑制或杀死果蔬采后病原菌，保持果蔬的鲜度；有些生物保鲜剂具有酶抑制活性，防止果蔬褐变，保证果蔬良好的感官品质；有些生物保鲜剂能够诱导果蔬自身产生防御能力，防止果蔬中脂肪的氧化酸败，避免造成果蔬品质的劣变。

表 10-1　常用的生物保鲜剂

分类	有效成分	优点	缺点
动物源保鲜剂	抗菌肽	安全、无毒副作用，具有强碱性、良好的水溶性、热稳定性和耐酸性等	抗菌肽的提取工艺繁琐，其碱性氨基酸增加了对蛋白酶的敏感度而使其易被蛋白酶水解，稳定性变差
植物源保鲜剂	植物精油	植物精油具有来源广泛、提取工艺简单、安全无毒、可生物降解和广谱抑菌性等优点	精油化学性质不稳定，易发生氧化变质和挥发性化合物的丢失，因此精油在光照、潮湿、氧气和高温下的成分可能发生变化
微生物源保鲜剂	乳链菌肽（nisin，又称乳酸链球菌素）	nisin 在酸性条件下具有很高的稳定性，是一种安全、可食、世界公认的天然生物性食品抗菌剂	nisin 对产生芽孢的革兰氏阳性细菌作用效果较强，但是对霉菌和酵母菌几乎没有抑制作用
	那他霉素	那他霉素具有低毒高效、无污染和无抗药性等优点	那他霉素没有抗细菌活性，使用时应避免光照和高温，pH4.0～7.0

化学保鲜剂利用化学试剂经过一定比例配制而成，其中含有的化学物质存在一定毒副作用，需要按照国家标准严格控制保鲜剂的添加量。一些化学保鲜剂易残留在食品组织中，无法清洗干净，从而形成富集效应，存在安全问题。例如，亚硝酸盐有致癌风险，人体摄入 0.3～0.5g 亚硝酸盐会引起中毒，超过 3g 可致死。

物理保鲜中低温处理和热处理方法会导致食品品质受到破坏，辐照会造成食品 DNA 改变，存在安全隐患，而生物保鲜技术相对安全性更高。生物保鲜采用的生物保鲜剂比化学保鲜剂成分更安全，不存在残留有害物质的隐患，且具有降解性，例如生物抑菌剂（壳聚糖、精油等）和可降解高分子材料（如淀粉及其衍生物、壳聚糖、纤维素、蛋白质等）结合制成的保鲜膜降解性能良好。

10.2.1 菌体次生代谢物用于果蔬保鲜

微生物源保鲜剂主要是利用微生物的生长代谢中产生的有机酸、细菌素、抗生素等多种抑菌物质，抑制果蔬采摘后其他有害菌种的生长繁殖，其中细菌素被证明可抑制其他菌种生长繁殖。目前对于微生物源保鲜剂的研究主要集中在肉类的保鲜，近年来也逐渐应用到蔬果的保鲜中，最主要的种类是乳酸链球菌素、那他霉素。

微生物的抗菌效果是由于它可以产生抗生素、细菌素、溶菌酶、蛋白酶、过氧化氢和有机酸，改变了 pH 值等因素，这种具有拮抗作用的微生物可以抑制或杀死果蔬中的有害微生物，或与有害微生物竞争果蔬中的糖类等营养物质，阻止储存期间果蔬维生素 C 含量、糖含量和 SOD 活力的下降，从而达到防腐保鲜，提高果蔬质量的目的。

10.2.1.1 抗菌肽的果蔬保鲜作用

抗菌肽（antimicrobial peptide）是广泛存在于各类生物体内的一种小肽，来源广泛，可以通过发酵或者酶水解方法制得。抗菌肽有抑制细菌和真菌繁殖、抗氧化和清除自由基的作用，广谱性强，安全高效。

抗菌肽多数具有强碱性、热稳定性以及广谱抗菌等特点。某些抗菌肽对部分真菌、原虫、病毒及癌细胞等均具有强有力的杀伤作用。乳链菌肽（nisin）与复合生物酶可在常温下对辣椒起到生物保鲜作用。结果表明，随着 nisin 与复合生物酶的增加，酸含量和氨基酸含量都减少，pH 值相对增加，能有效抑制辣椒的发酵，延长辣椒保质期。

10.2.1.2 那他霉素的果蔬保鲜作用

那他霉素即游链霉素，是恰塔努加链霉菌、纳塔尔链霉菌和褐黄孢链霉菌等链霉菌发酵生成的次级代谢产物，对病毒及细菌没有抑制作用。那他霉素的作用机理是与真菌的麦角甾醇以及其他甾醇基团结合，阻遏麦角甾醇生物合成，从而使细胞膜畸变，最终导致渗漏，引起细胞死亡。那他霉素是 26 种多烯大环内酯类抗生素中的一种，是国际上唯一获得批准的抗真菌生物防腐剂。那他霉素在很低的浓度下就能有效地抑制真菌生长，而且对哺乳动物细胞的毒性极低，已广泛应用于防治由真菌引起的疾病。目前，那他霉素作为一种天然的食品防腐保鲜剂已被批准应用于乳制品、肉类、月饼、果汁饮料、果酒等许多食品工业中。其在果蔬防腐保鲜上一般不单独使用，常复配使用，具有广谱抗菌、无毒及有效保持果蔬硬度、维生素 C 和叶绿素含量等优势。那他霉素可用于鲜切白萝卜的保鲜。

10.2.2 壳聚糖用于果蔬保鲜

壳聚糖（chitosan）为天然多糖甲壳素脱除部分乙酰基的产物，大多数情况下，脱乙酰度达到 50%的甲壳素可以被称为壳聚糖。壳聚糖具有生物降解性、生物相容性、无毒性、抑菌性等特性，能干扰细胞正常的生理活动或是通过自身携带的正电荷吸附到带负电荷的细胞壁上，在形成一层高分子膜的同时改变细胞膜选择透过性，从而达到保鲜效果，是延缓果蔬氧化、提高果蔬货架期的良好生物保鲜剂。其目前在苹果、梨、桃、杨梅、甜瓜、番茄、青椒和西兰花等诸多果蔬应用研究中都被证实具有显著的保鲜效果。

10.2.3 植物精油保鲜剂

植物精油也称挥发油，是萃取植物中的芳香物质，纯天然安全可靠。其主要成分大致可以分为 4 类：萜类化合物、芳香族化合物、脂肪族化合物以及含氮含硫化合物。植物精油可以通过破坏霉菌的细胞形态结构从而导致霉菌死亡，或是通过抑制分生孢子的产生从而抑制果蔬上霉菌的繁殖。目前用于果蔬保鲜的方法主要有精油浸渍法、精油熏蒸处理、精油保鲜纸、精油微胶囊包埋法等。如精油对柑橘主要致腐菌意大利青霉和指状青霉具有抑制作用，精油能显著减少柑橘的腐烂面积，其中抑菌效果最好的是牛至精油。不同的精油对不同种类的果蔬所产生的抑菌效果不同，在利用精油处理果蔬时，要进一步研究其最佳方法和最适浓度，以期得到更好的应用效果。

植物精油的经济价值和药用价值均较高，但是它在植株中的含量较低，而且传统的精油生产方式易受到环境的制约。因此，人们期望采用植物细胞培养技术生产精油。这些技术主要包括细胞悬浮培养（cell suspensionculture）、细胞固定化（cell immobilization）、毛状根培养（hairy-root culture）和畸状茎（shooty teratomas）培养等。

10.2.4 微生物菌体用于果蔬保鲜

微生物保鲜是一种以菌治菌的方式，除拮抗菌体本身之外，微生物还能产生抗生素、溶菌酶和有机酸等物质，这些物质或者能形成生物膜，或者能与有害微生物竞争糖类等营养成分，甚至能通过拮抗作用抑制或杀灭有害微生物，从而减少微生物腐败作用，降低果蔬呼吸作用，防止了糖含量降低以及维生素和可溶性固形物等营养成分的损失，进而达到防腐保鲜的效果。

10.2.4.1 微生物菌体用于果蔬保鲜的技术原理

微生物可以通过与病原菌争夺空间与营养来抑制采摘后果蔬内病原菌的繁衍。若果蔬存在机械伤口，病原菌就会从伤口侵入，与拮抗微生物抢夺伤口处的营养物质，而拮抗微生物则通过占领果蔬的全部空间，与病原菌争夺营养物，抑制病原菌繁殖。如膜醭毕赤酵母能在果蔬伤口处快速定植，同时保持适当的酵母数量，抑制果蔬软腐病，减缓果蔬的自然腐烂。

微生物菌体通过拮抗作用、竞争作用能够抑制或杀灭病害菌，从而达到防腐抑菌及保鲜的效果。已有研究从几种果实表面分离纯化得到两株酵母拮抗菌，利用拮抗菌的悬浮液处理番茄能显著降低果实的腐烂率、失水率和总损耗率，采后番茄早疫病及根霉腐烂病害也明显低于对照，果实营养成分含量和感官品质也没有受到不良影响。在小规模的应用实验中，出芽短梗霉对鲜食葡萄易感染的灰霉、青霉、匍枝根霉和黑曲霉表现出显著的拮抗作用，对苹果易感染的灰霉和青霉也一样，毕赤酵母和假丝酵母对泰国辣椒果实分离得到的炭疽病菌有良好的拮抗作用，应用于辣椒保鲜时，显著降低了病菌感染率和炭疽病发病率。

10.2.4.2 酵母菌用于果蔬保鲜

酵母菌用于果蔬防腐保鲜具有较大的优势，如不会产生毒素、抑菌效果好、对多数化学杀菌剂耐受等，且不会影响果蔬品质，是果蔬防腐保鲜中常用的微生物菌种，常见的拮抗酵母有假丝酵母属、隐球酵母属、毕赤酵母属等。例如，从柑橘果实表面和叶片上分离筛选得到 2 株对柑橘绿霉病有良好抑制效果的酵母菌，经初步鉴定分别属于假丝酵母属和类酵母属。用酵母菌悬液浸泡柑橘果实后发现柑橘果皮的 PAL（苯丙氨酸解氨酶）、POD(过氧化物酶）显著升高，PPO(多酚氧化酶）显著降低，果皮自身的生理生化活动得到有效抑制。另外，黑酵母菌可作为一种生物保鲜剂控制苹果采后病原菌灰葡萄孢菌和扩展青霉，同时其还可降低葡萄糖酶和过氧化酶的活性，延缓果实衰老，酵母可作为潜在的微生物拮抗剂。

在没有损害葡萄果实营养成分（可溶性固形物、抗坏血酸等）的情况下，拮抗酵母菌可较好地控制采后葡萄的灰霉病害。酵母菌干粉制剂对冬枣上的橘青霉菌具有抑制作用，室温储藏 5 天后腐烂率降为 15%。拮抗酵母 Y35-1 菌株能够预防枇杷采后炭疽病，酵母 Y35-1 液体和活性冻干粉菌剂均能抑制枇杷果实贮藏期间的腐烂率，0℃贮藏至第 20 天时，液体组合活性冻干粉菌剂处理组果实的腐烂指数为 2.25%。需指出的是，尽管酵母菌具有良好的防腐保鲜作用，但其防腐保鲜效果仍不如化学防腐保鲜剂，所以一般与添加壳聚糖、热处理等防腐保鲜方法结合使用。

10.2.4.3 芽孢杆菌用于果蔬保鲜

果蔬防腐保鲜常用的拮抗菌是枯草芽孢杆菌。枯草芽孢杆菌能有效抑制果蔬失重率、腐烂率的增加，延缓果蔬总糖、维生素C、叶绿素等的降解。将不同浓度的芽孢杆菌发酵液均匀喷洒在香蕉上，芽孢杆菌发酵液与保鲜膜联合处理的香蕉保存更好，失重率仅0.17%，并有效抑制了香蕉可滴定酸及硬度的变化，使香蕉保持良好的品质。另外有研究得出，在枇杷伤口上分别注入淀粉芽孢杆菌的菌悬液、发酵液、上清液等，然后在8种病害菌（尖孢镰刀菌、茎点霉、葡萄座腔菌、深绿木霉、尖孢炭疽菌、扩展青霉、橘青霉、胶孢炭疽菌）的菌悬液中浸泡后擦干贮存，可使枇杷腐烂率分别降低37.5%、22.6%和21.9%。

蜡样芽孢杆菌也可应用于绿茶保鲜，将蜡样芽孢杆菌菌粉以0.1%～0.2%的质量分数掺到成品绿茶中，搅拌均匀，真空包装，入库贮存。在此条件下，菌粉在茶叶表面铺展成薄膜，通过拮抗作用抑制茶叶自身有害菌，从而防止茶叶氧化劣变，达到保质保鲜的目的。

10.2.4.4 木霉菌用于果蔬防腐保鲜

木霉菌是用于植物病害防治的真菌，是一种有可能代替化学防腐保鲜剂的微生物，并有促进植物生长的作用。当前，常用于果蔬防腐保鲜的木霉菌有哈茨木霉、棘孢木霉、绿色木霉等，其中对哈茨木霉菌的研究更为深入。木霉菌用于果蔬防腐保鲜的常用方法是浸泡及直接喷洒于果蔬表面，能有效降低果蔬腐烂率，延缓维生素C降解速率，且不影响果蔬品质。除了直接采取喷洒、浸泡等方法外，还可以把木霉菌用于包装材料，如瓦楞纸箱、木霉菌PE保鲜膜等。以木霉菌涂膜方式对采摘后的黄瓜进行防腐保鲜，可使黄瓜的感官品质优良，失重率小于15%，叶绿素含量稳定，效果理想。绿色木霉菌发酵液能够预防芒果采后炭疽病，可使炭疽病的发病率降低20%以上。

10.2.5 基因工程在果蔬保鲜中的应用

果蔬成熟过程中调节基因表达最重要，最直接的指标是乙烯，乙烯是果蔬运输过程中导致果蔬过熟、腐烂、变质的主要物质。植物体内乙烯的合成主要是ACC合酶和ACC氧化酶，如果能降低这两种酶的活性就能控制乙烯含量的升高，延长果蔬贮藏时间。利用基因工程中的反义基因技术控制ACC合酶和ACC氧化酶的表达，能够达到保鲜的目的。最成功利用该技术的果蔬是番茄，通过转基因，番茄的成熟期得到延迟，储藏期也被延长。目前，利用该技术培育耐储存草莓、香蕉、河套蜜瓜、芒果等果蔬的研究仍在继续。通过这些耐贮存品种的培育，从而实现果蔬运输保藏过程中成熟度的控制，并避免了传统保鲜方法以及运输工具等无法满足保鲜目的而造成的巨大损失。

10.3 生物保鲜技术在动物源食品保鲜中的应用

动物食品如肉、蛋、奶等产品味道鲜美，营养丰富，蛋白质含量高，是人们不可或缺的蛋白质来源。由于蛋白质和水分含量高，动物自身或屠宰过程中会携带大量的细菌，极易腐烂变质，影响加工、储运和销售，因此需要采取适当的保鲜措施来防止动物源食品腐败变质。例如，鲜肉在0～4℃低温条件下一般只能保存7～9d，因此一般都将肉进行冷却。而嗜冷性微生物如假单胞菌、肠杆菌等大量繁殖是引起冷却肉腐败的主要原因。可通过抑制肉制品中微生物生长和酶的活力延长肉制品保鲜期。

目前，常应用于动物源食品保鲜的技术主要有低温保鲜、化学保鲜、气调保鲜和辐照保鲜等。但以上技术存在蛋白质变性、营养成分流失和化学品残留等问题。目前动物源食品的生物保鲜技术包括两种方法：一是利用某些酶的抑菌、除氧、脱脂等特点，对动物源食品进行保鲜；二是使用一些能够产细菌素的微生物来减缓或抑制腐败。主要涉及溶菌酶、葡萄糖氧化酶、谷氨酰胺转氨酶和脂肪酶等酶类及乳酸菌和假单胞菌等微生物。此外，生物保鲜还涉及涂膜保鲜和抗菌涂膜保鲜。

10.3.1 酶法保鲜

酶法保鲜是近几年食品保鲜技术的新方法，是指利用酶的催化作用，防止或消除外界因素对水产品的不良影响，从而保持水产品的新鲜度，延长储藏期。与低温、辐照及化学保鲜法等相比，酶法保鲜技术具有许多优点：酶本身无毒、无味、无臭，不会损害产品本身的价值；酶对底物有严格的专一性，不会引起不必要的化学变化；酶催化效率高，用低浓度的酶也能使反应迅速地进行；酶作用所要求的温度、pH 等条件温和，不会损害产品的质量。

10.3.1.1 溶菌酶保鲜

溶菌酶又称胞壁质酶，化学名称是 *N*-乙酰胞壁质聚糖水解酶，它可以水解细菌细胞壁肽聚糖的 β-1,4 糖苷键，导致细菌自溶死亡。它对许多革兰氏阳性菌有抗菌作用，是一种安全的天然防腐剂。利用溶菌酶对食品，包括水产品进行保鲜，只需在食品上面直接喷洒一定浓度的溶菌酶溶液即可起到防腐保鲜作用。

为了得到更好的保鲜效果，往往将溶菌酶与其他酶类或者保鲜技术联合使用。如利用溶菌酶联合 EDTA 对新鲜鳕鱼片进行浸渍保鲜，可有效抑制李斯特菌和其他腐败菌的生长繁殖，延长保鲜期。联合溶菌酶与乳酸链球菌素对蛏肉进行处理，保鲜效果更好，冷藏保鲜期明显延长。用含溶菌酶的复合保鲜冰（溶菌酶 0.05%～0.08%，氯化钠 1.5%～2.0%，甘氨酸 3.0%～4.3%，山梨酸钾 0.06%～0.08%，维生素 C 0.3%～0.5%）保藏鱿鱼，保鲜期可以延长一倍。一些新鲜水产品（如虾、鱼等）在含甘氨酸（0.1mol/L）、溶菌酶（0.05%）和食盐（3%）的混合液中浸渍 5min 后，沥去水分，保存在 5℃的冷库中，9d 后无异味，色泽无变化。在用溶菌酶作为食品保鲜剂时，必须注意到酶的专一性。

10.3.1.2 葡萄糖氧化酶保鲜

葡萄糖氧化酶的系统命名为 β-D-葡萄糖氧化还原酶，是用金黄色青霉菌进行深层通风发酵，用乙醇、丙酮使之沉淀和高岭土或氢氧化铝吸附后再用硫酸铵盐析、精制而得，亦可用点青霉以及黑曲霉制得。近乎白色至浅黄色粉末，或黄色至棕色液体。溶于水，水溶液一般呈淡黄色。几乎不溶于乙醇、氯仿和乙醚。它是一种需氧脱氢酶，在有氧条件下能催化葡萄糖氧化成与其性质完全不同的葡萄糖酸-δ-内酯。

葡萄糖氧化酶用在水产品的保鲜方面，一是利用其氧化葡萄糖产生的葡萄糖酸，从而使鱼制品表面 pH 降低，抑制了细菌的生长。二是防止水产品氧化，氧化是造成水产品色、香、味变坏的重要因素，含量很高的氧就足以使水产品氧化变质。将葡萄糖氧化酶和其作用底物葡萄糖混合在一起，包装于不透水而可透气的薄膜袋中，封闭后置于装有需保鲜水产品的密闭容器中，当密闭容器中的氧气透过薄膜进入袋中，就在葡萄糖氧化酶的催化作用下与葡萄糖发生反应，从而达到除氧保鲜的目的。利用葡萄糖氧化酶可防止虾仁变色。

10.3.1.3 谷氨酰胺转氨酶保鲜

谷氨酰胺转氨酶又称转谷氨酰胺酶（蛋白质-谷氨酸-γ-谷氨酰胺基转移酶），可以催化蛋白质分子内的交联、分子间的交联、蛋白质和氨基酸之间的连接以及蛋白质分子内谷氨酰胺基的水解，从而可以进一步改善蛋白质功能性质，提高蛋白质的营养价值。现在利用基因技术和发酵技术后，可以大量生产转谷氨酰胺酶。

谷氨酰胺转氨酶是一种球状单体蛋白，亲水性高，最适温度为50℃，最适 pH 为 6～7，对热稳定，对 Ca^{2+} 不具依赖性。转谷氨酰胺酶的作用效果与所添加的盐浓度、脂肪、蔗糖和马铃薯淀粉的量有关，其蛋白凝胶强度与盐浓度和淀粉添加量成正比，与脂肪和蔗糖含量成反比。

谷氨酰胺转氨酶最初从动植物组织中提取，动物来源的谷氨酰胺转氨酶已经商业化，但是由于来源稀少，工艺复杂、产品得率低、分离成本高，不利于大规模工业化应用。自1989 年 Ando 等从 5000 株菌株中筛选到几株产谷氨酰胺转氨酶的茂源链霉菌，微生物来源的谷氨酰胺转氨酶，由于其活性不依赖 Ca^{2+}、底物特异性低、稳定性高等特点，且其生产周期短，分离纯化工艺简单而受到青睐。目前，谷氨酰胺转氨酶已在大肠杆菌、谷氨酸棒杆菌、酵母、枯草芽孢杆菌和链霉菌等宿主中成功表达。

10.3.1.4 脂肪酶保鲜

脂肪酶（甘油酯水解酶）是分解脂肪的酶，在动植物组织及多种微生物中普遍存在，水解底物一般为天然油脂，其水解部位是油脂中脂肪酸和甘油相连接的酯键，反应产物为甘油二酯、甘油单酯、甘油和脂肪酸。脂肪酶在食品领域当中的应用颇为广泛，但是在水产品当中的应用才刚刚开始。国内开发脂肪酶用于含脂量高的鱼类，一般是利用脂肪酶对鱼类进行部分脱脂，针对的鱼类主要是水中的上层鱼类，如鲐鱼、鲭鱼等。宁波大学开发的脱脂大黄鱼和福建师范大学研制的脱脂鳍鱼片的本质就是水解部分脂肪，延长鱼产品的保藏时间。

10.3.2 乳链菌肽保鲜

乳链菌肽（nisin）亦称乳酸链球菌素，是一种天然生物活性抗菌肽，是利用生物技术提取的一种纯天然、高效、安全的多肽活性物质。nisin 对包括食品腐败菌和致病菌在内的许多革兰氏阳性菌具有强烈的抑制作用。食用后在消化道中很快被蛋白水解酶消化成氨基酸。它不会改变肠道内的正常菌群，不会引起抗药性问题，亦不会与其他抗生素出现交叉抗性。nisin 早在 20 世纪 80 年代就被纳入欧洲食品添加剂列表。美国食品药品监督管理局（Food and Drug Administration，FDA）确定 nisin 为公认安全产品（generally recognized as safe，GRAS）。nisin 能有效地杀死或抑制引起食品腐败的革兰氏阳性菌，如乳酸杆菌、肉毒杆菌、葡萄球菌、李斯特菌、耐热腐败菌、棒杆菌、小球菌、明串珠菌、分枝杆菌等。

用乳酸链球菌素处理虾肉糜后，细菌的生长繁殖得到有效抑制，保质期由 2d 延长至5～6d，且对虾肉糜的感官品质无明显影响。然而，乳酸链球菌素一般只能抑制革兰氏阳性菌的生长，对革兰氏阴性菌的抑制效果不理想。但将一些螯合剂加入革兰氏阴性菌当中的时候，乳酸链球菌素就能够抑制或破坏革兰氏阴性菌的活性。这是因为螯合剂能够螯合革兰氏阴性菌细胞膜上的脂多糖中的 Mg^{2+}，使细胞对细菌素敏感。因此，为了起到全面的抑菌效果，乳酸菌一般配合 EDTA 或柠檬酸盐等螯合剂使用，对水产品进行协同保鲜。

10.3.3 微生物保鲜

微生物的保鲜技术主要是由于一些微生物可产生抗生素、细菌素及有机酸改变环境 pH 从而起到一定的效果。作为保鲜剂的微生物主要是乳酸菌、弧菌和假单胞菌等。

10.3.3.1 乳酸菌保鲜

作为一种微生物，乳酸菌是以形态学、代谢特征及生理特征为前提而定义的，其属于发酵糖类主要产物为乳酸的一类无芽孢、革兰氏染色阳性细菌的统称。乳酸菌产生的乳酸链球菌素是一种高效、无毒的生物保鲜剂，能抑制许多引起食品腐败变质的细菌的生长和繁殖。另外，乳酸菌的代谢产物如乳酸、脂肪酸等可降低食物的 pH，也可以抑制许多微生物的生长。

10.3.3.2 荧光假单胞菌保鲜

荧光假单胞菌在活的水产品的内脏、皮中含量较多，它不是病原菌，但是能抑制微生物的生长，研究表明可能是由于荧光假单胞菌能产生抑制或杀死微生物生长的物质，所以可用荧光假单胞菌来保鲜水产品。

10.3.4 涂膜保鲜

可食涂膜是指以可食性生物物质为主要基质，同时添加可食性增塑剂，通过一定的处理工艺形成一种具有一定力学性能和选择透过性的涂膜，主要通过防止气体、水蒸气和芳香成分等的迁移来避免食品在贮运过程中发生风味、质构等方面的变化。

可食涂膜的原料主要包括多糖、蛋白质及类脂。多糖类涂膜透明度高、弹性好兼具有一定的抑菌作用，可防止细菌和真菌污染，对它的研究主要集中在改善其应用性能的同时，赋予其抗氧化性、抑菌性等更多的生物活性；蛋白质膜具有很好的阻氧性，且机械性能和透明度比较理想，但受环境湿度的影响较大；脂质涂膜主要用于阻止水分的损失，但由于涂膜不能与食品表面很好地结合易造成涂膜的不均匀而失去保鲜作用。组分单一的涂膜主要用于果蔬保鲜，比如使用热融性石蜡、巴西棕榈蜡涂覆橘子、柠檬，以延缓它们的脱水失重，延长货架寿命。

将多糖、蛋白质和脂质按不同的比例混合在一起，通过改变组分和含量来改善膜的机械强度、透光性、透气性和持水性等，从而获得质量优良、使用方便、保鲜效果良好的复合膜。复合膜具有明显的阻隔性能及一定的选择透过性，在水产食品保鲜方面具有广阔的应用前景。大豆分离蛋白（SPI）膜对虾仁保持其品质和延长货架期有一定的作用；用鱼肉肌原蛋白成膜液对野鳗鱼块在冰藏条件下进行涂膜保鲜，能使鱼块保鲜期延长 10d 左右。用乙酰单甘酯与乳清分离蛋白对大马哈鱼涂膜能使水分在三周内散失减慢 42%～65%，并能使脂类氧化延缓，从而提高了保藏品质。

10.3.4.1 抗菌涂膜保鲜

抗菌涂膜是指在可食涂膜中添加抑菌剂，通过抑菌剂的缓释作用来达到抑菌、保鲜效果的一种保鲜膜。国外抗菌涂膜的研究始于 20 世纪 80 年代，我国在 90 年代以后才开始相关的研究，目前已研制出 PE/Ag 纳米防霉保鲜膜、PVC/TiO_2 纳米保鲜膜等产品，这些涂膜抗菌性能优良，机械强度比可食涂膜有了不同程度的提高。抑菌剂是影响抗菌涂膜功效的主要因素，其中抑菌剂主要包括有机抑菌剂、无机抑菌剂和天然抑菌剂三大类。有机抑菌剂对微生物的抑制作用具有一定的特异性但易产生耐药性；无机抑菌剂无毒、广谱但价格较高且抑菌性较迟缓；天然抑菌剂抑菌效率高且安全无毒，但是耐热性较差，易受到加工条件的制约。实际应用中可以根据腐败微生物的种类选择添加抑菌剂，从而能有效抑菌。

抗菌涂膜目前多用于肉制品保鲜，采用添加醋酸的壳聚糖对酱牛肉进行涂膜保鲜，不仅可以抑制酱牛肉中腐败微生物的繁殖，而且维持了产品的香味和细嫩的口感。而抗菌涂膜在水产保鲜中的应用却是一个新颖的研究领域，在水产品贮藏过程中，控制腐败微生物的生长和延缓脂肪氧化是延长水产品货架期的关键所在，而抗菌性涂膜是延长其货架期比较有效的方法之一。其主要优点如下：容易被生物降解，无任何环境污染；可作为食品风味剂、抗氧化剂和抗微生物制剂等的载体；应用于塑料包装的内层，减少和防止塑料中有害残留物向食品迁移；具有不同的阻隔性能，可适合各种不同需求的包装。

10.3.4.2 抗菌性海藻酸钠涂膜保鲜

抗菌性海藻酸钠涂膜是指在海藻酸钠中添加保鲜剂，通过保鲜剂的释放而达到抗菌、延长保鲜效果的一种功能性涂膜。将有机酸添加到海藻酸钠膜中对水产品进行涂膜保鲜，能抑制病原菌和腐败菌的生长。用含有溶菌酶的海藻酸钠对罗非鱼片进行处理，海藻酸钠能在鱼片表面形成一层薄膜，均匀致密，因而具有较好的阻湿和隔氧作用，有效阻止鱼片和空气接触，较好地抑制细菌生长、减缓鱼片的蛋白质分解速度，延缓了鱼片自溶的时间，在一定程度上能够较好地控制罗非鱼片挥发性盐基氮的产生，达到了延长鱼片货架期的目的。

抗菌膜是通过膜内保鲜剂的释放达到抑菌作用的，且抑菌效果随保鲜剂的种类和用量的变化而改变。海藻酸钠涂膜还是保鲜剂的有效载体，它可以在鱼片表面细菌大幅度增长之前将保鲜剂完全释放出来，添加了海洋溶菌酶的复合保鲜剂可以抑制水产品中常见腐败微生物，使抗菌膜达到延长水产品货架期的效果。抗菌性海藻酸钠涂膜操作工艺简单、成本低廉，性价比较高，且生成的降解物对环境无污染，适用于鱼片的长距离运输和销售，可应用于工业化的批量生产。

10.4 生物保鲜技术在食用菌保鲜中的应用

食用菌兼具营养及药用价值，被公认为“现代保健食品”，已成为继植物性、动物性食品之外的第三类食品——菌物性食品。食用菌含水量高、组织脆嫩，在采收和贮运过程中容易受到损伤，引起褐变、变质或腐烂等，严重影响其食用性和商品价值，因此食用菌保鲜技术受到广泛关注。

10.4.1 动物源保鲜剂

壳聚糖具有抗菌性、成膜性和激发宿主防御机制的能力，可用于食用菌涂膜保鲜。采用不同浓度壳聚糖涂膜保鲜秀珍菇，18～20℃下壳聚糖处理的秀珍菇感官品质、失重率、呼吸强度等指标均优于对照组，其中用0.2%壳聚糖处理的效果最佳。

10.4.2 植物源保鲜剂

精油是从植物中提取的挥发性芳香物质，主要活性成分为肉桂醛、柠檬醛、丁香酚、麝香草酚等。精油具有杀虫、抗菌、抗氧化作用。有研究表明，70%薰衣草油处理的干双孢菇在48℃贮藏19d，其硬度、失重率、褐变指数、总体可接受性、适销性等方面均表现出较优效果。

除精油外，其他物质也能起到保鲜作用。有研究发现，采用4-甲氧基肉桂酸处理双孢菇可抑制其失重、开伞、褐变、丙二醛（MDA）积累，维持较高过氧化氢酶（CAT）和抗坏血酸过氧化物酶（APX）活性及内源抗氧化物抗坏血酸（AsA）和谷胱甘肽（GSH）含量，有效延长货架期。此外，有研究表明，4-羟基肉桂酸能够通过与底物羟基竞争酶活性位点而抑制蘑菇酪氨酸酶活性，从而延缓蘑菇褐变。采用不同浓度甜菜碱溶液浸泡处理双孢蘑菇，2℃保存120d，能够有效降低开伞率和褐变度，降低失重率和呼吸速率，抑制多酚氧化酶（PPO）活性，提高超氧化物歧化酶（SOD）、过氧化物酶（POD）和CAT活性，维持多酚和抗坏血酸含量以及细胞膜结构，2mmol/L甜菜碱处理效果最佳。

10.4.3 微生物源保鲜剂

某些微生物可通过拮抗或竞争作用抑制其他有害微生物，或通过产生细菌素、有机酸等抗菌活性代谢产物，抑制或杀灭有害微生物。如乳酸链球菌素（nisin），它是乳酸链球菌合成分泌的细菌素，主要通过改变细胞通透性、抑制代谢过程以及酶活性、改变核酸分子结构等过程抑制或杀死靶细胞。

10.4.4 复合生物保鲜剂

复合生物保鲜剂是将多种生物保鲜剂混合配成的复合物。复合生物保鲜剂不仅具有单一生物保鲜剂的作用，同时可发挥协同作用，使保鲜效果发挥到最大。有人研究了那他霉素和纯氧处理对4℃贮藏16d双孢蘑菇的微生物和理化特性的影响。那他霉素＋纯氧处理能够有效保持组织硬度，抑制呼吸强度，延缓褐变和开伞率，抑制PPO、PAL和POD活性，降低酵母菌和霉菌等微生物数量，效率优于那他霉素或纯氧单一处理。

10.5 其他可用于食品保鲜的生物产品及其应用

10.5.1 蜂胶

蜂胶是一种树脂材料，由蜜蜂从植物的芽和分泌物中收集，与蜜蜂酶、花粉和蜡混合而成。蜂胶具有杀菌功效和抗菌特性，同时具有抗炎、免疫调节和抗氧化等活性。同时，蜂胶具有较好的成膜作用，是一种良好的天然成膜剂。蜂胶对各种细菌、真菌、病菌等均具有抑制或杀灭作用，其良好的成膜性可阻止气体交换、抑制呼吸、降低新陈代谢、减少水分蒸发，从而减少营养物质消耗和品质下降。

采用蜂胶、L-半胱氨酸、柠檬酸复合保鲜剂对双孢蘑菇进行涂膜处理，结果表明，由1.0g蜂胶、0.4g L-半胱氨酸、0.4g柠檬酸、0.1g蔗糖酯（每100mL）复配后的保鲜剂可以有效抑制双孢蘑菇的褐变，降低失水率，抑制呼吸强度，可以较大限度地减少双孢蘑菇的营养损失，保鲜效果良好，能有效延长双孢蘑菇的货架期。采用水溶性蜂胶、壳聚糖、氯化钙配制复合涂膜剂，对鲜切苹果进行涂膜处理，探究在不同时期失重率、褐变度、可滴定酸含量、抗坏血酸含量和硬度等指标的变化，结果发现在0～6d的贮藏期内加入0.50%水溶性蜂胶的涂膜剂对维持鲜切苹果硬度、可滴定酸含量、褐变度和抗坏血酸含量都有较好的效果，且样品的失重率与加入0.75%水溶性蜂胶的处理组没有显著差异（$P>0.05$），能有效保证苹果在货架期内的品质。

10.5.2 乳铁蛋白

乳铁蛋白具有广泛的生物学活性，包括广谱抗菌作用、消炎及调节机体免疫反应等，被认为是一种新型抗菌药物和极具开发潜力的食品、化妆品添加剂。同时乳铁蛋白作为一种铁结合蛋白，具有杀菌、抗氧化等多种功能。

利用溶菌酶与乳铁蛋白协同抑菌作用的机理，将其应用到猪肉制品中，起到较好的抑菌效果。采用不同浓度溶菌酶结合乳铁蛋白添加到可食性涂膜液中，对冷却牦牛肉进行涂膜保鲜处理，研究其对冷却牦牛肉的保鲜效果，结果表明，在溶菌酶浓度 0.371%、乳铁蛋白浓度 0.492%、溶液 pH 6.01 条件下，牦牛肉的菌落总数较低，并具有较高的感官评分，同时延长了货架期。

10.5.3 魔芋葡甘聚糖

魔芋葡甘聚糖（KGM）是一种天然高分子多糖，可以以魔芋粉为原料，利用超声波-微波联合辅助乙醇沉淀法提取魔芋葡甘聚糖，纯化液态魔芋葡甘聚糖。其具有成膜性、凝胶性、抗菌性及可食性等众多特征，被广泛应用于食品、医药、化工、农业等领域。KGM 作为一种膜液原料被广泛应用于农产品的贮藏保鲜。

有研究以魔芋葡甘聚糖为基材，结合卡拉胶进行改性，再加入茶多酚制成可食用性膜，应用于食用菌及柑橘类等果蔬的保鲜中，使得食用菌贮藏 4d 后失重率仅为 5.5%，柑橘类水果贮藏 2 周后腐烂率低于 2%，保鲜效果明显。

10.5.4 刺槐豆胶

刺槐豆胶（LBG）或角豆胶是一种从角豆树的种子和胚乳中提取的半乳甘露聚糖，作为添加剂广泛应用于食品、制药、造纸、纺织、石油钻井、化妆品等行业。LBG 用于可食性薄膜中，改善了薄膜的透气性、透氧性、抗拉强度和断裂伸长等性能。

以刺槐豆胶、猪屎豆胶、黄原胶为涂膜基质配制而成的复合涂膜保鲜剂，在常温条件下对杨梅进行涂膜处理，结果表明以刺槐豆胶和黄原胶复合的保鲜剂，其在延缓果实衰老、延长货架期等方面优于猪屎豆胶和黄原胶的复合保鲜剂。在刺槐豆胶和黄原胶的涂膜处理下，杨梅果实裂果率、霉烂率、失重率和呼吸速率明显降低；有机酸、维生素 C 等营养成分转化、流失的速度减慢，有效地抑制了丙二醛（MDA）、花青素含量和相对电导率的升高，使多酚氧化酶（PPO）、过氧化物酶（POD）、苯丙氨酸解氨酶（PAL）活性处于较低的水平。

10.5.5 阿拉伯胶

阿拉伯胶（GA）是一种天然产品，含有一种非黏性的可溶性纤维，是一种高分子量的糖蛋白和多糖复合物。美国食品药品监督管理局认为 GA 是对人类最安全的营养纤维之一，同时也允许 GA 广泛应用于食品、制药、化妆品等行业。

有研究表明以阿拉伯胶和壳聚糖按 1∶2 比例混合作为基质，添加不同浓度的印楝油纳米乳液来制备不同的可食性纳米乳复合涂膜液，应用于低温贮藏蓝莓保鲜。结果表明阿拉伯胶/壳聚糖/印楝油纳米乳复合涂膜在抑制微生物生长、果实褐变程度和蓝莓的酶活性，减少花色苷和多酚的降解，维持果实表观品质和抗氧化活性，改善蓝莓感官品质这些方面表现出最佳效果。

10.5.6 大豆分离蛋白

大豆分离蛋白（soy protein isolate，SPI）富含人体必需氨基酸，是一种低成本、来源广、可再生、生物相容性和生物降解性好，且具有保鲜功能的食品添加助剂。SPI涂膜在果实表面，能降低水分子间及水和空气间的表面张力，易于形成稳定的乳状液，有助于降低果实的呼吸及蒸腾作用，减少营养物质的损失。另外，SPI也可作为风味剂、糖及其他配合物的载体，有利于改善鲜切果实的口感及风味。

大豆分离蛋白、壳聚糖和褐藻酸钠作为涂膜材料，对鲜切马铃薯片进行保鲜。随后对其生理变化进行测定，测定结果表明大豆分离蛋白复合涂膜可有效减少水分损失，降低其失重率，保持硬度。同时阻止微生物和氧气的进入，抑制褐变，可以有效保持鲜切马铃薯片的感官品质。

10.5.7 茶多酚

茶多酚（tea polyphenol，TP），是茶中多酚的总称，包括黄烷醇、花青素、黄酮、黄酮醇等物质，具有良好的抗氧化能力，其抗氧化效价比维生素E高10～20倍且对食品中的色素具有保护作用，是一种理想的无毒的天然食品抗氧化剂，也是目前被广泛使用的一种生物保鲜剂。

利用茶多酚涂膜联合臭氧水对黑鲷进行保鲜处理，结果表明，茶多酚与臭氧水的联合处理效果要优于两者任何一个的单独处理，有效地减少了核苷酸降解、脂肪氧化、蛋白质分解和微生物的繁殖，并维持了较好的感官品质。

10.5.8 黄原胶

黄原胶的生产是以碳水化合物（如玉米、淀粉等）为主要原料，经黄单胞杆菌生物发酵工程培养、乙醇提取、干燥、粉碎而得。黄原胶（XG）作为一种经好氧发酵产生的胞外杂多糖，主链由D-葡萄糖以β-1,4-糖苷键相互连接形成类纤维素结构。XG在低浓度下具有优异的相容性、溶解性和低温稳定性，在二元或三元胶复合体系中，由于XG与生物材料之间的分子间相互作用及黏度协同作用，常与其他高聚合物混合以提高耐水性和耐水性多材料复合膜体系的热稳定性，被逐渐应用于食品、制药及各种成膜材料领域中。

10.6 展望

由于生物保鲜剂是天然产物并且有着安全高效的特点，成了食品保鲜领域的研究热点，并且将取代传统的化学保鲜剂。现代食品生物保鲜技术的不断发展也预示了未来的保鲜技术将朝着天然、无菌的方向发展。

研究表明，单一因素的保鲜剂虽然可以进行果蔬、水产以及肉类的保鲜，并延长食品的货架期，但是不能有效地抑制和杀灭所有微生物，从而约束了其在食品保鲜中的应用。在生鲜食品的保鲜过程中，要综合使用各种保鲜剂以及防腐保鲜措施，加强各个保鲜剂之间的联系，强化各种保鲜剂的应用，要将它们的优势集中起来，互相弥补、促进，从而达到最优的保鲜效果。现有的保鲜技术中，低温、气调包装、生物保鲜剂、低剂量辐照保鲜等各种保鲜技术的复合应用是目前的研究方向。复合生物保鲜技术是当前乃至未来生鲜食品保鲜研究的主要方向之一。

思考题

1. 引起食品败坏的因素有哪些?
2. 食品保鲜的原理是什么? 食品在储藏中的变化有哪些?
3. 食品的保鲜方法有哪些?
4. 利用微生物保鲜的方法有哪些?
5. 阐述生物保鲜技术在水产品保鲜中的应用。

第11章

现代生物技术在食品检测中的应用

本章导言

引领学生了解现代生物技术，指导学生发现在食品检测领域现代生物技术的优势，结合不同现代生物技术在多种食品检测中的实际应用，培养学生探索前沿技术的进取精神。

11.1 核酸探针检测技术

在化学及生物学意义上的探针（probe），是指能与特定的靶分子发生特异性相互作用的分子，并可以被特殊的方法所探知。例如，抗体-抗原、生物素-抗生物素蛋白等的相互作用都可以看作是探针与靶分子的相互作用。核酸探针就是一段带有检测标记的已知核苷酸片段，能与未知核苷酸序列杂交，因此可以用于待测核酸样品中特定基因序列的探测。

11.1.1 核酸探针的种类及其制备方法

根据核酸分子探针的来源及其性质可分为基因组DNA探针、cDNA探针、RNA探针及人工合成的寡核苷酸探针等。实际应用中可以根据目的和要求不同，来选择不同类型的核酸探针。并不是任意一段核酸片段都可作为探针，选择探针最基本的原则是核酸片段是否具有高度特异性、来源是否方便等。

11.1.1.1 基因组DNA探针

这类探针多采用分子克隆或聚合酶链式反应（PCR）技术从基因文库筛选或扩增制备，就是通过酶切或PCR从基因组中获得特异的DNA后，将其克隆到质粒或噬菌体载体中，随着质粒的复制或噬菌体的增殖而获得大量高纯度的DNA探针。由于真核生物基因组中存在高度重复序列，制备基因组DNA探针应尽可能选用基因的编码序列（外显子），避免选用内含子及其他非编码序列，否则将引起非特异性杂交而出现假阳性结果。

11.1.1.2 cDNA探针

cDNA探针是以RNA为模板，在反转录酶的作用下合成的互补DNA。因此，它不含有内含子及其他非编码序列，是一种较理想的核酸探针。cDNA 探针包括双链 cDNA 探针和单链 DNA 探针。双链 cDNA 探针的制备方法是首先从细胞内分离出 mRNA，然后通过逆转录合成 cDNA，cDNA 再通过 DNA 聚合酶合成双链 cDNA 分子；将双链 cDNA 分子插入质粒或噬菌体载体中进行克隆、筛选、扩增、纯化，然后标记即可。单链 DNA 探针的制备相对来说要简单些，即将 cDNA 导入 M13 衍生载体中，产生大量单链 DNA，标记后即成。用单链 DNA 探针杂交，可克服双链 cDNA 探针在杂交反应中的两条链之间复性的缺点，使探针与靶 mRNA 结合的浓度提高，从而提高杂交反应的敏感性。

11.1.1.3 RNA 探针

mRNA 作为核酸分子杂交的探针是较为理想的，因为：①RNA/RNA 和 RNA/DNA 杂交体的稳定性较 DNA/DNA 杂交体的稳定性高，因此杂交反应可以在更为宽松的条件下进行（杂交温度可提高 10℃左右），杂交的特异性更高；②单链 RNA 分子由于不存在互补双链的竞争性结合，其与待测核酸序列杂交的效率较高；③RNA 中不存在高度重复序列，因此非特异性杂交也较少；④杂交后可用 RNase 将未杂交的探针分子消化掉，从而使本底降低。但是，大多数 mRNA 中存在多聚腺苷酸尾，有时会影响其杂交的特异性，此缺点可以通过在杂交液中加入 poly A 将待测核酸序列中可能存在的 poly dT 或 poly U 封闭而加以克服。另外，RNA 极易被环境中大量存在的核酸酶所降解，因此不易操作也是限制其广泛应用的重要原因之一。事实上，极少使用真正的 mRNA 作为探针，因为其制备极不方便，一般是通过 cDNA 克隆，甚至基因克隆经体外转录而得到 mRNA 样或 anti-mRNA 样探针。

制备 RNA 探针的方法是：首先把目的基因 cDNA 片段插入含有特异的 RNA 聚合酶启动子序列的质粒中，再将重组质粒扩增、纯化，用限制酶将质粒模板切割，使之线性化；然后在 RNA 酶的作用下，从启动子部位开始，以 cDNA 为模板进行体外转录。在体外转录反应体系中只要提供有标记的核苷酸原料，经过体外转录后就能获得标记的 RNA 探针。

11.1.1.4 寡核苷酸探针

采用人工合成的寡聚核苷酸片段作为分子杂交的探针，其优点是可根据需要随心所欲地合成相应的序列，避免了天然核酸探针中存在的高度重复序列所带来的不利影响。大多数寡核苷酸探针长度只有 15～30bp，其中即使有一个碱基不配对也会显著影响其熔解温度（T_m），因此它特别适合于基因点突变分析；此外，由于序列的复杂性降低，杂交所需时间也较短。需要注意的是，短寡核苷酸探针所带的标记物较少，特别是非放射性标记时，其灵敏度较低，因此当用于单拷贝基因的 Southern 印迹杂交时，采用较长的探针为好。

11.1.2 探针标记物与标记方法

11.1.2.1 核酸探针标记物种类及其特点

标记探针的目的是跟踪探针的去向，确定探针是否与相应的基因组 DNA 杂交，即显示出与核酸探针具有同源性序列的精确位置，从而判断阳性菌落的位置、靶核酸在细胞中的位置（原位杂交），或特异性片段的大小（转移印迹杂交）等。

11.1.2.1.1 放射性核素

放射性核素是目前应用较多的一类探针标记物，包括^{32}P、^{3}H 和^{35}S 等，主要优点是：

①放射性核素的灵敏度极高，可以检测到 $10^{-18} \sim 10^{-14}$ g 的物质，在最适条件下，可以测出样品中少于 1000 个分子的核酸含量；②放射性核素与相应的元素具有完全相同的化学性质，因此对各种酶促反应无任何影响，也不会影响碱基配对的特异性与稳定性和杂交性质；③放射性核素的检测具有极高的特异性，少数假阳性结果的出现，极少是由放射性核素引起的，而主要是由杂交过程本身导致的。严格按规程操作（主要是预杂交和洗膜）则假阳性率极低。放射性核素标记的主要缺点是：易造成放射性污染；当标记活性极高时，放射线可以造成核酸分子结构的破坏；多数放射性核素的半衰期都较短，因此必须随用随标，标记后立即使用，不能长期存放（^{3}H 与^{14}C 除外）。

11.1.2.1.2 非放射性标记物

非放射性指示系统是基于选用特异的互补探针的相互作用来检测各种生物靶分子。适宜的检测系统是与这些探针配对的，直接通过共价结合，或间接地通过附加的特异、高亲和力的相互作用结合。新近发展起来的非放射性系统大多数是基于报告基团的酶学、生物化学或化学的结合。这些基团能被具有高灵敏度的光学的、发光的、荧光的或金属沉淀的检测系统检测出来。

不同的非放射性系统可以分类为直接系统和间接系统两种类型，它们之间的差别在于检测反应的成分种类及其反应步骤的次数不同。直接系统大多是被用于检测标准化的靶生物分子，而间接系统常被用于检测具有变异特性的不同靶生物分子。

11.1.2.2 探针标记方法

11.1.2.2.1 探针的放射性核素标记法

这里主要以放射性核素^{32}P 为例介绍核酸探针与标记的连接方法（标记方法）。其他核素的标记方法与之相似，可参照此进行。

（1）缺口平移法（nick translation）

缺口平移法的原理是将 DNA 酶Ⅰ（DNaseⅠ）的水解活性与大肠杆菌 DNA 聚合酶Ⅰ(DNA polⅠ)的 5′→3′的聚合酶活性和 5′→3′的外切酶活性相结合。首先用适当浓度的 DNaseⅠ在探针 DNA 双链上造成缺口，然后再借助*E. coli* 的 DNA polⅠ的 5′→3′的外切酶活性，切去带有 5′-磷酸的核苷酸；同时又利用该酶的 5′→3′聚合酶活性，使生物素或同位素标记的互补核苷酸补入缺口。DNA 聚合酶Ⅰ的这两种活性的交替作用，使缺口不断向 3′的方向移动，同时 DNA 链上的核苷酸不断为标记的核苷酸所取代，成为带有标记的 DNA 探针，再经纯化除去游离的脱氧核苷酸，即成为纯化的标记 DNA 探针，如图 11-1 所示。缺口平移标记法可对环状或线状双链 DNA 进行标记。

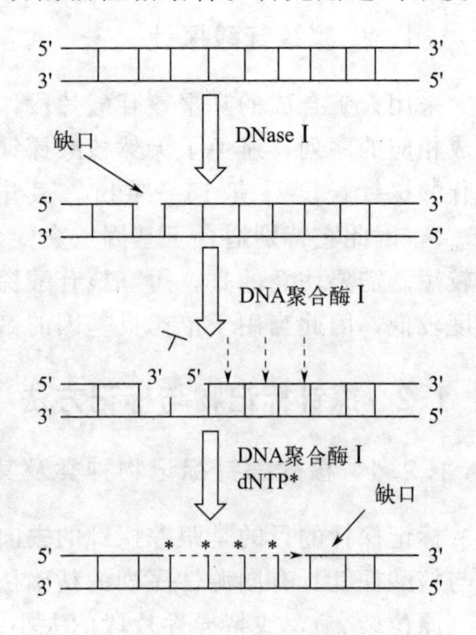

图 11-1 缺口平移标记法
*表示同位素标记

（2）随机引物法（random priming）

随机引物是含有各种可能排列顺序的寡聚核苷酸片段的混合物，因此它可以与任意核酸序列杂交，起到聚合酶反应的引物的作用。目前市售的试剂盒中的随机引物是用人工合成方法得到的，寡核苷酸片段长度为 6 个核苷酸残基，含有各种可能的排列顺序（4^6＝4096 种排列顺序）。将待标记的 DNA 探针片段变性后与随机引物（一些六核苷酸）一起杂交，然后以此杂交的寡核苷酸为引物，在大肠杆菌 DNA 聚合酶Ⅰ大片段（*E. coli* DNA polymerase Ⅰ klenow fragment）的催化下，按碱基互补配对的原则不断在其 3′-OH 端添加同位素标记的单核苷酸（α-^{32}P-dNTP）修补缺口，即形成放射性核素标记的 DNA 探针。

（3）单链 DNA 探针的标记

单链 DNA 探针与双链 DNA 探针相比，其杂交效率更高。这是由于双链 DNA 探针在杂交时，除了与目的基因序列杂交外，双链 DNA 探针两条链之间还会形成自身的无效杂交，而单链 DNA 探针就避免了这种缺点。单链 DNA 探针的标记主要适用于克隆 M13 噬菌体中的 DNA 片段的标记，选用适当的引物也可用于质粒 DNA 中插入顺序的标记。

（4）cDNA 探针的标记

来源于禽成髓细胞瘤病毒（AMV）的反转录酶是一种依赖于 RNA 的 DNA 聚合酶，具有多种酶促活性，包括 5′→3′DNA 聚合酶活性及 RNA/DNA 杂交体特异的 RNase H 酶活性。此酶主要将 mRNA 反转录成 cDNA 而应用于 cDNA 克隆，也可用于 RNA 或单链 DNA 模板的^{32}P 标记探针的制备。当以 polyA mRNA 为模板时，反转录酶的引物可以是 oligo-dT，也可采用特异的寡核苷酸引物，还可采用随机寡核苷酸作为引物。反转录得到的产物 RNA/DNA 杂交双链经碱变性后，RNA 单链可被迅速降解成小片段，经 Sephadex G-50 柱色谱即可得到单链 DNA 探针。

（5）寡核苷酸探针的标记

人工合成的寡核苷酸片段作为分子杂交的探针已日益被更多的研究者所青睐。利用寡核苷酸探针可以检测到靶基因上单个核苷酸的点突变。多种酶促反应可用于寡核苷酸探针的末端标记，如 T4 多核苷酸激酶、Klenow DNA 聚合酶、末端脱氧核苷酸转移酶等。

11.1.2.2.2　探针的非放射性标记法

非放射性标记物主要有两种类型：一类是预先已连接在 NTP 或 dNTP 上，因此可像放射性核素标记的核苷酸一样用酶促聚合方法掺到核酸探针上，如生物素、地高辛（DIG）等；另一类是直接与核酸进行化学反应而连接在核酸探针上。这里重点介绍非放射性 DIG 标记方法。

（1）PCR 标记法

在 PCR 反应中，热稳定聚合酶（如 *Taq* 聚合酶）能数以百万倍地快速扩增靶 DNA，聚合酶以 DNA 为模板催化 dNTP 的聚合反应，其中掺入适宜比例的 DIG-dUTP，扩增的 DNA 片段即被 DIG 标记，敏感性和特异性都很高，PCR 标记反应的特异性使得这种技术特别适合合成短序列的探针（图 11-2）。PCR 标记的探针特别适合在基因组 Southern 印迹中检测单拷贝基因序列和在 Northern 印迹中检测稀有 mRNA。当然，也适合于文库筛选、斑点/狭缝印迹和原位杂交。

PCR 标记法（PCR labeling）可以以非常少量的模板产生大量的标记探针，模板的量为 10～100pg 质粒或 1～50ng 基因组 DNA。然而，就经验而言，10pg 质粒或 10ng 基因组 DNA 产生的结果最佳，克隆质粒的插入序列会比基因组 DNA 产生更好的结果。PCR 引物序列的特异性决定了哪一区域被扩增和标记。模板的质量一般不影响 PCR 标记反应，甚至煮沸法获得的质粒也可用作模板，这也意味着与其他标记方法相比，其反应条件更需要优化。当模板数量非常有限，或模板不是很纯，或模板很短时，首选 PCR 法制备 DIG 标记探针。

(2) 体外转录标记 RNA 探针

体外转录标记 RNA 探针（RNA labeling）是在体外由 DNA 模板转录产生。DNA 片段被插入到载体的多克隆位点中，在其两边有不同的 RNA 聚合酶启动子（如 T7、SP6、T3 RNA聚合酶启动子），反应前模板需要线性化（在插入序列附近），在 RNA 聚合酶作用下则插入的 DNA 序列转录成互补的 RNA 序列，反应中加入 DIG-dUTP，模板 DNA 可被转录许多次（可达 100 倍之多），从而产生出大量的全长的 DIG 标记的 RNA 探针（在标准反应中，1μg DNA 可产生 10～20μg RNA）。每 25～30 个核苷酸可掺入一个 DIG 标记的 UTP（图 11-3）。

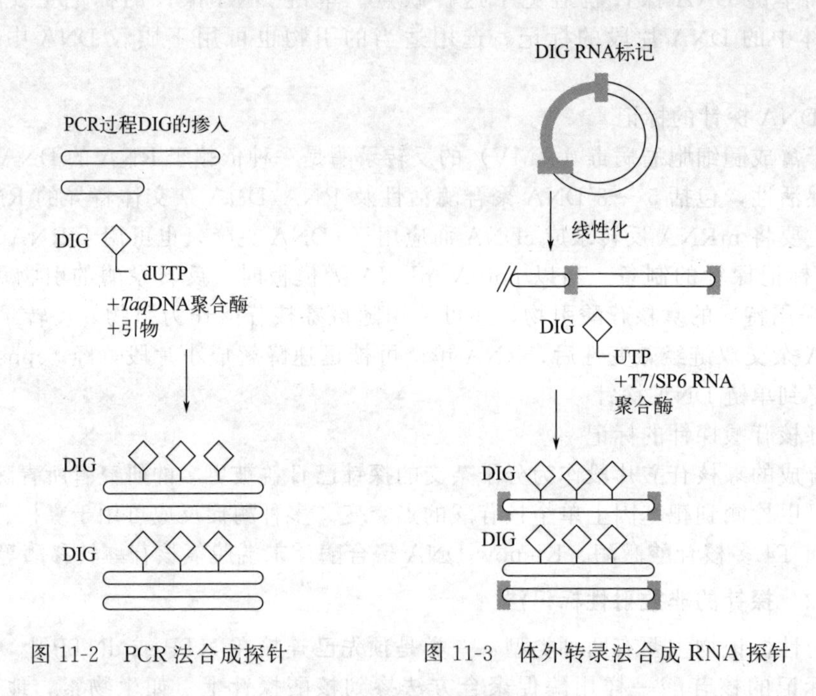

图 11-2 PCR 法合成探针　　图 11-3 体外转录法合成 RNA 探针

11.1.2.3 探针的纯化

DNA 探针标记反应结束后，反应液中仍存在未渗入到 DNA 中去的 dNTP 等小分子，需纯化将之去除，否则会干扰下一步反应。探针纯化方法分述如下。

11.1.2.3.1 凝胶过滤柱色谱法

利用凝胶的分子筛作用，可将大分子 DNA 和小分子 NTP、磷酸根离子及寡核苷酸（<80bp）等分离。大分子 DNA 流出，而小分子则滞留于凝胶色谱柱中。常用的凝胶基质是 Sephadex G-50 和 Bio-GelP-60。

11.1.2.3.2 反相柱色谱法

反相柱色谱法是一种分离效果极好的色谱方法。具体步骤是：将注射器套在 Nensorb 柱上，吸取 1mL 甲醇洗柱，活化树脂；用 2mL 0.1mol/L Tis-HCl(pH8.0) 溶液平衡色谱柱；DNA 样品用 0.1mol/L Tis-HCl(pH8.0) 溶液稀释至 1mL，推过色谱柱。收集流出液后重新过柱 1 次；用 2mL 0.1mol/L Tis-HCl(pH8.0) 洗柱，再用 2mL 水洗柱，最后用 0.5mL 50%乙醇洗脱色谱柱，收集流出液用乙醇或异丙醇沉淀。DNA 沉淀重溶于 TE 中。

11.1.2.3.3 乙醇沉淀法

DNA可被乙醇沉淀，而未掺入DNA的dNTP则保留于上清中，因此反复用乙醇沉淀可将二者分离。用2mol/L乙酸铵和乙醇沉淀效果较好，连续沉淀两次就可去除99%的dNTP。蛋白质在此条件下多不会被沉淀。如果DNA浓度较稀（<10μg/mL），则可加入10μg酵母tRNA共沉淀。

11.1.2.4 探针标记效率的评估

通过测定标记产物的量来估计每一次标记反应的效率，可以准确了解杂交液中应加入的探针的量。如果在杂交液中使用的探针量不准确，后果将很严重。因为探针太多会导致严重的背景问题，探针太少则会导致杂交信号减弱或没有。以DIG标记为例，表11-1列出了估计标记探针产量的方法。

表11-1 估计探针产量的推荐方法

标记方法	估计方法	标记方法	估计方法
随机引物法	直接检测	RNA探针	直接检测
PCR标记法	琼脂糖凝胶电泳	3′末端标记(寡核苷酸)	直接检测
缺口平移法	直接检测	3′加尾标记(寡核苷酸)	直接检测

直接检测法是粗略估计绝大多数标记核酸探针的方法（PCR标记法除外），其步骤是用一系列稀释度的DIG标记探针直接点在膜上，同时把一系列已知稀释度的DIG标记的对照探针也点在膜上，通过标准检测过程显示出来。

琼脂糖凝胶电泳分析主要用于估计PCR标记探针的效率，它是通过琼脂糖凝胶电泳（gel-electrophoresis）来快速估计的，整个操作过程需要时间短。为了估计PCR法标记探针的效率，必须做一个PCR反应，反应中不加DIG-UTP，其他成分不变。每一个加样孔里上5μL PCR产物（DIG标记探针和未标记探针），电泳结束后，凝胶用EB染色，可观察到以下现象：①DIG标记的探针比未标记探针迁移速率慢（DNA中DIG的存在，使得其迁移速率比同样大小不含标记物的DNA慢）；②标记的探针DNA位于可预测的分子量位置；③紫外灯下观察，DIG标记与未标记的DNA探针条带强度相近或稍弱（因为反应混合物中DIG的存在会削弱聚合酶的能力，降低标记反应的效率）。

11.1.3 探针杂交与信号检测

核酸分子杂交的方法有多种。根据支持物的不同可分为固相杂交和液相杂交，根据核酸品种的不同分为Southern印迹杂交和Northern印迹杂交等，其原理基本相同。在大多数的核酸杂交反应中，经过凝胶电泳分离的DNA或RNA，都是在杂交之前通过毛细管作用或电导作用被转移到滤膜上，而且是按其在凝胶中的位置原封不动地“吸印”上去的。常用的滤膜有尼龙滤膜、硝酸纤维素滤膜和二乙氨基乙基纤维素滤膜（DEAE）等。之所以采用滤膜进行核酸杂交，是因为它们易于操作，同时也比脆弱的凝胶容易保存。一般来说，在核酸分子杂交中，究竟选用哪一种滤膜，这是由核酸的特殊性、分子大小和在杂交过程中所涉及的步骤的多寡以及敏感性等参数来决定的。

11.1.3.1 核酸杂交

11.1.3.1.1 Southern印迹杂交

此项技术是E. Southern于1975年首先设计的，他根据毛细管作用的原理，使在电泳凝胶中分离的DNA片段转移并结合在适当的滤膜上，然后通过同标记的单链DNA或RNA探针的杂交作用检测这些被转移的DNA片段，故命名为DNA印迹杂交技术，又称Southern DNA印迹转移技术（Southern blotting）。

另一种印迹转移方法是应用紫外线交联法固定DNA，其基本原理是：DNA分子上的一小部分胸腺嘧啶残基同尼龙膜表面上的带正电荷的氨基基团之间形成交联键，然后将此滤膜移放在加有放射性同位素标记探针的溶液中进行核酸杂交。

探针是能与被吸印的DNA序列互补的RNA或单链DNA。探针一旦同滤膜上的单链DNA杂交之后，就很难再解链，因此可以用漂洗法去掉游离的没有杂交上的探针分子。用X光底片曝光后所得的放射自显影图片，与溴化乙锭染色的凝胶谱带做对照比较，便可鉴定出究竟哪一条限制性片段是与探针的核苷酸序列同源的，如图11-4所示。Southern DNA印迹杂交方法十分灵敏，在理想的条件下，应用放射性同位素标记的特异探针和放射自显影技术，即使每条电泳条带仅含有2g的DNA也能被清晰地检测出来。它几乎可以同时用于构建出DNA的酶切图谱和遗传图，因此在分子生物学及基因克隆实验中的应用极其广泛。

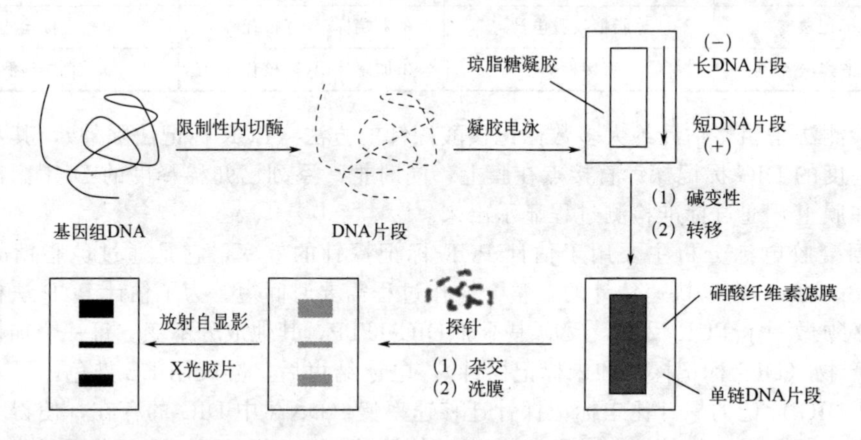

图11-4　Southern印迹杂交流程图

11.1.3.1.2　Northern印迹杂交

Northern印迹杂交的基本原理与Southern印迹杂交基本相同，不同之处如下。

① RNA在进行凝胶电泳之前需经变性处理，且在电泳过程中保持变性状态；而DNA在电泳前和电泳过程中均未变性。

② 电泳结束后，凝胶中的RNA不经任何处理，就可将其直接转移到硝酸纤维素滤膜上；而DNA在转移前需经碱变性及中和处理。

③ RNA-DNA杂交不如DNA-DNA杂交那么强，用于RNA-DNA的杂交液中含有较多的成分以促进RNA-DNA结合；杂交后，洗脱条件也不像DNA-DNA杂交那样强烈。

④ 在DNA凝胶电泳中用标准DNA参照物来确定样品DNA的大小，而在总RNA中，则含有28S rRNA和18S rRNA，其含量远远高于其他RNA，因此可将这二者形成的条带作为参照物，在杂交后来确定目的mRNA的大小，并可显示RNA在制备过程中是否已降解。故该法用于检测mRNA。

11.1.3.1.3　斑点印迹杂交和狭线印迹杂交

斑点印迹杂交（dot blotting）和狭线印迹杂交（slot blotting），是在Southern印迹杂

交的基础上发展起来的两种类似的快速检测特异核酸（DNA 或 RNA）分子的核酸杂交技术。它们的基本原理和操作步骤是相同的，都是通过抽真空的方式将加在多孔过滤进样器上的核酸样品直接转移到适当的杂交滤膜上，然后再按如同 Southern 或 Northern 印迹杂交一样的方式同核酸探针分子进行杂交。

11.1.3.1.4 原位杂交

这类技术是把菌落或噬菌斑转移到硝酸纤维素滤膜上，使溶菌变性的 DNA 同滤膜原位结合。这些带有 DNA 印迹的滤膜烤干后，与放射性同位素标记的特异性 DNA 或 RNA 探针杂交，漂洗除去未杂交的探针，再同 X 光底片一道曝光。根据放射自显影所揭示的与探针序列具有同源性的 DNA 的印迹位置，对照比较原来的平板，便可以从中挑选出含有插入序列的菌落或噬菌斑。

11.1.3.2 杂交信号检测

11.1.3.2.1 放射性核素探针的检测——放射自显影

利用放射线在 X 光胶片上的成影作用来检测杂交信号，称为放射自显影。主要步骤是：①将滤膜用保鲜膜包好，置于暗盒中。②在暗室中，将磷钨酸钙增感屏前屏置于滤膜上，其光面向上；然后压上一至两张 X 光胶片，再压上增感屏后屏，其光面面向 X 光胶片，盖上暗盒，于－70℃曝光适当的时间。③根据放射性的强度曝光一定的时间后，在暗室中取出 X 光胶片，显影，定影。如曝光不足，可再压片重新曝光。

11.1.3.2.2 非放射性核素探针的检测

对于非放射性标记的探针，除酶直接标记的探针外，其他非放射性标记物并不能被直接检测，而需先将非放射性标记物与检测系统偶联，再经检测系统的显色反应来检测杂交信号。前者称为偶联反应，后者称为显色反应。

11.1.4 核酸探针在食品微生物检测中的应用

核酸探针技术由于其敏感性高（可检出 10^{-12}～10^{-9} 的核酸）和特异性强等优点，已广泛地应用于基因工程及医学、兽医学的实验室诊断和进出口动植物及其产品检验方面，包括用于沙门氏菌、弯曲杆菌、轮状病毒、狂犬病毒等多种病原体的检验上。在食品微生物领域研究较多的主要集中在用于检验食品中一些常见的致病菌。

11.1.4.1 大肠杆菌检测

产肠毒素性大肠杆菌（ETEC）是引起人和动物腹泻的主要病原之一。在常规的食品中大肠杆菌检测时，产耐热肠毒素（ST）的大肠杆菌常用乳鼠试验来鉴定，该方法操作复杂，耗时多，不适于进行大样本的检测，并且所用增菌方法还常导致质粒相关毒力的丧失。近几年，放射性同位素标记的核酸探针正越来越多地用于 ETEC 的快速检测。用生物素标记的编码大肠杆菌耐热肠毒素（ST）的 DNA 片段作为基因探针，可以检测污染食品（包括鲜猪肉、鸡蛋、牛乳）中的产 ST 大肠杆菌，本法特异、敏感而又没有放射性，且因不需要进行复杂的增菌和获得纯培养而节省了时间，减少了由质粒决定的毒力丧失的机会，从而提高了检测的准确性。

11.1.4.2 金黄色葡萄球菌检测

细菌分离培养是金黄色葡萄球菌检测的常规方法，该方法虽然可靠，但费时、费力，不能满足快速检测的需要。检测金黄色葡萄球菌的免疫学方法主要有免疫荧光（FA）、放射免疫检测（RIA）和酶联免疫吸附试验（ELISA）等，这些方法虽然具有一定的特异性和敏感性，但通常需要结合细菌分离才能进行，也难满足快速检测的需要。

11.1.4.3 李斯特菌检测

应用DNA探针技术检测李斯特菌或单增李斯特菌的试剂盒原理是用特异的DNA探针进行李斯特菌核糖体RNA(rRNA）的检测：待检样品经前增菌、选择性增菌和后增菌后溶解细菌，加入标记好的李斯特菌特异性的DNA探针用于液相杂交；如果待检样品中存在李斯特菌rRNA，荧光素标记的检测探针和多聚脱氧腺嘌呤核苷酸（poly dA）末端捕获探针将与目标rRNA序列进行杂交；然后把包被有多聚脱氧胸腺嘧啶核苷酸（poly dT）的塑料测杆（固相）插入杂交溶液。poly dA和poly dT之间进行碱基配对，便于探针的捕获，目标杂交核酸分子会结合在固体载体上，未结合的探针则被冲洗掉；测杆被培养在辣根过氧化物酶-抗荧光素接合剂中，接合剂与存在于杂交检测探针上荧光素标记物结合，未结合的接合剂被冲洗掉，并将测杆培养于酶底物-色原溶液中；辣根过氧化物酶与酶底物反应，将色原转变为蓝色化合物，一旦遇酸反应便停止，色原的颜色变为黄色，可在450m处测量其吸收值，吸收值大于临界值则表明在检测的样品中有李斯特菌存在。

11.1.4.4 存在的问题及展望

核酸探针技术虽为一种快速、敏感、特异的检测新技术，但其在实际应用中仍存在不少问题。放射性同位素标记的核酸探针具有半衰期短、对人体有危害等缺点，作为常规诊断，特别是在食品检验实验室很不适用。生物素标记的核酸探针虽然对人畜无害，但其不足之处在于受紫外线照射易分解。另外，临床标本（如食品）中的内源性生物素化蛋白质和其他糖蛋白类物质常引起背景加深和非特异性反应。同时，菌落杂交的敏感性也受其他因素的影响。但是随着该技术的发展与完善，其在食品微生物检验中将会成为一种有效的检测技术。

11.2 PCR基因扩增技术

聚合酶链式反应（polymeras chain reaction）简称PCR技术，是由美国Cetus公司人类遗传学研究室的科学家Kary. B. Mullis在1985年发明的一种在体外快速扩增特定DNA片段的方法。Mullis等在建立PCR方法的初期，仅采用非常简单的三种温度的水浴进行实验，应用大肠杆菌DNA聚合酶Ⅰ的klenow片段催化引物的延伸反应。由于此酶在变性温度下会失活，所以每一轮反应都需重新加一次酶，这样的反应只能扩增短片段，产量不高，操作繁琐，常规应用受到限制。

PCR的原理并不复杂，实际上它是在体外试管中模拟生物细胞DNA复制的过程。PCR反应极其迅速，可在短短几小时内，将极少量的基因组DNA或RNA样品中的特定基因片段扩增上百万倍。PCR的特异性是由两个人工合成的引物序列决定的。所谓引物，就是与待扩增的DNA片段两翼互补的寡核苷酸，其本质是ssDNA片段。在微量离心管中，除加入与待扩增的DNA片段两条链两端已知序列分别互补的两个引物外，还需加入适量的缓冲液、微量的DNA模板、四种脱氧核糖核苷酸（dNTP）溶液、耐热*Taq* DNA聚合酶、Mg^{2+}等。反应时，首先将上述溶液加热，使模板DNA在高温下变性，双链解开为单链状态，称为变性；然后降低溶液温度，使合成引物在低温下与其靶序列特异配对（复性），形成部分双链，称为退火；此时，两引物的 3′相对，5′相背，在合适的条件下，以 dNTP 为原料，由耐热 DNA 聚合酶（*Taq* DNA 聚合酶）催化引导引物沿 5′→3′方向延伸，形成新的 DNA 片段，该片段又可作下一轮反应的模板，此即引物的延伸。如此重复改变温度，由高温变性、低温复性和适温延伸组成一个周期，反复循环，使目的基因得以迅速扩增。因此 PCR 是一个在引物介导下反复进行热变性—退火—引物延伸三个步骤而扩增 DNA 的循环过程，如图 11-5 所示。

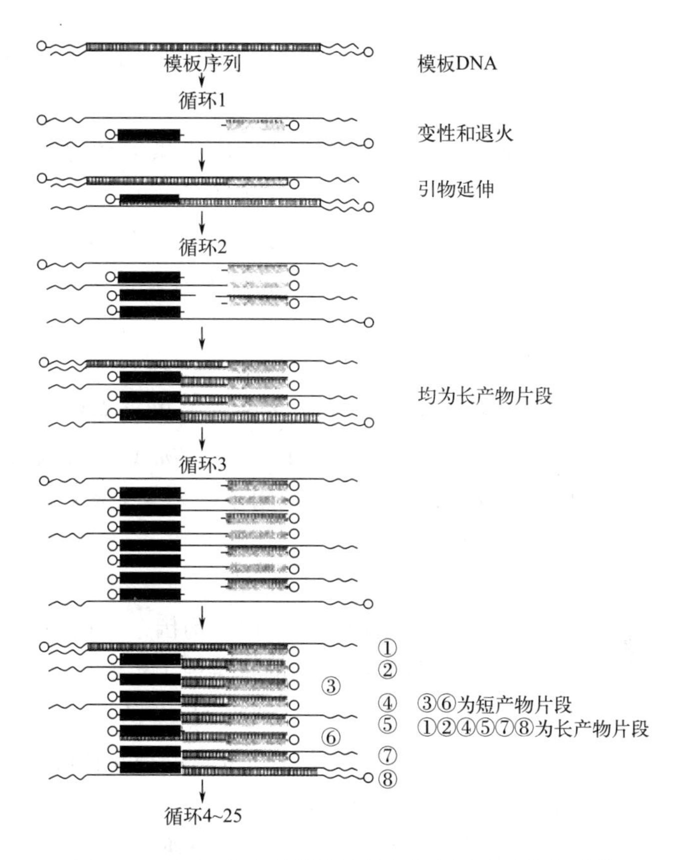

图 11-5　PCR 反应原理及其长产物片段和短产物片段

11.2.1　PCR 技术在致病微生物检测中的应用

传统方法检测食品中致病菌的步骤繁琐，且具有一定的局限性。首先要对样品进行被检测微生物的富集培养，当其数量在样品中达到可检测水平后，才能进行微生物的分离、形态特征观察及生理生化鉴定。此外，传统样品无法对那些人工难以培养的微生物进行检测。由于在所有细菌中编码 RNA 的一些基因保守性很强，因此可用 PCR 扩增其相应的 DNA 片段来快速、灵敏地检测样品中是否存在某些细菌或致病菌，尤其是那些人工无法培养的微生物。下面以 PCR 技术在沙门氏菌检测方面的应用为例进行简述。

11.2.1.1　模板的制备

PCR 检测方法的可靠性一部分依赖于目标模板的纯度和足够的目标分子数量，大多数 PCR 检测仍要求分几个步骤。研究表明，如果细菌在检测前可从食品原样中分离、浓缩、纯化，许多快速分子学方法的检测效果可得以改善。目前，离心、过滤、阴阳离子交换树脂、固定化凝集素和免疫磁性分离法已报道用于食品体系中细菌的浓缩。Lisa A Lucore 等研究了金属氢氧化物固定技术对乳品中肠炎沙门氏菌细胞的浓缩。用锆氢氧化物与细胞固定后，样品体积减少为 1/50，接种的细胞有 78%～96%复苏，固定化的细菌仍保持活力可用标准培养法计数。

11.2.1.2 引物设计

根据所选沙门氏菌靶序列的不同，目前常在下面几种序列内进行引物设计。

(1) 编码沙门氏菌鞭毛蛋白的基因序列

在许多细菌中，鞭毛都是重要的毒力因子，鞭毛所提供的动力可能是细菌侵入细胞的重要因素，鞭毛可以作为黏附素，决定了细菌在细胞表面的吸附，以及其后的侵入和定居过程。已有的研究根据该序列设计内、外引物进行套式 PCR，除伤寒沙门氏菌能扩增出特异性 DNA 片段外，其余沙门氏菌和其他菌群均无特异性扩增，且能与副伤寒沙门氏菌区别开。

(2) 编码菌毛的 *fimA* 基因序列

已证明，细菌表面的附属器官如菌毛、纤毛介导与上皮表面的特异受体相结合。在沙门氏菌株中，Ⅰ型菌毛型的表达由一系列基因编码，*fimA* 基因编码主要的菌毛亚单元。已有的研究根据 *fimA* 基因设计了特异引物，用于牛奶等食品样品中沙门氏菌的 PCR 检测。

(3) 与沙门氏菌质粒毒力相关的 *SPV* 基因序列

对许多有重要医学意义的细菌来说，质粒不仅编码毒力因子，还编码某种调控蛋白，控制毒力因子的产生。含有致病性质粒的细菌是致病的，丢失了致病性质粒的细菌，对人或动物不再致病，或致病力下降。已有的研究根据鼠伤寒沙门氏菌的质粒毒力相关基因 SPV 合成引物进行 PCR 检测，结果含该基因的沙门氏菌株都得到了特异性的扩增产物，而不含质粒和含质粒但无该毒力基因的菌株均无特异性扩增。

(4) 编码吸附和侵袭上皮细胞表面蛋白的 *hivA* 基因序列

沙门氏菌、志贺氏菌、耶尔森氏菌等许多肠道病原性细菌具有侵袭宿主上皮细胞的能力。侵袭是病原菌导致慢性感染的原因之一。*inv* 基因序列是一组基因，包括 *invA*、*invB*、*invC*、*invD*、*invF* 等。研究根据 *invA* 基因设计引物，进行 PCR 检测，结果沙门氏菌属都得到特异性的 DNA 片段，而非沙门氏菌无特异性扩增。

(5) 沙门氏菌侵袭基因正转录调节蛋白基因 *hilA*

在沙门氏菌中发现了 5 个毒力岛，分别命名为 SPI1、SPI2、SPI3、SPI4、SPI5。其中 SPI1 编码Ⅲ型分泌系统，与沙门氏菌对肠道上皮细胞的侵袭力有关。SPI1 存在于所有侵袭性沙门氏菌中。hilA 为 SPI1 的毒力基因之一，是许多侵袭基因的正转录调节蛋白。研究用根据 *hilA* 和 *sirA* 设计的四对引物检测了番茄原料中沙门氏菌，其中有一对 *hilA* 引物可特异性检测沙门氏菌。

(6) 编码沙门氏菌 LPSO 抗原的 *rfb* 基因

脂多糖（LPS）作为革兰氏阴性菌外膜主要成分，其多糖部分（含 *O*-特异性多糖和核心多糖）参与了细菌对宿主细胞的黏附、侵袭和在细胞间扩散的过程，是细菌主要的致病因子之一。根据 *rfbJ*、*rfbS* 基础序列分别设计引物，可检测 A、B、C、D 组血清型沙门氏菌。

11.2.1.3 PCR 检测方法

近年来，用 PCR 技术检测沙门氏菌得到了迅速发展，产生了许多种 PCR 检测方法，如常规 PCR、巢式 PCR、多重 PCR。也可几种方法结合使用，有研究将常规 PCR 与巢式 PCR 组合，以沙门氏菌中保守的 16S rRNA 基因为模板设计了一对引物，扩增的片段为 555bp。经过优化设计反应条件，只对沙门氏菌产生特异扩增，敏感性达 30cfu，为了对扩增结果进行鉴定，又在这两条引物之间设计一条半套式引物。经巢式 PCR 检测证明，第一次产物是正确的，且灵敏度提高至 3cfu。此外，还可将 PCR 与微孔板检测、ELISA 技术、探针杂交有机结合起来。

11.2.1.4 存在的问题及应用展望

PCR 技术虽是一种快速、特异、灵敏、简便、高效的检测技术，但其广泛运用会受限于：①操作过程中样品间的交叉污染和极少量外源性 DNA 的污染，都会对检测结果产生很大影响；②从各种食品原料中高效率地抽提 DNA 的方法有待于开发；③活菌和死菌不能区别；④容易受到食品基质、培养基成分的干扰，残留食物成分会抑制 PCR 酶反应；⑤引物的设计及 PCR 反应条件是影响特异性和敏感性的重要因素。在实际应用中也存在不少问题，污染问题就是其中之一。由于 PCR 是一种极为灵敏的反应，一旦有极少量外源性 DNA 污染，就可能出现假阳性结果；此外，各种实验条件控制不当，很容易导致产物突变；还有，引物的设计及靶序列的选择不当等都可能降低其灵敏度和特异性。因而，实验室操作的规范化在 PCR 技术中是极其重要的。但由于其快速、特异、敏感的特点，PCR 技术作为一种检测手段仍有巨大的运用价值。而且随着研究不断深入，PCR 检测方法也会得以发展和改善，并将在食品微生物检测中得到更多的应用。

11.2.2 PCR 技术在转基因食品检测中的应用

随着现代生物技术的发展，转基因食品（genetically modified organism，GMO）已逐步进入普通百姓的生活。由于转基因食品所具有的潜在非安全性，为保护广大消费者的权益，满足其选择和知情权以及出于国际贸易的需要，转基因食品的检验越来越引起各国政府和有关食品监督机构的重视。目前，基于 GMO 特异 DNA 片段的定性 PCR 筛选方法已广泛应用于 GMO 食品的检测，一些国家将此作为本国有关食品法规的标准检测方法。

11.2.2.1 转基因食品的定性检测

11.2.2.1.1 PCR-ELISA 法用于转基因食品的定性检测

PCR-ELISA 是一种将 PCR 的高效性与 ELISA 的高特异性结合在一起的转基因检测方法。利用共价交联在 PCR 管壁上的寡核苷酸作为固相引物，在 *Taq* 酶作用下，以目标核酸为模板进行扩增，产物一部分交联在管壁上成为固相产物，一部分游离于液体中成为液相产物。固相产物可用标记探针与之杂交，再用碱性磷酸酯酶标记的链霉亲和素进行 ELISA 检测，通过凝胶电泳对液相产物进行分析。该方法灵敏度高，可靠性强，易于操作，适于批量检测，是适合推广的一种快速转基因检测方法。

11.2.2.1.2　反转录 PCR(RT-PCR) 用于转基因食品的定性检测

RT-PCR 的原理是以植物总 RNA 为模板进行反转录，然后再经过 PCR 扩增，如果从细胞总 RNA 提取物中得到特异 cDNA 扩增带，则表明外源基因得到了转录。该方法适用于通过检测外源基因表达情况来检测是不是转基因食品。实验可以以总 RAN 为材料，也可以以 mRNA 为材料，不同的材料在方法上不同。

11.2.2.1.3　多重 PCR(multiple PCR，MPCR) 用于转基因食品的定性检测

MPCR 即是在同一反应管中含有一对以上引物，可以同时针对几个靶位点进行检测的 PCR 技术。该技术不仅效率高，而且因为它是针对多个靶位点进行同时检测，所以其检测结果较之普通 PCR 更为可信。该技术对植物的转基因背景进行检测具有较高的灵敏度。已报道经过对 DNA 方法的选择、对各种 PCR 程序的比较以及对引物的修饰，构建了一种快速检测植物转基因情况的方法，利用该技术对 5 个大豆样品、6 个豆粕样品进行实验检测，同时利用普通 PCR 方法对上述样品进行检测，两者的结果完全一致。

11.2.2.2　转基因食品的定量检测

随着人们对转基因食品重视程度和量化要求的提高，各国有关 GMO 标签的法律法规对食品中的 GMO 含量下限已有所规定，定性检测方法已经不能满足需要。另外定性筛选 PCR 本身也具有局限性，所采取的 PCR 法因其高敏感性或操作上的误差，常伴有假阳性或假阴性现象。为此，研究人员在定性筛选 PCR 方法的基础上，发展了不同的 GMO 的定量 PCR 检测法。目前，国外较为成熟的方法主要有半定量 PCR 法、定量竞争 PCR(quantitative competitive PCR，QC-PCR) 法和实时定量 PCR 法（real -time PCR）法。在此将介绍这三种方法在转基因食品检测中的应用。

11.2.2.2.1　半定量 PCR 法

PCR 反应具有高度特异性和敏感性，只需对少量的 DNA 进行测定便可检测 GMO 成分，但对实验技术的要求很高且其结果易受许多因素的干扰而产生误差，因此，一般 PCR 只用作转基因食品的定性筛选检测。针对所存在的问题，研究员在实验设计中引入内部参照反应，以消除检测时的干扰并与已知含量系列 GMO 标准样品的 PCR 结果进行比较，从而可以半定量地检测待测样品的 GMO 含量。

11.2.2.2.2　定量竞争 PCR 法

先构建含有修饰过的内部标准 DNA 片段（竞争 DNA），与待测 DNA 进行共扩增，因竞争 DNA 片段和待测 DNA 的大小不同，经琼脂糖凝胶电泳可将两者分开，并可进行定量分析。

11.2.2.2.3　实时定量 PCR(real-time PCR) 法

此方法需设计一个内部探针，该探针包含 5′端荧光报告因子和 3′端猝灭因子。PCR 反应前，由于猝灭因子与荧光报告因子的位置相近，荧光受到抑制而检测不到荧光信号。随着 PCR 反应从上游的 PCR 引物开始，引物和标记探针与目标 DNA 分子中对应的互补序列复性，聚合酶与探针相遇，利用其 5′核酸外切酶活性使报告因子释放，产生的荧光可被内设的激光器记录，记录到的荧光强度可反映 PCR 的产物量，从而实现实时定量分析。

11.2.2.3 应用展望

随着 PCR 技术本身的不断进步，可靠性不断提高，以 PCR 技术为基础的相关技术得到了很大的发展。如反相 PCR(inverse-PCR)、随机扩增多态性 DNA 技术（RAPD)、免疫 PCR(immuno-PCR)、不对称 PCR(asymmetric PCR)、多重 PCR(multiple PCR)、固相 PCR 等。在关键技术上也有所进步，如热循环仪在质量和技术上的发展；引物的设计可通过计算机来实现；已发展出多种具有各种不同特性的聚合酶体系和酶反应体系；目前已开发出了一系列的 DNA 聚合酶试剂盒，简化了 PCR 技术的操作，提高了实验的重现性。相信 PCR 技术将在转基因食品的检测中大有可为。

11.3 免疫学检测技术

免疫学检测技术是食品检验技术中的一个重要组成部分，特别是三大标记免疫技术——荧光免疫技术、酶免疫技术、放射免疫技术在食品检测中得到了广泛应用。利用免疫学检测技术可检测细菌、病毒、真菌、各种毒素、寄生虫等，还可用于蛋白质、激素、其他生理活性物质、药物残留、抗生素等的检测。其检测方法简便、快速、灵敏度高、特异性强，特别是单克隆抗体技术的发展，使得免疫学检测方法特异性更强，结果更准确。本节主要介绍免疫荧光技术、酶免疫技术、放射免疫技术、免疫胶体金技术和单克隆抗体技术在食品检验中的应用。

11.3.1 免疫荧光技术在食品检测中的应用

免疫荧光分析技术（immunofluorescence assay，IFA）是采用荧光素标记的已知抗体（或抗原）作为探针，检测待测组织、细胞标本中的靶抗原（或抗体)，使形成的抗原抗体复合物带有荧光素，在荧光显微镜下，由于受高压汞灯光源的紫外光照射，荧光素发出明亮的荧光，这样就可以分辨出抗原（或抗体）的所在位置及其性质，并可利用荧光定量技术计算抗原的含量，以达到对抗原物质定位、定性和定量测定的目的。近年来凭借较高的灵敏度在生物、医药、环境等领域得到广泛应用，在食品检测领域发展尤为迅速。

11.3.1.1 基本原理

抗体与荧光素结合后，并不影响其和相应抗原发生特异性结合反应。事先将待测抗原固定于载玻片上，滴加荧光素标记抗体，若荧光素标记抗体与相应抗原发生特异性结合反应，不能被缓冲液冲掉，在荧光显微镜下就可观察到荧光；否则，荧光抗体被缓冲液冲掉，在荧光显微镜下观察不到荧光。

11.3.1.2 抗体的荧光标记

荧光是指一个分子或原子吸收了给予的能量后，即刻发光；停止能量供给，发光也瞬即停止。荧光素是一种能吸收激发光的光能产生荧光，并能作为染料使用的有机化合物，又称荧光色素。目前用于标记抗体的荧光素主要有异硫氰酸荧光素（FITC)、四乙基罗丹明及四甲基异硫氰酸罗丹明等。

11.3.1.3 荧光抗体染色方法

11.3.1.3.1 直接法

这是荧光抗体技术中最简单和基本的方法。滴加荧光抗体于待检标本片上，经反应和洗涤后在荧光显微镜下观察：标本中如有相应抗原存在，即与荧光抗体特异结合，在镜下可见有荧光的抗原抗体复合物（图 11-6）。直接法的优点是操作简单、特异性高，但其缺点是检查每种抗原均需制备相应的特异性荧光抗体，且敏感性低于间接法。

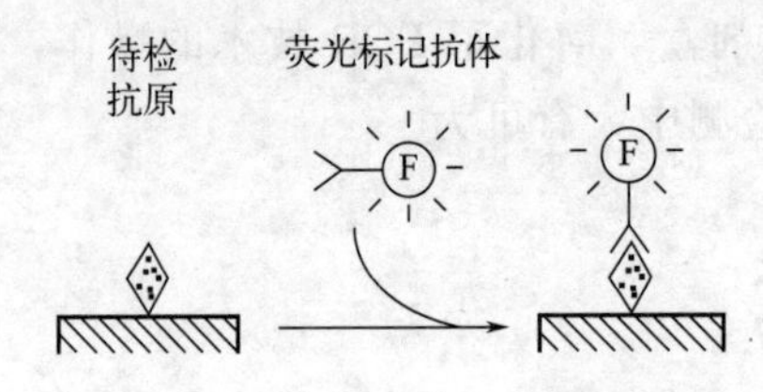

图 11-6 直接免疫荧光法原理示意图

11.3.1.3.2 间接法

间接法是根据抗球蛋白试验的原理，用荧光素标记抗球蛋白抗体（简称标记抗抗体）的方法。检测过程分为两步：第一步，将待测抗体（第一抗体）加在含有已知抗原的标本片上作用一定时间，洗去未结合的抗体；第二步，滴加标记抗抗体，如果第一步中的抗原抗体已发生结合，此时加入的标记抗抗体就和已固定在抗原上的抗体（一抗）分子结合，形成抗原-抗体-标记抗抗体复合物，并显示特异荧光（图 11-7）。间接法的优点是敏感性高于直接法，而且无须制备一种荧光素标记的抗球蛋白抗体，就可用于检测同种动物的多种抗原抗体系统。

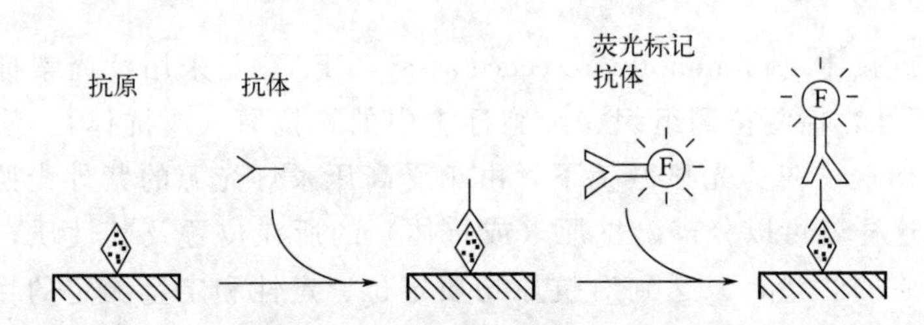

图 11-7 间接免疫荧光法原理示意图

11.3.1.4 常用荧光标记材料

11.3.1.4.1 普通荧光染料微球

荧光素是一类能产生明显荧光的有机染料，是最早应用于免疫分析技术的荧光物质。这类材料价格低廉，在荧光免疫分析技术中应用非常广泛。目前，IFA 中使用的荧光素主要有两类：一类可被紫外光直接激发，如异硫氰酸荧光素、四乙基罗丹明等；另一类则本身没有荧光效应，需要经酶催化才能形成强荧光物质，如 4-甲基伞酮-β-D、4-甲基伞酮磷酸盐和对羟基苯乙酸等。

然而，大部分荧光素稳定性差，光照时易发生分解和光漂白，低浓度下信号微弱，高浓度下易猝灭，影响了分析结果的准确性和可靠性。通过化学偶联法、包封法、物理吸附法、共聚法和自组装等方法，将荧光素吸附或包埋于载体材料中制成纳米级或微米级的荧光微球(fluorescent microspheres，FMs)，能有效改善其光学性质和分析性能。荧光微球采用核壳结构，外层载体材料主要有单体材料（如聚苯乙烯、SiO_2、ZnS 等）和聚合物材料（如聚乳酸微球、淀粉微球、壳聚糖微球等)。荧光微球比表面积大、吸附性强、凝集作用大、表面反应能力强，与普通荧光素相比形态结构更稳定、发光效率更高，具有良好的单分散性、重复性和生物相容性，尤其适用于微生物、蛋白质及生物小分子的检测分析。

11.3.1.4.2 量子点

量子点(quantum dots，QDs)是一种纳米级别的半导体材料，粒子半径小于或接近激子玻尔半径，包括由Ⅰ～Ⅵ族、Ⅲ～Ⅴ族、Ⅳ～Ⅵ族、Ⅴ～Ⅵ族元素组成的纳米晶，以及金簇、银簇、硅点、碳点、复合荧光纳米粒子等。单核型的QDs存在表面缺陷，通常采用CdSe/CdS、CdSe/ZnS、CdSe/ZnSe、CdS/ZnS、CdS/HgS、CdSe/CdS/ZnS、CdTe/ZnS等核壳体系，改善量子点的稳定性和产率。

量子点具有强而稳定的荧光信号，对化学物质和生理代谢降解的抵抗力很强，有良好的光漂白能力。其颜色也丰富多样，通过调节量子点的粒径尺寸就能得到不同的荧光颜色，用于多色标记。在实际应用中，为使量子点具有更好的生物相容性，研究人员通常进行表面修饰，既有利于QDs与抗原或抗体的偶联，也能降低QDs的毒性。量子点因其独特的光学性质常被用作新型的荧光标记材料，取代原有的荧光染料分子，与荧光免疫分析技术相结合，应用于生物体内病菌和毒素的检测。

11.3.1.4.3 时间分辨荧光材料

时间分辨荧光材料一般是指镧系稀土元素，包括铕(Eu)、铽(Tb)、钐(Sm)和镝(Dy)等，常用于时间分辨荧光免疫分析法(time-resolved fluorimmunoassay，TRFIA)。镧系稀土元素荧光寿命较普通的荧光标记物寿命长，且斯托克位移较大，待短寿命背景荧光消失后，测定长寿命的镧系稀土元素螯合物荧光，可避免背景荧光的干扰，达到定量分析的目的。

11.3.1.5 新型荧光标记材料

11.3.1.5.1 上转换发光纳米材料

上转换发光纳米材料(upconverting nanoparticles，UCNPs)是一种能够接收低能量激发光并将其转换成高能量发射光的新型荧光探针材料。上转换发光纳米材料采用近红外作为激发光源，具有发射光谱特性突出、荧光量子产生率高、反斯托克位移大、荧光寿命长等特点。相对于传统以有机染料和半导体量子点为代表的下转换发光材料，上转换发光材料毒性较低，能在提高对生物组织的穿透深度的同时减少长时间照射引起的伤害，消除来自内源性荧光物质和同时标记荧光染料的背景荧光干扰，具有较高的灵敏度和选择性。基于UCNPs的上转换发光纳米技术(upconversion fluorescence nanoparticles technology，UPNT)能解决食品污染物传统检测方法中样品前处理程序复杂等问题，快速有效地对一些食品污染物进行检测。上转换发光具有多种发光体系，而稀土掺杂(rare earth doped，RED)体系是目前效率最高、应用最多的上转换发光体系。稀土掺杂上转换纳米粒子具有特殊的频率上转换能力，主要利用镧系稀土离子(如Yb^{3+}和Er^{3+})之间的能量转移来实现长波长激发光到短波长发射光的转换，与其他上转换纳米材料相比灵敏度更高。

11.3.1.5.2 磁性荧光纳米材料

磁性纳米颗粒(magnetic nanoparticles，MNPs)具有快速磁响应性，可用于复杂基质的样品前处理中，以实现对待测物的高效分离和富集。磁性荧光纳米材料是一种双功能复合纳米材料，常采用稳定的核壳式结构，以Fe_3O_4等磁性材料为内核，SiO_2、C、TiO_2等无机材料为夹层，在其内部或表面吸附有荧光素、量子点等荧光材料后经表面修饰制成。这类复合材料实现了免疫磁分离和荧光免疫分析两个过程的合并，大大简化了检测过程，有望解决一些荧光标记物在标记后难以分离的问题，提高检测的准确性，在食品污染物的免疫分析中具有潜在应用价值。

11.3.1.5.3 磁性荧光纳米材料

荧光蛋白最初来源于自然界，天然无毒，主要分为绿色荧光蛋白、黄色荧光蛋白和红色荧光蛋白 3 种类型。荧光蛋白是一种新型荧光标记物，克服了传统荧光标记物荧光背景高、易猝灭等缺点，不易受生物样品自身荧光干扰，量子产率高，吸收带谱宽，几乎覆盖所有可见光范围，提高了荧光蛋白标记选择的灵活性，目前已广泛应用于免疫分析检测领域。

11.3.1.6 在食品检验中的应用

食品污染物中，除了常见的农药、兽药、真菌毒素、有害微生物等，更多新型污染物也在不断产生。为对食品污染物进行快速、定量的低成本、大批量筛查，基于免疫分析技术建立了许多食品污染物的检测方法。其中，胶体金免疫色谱法发展较为成熟，但存在灵敏度不足、难以定量等问题。荧光免疫分析技术的高灵敏度很好地弥补了这些不足，符合免疫分析技术定量、快速、智能化的发展趋势。荧光素是最先应用于荧光免疫分析技术的标记材料，但其稳定性和信号强度未能令人满意。以特定载体材料将荧光素包裹成荧光微球是提高其稳定性和信号强度的一种解决方案；量子点、时间分辨荧光微球等标记材料的引入也改善了荧光免疫分析技术的稳定性和准确性。量子点荧光信号强而稳定，可实现多色标记；时间分辨荧光微球荧光寿命长，灵敏度高。上转换发光纳米材料、磁性荧光纳米材料、荧光蛋白等新型标记物功能性较强，但其在成本、成熟性方面有待改善。

11.3.2 免疫酶技术在食品检测中的应用

酶免疫实验技术是 20 世纪 60 年代在免疫荧光和组织化学基础上发展起来的一种新技术，最初是用酶代替荧光素标记抗体，进行生物组织中抗原的鉴定和定位。随后发展为用于鉴定免疫扩散及免疫电泳板上的沉淀线。1971 年，Engvall 等用碱性磷酸酶标记抗原或抗体，建立了酶联免疫吸附测定（ELISA），这一技术的建立被认为是血清学实验的一场革命，是目前令人瞩目的有发展前途的一种技术。

11.3.2.1 酶联免疫吸附测定的基本原理

酶联免疫吸附测定（enzyme -linked immunosorbent assay，ELISA）是在免疫酶技术（immunoenzymatic techniques）的基础上发展起来的一种新型的免疫测定技术，其基本原理是抗体（抗原）与酶结合后，仍然能和相应的抗原（抗体）发生特异性结合反应，将待检样品事先吸附在固相载体表面称为包被，加入酶标抗体（抗原），酶标抗体（抗原）与吸附在固相载体上的相应的抗原（抗体）发生特异性结合反应，形成酶标记的免疫复合物，不能被缓冲液冲掉，当加入酶的底物时，底物发生化学反应，呈现颜色变化，颜色的深浅与待测抗原或抗体的量相关，可借助分光光度计的光吸收计算抗原（抗体）的量，也可用肉眼定性观察，因此可定量或定性地测定抗原或抗体。

11.3.2.2 ELISA 的种类

ELISA 常用的方法有直接法、间接法、双抗体夹心法和竞争法（图 11-8）。

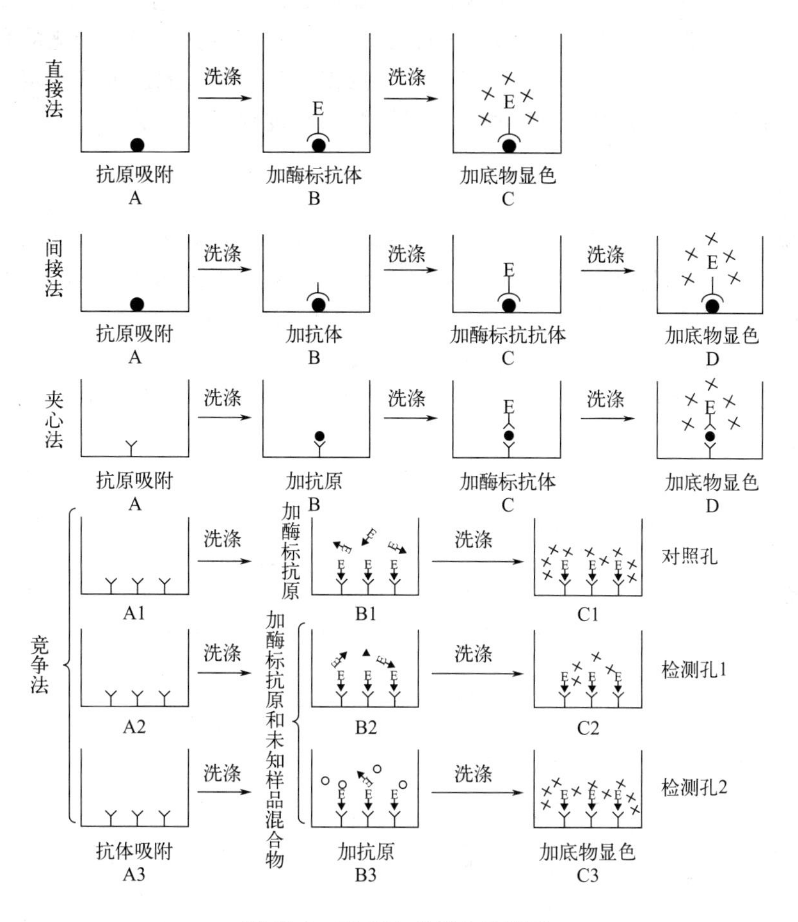

图 11-8　ELISA 常用方法图示

11.3.2.2.1　直接法测定抗原

A：将待测抗原吸附在载体表面；B：加酶标抗体，形成抗原-抗体复合物；C：加底物。底物的降解量与抗原量呈正相关。

11.3.2.2.2　间接法测定抗体

A：将抗原吸附于固相载体表面；B：加待测抗体，形成抗原-抗体复合物；C：加酶标二抗（抗抗体）；D：加底物。底物的降解量与抗体量呈正相关。

11.3.2.2.3　双抗体夹心法测定抗原

A：将已知特异性抗体吸附于固相表面；B：加待测抗原，形成抗原-抗体复合物；C：加酶标抗体形成抗体-抗原-抗体复合物；D：加底物。底物的降解量与抗原量呈正相关。

11.3.2.2.4　竞争法测定抗原

A1、A2、A3：将抗体吸附在固相载体表面；B1：加入酶标抗原；B2、B3：加入酶标抗原和待测抗原；C1、C2、C3：加底物。样品孔底物降解量与待测抗原量呈负相关。

11.3.2.3　抗体的酶标记

用于免疫酶技术的酶有很多，如过氧化物酶、碱性磷酸酯酶、β-D-半乳糖苷酶、葡萄糖氧化酶、碳酸酐酶、乙酰胆碱酯酶、6-磷酸葡萄糖脱氧酶等。常用于 ELISA 法的酶有辣根过氧化物酶、碱性磷酸酯酶等，其中尤以辣根过氧化物酶为多。由于酶催化的是氧化还原反应，在呈色后须立刻测定，否则空气中的氧化作用使颜色加深，无法准确地定量。辣根过氧化物酶交联在抗体上的方法主要有两种，即戊二醛法和过碘酸氧化法。

11.3.2.4 酶与底物

酶结合物是酶与抗体或抗原、半抗原在交联剂作用下联结的产物，是 ELISA 成败的关键试剂，它不仅具有抗体抗原特异的免疫反应，还具有酶促反应，显示出生物放大作用。但不同的酶选用不同的底物（表 11-2）。最常用的酶是辣根过氧化物酶，辣根过氧化物酶常用的底物是 OPD，但 OPD 有致癌作用，显色也不稳定，因此近年来人们更愿意用性质稳定又无致癌作用的 TMB 作为辣根过氧化物酶的底物。辣根过氧化物酶可催化下列反应：

$$\mathrm{HRP}+\mathrm{H_2O_2}\rightarrow\text{复合物}+\mathrm{AH_2}\longrightarrow\mathrm{HRP}+\mathrm{A}+\mathrm{H_2O}$$

其中，AH_2 为无色底物，供氢体；A 为有色产物。

表 11-2 免疫技术常用的酶及其底物

酶	底物	显色反应	测定波长/nm
辣根过氧化物酶（HRP）	邻苯二胺(OPD)	橘红色	492①,460②
	3,3′,5,5′-四甲基联苯胺(TMB)	黄色	450
	5-氨基水杨酸(5-AS)	棕色	449
	邻联甲苯胺(OT)	蓝色	425
	2,2′-连氮基-双-(3-乙基苯并二氢噻唑啉-6-磺酸)二铵盐(ABTS)	蓝绿色	642
碱性磷酸酯酶	4-硝基酚磷酸盐(PNP)	黄色	400
	萘酚-AS-Mx 磷酸盐＋重氮盐	红色	500
葡萄糖氧化酶	ABTS＋HRP＋葡萄糖	黄色	405
	葡萄糖＋甲硫吩嗪＋噻唑蓝	深蓝色	420
β-D-半乳糖苷酶	4-甲基伞酮基-半乳糖苷(4MuG)	荧光	360,450
	邻硝基酚-β-D-半乳糖苷(ONPG)	黄色	420

① 终止剂为 2mol/L H_2SO_4。

② 终止剂为 2mol/L 柠檬酸，不同的底物有不同的终止剂。

11.3.2.5 酶免疫技术在食品检验中的应用

目前食品受农药、兽药污染的问题仍比较严重，给人们的身体健康带来了危害，尽管国家和政府对此已做了大量的工作，投入了人力、物力，但执行情况仍不尽人意。其主要原因之一就是缺乏快速、灵敏、简便的检测方法，相关的检测试剂研发速度太慢。免疫分析技术如酶联免疫分析法、胶体金免疫色谱试纸法是一种快速、灵敏、简便的分析方法，在国外已被用于食品安全检测，我国也已在临床检验中应用多年。

半自动和自动化 ELISA 分析仪也日趋成熟，并在大中型临床检验实验室中取得应用。自动化 ELISA 分析仪有开放系统（open system）和封闭系统（close system）两类。前者适用于所有的 96 孔板的 ELISA 测定：后者只与特定试剂配套使用。

① 酶免疫技术用于细菌及毒素、真菌及毒素、病毒和寄生虫的检测，如沙门氏菌、单核细胞增生李斯特菌、链球菌、结核分枝杆菌、布鲁氏杆菌、金黄色葡萄球菌肠毒素、黄曲霉

毒素等；肝炎病毒、风疹病毒、疱疹病毒、轮状病毒等；寄生虫如弓形虫、阿米巴、疟原虫等。

② 酶免疫技术用于蛋白质、激素、其他生理活性物质、药物残留、抗生素等的检测，如近年来有关使用酶免疫法测定乳和血浆中有机化学残留物已有报道，这标志着本法在动物性食品卫生监测方面具有新的应用趋势。

目前药物残留免疫分析技术主要分为两大类：第一类为相对独立的分析方法，即免疫测定法（immunoassays，IAs），如RIA、ELISA、固相免疫传感器（solid phase immunosensor）等；第二类是将免疫分析技术与常规理化分析技术联用，如利用免疫分析的高选择性作为理化测定技术中的净化手段，典型的方式为免疫亲和色谱（immunoaffinity chromatography，IAC）。

11.3.3 放射免疫技术在食品检测中的应用

放射免疫分析（radioimmunoassay，RIA）是以放射性核素为标记物的标记免疫分析法，是由Yalow和Berson于1960年创建的标记免疫分析技术。由于标记物放射性核素的检测灵敏性，本法的灵敏度高达ng甚至pg水平，测定的准确性良好，ng量的回收率接近100%。本法特别适用于微量蛋白质、激素和多肽的精确定量测定，是定量分析方面的一次重大突破。

11.3.3.1 基本原理

放射免疫分析的基本原理是标记抗原Ag^*和非标记抗原Ag对特异性抗体Ab的竞争结合反应。反应式为：

$$
\begin{array}{c}
Ag^* + Ab = Ag^*Ab \\
+ \\
Ag \\
\downarrow\uparrow \\
AgAb
\end{array}
$$

在这一反应系统中，作为试剂的标记抗原和抗体的量是固定的。抗体一般取用能结合40%～50%的标记抗原的量，而受检标本中的非标记抗原是变化的。根据标本中抗原量的不同，得到不同的反应结果。

假设受检标本中不含抗原时的反应为：

$$4Ag^* + 2Ab \longrightarrow 2Ag^*Ab + 2Ag^*$$

在标本中存在抗原时的反应为：

$$4Ag^* + 4Ag + 2Ab \longrightarrow 1Ag^*Ab + 3Ag^* + 1AgAb + 3Ag$$

当标记抗原、非标记抗原和特异性抗体三者同时存在于一个反应系统时，由于标记抗原和非标记抗原对特异性抗体具有相同的结合力，因此二者相互竞争结合特异性抗体。由于标记抗原与特异性抗体的量是固定的，故标记抗原抗体复合物形成的量就随着非标记抗原的量而改变。非标记抗原量增加，相应地结合较多的抗体，从而抑制标记抗原对抗体的结合，使标记抗原抗体复合物相应减少，游离的标记抗原相应增加，也即抗原抗体复合物中的放射性强度与受检标本中抗原的浓度成反比（图11-9）。若将抗原抗体复合物与游离标记抗原分开，分别测定其放射性强度，就可算出结合态的标记抗原（B）与游离态的标记抗原（F）的比值[B]/[F]，或算出其结合率[B]/([B]+[F])，与标本中的抗原量呈函数关系。用一系列不同剂量的标准抗原进行反应，计算相应的［B］/［F］，可以绘制出一条剂量反应曲线（图 11-10）。受检标本在同样条件下进行测定，计算［B］/［F］值，即可在剂量反应曲线上查出标本中抗原的含量。

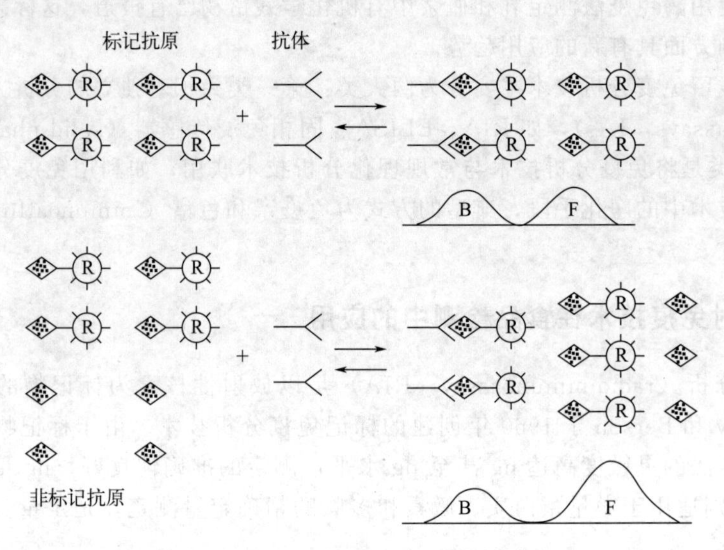

图 11-9　放射免疫分析原理示意图

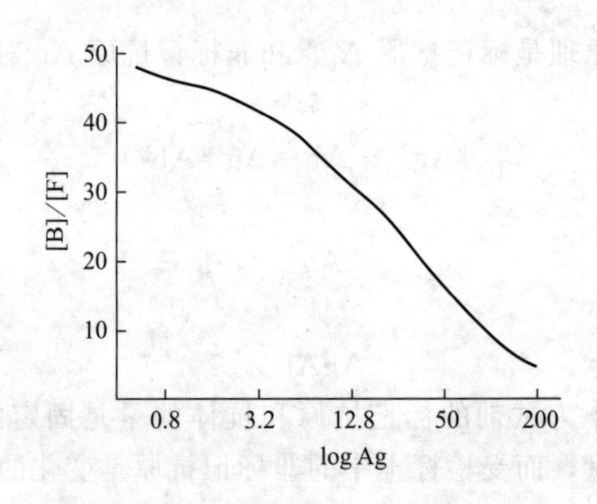

图 11-10　剂量反应曲线

11.3.3.2　放射免疫测定技术的种类

放射免疫测定法可分两大类，即液相放射免疫测定和固相放射免疫测定。液相放射免疫测定需要加入分离剂，将标记抗原抗体复合物（B）和游离标记抗原（F）分离；而固相放射免疫测定程序简单，通常无须进行离心操作。即使没有经过严格训练的工作人员，在采用固相分离方法进行测定时，也很少产生分离误差。

11.3.3.2.1　双层竞争法

先将抗原与载体结合，然后加入抗体与抗原结合，载体上的放射量与待测浓度成反比。此法较繁杂，有时重复性差。

11.3.3.2.2　单层非竞争法

先将待测物与固相载体结合，然后加入过量相对应的标记物；经反应后，洗去游离标记物测放射量，即可算出待测物浓度。本法可用于抗原、抗体检测，方法简单，但干扰因素较多。

11.3.3.2.3 双层非竞争法

预先制备固相抗体，加入待测抗原使成固相抗体-抗原复合物，然后加入过量的标记抗体，与上述复合物形成抗体-抗原-标记抗体复合物，洗去游离抗体，测放射性，便可测算出待测物的浓度。与 ELISA 的双抗体夹心法相似，见图 11-11。

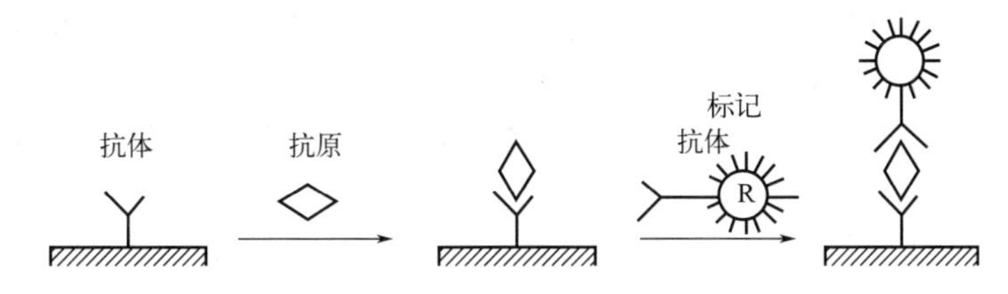

图 11-11 双层非竞争法示意图

11.3.3.3 抗体的同位素标记

11.3.3.3.1 标记物

标记用的核素有放射 γ 射线和 β 射线两大类。前者主要为^{131}I、^{125}I、^{57}Cr 和^{60}Co，后者有^{14}C、^{3}H 和^{32}P。放射性核素的选择首先考虑比活性。例如^{125}I 比活性的理论值是 64.38×10^{4}GBq/g(1.74×10^{4}Ci/g)，有较长半衰期的^{14}C 最大比活性是 166.5GBq/g(4.5Ci/g)。二者相比，1mol ^{125}I 或^{14}C 结合到抗原上，^{125}I 的敏感度约比^{14}C 大 3900 倍。又因为^{125}I 有合适的半衰期，低能量的 γ 射线易于标记，因而^{125}I 是目前常用的 RIA 标记物。

11.3.3.3.2 标记方法

标记^{125}I 的方法可分两大类，即直接标记法和间接标记法。

直接标记法是将^{125}I 直接结合于蛋白质侧链残基的酪氨酸上。此法优点是操作简便，为^{125}I 和蛋白质的单一步骤的结合反应，它能使较多的^{125}I 结合在蛋白质上，故标记物具有高度比放射性。但此法只能用于标记含酪氨酸的化合物。此外，含酪氨酸的残基如具有蛋白质的特异性和生物活性，则该活性易因标记而受损伤。

间接标记法（又称连接法）是将^{125}I 标记在载体上，纯化后再与蛋白质结合。由于操作较复杂，标记蛋白质的比放射性显著低于直接法。但此法可标记缺乏酪氨酸的肽类及某些蛋白质。在直接法标记引起蛋白质酪氨酸结构改变而损伤其免疫及生物活性时，也可采用间接法。此法标记反应较为温和，可以避免因蛋白质直接加入^{125}I 液引起的生物活性的丧失。

11.3.3.4 放射免疫测定方法

11.3.3.4.1 液相放射免疫测定

（1）抗原抗体反应

将抗原（标准品和受检标本）、标记抗原和抗血清按顺序定量加入小试管中，在一定的温度下进行反应一定时间，使竞争抑制反应达到平衡。不同质量的抗体和不同含量的抗原对温育的温度和时间有不同的要求。

（2）B、F 分离技术

在 RIA 反应中，标记抗原和特异性抗体的含量极微，形成的标记抗原抗体复合物（B）不能自行沉淀，因此需用一种合适的沉淀剂使它彻底沉淀，以完成与游离标记抗原（F）的分离。

（3）放射性强度的测定

B、F 分离后，即可进行放射性强度测定。测量仪器有两类，液体闪烁计数仪（β 射线，如 ^{3}H、^{32}P、^{14}C 等）和晶体闪烁计数仪（β 射线，如 ^{125}I、^{131}I、^{57}Cr 等）。

每次测定均需作标准曲线图，以标准抗原的不同浓度为横坐标，以在测定中得到的相应放射性强度为纵坐标作图（图 11-12）。放射性强度可任选［B］或［F］，也可用计算值［B］/(［B+F］)、［B］/［F］和［B］/［B_0］。标本应做双份测定，取其平均值，在制作的标准曲线图上查出相应的受检抗原浓度。

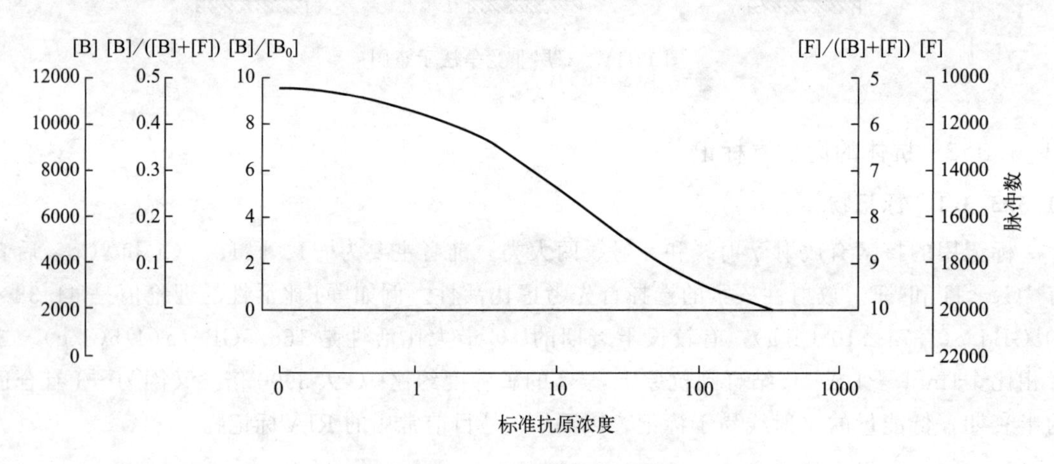

图 11-12　放射性强度测定标准曲线

11.3.3.4.2　固相放射免疫测定方法（以双层非竞争法为例）

（1）抗体的包被

先将抗体吸附于固相载体表面，制成免疫吸附剂。常用的固相载体为聚苯乙烯，形状有管、微管、小圆片、扁圆片和微球等。还可根据自己的工作设计新的形状，以适应特殊的需要。

（2）抗原抗体

反应免疫吸附剂与标本一起温育时，标本中的抗原与固相载体上的抗体发生免疫反应。当加入 ^{125}I 标记的抗体后，由于抗原有多个结合点，又同标记抗体结合，最终在固相载体表面形成抗体-抗原-标记抗体免疫复合物。

（3）B、F 分离

用缓冲液洗涤除去游离的标记抗体，使 B、F 分离。

（4）放射性强度的测定

测定固相所带的放射性计数率（cpm），设样品 cpm 为 P，阴性对照标本 cpm 为 N，则 P/N 大于等于 2.1 为阳性反应。标本中的抗原越多，最终结合到固相载体上的标记抗体越多，其 cpm 也就越大；反之则小。当标本中不存在抗原时，其 cpm 应接近于仪器的本底计数。

11.3.3.5 放射免疫技术在食品检测中的应用

放射免疫分析由于敏感度高、特异性强、精密度高，不仅可以检测经食品传播的细菌及毒素、真菌及毒素、病毒和寄生虫，还可测定小分子量和大分子量物质，因此在食品检验中应用极为广泛。南京农业大学等单位用放射免疫技术测定了牛乳中的天花粉蛋白。从20世纪80年代开始，农药的免疫检测技术作为快速筛选检测方法得到许多发达国家的高度重视，成为食品生物技术的一个重要分支，得到了快速发展。放射免疫技术由于可以避免假阴性，适宜于阳性率较低的大量样品检测，在食品农药残留检测中得到了应用。

11.3.4 单克隆抗体技术在食品检验中的应用

当动物体受抗原刺激后可产生抗体。抗体的特异性取决于抗原分子的决定簇，各种抗原分子具有很多抗原决定簇，因此，免疫动物所产生的抗体实为多种抗体的混合物。用这种传统方法制备抗体效率低、产量有限，作为检测试剂，特异性差，且动物抗体注入人体可产生严重的过敏反应。此外，要把这些不同的抗体分开也极困难。

11.3.4.1 单克隆抗体的基本概念

抗体主要由B淋巴细胞合成。动物脾脏有上百万种不同的B淋巴细胞系，表达不同遗传基因的B淋巴细胞合成不同的抗体。当机体受抗原刺激时，抗原分子上的许多决定簇分别激活各个表达不同基因的B细胞。被激活的B细胞分裂增殖形成该细胞的后代，即由许多个被激活的B细胞分裂增殖形成多克隆，并合成多种抗体。

11.3.4.2 单克隆抗体技术的基本原理

要制备单克隆抗体需先获得能合成专一性抗体的单克隆B淋巴细胞，但这种B淋巴细胞不能在体外生长。而实验发现骨髓瘤细胞可在体外生长繁殖，应用细胞杂交技术使骨髓瘤细胞与免疫的淋巴细胞二者合二为一，得到杂交的骨髓瘤细胞即杂交瘤细胞。这种杂交细胞继承两种亲代细胞的特性，它既具有B淋巴细胞合成专一抗体的特性，也有骨髓瘤细胞能在体外培养无限增殖的特性，用这种杂交瘤细胞培养增殖的细胞群，可制备抗一种抗原决定簇的特异单克隆抗体，这种用杂交瘤技术制备的单克隆抗体称为第二代抗体。只要抗原能引起小鼠的抗体应答，应用杂交瘤技术可获得几乎所有抗原的单克隆抗体。

11.3.4.3 单克隆抗体技术在食品中的应用

单克隆抗体在食品检测中的最大优点是特异性强，不易出现假阳性，在食品检验中具有广阔的应用前景。目前，人们已经制备出了各种经食品传播和引起食物中毒的细菌及毒素、真菌毒素、病毒、寄生虫、农药、激素等对应的单克隆抗体，并建立了检测方法。磺胺二甲嘧啶是畜禽生产中常用的抗菌药物，但在饲料中长期添加或滥用可导致动物性食品中的药物残留，人食用含有磺胺二甲嘧啶的动物性食品后，会引起再生障碍性贫血，并有致癌等毒副作用。克伦特罗是畜禽生产中严格禁用的β-兴奋剂类药物，俗称瘦肉精，人食用含有克伦特罗残留的动物性食品后，会产生骨骼肌震颤、心跳过速、头痛等不良反应，严重的甚至危及生命。欧美各国和我国均将这两种药物列为兽药残留监控的重点。目前在残留监控中主要使用进口的单抗试剂盒，检测成本高、推广难度大。

沙门氏菌是肉品污染中一种典型的病原微生物。酶免疫方法是目前应用最多的快速检测沙门氏菌的方法。最新的检测方法是采用特殊材料制成固相载体，聚酯布结合单抗放置在色谱柱的底部富集鼠伤寒沙门氏菌，然后直接做斑点印迹试验；还有用单抗结合到磁性粒子（直径 28m）检测卵黄中的肠炎沙门氏菌。

11.3.5 免疫胶体金检测技术在食品检验中的应用

免疫胶体金技术（immune colloidal gold technique）是指利用胶体金作为标记物，用于指示体外抗原抗体间发生的特异性结合反应，是血清学检验中的标记技术之一。胶体金引入免疫检测，最初主要应用于免疫组化染色试验，需要借助光学显微镜或电子显微镜来观察试验结果，经过多年的发展，胶体金技术逐渐得到完善和成熟，目前此项技术已经广泛应用于免疫印迹、免疫渗滤及免疫色谱等试验中，试验结果也可以直接利用肉眼来观察。

11.3.5.1 免疫胶体金技术的原理

一种物质能否用于免疫标记，主要看它是否满足三个方面的要求，即是否灵敏易检测，是否能够与被标记物稳定结合，标记后是否影响自身性质及免疫反应的正常进行。如果一种物质灵敏易检测，又能够与被标记物稳定结合，而且标记后不影响自身性质及抗原抗体间的反应，那么这种物质则可以用于免疫标记。胶体金是由氯金酸（$HAuCl_4$）在还原剂如白磷、抗坏血酸、柠檬酸钠、鞣酸等作用下，聚合成为特定大小的金颗粒，并由于静电作用成为一种稳定的胶体状态，微小金颗粒稳定地、均匀地、呈单一分散状态悬浮在液体中，称为胶体金（colloidal gold），也称金溶胶（goldsol）。胶体金颗粒由一个基础金核（原子金 Au）及包围在外的双离子层构成，紧连在金核表面的是内层负离子，外层正离子层则分散在胶体间溶液中，以维持胶体金游离于溶胶间的悬液状态。胶体金在弱碱环境下带负电荷，可与蛋白质分子的正电荷基团形成牢固的结合，由于这种结合是静电结合，所以不影响蛋白质的生物特性。根据胶体金以上特点可以看出，它满足作为标记物的所有要求，所以如果将胶体金标记到抗体分子上，则抗体分子就具有了胶体金的特点，就可以把结合抗原的能力与易检性集于一身。抗原与胶体金标记的抗体反应后，直接通过对胶体金的检测就可以判别反应结果，这样大大提高了对样品的检测能力（图 11-13）。

胶体金作为标记物除了可以标记特异性抗体外，还可以标记抗抗体、葡萄球菌 A 蛋白、亲和素、链霉亲和素、链球菌 G 蛋白及某些抗原物质等。总之，只要标记后能够将胶体金的特性引入血清学反应中，又不影响血清学反应性质的物质都可以用来进行标记。

11.3.5.2 免疫胶体金的制备

胶体金溶液的制备方法有许多种，其中最常用的是化学还原法，基本的原理是向一定浓度的金溶液内加入一定量的还原剂使金离子变成金原子。制备胶体金常用的方法有：白磷还原法、抗坏血酸还原法、柠檬酸三钠还原法、鞣酸-柠檬酸三钠还原法、乙醇超声波还原法及硼氢化钠还原法等。

11.3.5.3 免疫胶体金测定技术

免疫胶体金测定技术中较为常用的是斑点金免疫渗滤试验和斑点金免疫色谱试验，这两类试验是在斑点-ELISA 基础上发展形成的，均以硝酸纤维素膜为固相载体，以免疫金为结合物，并通过胶体金的显色特点直接显示结果。其与斑点-ELISA 相比，最大的特点是不需酶对底物的显色反应，因此试验更加简便、快速。

11.3.5.3.1 斑点金免疫渗滤测定试验

斑点金免疫渗滤测定试验（dot immunogold filtration assay，DIGFA）是 20 世纪 90 年代初发展起来的以胶体金为标记物的免疫渗滤试验，又名滴金免疫测定法（简称滴金法）。此法最初是从斑点-ELISA 基础上发展起来建立的，原理与斑点-ELISA 相似。本方法是以硝酸纤维素膜（微孔滤膜）为载体，在硝酸纤维膜下垫有吸水性强的垫料，构成渗滤系统，利用微孔滤膜的可滤过性，使抗原抗体反应和洗涤在渗滤系统上以液体渗滤过膜的方式迅速完成，因此更加简便、快速。硝酸纤维素膜具有很好的吸附性能，主要由吸水垫料、塑料小盒和吸附了抗原或抗体的硝酸纤维素膜片三部分组成。塑料小盒可以是多种形状的，盒盖的中央有一直径 0.4～0.8cm 的小圆孔，盒内垫放吸水垫料，硝酸纤维素膜片安放在正对盒盖的圆孔下，紧密关闭盒盖，使硝酸纤维素膜片贴紧吸水垫料，如此即制备成一套渗滤反应装置（图 11-14）。塑料小盒的形状最多见的是扁平的长方形小板，加之滴金法的整个反应过程都是在渗滤装置上进行的，因此又常称渗滤装置为滴金法反应板。市面上还有商品化的试剂盒，组成滴金法试剂盒的三个基本成分是滴金法反应板、免疫金复合物和洗涤液。为了提供质控保证，试剂盒还应有阳性对照品。

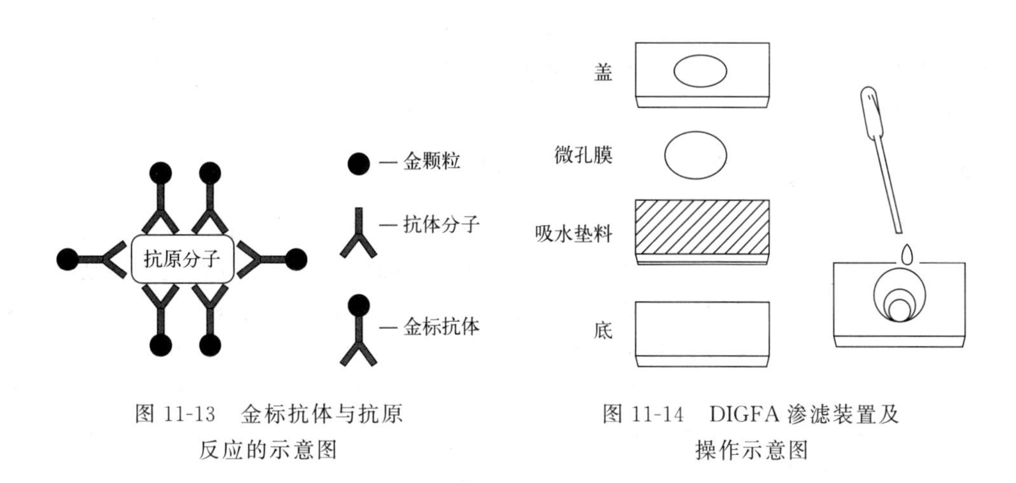

图 11-13 金标抗体与抗原反应的示意图

图 11-14 DIGFA 渗滤装置及操作示意图

11.3.5.3.2 斑点金免疫色谱测定试验

斑点金免疫色谱试验（dot immunogold chromatographer assay，DIGCA），也是以硝酸纤维素膜为载体，但利用了微孔膜的毛细管作用，通过这种作用，滴加在膜条一端的液体慢慢向另一端渗移，犹如色谱一般。常用的方法是将金标抗体干片置于膜条吸取样品一端，当吸取样品后，胶体金标记的特异性抗体与待检抗原反应后形成抗原抗体复合物，这一复合物在硝酸纤维素膜上进行色谱，当抗原抗体复合物迁移到膜上某一区域（反应点）时被这里固着的第二抗体捕获，从而在局部显现红色来指示反应结果。一般来说，在膜上（末端）还设立一个质量控制点，上面固着抗抗体。过量的金标抗体和抗原的复合物及游离的金标抗体都可以在这里被捕获而显现红色。本法检测速度快，操作简便，便于商品化的产品开发。商品化的产品一般用特殊仪器将反应点的第二抗体及质控点的抗抗体喷涂在硝酸纤维素膜上特定区域，可以呈圆点状或线条状。斑点金免疫色谱装置的结构见图 11-15。

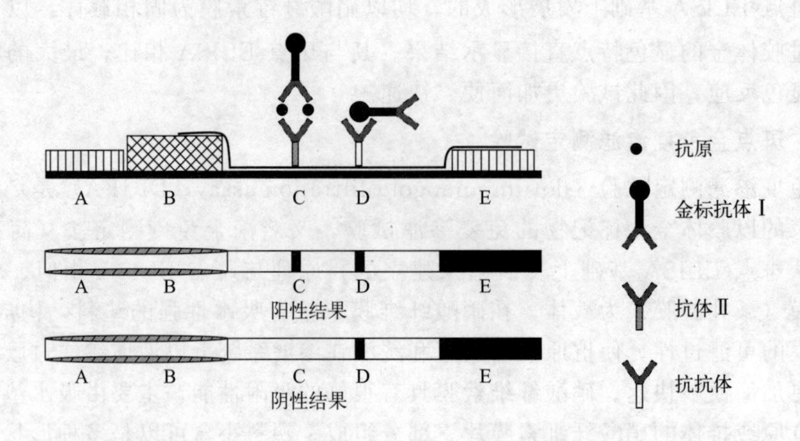

图 11-15　斑点金免疫色谱装置的结构及检测结果示意图

A—吸样端；B—金标抗体干片存放区；C—反应区；D—质控区；E—手握端

上为检测装置示意图；中、下为实际检测结果示意图

测定样品时，将试纸条 A 端浸入待检样品中，A 端吸水材料即吸取液体向上端移动，流经 B 处时使干片上的金标抗体Ⅰ溶解，并带动其向硝酸纤维素膜条渗移。若标本中有待测抗原，其可迅速与金标抗体Ⅰ结合形成复合物，此抗原金标抗体Ⅰ复合物继续向前渗移，流至 C 区即被固相抗体Ⅱ所获，在膜上显出红色反应线条带。过剩的金标抗体Ⅰ继续前行，至 D 区时被固相抗抗体捕获，而显出红色质控线条带，所以阳性标本会出现两条红色条带，见图 11-15。反之，阴性标本则无反应线条，而仅显示红色质控线条。

11.3.5.4　免疫胶体金技术在食品微生物检测中的应用

免疫胶体金技术是新兴的科学技术，它与免疫荧光技术、免疫酶技术及放射免疫技术相比具有许多独特的优点，从而使它的发展有了扎实的基础。用免疫荧光、免疫酶技术、放射免疫技术可做的工作，均可使用免疫胶体金技术做，因而目前许多实验室越来越广泛地采用这一新技术，这项技术也发挥着越来越大的作用。胶体金的制备方法简单、易行，而且抗体、抗抗体、葡萄球菌 A 蛋白、亲和素、链霉亲和素、链球菌 G 蛋白及某些抗原物质等都很容易通过物理吸附作用与胶体金颗粒相结合形成稳定的金标复合物，所以胶体金的标记范围广且标记方法简单容易。另一方面，由于在标记过程中不需要经过任何化学方法交联，所以标记后复合物中双方的特性可不受影响。不仅如此，金标复合物的非特异性吸附作用较小，而且又易于保存。这些特有的优点使这项技术得到越来越广泛的应用，在食品微生物检验中也占据了一席之地。

11.4　生物芯片技术

11.4.1　生物芯片的基本概念

生物芯片（biochip）的概念源自计算机芯片。狭义的生物芯片是指包被在固相载体（如硅片、玻璃、塑料和尼龙膜等）上的高密度 DNA、蛋白质、细胞等生物活性物质的微阵列（microarray），主要包括 cDNA 微阵列、寡核苷酸微阵列和蛋白质微阵列。这些微阵列是由生物活性物质以点阵的形式有序地固定在固相载体上形成的。在一定的条件下进行生化反应，反应结果用化学荧光法、酶标法、同位素法显示，再用扫描仪等光学仪器进行数据采集，最后通过专门的计算机软件进行数据分析。对于广义生物芯片而言，除了上述被动式微阵列芯片之外，还包括利用光刻技术和微加工技术在固体基片表面构建微流体分析单元和系统，对生物分子进行快速、大信息量并行处理和分析的微型固体薄型器件。包括核酸扩增芯片、阵列毛细管电泳芯片、主动式电磁生物芯片等。

芯片的外观形貌如图 11-16 所示，其机械点样过程如图 11-17 所示。

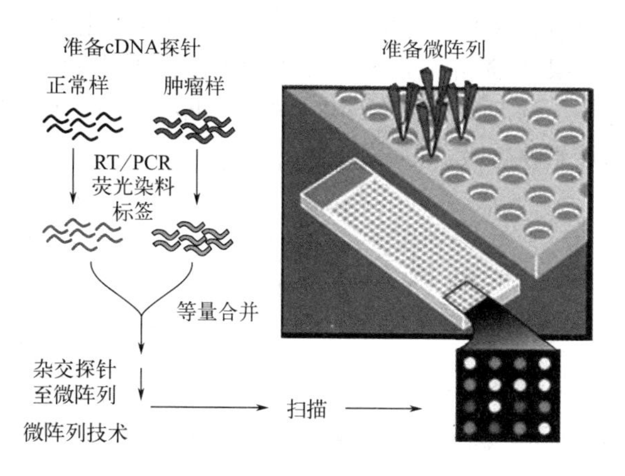

图 11-16 芯片外观图

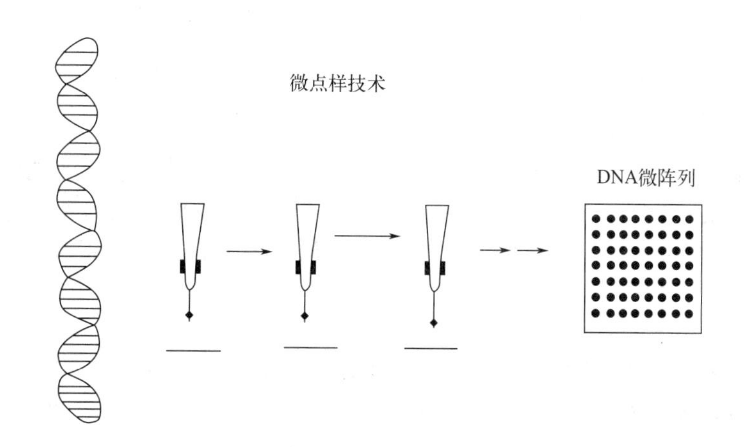

图 11-17 生物芯片机械点样图

与传统的研究方法相比，生物芯片技术具有以下优点。

(1) 信息的获取量大、效率高

目前生物芯片的制作方法有接触点加法、分子印章 DNA 合成法、喷墨法和原位合成法等，能够实现在很小的面积内集成大量的分子，形成高密度的探针微阵列。这样制作而成的芯片就能并行分析成千上万组杂交反应，实现快速、高效地进行信息处理。

(2) 生产成本低

由于采用了平面微细加工技术，可实现芯片的大批量生产；集成度提高，降低了单个芯片的成本。

(3) 所需样本和试剂少

因为整个反应体系缩小，相应样品及化学试剂的用量减少，且作用时间短。

(4) 容易实现自动化分析

生物芯片发展的最终目标是将生命科学研究中样品的制备、生物化学反应、检测和分析的全过程，通过采用微细加工技术，集成在一个芯片上进行，构成所谓的微型全分析系统，或称之为在芯片上的实验室，实现了分析过程的全自动化。

11.4.2 生物芯片的主要类型

学术界从不同角度对生物芯片的分类有多种。通常的生物化学反应过程包括三步，即样品的制备、生化反应、结果的检测和分析。将这三个不同的步骤集成为不同用途的生物芯片，所以按此种分类可将生物芯片分成不同的类型，即：用于样品制备的生物芯片、生化反应生物芯片及各种检测用生物芯片（图 11-18）。

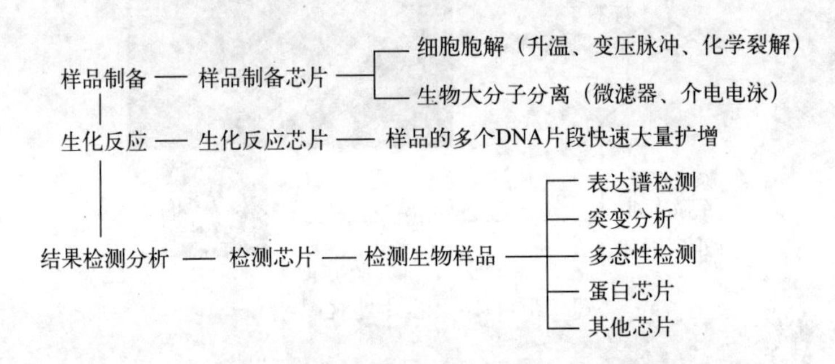

图 11-18 按照生物化学反应过程分类的生物芯片类型

(1) 样品制备芯片

将通常需要在实验室进行的多个操作步骤集成于芯片上，目前，主要通过升温、变压脉冲以及化学裂解等方式对细胞进行破碎，通过微滤器、介电电泳等手段实现生物大分子的分离，如美国的 Cepheid 公司应用湿法蚀刻、反应离子蚀刻、等离子蚀刻等工艺在硅片上加工出含有 5000 个高 200μm、直径 20um 的细柱式结构的 DNA 萃取芯片，专门用于 DNA 的萃取。

(2) 生化反应芯片

在芯片上完成生物化学反应，与传统生化反应过程相比，高效、快速，如 PCR 反应芯片，可以节约实验试剂，提高反应速度，并且可以完成多个片段的扩增反应，由于受当前检测分析仪器的灵敏度所限，通常在对微量核酸样品进行标记和应用前，必须对其进行一定程度的扩增，PCR 芯片为快速、大量获得 DNA 片段提供了有力的工具，美国宾夕法尼亚大学、劳伦斯利物摩国家实验室和 Perkin-Elmer 公司等研究机构已在此项研究领域获得成功。

(3) 检测芯片

用于生物样品检测，是目前发展最为迅猛的芯片技术，如用于 DNA 突变检测的毛细管电泳芯片，用于表达谱检测、突变分析、多态性测定的 DNA 微阵列芯片（也称基因芯片），用于大量不同蛋白检测和表位分析的蛋白或多肽微阵列芯片（也称蛋白或多肽芯片）。

生物芯片的形式多种多样，以其基质材料分，有尼龙膜、玻璃片、塑料、硅胶晶片、微型磁珠等；以检测的生物信号分，有核酸、蛋白质、生物组织碎片等；以工作原理分，有杂交型、合成型、连接型、亲和识别型等。从功能和应用角度来看，目前常用的生物芯片主要是三类，即 DNA 芯片（DNA chip，DNA microarray）、蛋白质芯片（protein chip）、芯片实验室（lab on a chip）。

11.4.2.1 DNA 芯片

DNA 芯片（DNA chip）又称基因芯片（gene chip），它是在基因探针上连接一些可检测的物质，根据碱基互补的原理，利用基因探针到基因混合物中识别特定基因的芯片。所谓基因探针只是一段人工合成的碱基序列，基因芯片将大量探针分子固定于支持物（substrate）上，然后与标记的样品进行杂交，通过检测杂交信号的强度及分布来进行分析。

DNA 芯片技术比其他芯片技术更为成熟，应用广泛，是生物芯片中极有潜力的一种芯片，它常被用作基因图谱研究、突变分析、追踪基因组的遗传因子表达等。这种芯片可以检测整个基因组范围的众多基因在 mRNA 表达水平的变化，但对芯片点阵的密度要求较高。目前能见到的芯片产品的基因数量从几千到几万不等，与芯片点密度相对应的是点样用的 microplate 型号，从 384ZL 板到 864、1536、2400、3456、6500、9600、20000 孔板不等，样品的体积也从 125μL 到 50nL 依次递减。

DNA 芯片技术的应用主要在以下几方面。

① DNA 序列测定　采用 DNA 芯片技术可使人类基因组成分析过程大大简化。与传统基因序列测定技术相比，DNA 芯片破译基因组和检测基因突变的速度要快几千倍。

② 基因点突变检测和多态性的分析　以往对于基因突变和多态性的研究多采用自动测定、异源双链分析、蛋白截短检测等方法，过程复杂，分辨率低。应用 DNA 芯片可克服这些缺点，并获得更高的分辨率。

③ 基因表达分析和新基因发现　由于 DNA 芯片技术可直接检测 mRNA 的种类及丰富度，所以它在发现新基因及分析各个基因在不同时空表达方面，是一项十分有用的技术。

④ 基因诊断与基因药物、食品安全检测方法的开发　利用 DNA 芯片弄清疾病与基因的相关性，保证了诊断的高效、廉价、快速和简便。此外在药物开发领域，DNA 芯片在药物靶标的发现、多靶位同步超高量药物筛选、药物作用的分子机理研究、中医药理论现代化、药物/食品活性及毒性评价等方面有其他方法无可比拟的优越性。

⑤ 蛋白质组学方面的应用　DNA 芯片的应用有助于提高阐明细胞中蛋白质之间的相互作用，以及鉴定配体结合蛋白质的速度。

11.4.2.2 蛋白质芯片

蛋白质芯片（protein chip，PC）又称蛋白质微阵列（protein microarray），它利用的不是碱基配对，而是抗体与抗原结合的特异性，即免疫反应来检测样品。该技术继基因芯片之后，被称为横扫生物科学和医学界的一次“迷你”革命。蛋白质芯片分为两种：一种是细胞中的每一种蛋白质占据芯片上一个确定的点，称为蛋白质功能芯片；另一种是蛋白质检测芯片，研究者无需点布天然蛋白本身，即可将能够识别复杂生物溶液（如细胞裂解液）中靶蛋白的高度特异性配体进行点阵。由于蛋白质芯片集芯片和质谱于一身，具有分析速度快、简便易行、样品用量少和高通量等特点，在应用上具有明显的优势。

蛋白质芯片技术的应用主要在以下几方面。

① 蛋白质研究　目前是蛋白质相关研究中最具有应用前景的一项技术。利用蛋白质芯片和限制性酸水解技术，可对蛋白质的氨基酸序列进行分析。与传统的蛋白质水解技术相比，利用蛋白质芯片技术可以同时对多个蛋白质的氨基酸序列构成进行分析。另外，利用这种方法还可以得到蛋白质 C 末端或 N 末端的不同长度氨基酸片段，将这些片段通过质谱分析，

便可以得到待测蛋白质的氨基酸序列构成。

② 临床应用　蛋白质芯片技术在临床方面有着广泛的应用，尤其是在疾病的诊断和疗效判定方面（即生物学标志物的检测上），具有很大的应用价值和前景。另外，蛋白质芯片具有高通量特点，使得疾病标志物的检测速度大大提高。

③ 新药研制　蛋白质芯片具有高通量、并行性的特点，可用于寻找新的药靶（比较正常组织或细胞及病变组织或细胞中大量相关蛋白表达的变化，充分了解细胞信号转导和代谢途径，进而发现一组疾病相关蛋白作为药物筛选靶）、药物筛选、药物毒性（可达 10pg 级）和安全性的评价。

11.4.2.3　芯片实验室

芯片实验室（lab on a chip，LOAC）是指把生物和化学等领域中所涉及的样品制备、生物与化学反应、分离、检测等基本操作单元，集成或基本集成到一块几平方厘米的芯片上，用以完成不同的生物或化学反应过程，并对其产物进行分析的超微型实验室，因此也可以称为微完全分析系统（μ-TAS），如图 11-19 所示。

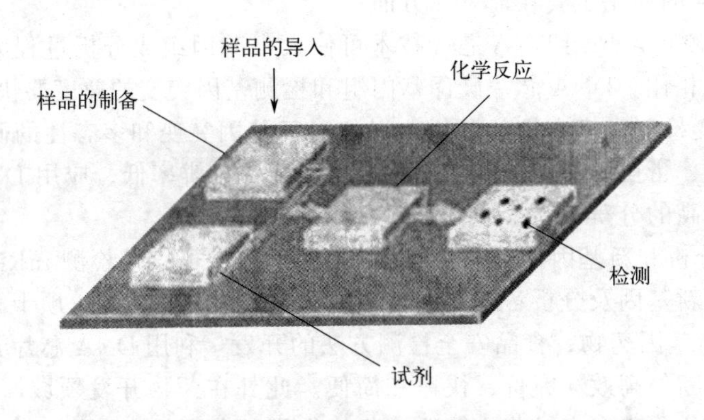

图 11-19　芯片实验室简图

芯片实验室技术的应用如下。

① 毛细管电泳分离　最突出的应用是 DNA 片段分离和 DNA 测序，在微刻 96 样品毛细管阵列电泳微芯片中可以实现高效遗传分析。

② 微型反应仓　由于用途差异，各种反应仓也略有不同，如聚合酶链式反应（PCR）、酶反应和 DNA 杂交反应芯片的微型反应仓。

③ 分类设备　用于细胞和各种生物大分子的计数和分类，基于芯片实验室技术的分类设备具有便宜低耗、微型化等优点。

④ 分析复杂的不同样品　芯片实验室可以完成从样品采集到反应、分析及产物提取的复杂操作。

11.4.3　生物芯片在食品安全检测中的应用

11.4.3.1　生物芯片在转基因食品安全性检测中的应用

11.4.3.1.1　转基因食品检测的意义

由于转基因物质有可能在耕种、收获、运输、储存和加工过程中混入食品中，对食品造成偶然污染，因此，不论是对转基因食品贴标签，或是对转基因与非转基因食品原料进行分别输送，转基因原料和食品的检测都是必不可少的；另外，要区分转基因与非转基因食品，对转基因食品进行选择性标记，对食品中转基因含量的多少加以限制，也需要准确有效的检测技术。

11.4.3.1.2 转基因食品的生物芯片检测

生物芯片是转基因食品检测的新方法。目前对于转基因食品的检测，先是检测用于制造该食品的植物、动物性原料是不是转基因的。我国成都百奥生物信息科技有限公司生产的BT-TGP转基因植物检测型芯片，通过检测外来的基因序列（DNA序列），可鉴定该植物是否含有转基因成分。这类方法和目前已知的同类PCR法相比，除操作简便、快速、结果准确外，具有高通量的特性，解决了转基因检测中样品核酸制备中的困难，同时可降低检测成本和所需时间，这是转基因食品检测的发展方向之一。

生物芯片技术检测转基因食品的流程如下。

（1）转基因食品原料（作物）检测基因芯片的制备

主要是通过对转入的外源基因进行PCR扩增，然后进行紫外或荧光检测。要进行PCR扩增必须知道待扩增DNA的序列。转基因食品中的外源基因不仅仅包括外源蛋白编码序列，还包括选择性标记基因和对于外源基因发挥作用所必需的功能基因。根据所选择的用作模板的外源基因不同，PCR实验可分为不同的类型。如果所选择的DNA序列是广泛存在于转基因植物中的序列，如35S启动子和Nos终止子，则这种实验将不具有专一性，这种扩增能检测出多种不同的转基因食品。但如果所选择的扩增靶序列既包括启动子，又包括特定的外源基因，或者是既包括特定的外源基因，又包括终止子，则PCR实验将具有专一性。对35S启动子和Nos终止子进行扩增能检测到大量的转基因食品，通过检测35S启动子和Nos终止子来检测转基因食品的方法已被瑞士和德国确定，并在1998年被欧盟采纳，但这种方法对不含35S启动子和Nos终止子而是其他的启动子和终止子的转基因食品来进行检测，易造成假阴性结果。另一方面，由于花椰菜花叶病毒的存在，35S启动子也存在于一些样品中，因此当通过检测35S启动子和Nos终止子而认为样品为阳性时，还要进行验证实验。验证实验可以通过两种方式来进行，一是通过用限制性内切酶进行酶解后再进行凝胶电泳分析，二是进行Southern杂交。进行PCR实验所需的仪器较少，而对操作者的要求却较高。

选择合适的基因片段后，分别设计扩增引物，PCR扩增得到探针。纯化、浓缩、高温水浴变性后，利用基因芯片全自动点样仪，将探针和阴性对照点样于包埋有氨基的载玻片上。玻片经水合、干燥、UV交联后用SDS洗涤后稍作处理，晾干备用。

（2）转基因食品原料（作物）DNA的提取

选用转基因作物（如大豆、玉米）颗粒饱满的种子，浸泡过夜后加入20mL提取液，捣碎后加入Triton-100，搅拌45min后过滤。中速离心去上清液，沉淀中加入另一提取液，混匀后中速离心去上清液。沉淀中加入SDS混匀后中速离心5min，将上清液转移到10mL的离心管中。加入10%体积的醋酸钠，2倍体积无水乙醇沉淀，70%乙醇清洗后烘干，溶于适量TE中。

若转基因作物为有叶作物，则以叶为新鲜材料，提取DNA。

（3）目的片段的扩增和标记

采用多重PCR方法对提取的被检测转基因作物DNA样品进行扩增和Cy3或Cy5标记。选用适当的反应体系、适宜的反应程序进行扩增。扩增产物加入5μg鲑鱼精DNA，经乙醇共沉淀后再溶解于 15μL 杂交液中。

(4) 杂交和洗涤

标记探针于 95℃水浴变性后，取 15μL 铺在芯片微点阵表面，用一片盖玻片覆盖其上，然后放置在杂交盒中，于 60℃杂交 4～6h；依次用 SDS 水溶液、0.2×SSC 水溶液、SSC 水溶液洗涤芯片，晾干。

(5) 杂交结果的检测与结果分析

杂交结束后于基因芯片扫描仪上在波长为 560nm（Cy3 标记）或 660nm（Cy5 标记）处进行扫描检测，利用软件分析杂交信号后对结果进行分析得到结论。

11.4.3.2 生物芯片在营养与食品化学、生物安全性检测领域的应用

11.4.3.2.1 生物芯片技术在营养研究领域的应用

生物芯片技术在营养研究领域将发挥重要作用，如营养与肿瘤相关基因（如癌基因、抑癌基因）的表达与突变研究；营养与心脑血管疾病关系的分子水平研究；营养与高血压、糖尿病、免疫系统疾病、神经系统、内分泌系统关系的分子水平研究等领域。近年来，在对肥胖的研究中，人们发现了与营养及肥胖有关的蛋白质和基因，如瘦素、神经肽 Y、增食因子、黑色素皮质素、载脂蛋白、非偶联蛋白等。采用生物芯片技术研究营养素与蛋白质和基因表达的关系，将为揭示肥胖的发生机理及预防打下基础。此外，还可以利用生物芯片技术研究金属硫蛋白（金属硫蛋白基因）及锌转运体基因等与微量元素的吸收、转运与分布的关系；视黄醇受体（视黄醇受体基因）与维生素 A 的吸收、转运与代谢的关系等。

11.4.3.2.2 生物芯片在食品微生物检测中的应用

开展食品安全管理时，要对食品进行全面检测，其中微生物检测至关重要，如果食品中隐含不同类型的微生物，同样也会影响人们的生命健康。在以往开展的微生物检测方法中，检测精准度方面并不理想，相比之下生物芯片技术在食品微生物检测中精准度更高、应用性更好，如在进行食品微生物检测时，可以全面检测食源性微生物和病原菌等。此种技术能够应用于早期的病毒感染性检测，在检测精度方面更高。微生物检测工作中应用生物芯片技术能够避免对不同类型的污染物和细菌进行单独培养，也正因为如此，生物芯片微生物检测技术能够针对较大规模的样品进行检测，特别是 DNA 芯片技术在微生物检测中优势更加明显，能够在最短的时间内既保障测量的精准度，也能实现检测的有效性。

11.4.3.2.3 生物芯片在食品毒理学方面的应用

开展食品安全管理需要对食品的毒理学进行全面应用，而传统的毒理学检测技术往往需要耗费大量的检测样品，并将不同种类和规格的样品进行混合，此种形式虽然能够最快地进行毒理检测，但是在研究方面也增加了复杂程度，甚至会在一定程度上影响实验效果。因此，应用生物芯片技术进行食品毒理学的应用，能够有效弥补此类缺陷，避免对不同样品的混合。应用生物芯片技术能够对大规模的 DNA 样品序列进行检测和分析，精准度更高。例如，当前美国已经研制出新型的毒理芯片，能够保证在最低的样品消耗前提之下，有效开展食品的毒理检测，为毒理学研究提供更加完备的信息储备，此类毒理芯片在微阵列方面能够有效检测不同病理之间的关系，特别是对于食品中的毒理元素和毒性反应能够全面检测出来，检测范围更广，应用价值更加明显。

总而言之，在新时代背景下，生物芯片技术发展速度越来越快，其自身的问题和缺陷正在被逐渐解决和克服，特别是生物芯片技术的应用范围和集成性效果显著增强，有效节约了

样品的消耗量。另外，因为在生物反应速度和检测精准度方面的优势更加明显，所以生物芯片技术在食品安全管理领域中应用前景非常广阔。

思考题

1. 核酸探针的种类有哪些？制备方法又是什么？
2. 阐述PCR基因扩增技术。
3. 阐述免疫酶技术在食品检测中的应用。
4. 阐述放射免疫技术在食品检测中的应用。
5. 生物芯片的概念和类型是什么？
6. 转基因食品检测的方法是什么？

第12章

现代生物技术在食品工业三废处理中的应用

本章导言

现代生物技术在食品工业三废（废水、废渣、废气）处理中的应用具有现实意义，引导学生在学习和工作中不断积累相关知识，努力提升自身技能和素养，成为对国家、社会和人民有用的人。

12.1 废水的生物处理方法

12.1.1 水污染

水污染是指人类活动排放的污染物进入水体，其数量超过了水体的自净能力，使水和水体底质的理化特性和水环境中的生物特性、组成等发生改变，从而影响水的使用价值，造成水质恶化，乃至危害人体健康或破坏生态环境的现象。食品工业废水包括谷类加工废水、饮料生产废水、水产品加工废水、肉类加工废水及酿酒工业废水等。由于大多数的食品工业产品在加工过程中需要大量用水，食品工业排放的废水量很大。此外，由于食品工业的主要原材料是农、渔、牧、林业产品，来源十分广泛，且制品种类繁多，其排出的废水水质成分复杂，水质恶劣，若直接排入水体，对环境的危害十分严重。因此，处理好食品工业废水对于环境的保护和人类的健康具有重要意义。

12.1.1.1 水污染的来源及危害

我国食品行业产品种类繁多，如酒、水果生鲜、乳制品等。食品加工业都是以水作为工业用水和清洗用水，用水量很大，废水排放量也很大。例如，生产每吨糖耗水150t，生产每吨啤酒耗水35t，生产每吨罐头耗水100t，生产每吨味精耗水1000t，生产每吨饮料耗水100t，生产每吨酒精耗水200t等。通常废水来源可归为三部分，首先是食品生产中原材料的清洗，原材料表面污染物通过清洗而进入水体，此环节对废水中悬浮颗粒浓度有较大影响。其次是食品加工生产过程中所产生的废水，因生产原材料含有脂类、盐类、糖类、蛋白质等，加工过程中未完全利用的物质排入水体，导致水体富营养化。最后是食品行业中所使用的消毒剂、防腐剂、添加剂等化学物质进入水体，这些人工合成物质难以降解，使废水中污染物浓度升高，增加降解难度。

综合考虑食品加工废水，废水中的污染物质主要分为以下几类：①溶解在水中的污染物质，主要包括有机污染物和无机污染物，比如糖分、食品添加剂、无机盐类等。②不溶于水的污染物质，主要包括各类食品残渣、碎屑等，比如蔬菜渣、碎肉、禽羽、菜叶、果皮等，以及悬浮在水中的淀粉颗粒、蛋白质、胶体等。③漂浮在水面的油脂，包括动植物油等。④沉积的泥沙等无机物。⑤致病菌、腐败菌等。

由于食品工业废水中的污染物主要为有机物质，即含有高化学需氧量（COD）、生化需氧量（BOD）、总氮、总磷和悬浮物，易腐败，一般无大的毒性。其危害主要体现为使水体富营养化，引起藻类及其他浮游植物迅速繁殖，水体溶解氧下降，以致引起水生动物的死亡。废水中的悬浮物沉入河底，在厌氧条件下分解，产生臭气使水质恶化，对环境的污染严重。若将废水引入农田进行灌溉，会影响农产品的食用，并污染地下水源。废水中夹带的动物排泄物，含有虫卵和致病菌，将导致疾病传播，直接危害人畜健康。

12.1.1.2 废水的水质指标

废水水质监测与评价主要从两个方面进行。一方面基于废水的物理化学指标以及特征污染物含量进行监测和评价，通过废水的物理化学指标以及一些特征污染物的含量结合污染物排放标准计算水质污染指数，以此来评价工业废水是否达到排放标准。另一方面基于生物毒性来评价工业废水对受纳水体潜在的风险。目前，我国工业废水的生物毒性监测技术起步较晚，还没有建立起一套完整的水质生物毒性监测的标准，在国标中主要使用藻类的生长实验、大型蚤和斑马鱼的生物毒性测试方法来评估污水和废水排放的毒性。而在食品工业废水评价中多采用前者。

12.1.1.3 废水处理的基本原则

选择废水处理组合方法遵循先易后难、先简后繁的原则。处理过程的具体顺序：先收集大体积的漂浮物与垃圾，再对胶体、悬浮固体和溶解物质进行去除。即先物理法，后化学和生物法处理。

① 加大进水的预处理程度，可在初沉淀池投加絮凝剂，提高进水中颗粒性污染物质的去除效果。

② 在废水处理池中投加特种生物菌种，用来提高现有生物处理系统的能力。

③ 在废水处理池中投加载体，构成活性污泥和生物膜复合式工艺。

④ 增加反应池和沉淀池的数量。

12.1.2 废水的生物处理方法

生物处理法是有机废水处理系统中最重要的过程之一，主要利用微生物的代谢原理，使废水中呈溶解状胶体以及细微悬浮固体状的有机性污染物转化为稳定、无害的物质。根据微生物作用的不同，生物处理法又分为好氧生物处理法和厌氧生物处理法。在食品工业的废水处理中，生物处理工艺可分为好氧工艺、厌氧工艺、稳定塘、土地处理以及由上述工艺的结合而形成的各种各样的组合工艺。

好氧生物处理工艺根据所利用的微生物的生长形式分为活性污泥工艺和膜法工艺。前者包括传统活性污泥法、阶段曝气法、生物吸附法、完全混合法、延时曝气法、氧化沟、序批式活性污泥法（sequencing batch reactor，SBR）等。后者包括生物滤池、塔式生物滤池、生物转盘、活性生物滤池、生物接触氧化法、好氧流化床等。一般好氧处理对低浓度废水效果较好。厌氧生物处理工艺适用于食品工业废水的原因是废水中含易生物降解的高浓度有机物，且无毒性，在无分子氧的条件下，通过厌氧微生物（包括兼氧微生物）的作用，分解为甲烷和二氧化碳等。此外，厌氧处理动力消耗低，产生的沼气可作为能源，生成的剩余污泥量少，厌氧处理系统全部密闭，利于改善环境卫生，可以季节性或间歇性运转，污泥可长期储存。目前，厌氧生化处理法不仅可用于处理有机污泥和高浓度有机污水，还可以用于处理中、低浓度有机污水。

12.1.2.1 好氧生物处理法

好氧生物处理废水是利用好氧微生物在有分子氧条件下对废水中的溶解性有机物进行降解，可分为活性污泥法和生物膜法。

活性污泥法是传统的好氧处理技术。活性污泥是指在人工充氧条件下，对污水和细菌、原生动物以及其他微生物进行混合培养后形成的絮凝团，其具有良好的吸附、氧化和分解有机物的能力，可将有机物降解为水和 CO_2。

SBR 是一种常见的活性污泥处理技术，是在 20 世纪 70 年代初开发的一种按间歇曝气方式来运行的活性污泥污水处理技术。该处理方法将均化、初沉、生物降解、二沉等功能集于一体，不用设二沉池和污泥回流系统。SBR 法处理食品工业废水的运行过程可分为5 个阶段：进水、曝气反应、沉淀、排水和待机。具有占地面积小、有机物去除效率高、工艺简单、维护成本低等优点，是目前最为经济实惠的处理方法，在国内已得到较为广泛的应用。

（1）活性污泥的形态和组成

活性污泥的絮体形态与微生物组成、数量以及污水中污染物的特性和外部条件相关，絮体大小一般介于 0.02～0.2mm，呈不定形状，微具土壤味。活性污泥具有较大的比表面积，可达 2000～10000m^2/m^3。活性污泥主要由四部分组成：具有代谢功能的活性微生物群体、微生物内源呼吸和自身氧化的残留物、被污泥絮体吸附的难降解有机物、被污泥絮体吸附的无机物。

活性污泥的净化功能主要取决于栖息在活性污泥上的微生物。活性污泥微生物以好氧细菌为主，也存在真菌、原生动物和后生动物等。这些微生物群体组成了一个相对稳定的生态系。活性污泥中的细菌以异养型的原核细菌为主，对正常成熟的活性污泥，每毫升活性污泥中的细菌数为 10^7～10^9 个。细菌虽是微生物主要的组成部分，但是活性污泥中哪些种属的细菌占优势，要看污水中所含有机物的成分以及活性污泥法运行操作条件等因素。

（2）活性污泥法的基本原理

典型的活性污泥法处理系统是由曝气池、沉淀池、污泥回流系统和剩余污泥排除系统组成。污水和回流的活性污泥一起进入曝气池形成混合液。从空气压缩机站送来的压缩空气，通过铺设在曝气池底部的空气扩散装置，以细小气泡的形式进入污水中，目的是增加污水中的溶解氧含量，还使混合液处于剧烈搅动的状态，呈悬浮状态。溶解氧、活性污泥与污水互相混合、充分接触，使活性污泥反应得以正常进行。

① 吸附　污水中的有机污染物被活性污泥颗粒吸附在菌胶团的表面上，这是由于其具有巨大的比表面积和多糖类黏性物质。同时一些大分子有机物在细菌胞外酶作用下分解为小分子有机物。

② 微生物代谢作用　微生物在氧气充足的条件下，吸收这些有机物，并氧化分解，形

成二氧化碳和水，一部分用于自身的增殖繁衍。活性污泥反应进行的结果是，污水中有机污染物得到降解而去除，活性污泥本身得以繁衍增长，污水则得以净化处理。

③ 絮凝体的形成和凝聚沉淀　经过活性污泥净化作用后的混合液进入二次沉淀池，混合液中悬浮的活性污泥和其他固体物质在这里沉淀下来与水分离，澄清后的污水作为处理水排出系统。经过沉淀浓缩的污泥从沉淀池底部排出，其中大部分作为接种污泥回流至曝气池，以保证曝气池内的悬浮固体浓度和微生物浓度；增殖的微生物从系统中排出，称为“剩余污泥”。事实上，污染物很大程度上从污水中转移到了这些剩余污泥中。

12.1.2.2　生物膜法

生物膜法又称固定膜法，是与活性污泥法并列的一类废水好氧生物处理技术，是根据土壤自净原理发展起来的，主要去除废水中溶解性和胶体状的有机污染物。生物膜法是在充分供氧的条件下，利用附着生长于某些固体物表面的微生物（即生物膜）进行有机污水处理的方法。生物膜是由高度密集的细菌（好氧菌、厌氧菌、兼性菌）、真菌、原生动物以及藻类等组成的生态系统，其附着的固体介质称为滤料或载体。生物膜自滤料向外可分为厌气层、好气层、附着水层、运动水层。

生物膜法的原理是，生物膜首先吸附附着水层有机物，由好气层的好气菌将其分解，再进入厌气层进行厌气分解，流动水层则将老化的生物膜冲掉以使新的生物膜生长，如此往复以达到净化污水的目的。根据装置的不同，生物膜法可分为生物滤池法、生物转盘法、接触氧化法和生物流化床法等四类。

(1) 生物膜的特点

① 微生物相方面

a. 微生物的多样化：生物膜是由细菌、真菌、藻类、原生动物、后生动物以及一些肉眼可见的蠕虫、昆虫的幼虫组成（滤池蝇具有抑制生物膜过速增长的功能）。

b. 生物的食物链长：生物膜上的食物链要长于活性污泥，因此污泥量少于活性污泥系统。

c. 微生物的存活时间长：硝化菌和亚硝化菌也得以繁衍、增殖，因此生物膜法的各种工艺都具有硝化功能，采取适当运行方式，可脱氮。

d. 分段运行与优势菌种：生物膜法多分多段运行，每段繁衍与本段水质相适应的微生物。

② 处理工艺方面的特征

a. 对水质、水量变动有较强的适应性：一段时间中断进水，对生物膜也不会有严重影响，通水后易恢复。

b. 污泥沉淀性良好：污泥密度较大，且颗粒较大，易沉淀；但厌氧层过厚时，脱落的细小非活性悬浮物分散于水中，使水的澄清度下降。

c. 微生物量多、处理能力大、净化功能强：微生物附着生长，故生物膜含水率低，单位池容的生物量是活性污泥法的 2～5 倍，因而具有较大处理能力，净化功能显著提高。

d. 能够处理低浓度废水：生物膜能处理活性污泥法不能处理的低浓度污水和微污染的原水。易于维护运行，节能，动力费用低，如生物转盘、生物滤池等，耗电量较少。

(2) 生物膜法分类

① 生物滤池法　生物滤池的基本原理：土壤自然净化原理。含有污染物的废水从上而下从长有丰富生物膜的滤料的空隙间流过，与生物膜中的微生物充分接触，其中的有机污染物被微生物吸附并降解，使得废水得以净化。主要净化功能是依靠滤料表面的生物膜对废水

中有机物的吸附氧化降解作用。

生物滤池按其结构可分为普通生物滤池、高负荷生物滤池及塔式生物滤池三种。生物滤池一般主要由池体、滤料、布水装置、排水系统等四部分组成。

a. 池体在平面上多为方形、矩形或圆形，高出滤池 1.5～0.9m。在寒冷地区，有时需要考虑防冻、采暖或防蝇等措施。池壁：围护填料，应该能承受压力。池底：支撑滤料和排除处理后的水，池底四周设置通风口。

b. 滤料一般为实心拳状滤料，如碎石、卵石、炉渣等；工作层的滤料粒径为 25～40mm，承托层滤料粒径为 70～100mm；同一层滤料要尽量均匀，以提高孔隙率；滤料的粒径愈小，比表面积就愈大，处理能力可以提高；但粒径过小，孔隙率降低，则滤料层易被生物膜堵塞；一般当滤料的孔隙率在 45%左右时，滤料的比表面积为 65～100m^2/m^3。

c. 布水装置的作用是将废水均匀地喷洒在滤料上，主要有两种：固定式布水装置、旋转式布水装置。普通生物滤池多采用固定式布水装置；高负荷生物滤池和塔式生物滤池则常用旋转式布水装置。

d. 排水系统处于滤床的底部，其作用是收集、排出处理后的废水和保证良好的通风。一般由渗水顶板、集水沟和排水渠所组成。渗水顶板用于支撑滤料，其排水孔的总面积应不小于滤池表面积的 20%；渗水顶板的下底与池底之间的净空高度一般应在 0.6m 以上，以利通风，一般在出水区的四周池壁均匀布置进风孔。

② 生物转盘法　生物转盘由盘片、接触反应槽、转轴、驱动装置 4 部分组成。废水处于半静止状态，而微生物则在转动的盘面上；转盘 40%的面积浸没在废水中，盘面低速转动；盘面上生物膜的厚度与废水浓度、性质及转速有关，一般为 0.1～0.5mm。

生物转盘的转速一般为 18m/min；有一轴一段、一轴多段以及多轴多段等形式；废水的流动方式有轴直角流与轴平行流。多级布置：盘片面积不变，能提高处理水水质和溶解氧含量。

生物转盘为主体的工艺流程：需要有预处理，调节池可小点（与活性污泥相比），有机废水浓度高，中间设沉淀池。例如以去除 BOD 为主要目的的工艺流程：废水→沉砂池→沉淀池→生物转盘→二沉池→出水。

③ 生物接触氧化法　生物接触氧化池由池体、填料、布水系统和曝气系统等组成。接触氧化池的分类：按曝气与填料的相对位置可分为分流式和直流式。

a. 国外多用分流式，其特点是填料区水流较稳定，有利于生物膜的生长，但冲刷力不够，生物膜不易脱落；可采用鼓风曝气或表面曝气装置；较适用于深度处理。

b. 国内用直流式，曝气装置多为鼓风曝气系统；可充分利用池容；填料间紊流激烈，生物膜更新快，活性高，不易堵塞；检修较困难。

生物接触氧化法工艺方面采用多种形式填料，形成气液固三相共存，有利于氧的转移；填料表面形成生物膜立体结构，有利于保持膜的活性，抑制厌氧膜的增殖；负荷高，处理时间短。运行方面耐冲击负荷，有一定的间歇运行功能；操作简单，无需污泥回流，不产生污泥膨胀、滤池蝇；生成污泥量少，易沉淀；动力消耗低。缺点是去除效率低于活性污泥法，工程造价高；运行不当，填料可能堵塞，布水曝气不易均匀，出现局部死角；大量后生动物容易造成生物膜瞬时大量脱落，影响出水水质。

④ 生物流化床法　生物流化床是指为提高生物膜法的处理效率，以砂（或无烟煤、活性炭等）作填料并作为生物膜载体，废水自下向上流过砂床使载体层呈流动状态，从而在单位时间加大生物膜同废水的接触面积和充分供氧，并利用填料沸腾状态强化废水生物处理过程的构筑物。该技术使生化池各处理段中保持高浓度的生物量，传质效率极高，从而使废水

的基质降解速度快，水力停留时间短，运转负荷比一般活性污泥法高 5～10 倍，耐冲击负荷能力强。

除此之外，膜生物反应器是用微滤膜或超滤膜代替传统的二沉池，实现污泥固相和液相分离的污水处理装置。其实质是把细菌和微生物以生物膜的方式附着在固体表面上，以污水中的有机物为营养物进行新陈代谢和生长繁殖，从而达到净化污水的效果。具有容积负荷率高、水力停留时间短、剩余污泥量少、出水水质优质稳定、占地面积小等优点。

12.1.3 厌氧生物处理法

20 世纪 60 年代以来，由于各种厌氧生物处理法的设备先后设计出来，这种方法便越来越多地应用于处理食品、饮料、造纸、石油化工、制药、有机合成等工业的有机废水和城市污水。废水厌氧生物处理是指在无分子氧的条件下通过厌氧微生物（包括兼氧微生物）的作用，将废水中各种复杂有机物分解转化成甲烷和二氧化碳等物质的过程。在厌氧生物处理的过程中，复杂的有机化合物被分解，转化为简单、稳定的化合物，同时释放能量。其中，大部分的能量以甲烷的形式出现，这是一种可燃气体，可回收利用。同时仅少量有机物被转化而合成新的细胞组成部分，故相对好氧法来讲，厌氧法污泥增长率小得多。好氧法因为供氧限制一般只适用于中、低浓度有机废水的处理，而厌氧法既适用于高浓度有机废水，又适用于中、低浓度有机废水。同时厌氧法可降解某些好氧法难以降解的有机物，如固体有机物、着色剂蒽醌和某些偶氮染料等。

（1）厌氧生物处理的特点

优点是可以高效对污水进行处理，简单易行，灵活适用于大小规模的污水处理，容积负荷率的提高使得对空间的需求降低，能耗低，剩余污泥量少，污泥稳定性良好，具有良好的脱水性能，有利于污泥的最终处置，厌氧污泥可以在不严重影响其活性和其他重要特性的情况下被保持很长时间且营养需求低（对 N、P 等需求很低）。缺点是厌氧微生物对 pH、温度和毒性等环境条件极其敏感，厌氧反应器的初次启动期很长且处理过程会产生具有恶臭味的气体。

（2）厌氧生物处理法原理

在厌氧处理过程中，废水中的有机物经大量微生物的共同作用，被最终转化为甲烷、二氧化碳、水、硫化氢和氨等。在此过程中，不同微生物的代谢过程相互影响，相互制约，形成了复杂的生态系统。对高分子有机物的厌氧过程的叙述，有助于我们了解这一过程的基本内容。高分子有机物的厌氧降解过程可以被分为四个阶段：水解阶段、发酵（或酸化）阶段、产乙酸阶段和产甲烷阶段。

① 水解阶段　水解可定义为复杂的非溶解性的聚合物被转化为简单的溶解性单体或二聚体的过程。高分子有机物因分子量巨大，不能透过细胞膜，因此不可能为细菌直接利用。它们在第一阶段被细菌胞外酶分解为小分子。例如，纤维素被纤维素酶水解为纤维二糖与葡萄糖，淀粉被淀粉酶分解为麦芽糖和葡萄糖，蛋白质被蛋白质酶水解为短肽与氨基酸等。这些小分子的水解产物能够溶解于水并透过细胞膜为细菌所利用。水解过程通常较缓慢，因此被认为是含高分子有机物或悬浮物废液厌氧降解的限速阶段。多种因素如温度、有机物的组成、水解产物的浓度等可能影响水解的速度与水解的程度。

② 发酵（或酸化）阶段　发酵可定义为有机化合物既作为电子受体也是电子供体的生物降解过程，在此过程中溶解性有机物被转化为以挥发性脂肪酸为主的末端产物，因此这一过程也称为酸化。

在这一阶段，上述小分子的化合物在发酵细菌（即酸化菌）的细胞内转化为更为简单的化合物并分泌到细胞外。发酵细菌绝大多数是严格厌氧菌，但通常有约1%的兼性厌氧菌存在于厌氧环境中，这些兼性厌氧菌能够起到保护像甲烷菌这样的严格厌氧菌免受氧的损害与抑制。这一阶段的主要产物有挥发性脂肪酸、醇类、乳酸、二氧化碳、氢气、氨、硫化氢等，产物的组成取决于厌氧降解的条件、底物种类和参与酸化的微生物种群。与此同时，酸化菌也利用部分物质合成新的细胞物质，因此，未酸化废水厌氧处理时产生更多的剩余污泥。

在厌氧降解过程中，酸化细菌对酸的耐受力必须加以考虑。酸化过程pH下降到4时仍可以进行。但是产甲烷过程pH值的范围在6.5～7.5之间，因此pH值的下降将会减少甲烷的生成和氢的消耗，并进一步引起酸化末端产物组成的改变。

③ 产乙酸阶段　在产氢产乙酸菌的作用下，上一阶段的产物被进一步转化为乙酸、氢气、碳酸以及新的细胞物质。

④ 产甲烷阶段　这一阶段，乙酸、氢气、碳酸、甲酸和甲醇被转化为甲烷、二氧化碳和新的细胞物质。甲烷细菌将乙酸、乙酸盐、二氧化碳和氢气等转化为甲烷的过程由两种生理上不同的产甲烷菌完成，一组把氢和二氧化碳转化成甲烷，另一组从乙酸或乙酸盐脱羧产生甲烷，前者约占总量的1/3，后者约占2/3。

上述四个阶段的反应速度依废水的性质而异，在含纤维素、半纤维素、果胶和脂类等污染物为主的废水中，水解易成为速度限制步骤；简单的糖类、淀粉、氨基酸和一般蛋白质均能被微生物迅速分解，对含这类有机物的废水，产甲烷易成为限速阶段。虽然厌氧消化过程可分为以上四个过程，但是在厌氧反应器中，四个阶段是同时进行的，并保持某种程度的动态平衡。该平衡一旦被pH值、温度、有机负荷等外加因素所破坏，则首先将使产甲烷阶段受到抑制，其结果会导致低级脂肪酸的积存和厌氧进程的异常变化，甚至导致整个消化过程停滞。

厌氧法对环境条件的要求比好氧法更严格。一般认为，控制厌氧处理效率的基本因素有两类：一类是基础因素，包括微生物量（污泥浓度）、营养比、混合接触状况、有机负荷等；另一类是环境因素，如温度、pH值、氧化还原电位、有毒物质等。

综上所述，食品工业是关系到人们日常生活的重要行业，食品加工企业应依据各自产生废水的水量、水质特点，选择适合的废水处理工艺，这不仅要满足企业所在地污水排放标准的要求，还要兼顾工艺先进、运行稳定、经济合理，而且还要避免产生二次污染。食品加工废水的有效处理关系着当地的环境保护，尤其对水环境、空气环境、土壤环境的保护有重要意义。

12.2　废渣的生物处理方法

食品工业废渣主要是以农副产品为原料的各种加工厂，如淀粉厂、味精厂、各种酒厂等生产过程中产生的各种废渣，比如酒糟、淀粉废渣、葡萄渣、菌体等。这些废渣大部分无毒、营养丰富，一般可以直接作为家畜禽的饲料，也可以作为固体发酵产品或单细胞蛋白的生产原料。废渣的不良生物稳定性、潜在致病特性、较高水含量、快速氧化以及其中含有较高水平的酶活性，使得它的利用和处理非常困难。因此，在食品工业中完全避免产生废渣或回收食品废渣是相当困难的。

食品废渣的资源化处理技术主要包括好氧堆肥、厌氧发酵（能回收大量甲烷气体）、饲料化等，还可以提取功能性物质或生物活性成分等高附加值产品。

（1）食品废渣的饲料利用

处理食品废渣最重要的方法是将废渣用作动物饲料。猪等杂食动物能够高效地消化蛋白质和脂肪，所以含高脂肪和蛋白质的食品废渣很适合作为杂食性动物的饲料。但蛋白质含量高的废渣容易腐败或被致病菌污染，要经过灭菌后才能确保安全。反刍动物有分解纤维和半纤维物质的酶，所以含纤维或半纤维高的食品废料可以饲喂反刍动物。

用于饲料的食品废渣研究报道很多。以大米为原料生产饴糖的下脚料常作为畜禽饲料；利用蛋白酶从中提取大米蛋白，也可用作高蛋白饲料的添加剂。玉米淀粉工业的副产品玉米皮和玉米柠檬酸工业的副产品玉米蛋白也是配合饲料的原料。马铃薯淀粉生产与油炸马铃薯片等加工过程中产生的浆状废弃物，具有相当高的生物需氧量，将其过筛或真空过滤后脱水处理可直接用于饲料；在淀粉和其他杂质去除后，蛋白水或汁中马铃薯可溶性物质用假丝产朊酵母接种发酵，可以生产一种高蛋白含量的动物饲料（单细胞蛋白）。采用生物转化技术可以将味精废水、啤酒糟、酱渣、玉米渣皮等生产饲料酵母，干酵母产率可达10g/L，成品具浓曲香味，蛋白质含量约60%，并且富含多种B族维生素及多种促生长因子，可作为优质蛋白饲料添加饲喂肉猪、肉用鸡、鸭及水貂等。肉类工业在屠宰过程中产生的骨头、肌腱、皮、胃、肠、血和内脏等可以加工成动物源性饲料产品骨粉、肉骨粉、肉粉、鱼粉、血粉、血浆粉、血清粉、羽毛粉、水解毛发蛋白粉、动物油渣等。

但利用食品工业废渣作为饲料存在着很大的安全隐患，在比利时暴发的牛海绵样脑病和二噁英丑闻，原因是动物饲料中含有用过的油脂。在肉产品生产中越来越多的自动化也带来了新的问题，由于废料的含水量很高，不易储存，它的品质和新鲜度很难满足要求，限制了废渣的进一步利用。一些动物性废渣本身可能带有某些病菌或极易感染病菌，因此，必须进行严格消毒灭菌处理。其他加工条件包括脱水和干燥，含油脂高的饲料需要进行脱脂等加工处理。

（2）农业堆肥用和厌氧发酵

高无机物含量的食品废渣可以用作肥料；某些废渣含有难以被动物利用或不可能利用的成分，不能作为饲料的物质也可以用作肥料，如葡萄渣，它含有酚类化合物和农药残留物，经过特殊发酵加工之后可以用作肥料。在味精生产过程中产生的大量高浓度废母液含有丰富的蛋白质、氨基酸、还原糖、菌体和N、P、K及微量元素等营养成分，将味精废母液开发为栽培基质或营养液，可作为农产品的安全生产的廉价优质的营养资源。目前，食品废渣处理的堆肥方法已经发展到纤维素和半纤维素可以完全分解的阶段。水分含量较高时并不适合堆肥处理，但是采取合适的堆肥方法也可进行处理。

厌氧发酵是食品废渣处理常用方法之一。当食品废渣的水含量较高时（>50%），最适合的方法是厌氧发酵。在厌氧发酵过程中，食品废弃物中的有机质首先被不产甲烷的厌氧微生物种群水解并产生各种短链有机酸以及其他产物；这些代谢物再在产甲烷菌的作用下被转化为甲烷和CO_2。厌氧发酵中所产生的有机酸，不仅可以转化为可用于商业用途的甲酯或乙酯等酯类化合物，还可被有些微生物利用合成可生物降解的大分子物质，有望代替源于石油的传统塑料等。

（3）提取和制备功能性食品基料和生物活性物质

许多食品废料中，还可能具有某些潜在的可利用的活性成分，因此对于食品废料的再利用和改性研究已经成为目前食品废料处理的最具有前景的方法。用大米为原料生产味精后以及大米发酵生产乳酸、谷氨酸、柠檬酸及生化药品的糖化工序产生的米渣，蛋白质含量高达50%，可用于制备大米蛋白；米渣蛋白进一步可制成酱油、高蛋白粉、蛋白饮料、蛋白胨和蛋白发泡粉，若将其降解成短肽或氨基酸，可制成营养价值极高的氨基酸营养液等。这种营养液可用于配制成保健饮料、调味品、化妆品及洗涤剂等。还可将其干燥制成粉剂，作为保健食品的基料。大豆加工后的豆渣可制作功能性低聚糖，提取皂苷，还可作为培养蘑菇和生产素肉的原料。花生壳可用于发酵制酱油、酒，也可以用作食用菌基料，提取膳食纤维、酚类等物质；花生红衣可以提取白藜芦醇、花生色素；花生粕可用于制备花生蛋白；花生水化油脚可以提取磷脂、植物甾醇；生产花生蛋白饮料后产生的花生残渣也可以用作功能性食品的基料。玉米淀粉糖、有机酸、氨基酸等产品产生的下脚料，可以制备具有抗疲劳、改善肝功能作用的寡肽。葡萄酒生产中皮渣可用于提取花青素、果胶、酒石酸等物质。水产加工废料也可以再利用，鱼下脚料的利用途径主要包括：加工成饲料鱼粉、鱼骨粉；从鱼内脏中提取鱼油和多不饱和脂肪酸制品；从鱼鳞中提取鱼鳞胶；鱼皮制革等。乳酪生产中产生的乳酪滤渣，可以用于提取乳清，应用到药品和保健增补剂当中，或者可以将其转化为乳糖、乳清粉等。

（4）燃烧

如果废料的水含量相对较低（<50%），可利用营养物质含量又低，从技术角度来看，唯一可行的方法是焚烧。当焚烧处理废料时，必须考虑有毒有害气体对环境造成污染的问题。因此，生产工艺过程中必须配置适宜的气体排放净化处理设施，使排放的气体混合物所含有害成分浓度降低到国家环保规定的范围内。

随着食品工业化程度的提高，食品废料产物增多，食品废料处理过程中的问题变得越来越多。因此，改进传统的生产工艺，提高食品加工体系的有效性，实现食品加工副产品有效利用，减少废料的产生，并加快食品废物处理方法的研究是十分必要的。下面重点介绍纤维素废弃物发酵生产乙醇技术、淀粉工业废弃物发酵产乳酸和食品废弃物生产单细胞蛋白技术。

12.2.1 纤维素废弃物发酵生产乙醇技术

我国有发展纤维素制乙醇的有利条件，每年仅农作物秸秆就有7亿多吨（干重），而我国粮食资源并不丰富，因此将农林废弃物转化为燃料乙醇，形成产业化利用，非常符合我国的国情，从能源安全角度上看也是十分有利的，而且可消除由焚烧秸秆造成的环境问题。

（1）预处理

在利用农业废弃物生产乙醇的生产工序中最重要和富有挑战性的是对木质纤维素生物质进行预处理。预处理的目的是将木质纤维素中的木质素脱去，以降低纤维素的结晶度，增加无定形纤维素的比例，易进一步进行化学或生物处理。预处理的评价因素有糖的转化率、抑制生物活性副产物的生成率以及能耗和成本。预处理技术包括物理预处理、化学预处理、物理化学预处理和生物预处理4个基本类型。

生物预处理主要是依靠褐腐菌、白腐菌、软腐菌等可利用木质素和半纤维素的真菌对木质纤维素的结构进行破坏，从而使纤维素更易与酶发生作用。该方法的优点是无需大量设备支持、安全、节能。其缺点在于水解效率较低，耗费时间较长。目前已有微生物作用于蔗渣中木质纤维素的相关研究，结果表明原料中的纤维素及木质素含量大幅减少。

（2）酶水解

酶水解是利用木质纤维素生物质生产生物乙醇的关键步骤，复杂的碳水化合物经酶水解转化为单体。与酸、碱水解相比，酶水解更加经济，对设备腐蚀性低，不产生抑制微生物生长的副产物。酶水解是建立在纤维素酶对底物的高度特异性上的，其中纤维素酶和半纤维素酶分别降解纤维素和半纤维素。纤维素中含有葡聚糖，半纤维素含有多种不同的糖，如甘露聚糖、木聚糖、葡聚糖、半乳聚糖和阿拉伯糖等。纤维素分解酶包括内切和外切葡聚糖酶及β-1,4-葡萄糖苷酶，而半纤维素酶类更为复杂。在众多的纤维素酶和半纤维素酶产生菌中研究最深入的是木霉属。木霉能产生多种纤维素水解酶以及木聚糖酶，但其不能产生能降解纤维二糖的β-葡萄糖苷酶。然而，曲霉属能产生大量的β-葡萄糖苷酶，目前已有研究者联合使用里氏木霉 ZU-02 产生的纤维素酶和黑曲霉 ZU-07 产生的β-葡萄糖苷酶使底物水解产量提高到 81.2%。

影响酶水解效率的因素有多种，主要包括原料预处理方法、温度、pH、底物浓度、纤维素酶用量和表面活性剂添加等。正确的预处理方法可有效脱去木质素，减小纤维素结晶度，从而减少水解时间以及纤维素酶的用量。酶作为生物大分子物质，温度和 pH 对其活性影响显著，有研究表明纤维素酶在 40～50℃和 pH 4～5 的条件下有最佳活性，而木聚糖酶在 50℃和 pH 4～5 条件下有最佳活性。过高底物浓度会抑制酶水解效率，其原因可能是糖化液黏度过大，对传质产生影响。酶浓度关系到木质纤维素转化为乙醇的效率和成本，酶浓度过低导致转化效率低下，浓度过高又会造成资源的浪费。表面活性剂不仅对纤维素酶有激活作用，也影响酶对纤维素的吸附和脱吸附，可有效减少纤维素酶用量。

（3）发酵

经糖化过后的木质纤维素生物质，在多种微生物共同作用下发酵。但木质纤维素发酵产乙醇目前受到缺乏能有效利用戊糖和己糖的微生物的阻碍。微生物要达到商业应用，需要能够利用较多种类底物，具有较高的乙醇生产率并能承受较高的乙醇浓度和较高的温度，具有纤维素降解能力。目前已有一些转基因和基因工程微生物应用于水解发酵过程，获得了较好的生产效益。木质纤维素水解产物常用的发酵方法是分步糖化和发酵法、同步糖化发酵法、同时糖化和共发酵法以及联合生物加工法。

12.2.2 淀粉工业废弃物发酵产乳酸

传统的以淀粉质原料发酵生产乳酸的工艺需要在高温条件下对底物进行糊化和液化预处理，然后经酶糖化转化成葡萄糖等可发酵糖，再进一步经微生物发酵生成乳酸，但淀粉糖化时间一般较长且能耗高，以淀粉质为原料经酶水解糖化和发酵两步工艺是非常不经济的。将酶催化水解碳水化合物底物和微生物发酵葡萄糖偶合到一步，可使生物转化碳水化合物成乳酸更加高效。采用一步法直接乳酸发酵工艺可以缩短生产周期，节约设备投资，降低生产成本。

淀粉质原料是工业乳酸发酵中使用最普遍、用量最大的原料。常用的有大米、玉米、薯干等，一般淀粉含量 70%左右，粗蛋白 6.0%～8.5%。淀粉要经水解糖化后才能被乳酸菌利用，糖化剂为麦芽糖酶、麸曲、酶制剂、无机酸等。其工艺有两种，一种是糖化后的糖化醪接种乳酸菌进行发酵，称之为单行发酵；另一种是将糖化剂与乳酸菌同时加入糊化醪中，使糖化与发酵同时进行，称之为并行发酵。

12.2.3　食品废弃物生产单细胞蛋白技术

单细胞蛋白（single cell protein，SCP），亦称微生物蛋白或菌体蛋白。单细胞蛋白所含的营养物质极为丰富，除含有大量蛋白质和人体必需的 8 种氨基酸以外，还含有多种维生素、碳水化合物、脂类等。目前人们公认单细胞蛋白是最具前景的蛋白质新资源之一，对解决粮食中蛋白质不足和动物饲料等问题有重要作用。与此同时，中国作为一个农业大国，每年都会产生大量的农业废弃物（其中包含着大量的糖质、纤维素、木质素等可再生生物资源），这些物质因得不到合理利用而被焚烧或填埋，这不仅使生物质资源浪费，同时还造成了环境污染。在这种背景下，利用微生物将这些物质转化为高酶活单细胞蛋白，具有重要意义。

12.2.3.1　利用木质纤维原料生产转化单细胞蛋白

利用木质纤维原料生产单细胞蛋白的方法有 3 种：第一种是先将原料经纤维素酶、半纤维素酶等糖化后，再用酵母等微生物生产单细胞蛋白；第二种是直接利用纤维素和半纤维素分解菌和酵母菌同时糖化发酵菌体转化成单细胞蛋白，包括液态发酵和固态发酵；第三种是利用纤维素半纤维素水解液生产单细胞蛋白。

在利用植物性废弃物生产单细胞蛋白时，国内主要集中在对秸秆的研究，而国外以稻草生产单细胞蛋白的研究较多，但无论用哪种原料，当前人们面对的问题还是集中在原料的预处理与利用生物技术培养高效、高产的混合菌株两个主要方面，因此这两个方面也将是今后木质纤维素生产单细胞蛋白的研究重点。

12.2.3.2　利用农副产品加工剩余物生产转化单细胞蛋白

以柑橘废渣为原料，利用微生物发酵生产蛋白饲料，对解决我国蛋白饲料资源短缺、提高水果种植及加工效益、减少环境污染均有重要的意义。对比分析酿酒酵母、面包酵母、野生酵母等发酵菌种，近年来，有研究表明相同条件下酿酒酵母发酵柑橘废渣产生单细胞蛋白的量最多。废糖蜜是糖厂的副产物，具有产量大、含糖量高的特点，其中含有大量酵母可以利用的可发酵性糖。因此，废糖蜜是一种可以被利用生产单细胞蛋白的资源。除利用果渣、废蜜糖生产转化单细胞蛋白以外，也有研究人员对利用淀粉、奶酪副产物生产单细胞蛋白进行研究。

12.3　废气的生物处理方法

食品行业在调制、加工的过程中会产生含有浓郁异味的有机工业废气，例如硫化氢、醛类、酯类、醚类等，其污染环境、影响人们生活的舒适性。因此，对食品行业废气的分段控制和分类处理，是环保部门和生产企业需要共同面对的难题。

食品废气的控制要点：收集方式必须科学合理，在达到收集效果的基础上，最大限度地减少气量。做到分类、分开收集含油分比例大的废气和不含油分的废气，有针对性地进行末端治理，提高处理效率。注重新设备、新技术的应用，根据食品企业的自身情况和管理水平，选择科技含量高、安全可靠的污染管控工艺，力求做到管理便捷、成本低、运行稳定、维护方便，实现控制废气、减少对环境和人体的危害的目标。必须对项目建设和运行中产生的废气进行妥善处理，避免二次污染的发生。选择设备力求高效、新型、低噪声、密封性好，节能降耗。为了从源头上控制废气，尽量做到简洁实用、合理、紧凑的总体平面布置，最大限度减少工程占地，更方便废气处理方案的实施。

生物法处理废气的研究可追溯到20世纪50年代，处理大气中低浓度的恶臭物质，1957年出现了第一个微生物处理废气的专利，80年代德国、荷兰等国已有相当规模的废气生物处理装置投入运行，到1994年德国采用生物处理工艺处理恶臭废气的比例已占到78%。生物处理废气的原理主要是将气态污染物转移到液相或固体表面的液膜中，然后利用微生物的代谢过程将废气中各种有机物降解为无害的无机物（CO_2和H_2O）。按照生物膜理论，生物法净化处理有机废气一般要经历以下几个步骤：废气中的污染物首先同水接触并溶解于水中（即由气膜扩散进入液膜）；溶解于液膜中的污染物在浓度差的推动下进一步扩散到生物膜，然后被其中的微生物捕获并吸收；进入微生物体内的有机污染物在其自身的代谢过程中，被作为能源和营养物质分解，经生物化学反应最终转化成为无害的化合物。

12.3.1 生物洗涤法

生物洗涤法的装置主要是由1个吸收器和1个再生池组成，废气从吸收器底部进入，与生物悬浮液接触后溶于液相中，然后随悬浮液流入再生池中，通入空气充氧，污染物就被其中的微生物降解而从液相中除去，再生池中的流出液再次循环流入吸收器中，因而大大提高了污染物的去除率。生物洗涤法处理废气的去除率不仅与污泥的混合液悬浮固体浓度、pH值、溶解氧有关，还与污泥的驯化与否、营养盐的投加量及投加时间有关。生物洗涤法的优点是污染物的降解产物易于通过冲洗去除；液相基质的组成易于控制；经驯化后的污泥对污染物有较高的去除率；压降低，填料不易堵塞等。生物洗涤法新技术已经可以进行大流量（$2\times10^6 m^3/h$）废气的生物脱硫操作。但处理过程主要依赖气体的溶解，因而只对溶解性好（气体的气水分配系数小于0.01）、质量浓度小于$5g/m^3$的污染物处理效率高；必须控制微生物的增长，减少固体废物的生成；控制磷酸盐和钾在液相中的加入量，保证污染物的充分降解，但对于低浓度的废水处理过程中产生的恶臭气体并不适用；在吸收器中废气的停留时间很短，而大部分废气是易挥发的，溶解性差，因而影响传质过程。

12.3.2 生物过滤法

生物过滤法是将废气中的颗粒物用过滤器去除，再经调温调湿后，进入生物过滤池，过滤池中填充了具吸附性的滤料，一般为天然有机材料，如堆肥、土壤、泥煤、骨壳、木片、树皮等，滤料需保持一定的水分。废气污染物和氧气从气相扩散至介质外层的水膜，由填料表面生长的各种微生物消耗氧气而把污染物分解为CO_2和H_2O等。填料要求有均一的颗粒尺寸和足够的空隙度，比表面积大，具有一定的pH缓冲能力，由于不存在水相，污染物的水溶性并不成为去除率的重要影响因素，适合处理气水分配系数小于1.0的污染物。

生物过滤法的优点是简单，投资和运行费用少；对于大流量低浓度的含硫废气处理效率高；适宜处理质量浓度小于$1000mg/m^3$的有机物；对醛、有机酸、SO_2，NO_x，H_2S去除率可达99%；能耗低，设备少，不需外加营养物；基本没有或只有少量的二次污染等。但土壤滤池占地面积大；基质浓度高时会导致生物量增长过快而堵塞滤料，影响传质效果；滤床体积大，需要废气停留足够长的时间；操作过程不易控制，pH控制主要通过在装滤料时投配适当的固体缓冲剂，一旦缓冲剂用完，则需要更新或再生滤料。

思考题

1. 食品工业废水中的主要污染物和危害是什么？
2. 试比较好氧生物处理与厌氧生物处理废水的优缺点及适用条件。
3. 食品工业废渣的处理方法有哪些？
4. 食品工业废气的处理方法主要有哪些？

第13章 现代生物技术在食品添加剂中的应用

本章导言

引领学生自主寻找食品添加剂安全性问题，结合身边实例进行思考，查阅相关文献资料，模拟案例发生过程，掌握安全性问题产生的根本原因，从多方面进行讨论，从而培养食品生物技术专业人才的科学求是精神，积极地将专业知识转化应用到实践中去，应对食品添加剂违规使用所带来的安全性挑战。

13.1 食品添加剂概述

13.1.1 食品添加剂的概念

食品添加剂是指在食品加工过程中为改善食品品质和色、香、味以及为防腐、保鲜和加工工艺的需要而加入食品中的人工合成或天然物质。食品添加剂大大促进了食品工业的发展，并被誉为现代食品工业的“灵魂”，这主要是因为它给食品工业带来许多好处，在食品工业中发挥重要作用。

食品添加剂是食品加工过程中重要的原辅材料。按其使用功能和作用可分为：助溶剂、填充剂、调味剂、调酸剂、增香剂、增稠剂、保润剂、防腐剂、着色剂、营养强化剂等。现代生物技术制备的食品添加剂，这类食品添加剂是利用微生物发酵技术、酶技术、基因工程等技术制备的，如味精、酵母、衣康酸、核糖、核酸、氨基酸、黄原胶等。这些食品添加剂广泛应用于食品工业的各个领域，活跃于各类食品加工场所，为改善食品内外品质、完善营养成分、延长货架寿命、提高使用价值、增香赋型和添彩起了关键作用。食品工业的发展离不开食品添加剂，食品添加剂新品种的创造、新技术的创新和生产水平的提高，对食品工业的发展和技术进步具有极大的推动作用。

但是无论利用哪一种技术制备的食品添加剂，其质量品种、使用范围和使用量必须符合GB 2760—2014《食品安全国家标准　食品添加剂使用标准》规定的要求。如果要使用、创制新的食品添加剂种类，必须按《食品添加剂卫生管理办法》中相关规定报国家有关部门进行审批，经审核批准后方可使用，按规定取得工业产品生产许可证后方可生产新的食品添加剂。

13.1.2 食品添加剂的分类

食品添加剂的种类随着自然科学的进步在逐年增加，据统计目前我国食品添加剂有23个类别，2000多个品种，现将日常生活中人们所熟知的部分食品添加剂介绍如下。

13.1.2.1 酸度调节剂

酸度调节剂亦称pH调节剂、酸味剂，是用以维持或改变食品酸碱度的物质。主要包括用以控制食品酸碱度所需的酸化剂、碱剂以及具有缓冲作用的盐类。酸化剂具有增进食品质量的许多功能特性，例如改变和维持食品的酸度并改善其风味；增进抗氧化作用，防止食品酸败；与重金属离子络合，具有阻止氧化或褐变反应、稳定颜色、降低浊度、增强胶凝特性等作用。我国现已批准许可使用的酸度调节剂有：柠檬酸、乳酸、酒石酸、苹果酸、偏酒石酸、磷酸、乙酸、盐酸、已二酸、富马酸、氢氧化钠、碳酸钾、碳酸钠、柠檬酸钠、柠檬酸钾、碳酸氢三钠、柠檬酸一钠、磷酸三钾等18种。

13.1.2.2 增味剂

增味剂是指可补充、增强、改进食品的原有口味或滋味的物质。有的称为鲜味剂或品味剂。中国目前允许使用的增味剂有谷氨酸钠、5′-鸟苷酸二钠、5′-肌苷酸二钠、5′-呈味核苷酸二钠、琥珀酸二钠和L-丙氨酸等。增味剂的鲜味不影响任何其他味觉刺激，而只增强其各自的风味特征，从而改进食品的可口性。有些鲜味剂与味精合用，有显著的协同作用，可大大提高味精的鲜味强度（一般增加10倍之多），故目前市场上有多种强力味精和新型味精出现，深受人们欢迎。

13.1.2.3 着色剂

着色剂又称色素，是使食品着色后提高其感官性状的一类物质。食用色素按其性质和来源，可分为食用天然色素和食用合成色素两大类。

食用合成色素属于人工合成色素，主要指用人工化学合成方法所制得的有机色素。食用合成色素的特点：色彩鲜艳、性质稳定、着色力强、牢固度大、可取得任意色彩，成本低廉，使用方便。目前世界各国允许使用的合成色素几乎全是水溶性色素。此外，在许可使用的食用合成色素中，还包括它们各自的色淀。色淀是由水溶性色素沉淀在许可使用的不溶性基质（通常为氧化铝）上所制备的特殊着色剂。我国许可使用的食品合成色素有苋莱红、胭脂红、赤藓红、新红、诱惑红、柠檬黄、日落黄、亮蓝、靛蓝和它们各自的铝色淀，以及酸性红、β-胡萝卜素和叶绿素铜钠等。但合成色素大多数对人体有害。合成色素的毒性有的为本身的化学性能对人体有直接毒性；有的或在代谢过程中产生有害物质；在生产过程还可能被砷、铅或其他有害化合物污染。

食用天然色素主要是从动植物组织中提取的色素，然而天然色素成分较为复杂，经过纯化后的天然色素，其作用也有可能和原来的不同。而且在精制的过程中，其化学结构也可能发生变化。此外在加工的过程中，还有被污染的可能，故不能认为天然色素就一定是纯净无害的。

13.1.2.4 防腐剂

防腐剂是指能抑制食品中微生物的繁殖，防止食品腐败变质，延长食品保存期的物质。防腐剂可以有广义和狭义之不同：狭义的防腐剂主要指山梨酸、苯甲酸等直接加入食品中的化学物质；广义的防腐剂除包括狭义防腐剂所指的化学物质外，还包括那些通常认为是调料而具有防腐作用的物质，如食盐、醋等，以及那些通常不直接加入食品，而在食品贮藏过程中应用的消毒剂和防霉剂等。防腐剂一般分为酸型防腐剂、酯型防腐剂和生物防腐剂。

酸型防腐剂常用的有苯甲酸、山梨酸和丙酸（及其盐类）。这类防腐剂的抑菌效果主要取决于它们未解离的酸分子，其效力随 pH 而定，酸性越大，效果越好，在碱性环境中几乎无效。

酯型防腐剂包括对羟基苯甲酸酯类（有甲酯、乙酯、丙酯、异丙酯、丁酯、异丁酯、庚酯等类型）。对霉菌和酵母的作用较强，但对细菌特别是革兰氏阴性杆菌及乳酸菌的作用较差。作用机理为抑制微生物细胞呼吸酶和电子传递酶系的活性，以及破坏微生物的细胞膜结构。其抑菌的能力随烷基链的增长而增强；溶解度随酯基碳链长度的增加而下降，但毒性则相反。但对羟基苯甲酸乙酯和对羟基苯甲酸丙酯复配使用可增加其溶解度，且有增效作用。在胃肠道内能迅速被完全吸收，并水解成对羟基苯甲酸而从尿中排出，不在体内蓄积。我国仅限于应用其丙酯和乙酯。

生物型防腐剂主要是乳酸链球菌素。乳酸链球菌素是乳酸链球菌属微生物的代谢产物，可用乳酸链球菌发酵提取而得。乳酸链球菌素的优点是在人体的消化道内可为蛋白水解酶所降解，因而不以原有的形式被吸收入体内，是一种比较安全的防腐剂。它不会像抗生素那样改变肠道正常菌群，以及引起常用其他抗生素的耐药性，更不会与其他抗生素出现交叉抗性。

13.1.2.5 甜味剂

甜味剂是可赋予食品以甜味的物质。目前，我国已经批准使用的甜味剂共 17 种，按来源可分为天然的和人工合成的。其中，天然甜味剂又分为糖醇类和非糖类，糖醇类包括麦芽糖醇、山梨糖醇（液）、木糖醇、乳糖醇、赤藓糖醇和甘露糖醇；非糖类包括甜菊糖苷、甘草甜素和罗汉果甜苷。人工合成甜味剂又分为磺胺类、二肽类和蔗糖衍生物，磺胺类包括糖精钠、环己基氨基磺酸钠 / 钙（又称甜蜜素）和乙酰磺胺酸钾（又称安赛蜜或 AK 糖）；二肽类包括天门冬酰苯丙氨酸甲酯（又称阿斯巴甜或甜味素）、阿力甜和纽甜；蔗糖衍生物包括三氯蔗糖（又称蔗糖素）和异麦芽酮糖（又称帕拉金糖）。

13.1.2.6 增稠剂

增稠剂可以提高食品的黏稠度或使食品形成凝胶，从而改变食品的物理性状，赋予食品黏润、适宜的口感，并兼有乳化、稳定或使食品呈悬浮状态的作用。增稠剂在食品中的作用：胶黏、包胶、成膜作用，脱模、润滑作用，膨松、膨化作用，结晶控制、澄清作用，混浊作用，乳化作用，凝胶作用，保护性作用，稳定、悬浮作用。

常用的增稠剂：明胶、酪蛋白酸钠、阿拉伯胶、罗望子多糖胶、田菁胶、琼脂、海藻酸钠（褐藻酸钠、藻胶）、卡拉胶、果胶、黄原胶、β-环状糊精、羧甲基纤维素钠（CMC-Na）、淀粉磷酸酯钠（磷酸淀粉钠）、羧甲基淀粉钠、羟丙基淀粉、藻酸丙二醇酯（PGA）。

13.1.2.7 乳化剂

乳化剂是能改善乳化体中各种构成相之间的表面张力，形成均匀分散体或乳化体的物质。它能稳定食品的物理状态，改进食品组织结构，简化和控制食品加工过程，改善风味、口感，提高食品质量，延长货架寿命等。乳化剂在食品加工中主要应用在焙烤食品及淀粉制品、冰激凌、人造奶油、巧克力、糖果、口香糖、植物蛋白饮料、乳化香精中。乳化剂是消耗量较大的一类食品添加剂，各国许可使用的品种很多，我国批准使用的有 30 种。

13.1.2.8 稳定剂

稳定剂是使食品结构稳定或使食品组织结构不变，增强黏性固形物的物质，主要包括胶质、糊精、糖脂等糖类衍生物。广义的稳定剂，还包括凝固剂、螯合剂等。多与其他功能的添加剂组成复合添加剂。如用于冰激凌的添加剂即为由乳化剂和稳定剂等组成的复合添加剂。

13.1.2.9 食品用香料

食品用香料是指能够用于调配食品香精，并使食品增香的物质。它不但能够增进食欲，有利消化吸收，而且对增加食品的花色品种和提高食品质量具有很重要的作用。食品香料是一类特殊的食品添加剂，其品种多、用量小，大多存在于天然食品中。由于其本身强烈的香和味，在食品中的用量常受限制。目前世界上所使用的食品香料品种近 2000 种。我国已经批准使用的品种也在 1000 种左右。食品香料按其来源和制造方法等的不同，通常分为天然香料、天然等同香料和人造香料三类。天然香料是用纯粹物理方法从天然芳香植物或动物原料中分离得到的物质，通常认为它们安全性高，包括精油、酊剂、浸膏、净油和辛香料油树脂等；天然等同香料是用合成方法得到或由天然芳香原料经化学过程分离得到的物质，这些物质与供人类消费的天然产品（不管是否加工过）中存在的物质，在化学作用上是相同的，这类香料品种很多，占食品香料的大多数，对调配食品香精十分重要；人造香料是指尚未在天然产品中发现，完全由人工合成的化合物，但经安全性试验准予食用的香料。

13.2 生物技术在酸味剂制备中的应用

食品生产加工过程中，酸味物质是不可缺少的重要原料。常用的酸味剂有柠檬酸、苹果酸、琥珀酸、醋酸、乳酸、酒石酸等。在食用香精调配中还常用到长碳链的酸类如壬酸、癸酸、月桂酸、豆蔻酸等，大多数水果中也含有这些物质，只是含量较低，通过化学方法可以制得这些酸类物质，也可利用生物发酵技术生产。发酵法生产柠檬酸是利用假丝酵母或黑曲霉菌的无毒菌株在适宜的条件下经固体或液体发酵葡萄糖、淀粉、山芋干、废糖、甜菜糖蜜等原料，发酵终止，用热水提取柠檬酸，经分离纯化即可得到目的产品。其他酸类物质可通过选择不同的菌种控制发酵条件得到目的产品。这些酸味物质应用广泛，不仅可作为食品的酸味调节剂、矫正剂，还可用于化妆品、药物制造，作为香精香料的调配原料。

13.2.1 生物技术发酵乳酸在食品中的应用

乳酸又名丙醇酸，即 2-羟基丙酸，分子式为 $C_3H_6O_3$，分子量为 90.08，其分子结构中含有一个不对称原子，因此具有旋光性，按其构型和旋光性可分为 L-乳酸、D-乳酸和 DL-外消旋乳酸三类。乳酸在自然界中广泛存在，是世界上最早使用的酸味剂，人体只具有代谢 L-乳酸的 L-乳酸脱氢酶，因此只有 L-乳酸能被人体完全代谢，且不产生任何有毒副作用的代谢产物，D-乳酸和 DL-乳酸的过量摄入则有可能引起代谢紊乱甚至中毒。

乳酸是食品生产中应用最多的酸类物质之一。乳酸是发酵酸奶中最重要的酸味风味物质，其含量多少对发酵酸奶的风味、品质影响较大，发酵酸奶生产终点的控制多以乳酸的含量的多寡判定。乳酸在酒类生产中应用广泛；在乳酸类饮料生产中，乳酸是主要的酸香赋味剂。在奶类香精尤其是酸奶香精调配中乳酸更是重要的酸香物质。我国目前使用的乳酸全部采用微生物发酵法生产。随着乳品工业的发展，人们消费的乳品日益增多，尤其人们安全意识增强，天然食品添加剂备受青睐，发酵乳酸的需求量大增，相关科技人员也在优化发酵条件、提高发酵产率方面进行积极的探索和研究。

13.2.2 生物技术发酵柠檬酸在食品中的应用

柠檬酸又名枸橼酸，即 3-羟基-3-羧基戊二酸，分子式为 $C_6H_8O_7$，是一种重要的有机酸，为无色晶体，无臭，有很强的酸味，易溶于水，是天然防腐剂和食品添加剂。柠檬酸是广泛应用于食品、医药、日化等行业的食用有机酸，作为发酵有机酸之一，可以通过发酵获得。柠檬酸的发酵生产用到了多种类型的微生物，如曲霉类、酵母类、细菌类等。然而，由于柠檬酸是一类能量代谢产物，因此需满足代谢不平衡条件。其中，黑曲霉生产柠檬酸工艺以其产量高、操作简便、副产物少而得到广泛的应用，同时，对其发酵底物进行了优化，并将传统诱变技术应用于生产中，使得柠檬酸产量大大提升。

13.2.3 生物技术发酵苹果酸在食品中的应用

苹果酸（malicacid）又名羟基丁二酸、羟基琥珀酸，分子式为 $C_4H_6O_5$，它广泛存在于未成熟的水果如苹果、葡萄、菠萝和番茄中。由于分子中存在不对称碳原子，存在两种对映异构体，即 D-苹果酸和 L-苹果酸，自然界中广泛存在的则是 L-苹果酸。

L-苹果酸易溶于水，微溶于乙醇和醚，加热到 180℃可失水变成富马酸或马来酸。在食品、医药、化工、日化和保健等领域，L-苹果酸作为优良的酸味剂和保鲜剂，得到广泛应用。用微生物发酵法获得 L-苹果酸，是近年来研究活跃的领域，目前报道的主要以霉菌产生为主。利用黄曲霉 H-98 菌株发酵 L-苹果酸的实验，确定最佳发酵条件可实现最高产酸超过 50g/L，经紫外线、亚硝基胍、硫酸二乙酯和 ^{60}Co 辐射等诱变处理，得到 1 株能直接利用淀粉且不产黄曲霉毒素的高产突变株黄曲霉 HA5800，通过对培养基和培养条件的优化，以淀粉水解糖为原料摇瓶发酵 110h 后，产酸可达 90g/L。以米曲霉（*A. oryzae*）为菌种，以淀粉水解液为原料，通过发酵法生产 L-苹果酸，确定最优发酵工艺条件产酸最高可达 80.6g/L。

13.3 生物技术在调味剂制备中的应用

调味剂是指能赋予食品甜、酸、苦、辣或鲜、麻、涩、清凉等特殊味道的一类食品添加剂。人们日常生活中应用最多的酱油、醋、味精、核苷酸等也都是微生物发酵产物。选择适宜的菌株，以豆粕、高粱、麸皮等为原料在一定条件下发酵，产生呈味物质等，通过进一步的技术处理而成为人们一日三餐的食品原料。

13.3.1 生物技术在调味剂酱油生产中的应用

在酱油酿造中起主要作用的是米曲霉和酱油曲霉，利用基因工程对米曲霉的分子生物学进行研究后取得的进展可应用于提高酱油的质量。对米曲霉的基因组进行研究，发现了与生物降解、转录调控、初级及次级代谢及细胞信号有关的基因，这为选育米曲霉优良菌种提供了依据。基因工程技术还用于鉴定不同种类的米曲霉菌株，筛选具有更高发酵质量的优质菌株，并且通过原生质体融合技术可以实现菌种的优势改良，可以大幅提高菌类发酵产生酱油的品质和风味。

13.3.2 生物技术在调味剂食醋生产中的应用

食醋的主要成分为乙酸，利用一类极生鞭毛细菌且不能进一步氧化醋酸的醋酸杆菌、纹膜醋酸杆菌、巴氏醋酸杆菌等以糖和酵母膏为培养基，控制一定条件，即可得到发酵的乙酸产品。在食醋酿造中，可以采用细胞融合技术、基因工程进行定向育种，选育出高性能的基因工程菌进行发酵来提高发酵效率和产品质量。并且通过固定化菌体技术可以将酵母菌和醋酸菌固定在合适的载体上，提高发酵效率，缩短生产周期，菌体还可重复利用。

13.3.3 生物技术在调味剂味精生产中的应用

味精是一种鲜味剂，其化学成分为L-谷氨酸钠，食用味精按谷氨酸钠-结晶水含量与一定比例的核苷酸（IMP）如5′-肌苷酸二钠、5′-鸟苷酸二钠等复配，可调制出鲜味较强的调味料。核苷酸包括肌苷酸（IMP）、鸟苷酸（GMP）、胞苷酸（ICMP）和尿苷酸（UMP）、黄苷酸（XMP）。这些核苷酸，都只能以二钠或二钾/钙的形式才有鲜味。利用枯草杆菌、产氨短杆菌等发酵葡萄糖类物质，提取发酵产物，再经磷酸化即可得到。

在味精发酵产业中，筛选出耐高温的谷氨酸产生菌株是主要的研究课题之一，提高产谷氨酸菌株的耐高温性能可大大降低生产过程中维持发酵温度所产生的成本。目前关于谷氨酸发酵关键技术的研究主要集中在利用代谢工程、代谢网络模型分析等技术手段来研究谷氨酸生产菌株的生理学特性，并在利用分子生物技术对谷氨酸棒杆菌全基因组进行序列测定、比对分析的基础上选育出优良的生产菌种。采用基因组改组技术选育出耐高温的谷氨酸生产菌株，首先通过温度和产酸特性的比较选出较优的原始出发菌，再采用传统诱变方法对原始出发菌进行原生质体诱变，筛选出优良特性菌株作为基因组改组的出发菌株，最后利用出发菌株多母本原生质体递进融合，在选择性平板上筛选出耐高温、高产谷氨酸的融合子，获得的耐高温谷氨酸生产菌株对于味精产业的发展具有重大的意义。

13.4 生物技术在着色剂制备中的应用

市场货架上食品的色彩十分丰富，着色剂功不可没。着色剂有天然的如辣椒红素、番茄红素、栀子色素、姜黄素等；合成的如柠檬黄、胭脂红等。色价高且对环境条件相对稳定；微生物发酵的色素有红曲红色素、β-胡萝卜素等，人们日常使用的红腐乳也是微生物发酵所得。

13.5 生物技术在防腐剂方面的应用

防腐剂是食品加工中的重要原料，没有它食品的保质保鲜及货架寿命则无从谈起。国际上目前使用的防腐剂比较多，美国约有 50 种，日本约 40 种，我国国标 GB 2760—2014《食品安全国家标准 食品添加剂使用标准》允许使用的有 20 多种。在食品加工中常用的有苯甲酸、苯甲酸钠、山梨酸、山梨酸钾、丙酸钠等，这些都是化学合成产品。现将各种生物型防腐剂的应用介绍如下。

13.5.1 微生物生物防腐剂

微生物发酵也能生产防腐剂如乳酸链球菌素（nisin）等。这种生物防腐剂在低 pH、低温条件下稳定性较好，能有效抑杀革兰氏阳性细菌及其芽孢如肉毒梭状芽孢杆菌等。乳酸链球菌素对胰凝乳蛋白酶敏感，在消化道中很快被胰凝乳蛋白酶分解，对人体无毒，不改变人体肠道内正常菌群等，鉴于此，乳酸乳球菌菌株在发酵牛奶和奶酪的生产中是一种比较经济而且比较重要的制备乳品前体的原料。如雷特氏乳酸乳球菌亚种 MG1363 是含有穿梭质粒的菌株，该菌株中的 *dar* 基因编码二乙酰还原酶，二乙酰还原酶在发酵奶酪过程中发挥重要作用。

13.5.2 植物生物防腐剂

生物技术的应用可以改良植物的各种表型特征，提高植物的育种效果和产品质量。植物生物防腐剂主要是香辛植物，能够提高食品风味的同时，具有一定的抗菌防腐作用，抑制微生物的生长和延长食品的保质期。香辛料主要有丁香、八角、花椒、大蒜和生姜等，其中的大蒜素具有抑制细菌和真菌生长的效果，姜黄素也具有很好的杀菌作用。其次，香精油也是很好的生物防腐剂，主要从草本或者芳香植物的根、茎、叶和种子中提取出来，在食品加工业中应用，能够使食品外观更加好看，且具有抗菌效果，是一种非常好的天然防腐剂。另外，果胶也是生物防腐剂的一种，主要从苹果、葡萄等蔬菜水果中提取出来，在应用中能够抑制大肠杆菌的生长，具有很好的抗菌效果。苦瓜汁、荸荠皮等相应的提取物，也具有很好的安全性和防腐性。通过生物技术的手段可以加强植物生物防腐剂在食品加工中的广泛应用。

13.5.3 动物生物防腐剂

动物生物防腐剂主要来源于动物体内所具有的抗菌系统，特别是在动物抗菌系统不断进化过程中所产生的抗菌物质，其中较为重要的溶菌酶能够有效杀死细菌。在防腐剂溶菌酶的生产中，溶菌酶主要来源于鸡蛋的蛋清当中。将其应用于食品加工中不仅能够抑制食物中的微生物生长，还能够有效延长食品的保质期。另外，动物自身的防御素主要来源于体内的抗菌元素，这种物质在禽类动物及哺乳动物中较为常见。防御素能够抵御外来微生物的侵害，其中所含有的广谱抗菌元素能够对细菌和真菌起到很好的抵御效果，因此被较多地应用于食品的防腐中。

13.6 生物技术在增稠剂、乳化剂、稳定剂生产中的应用

用于食品的增稠剂、乳化剂、稳定剂有天然的如阿拉伯树胶、黄原胶、瓜尔豆胶、明胶、果胶等，合成的有藻酸丙二醇酯、羟丙基淀粉醚等，现将生物技术在增稠剂、乳化剂和稳定剂生产中的应用介绍如下。

13.6.1 食品增稠剂及其应用

食品增稠剂通常指能在水中溶解，且在一定的条件下能充分水化，形成黏稠液或胶冻液的大分子物质。食品增稠剂大多是天然大分子多糖或其衍生物，广泛存在于自然界中；也有部分食品增稠剂是通过天然原料合成而来。在食品生产中，食品增稠剂的添加提高了食品的黏度，促使溶液形成凝胶，保持体系相对稳定，改变食品的物理性状，从而赋予食品黏润的口感，在食品体系中起到了增稠、胶凝、稳定、保水等作用。

目前用于食品工业的食品增稠剂，按其来源可分为以下几大类：植物来源增稠剂、海藻类来源增稠剂、动物与微生物来源增稠剂和天然物半合成增稠剂。植物来源增稠剂多为植物多糖类物质，经植物黏液提取纯化而来，如刺槐豆胶、罗望子胶、亚麻籽胶、瓜尔胶、果胶、阿拉伯胶等；海藻类来源增稠剂是从海藻中提取而来的海藻类胶体，较常用的卡拉胶、海藻酸及其钠盐均属于此类增稠剂；动物来源增稠剂是从动物组织中提取得到的亲水胶，其化学成分多为动物蛋白，如明胶、壳聚糖、酪蛋白等；微生物来源增稠剂则是从微生物胞外代谢物中提取得到的大分子多糖，如结冷胶和黄原胶；天然物半合成增稠剂是以天然产物为原料，通过一些化学修饰对其分子进行改性所得到的高分子化合物，如纤维素衍生物、变性淀粉及淀粉水解物等。

13.6.2 食品乳化剂及其应用

食品乳化剂是指能改善乳化体系中各种构成相之间的表面张力，形成均匀分散体或乳化体的物质，也称为表面活性剂。或者说是使互不相溶的液质转为均匀分散相（乳浊液）的物质，添加少量即可显著降低油水两相界面张力，产生乳化效果的食品添加剂。一般根据离子类型将乳化剂分为离子型和非离子型乳化剂两类。目前国内常用的食品乳化剂多达几十种，其中失水山梨醇单油酸酯（span 80）、吐温 80 、乳清蛋白、卵磷脂、单脂肪酸甘油酯（单甘酯）、蔗糖脂肪酸酯等是食品加工中使用最多的一些食品乳化剂。

13.6.3 食品稳定剂及其应用

食品稳定剂是一类能使食品成型并保持形态、质地稳定的食品添加剂，主要包括胶质、糊精、糖脂等糖类衍生物。广义的稳定剂，还包括凝固剂、螯合剂等，多与其他功能的添加剂组成复合添加剂。食品稳定剂已被广泛应用于植物蛋白乳酸菌饮料加工中。

由于植物蛋白乳酸菌饮料在生产和贮存过程中脂肪上浮和蛋白质变性絮凝或沉淀等问题非常突出，严重影响了产品的感官品质和食用价值，因此植物蛋白乳酸菌饮料的稳定性研究是生产中亟待解决的关键问题。因而，需要添加适当的食品稳定剂，以增强植物蛋白乳酸菌饮料的水化性能、乳化性能或黏度。

13.7 生物技术在香精香料生产中的应用

食品用香料是食品加工中重要的食品添加剂之一，它能增加食品香气香味、改善口感、弥补生产加工带来的风味缺陷，可提高食品的质量档次。食品的种类也因香精香料的应用点缀而变得丰富。食品香精香料的质量和安全性已引起人们和国家监督部门的高度关注，天然食用香精香料备受人们的青睐。食用香料分为天然香料、合成香料。天然香料一般是指通过物理方法比如对天然芳香植物压榨、浸提、水蒸气蒸馏、超临界萃取等而获得的香料。根据国际香料工业组织规定，生物技术香料属于天然香料范畴。生物技术如酶技术、微生物发酵技术、基因工程技术等在香精香料方面的应用研究已引起香料界研究人员的高度关注。

13.7.1 发酵工程在天然香精香料生产中的应用

发酵工程中主要采用生物合成法或生物转化法进行天然香精香料的制备。如内酯是广泛存在于自然界中具有生物活性的一类香精香料，在食品和化妆品工业中有重要的应用价值。生物合成法是指利用真菌和酵母菌的自身代谢作用，在静止期合成和积累对于细胞生长非必需的次生代谢产物——内酯；生物转化法是指以羟基脂肪酸、非羟基脂肪酸和脂肪酸酯等为底物，在微生物体内酶的作用下转化成 γ-羟基脂肪酸，然后再进一步转化为内酯。

发酵工程在天然奶味香精生产中的应用比较广泛。微生物发酵法产奶味香精是指采用乳杆菌、乳链球菌等微生物，以牛奶或稀奶油为底物，发酵生产奶味香精的方法。由于微生物细胞内含有的酶系种类繁多，发酵产生的奶味香气多样化，包含有机酸、醇类、羰基类、各种酯类、内酯类、硫化物等近百种香味成分，与天然牛奶十分接近，其香气自然、柔和，是纯人工调配技术所难以达到的。此外，产品的赋香效果好，添加这类香精，牛奶的奶香味饱满、绵长、逼真，能明显提高加香产品的质量档次。

13.7.2 酶工程在天然香精香料生产中的应用

酶是活细胞产生的具有高度催化活性和高度专一性的生物催化剂，可应用于食品生产过程中物质的转化。利用酶工程可以生成许多香精香料的前体物质，一方面可拓宽香精香料的原料来源，另一方面可通过寻找廉价的原料，大大减少生产成本。

酶法制备奶味香精是指以稀奶油、牛奶等为主要原料，通过脂肪酶的作用将乳脂肪分解，从而得到增强 150～200 倍的乳香原料。以此为基础配制的奶味香精，香气柔和，是奶香加香的理想选择。这种方法的优点是由于酶对底物具有专一的识别性，改变反应条件就可能生成带有不同香味的产物，产品风格富于变化，产品香气柔和，醇厚浓郁。

13.7.3 细胞工程在天然香精香料生产中的应用

细胞工程包括细胞融合技术、动物细胞工程和植物细胞工程等。其中植物细胞工程在天然香精香料制备上的应用比较广泛。植物细胞培养是一种令植物细胞在培养基或培养液中生长的技术，使植物的生长和收获易于控制，免受天气及其他环境因素的影响。植物香料属于次级代谢物，通常只在已分化的特殊组织中产生，故在培养植物细胞生产香料时，需靠控制培养液的成分和培养的环境因素，加入引发因子及诱发细胞分裂分化成植物特殊组织等以提高其次级代谢物的产量。

香荚兰是世界上用得最广的香料。在利用植物细胞培养技术生产香兰素时，通过在培养基中添加一些植物激素（如2,4-二氯苯氧乙酸、苄基腺嘌呤和萘乙酸等），愈伤组织发生率大大提高，而且所形成的愈伤组织的继代培养物生长较好，继而通过这种细胞培养技术来不断产生香荚兰。又如均质的植物组织（如莴苣叶）可将亚油酸转化成顺-3-己烯醇和反-2-己烯醇，二者是非常重要的香料，具有新鲜、清香气味，主要应用于水果和蔬菜香精中。

13.7.4 基因工程在天然香精香料生产中的应用

基因工程可以对某些微生物（如大肠杆菌、芽孢杆菌、酵母菌）的一个基因进行转移和表达，由此可增加某种特定酶的产量，进而提高目的物的产量。基因工程在药物生产和农作物改良上已取得许多重大成果，而在香精香料工业上的应用还很少。

双乙酰是具有强烈奶油香味的香料，被认为是乳发酵制品的滋味与香味中起重要作用的化合物之一。采用紫外诱变筛选得到耐高浓度葡萄糖的高产丁二酮突变菌株UV-3，降低了乙醛脱氢酶、双乙酰还原酶和α-乙酰乳酸脱羧酶的活性，具有良好的工业应用前景。通过基因工程将牛肉风味肽的基因附在α-factor（α-因子）载体上在酵母细胞中表达，所生产出来的酵母抽提物中含有较高浓度的风味牛肉肽，即可利用酵母进行发酵生产牛肉风味肽。将脱苦蛋白酶和风味醛氧化酶对应基因在菌体中克隆并成功表达，可利用建造的基因工程菌排去干酪香料中的不良风味。

13.8 生物技术在食品添加剂生产中的应用展望

生物技术在制备食品添加剂中有很多应用，但同时还有许多问题值得细化，生物技术制备天然食品添加剂存在以下几个问题应当关注：首先明确目标产品是单体还是复合物；其次确定为获得目标产品所需采取的生物技术手段和方法；然后选择实验条件、过程方法、测量和判定步骤来生产目标产品，准确检验评估目标产品的质量及其规模化生产的可行性。适合的酶制剂、微生物细菌的选择是关键。由于发酵产物浓度较低，目标产物的提取分离及其关键成分的测定也是研究开发中的很重要的技术问题。

生物技术制备天然食品添加剂的优势有以下几点：

① 生产条件温和、操作简单、选择性高；

② 生产成本低，原材料价廉易得，有些是农副产品，来源不受季节限制；

③ 微生物资源丰富，酶类繁多，通过分离纯化、育种可获得各种用途的细菌和酶，也可发现新的细菌用于制备新的天然食品添加剂；

④ 生物技术制备的食品添加剂安全性高，深受消费者喜爱，利用生物技术制备食品添加剂符合当前的消费潮流；

⑤ 可节省、保护现有的自然资源，对保护环境及维持生态平衡有现实意义。

总之，利用微生物生产天然食品添加剂，具有广阔的发展前景。不仅可以改进现有的天然食品添加剂，也可创制出新的更为安全的食品添加剂。食品工业的发展和基因工程、发酵工程、分析技术及分离检测设备仪器技术水平的提高，将对生物技术制备天然食品添加剂的发展和技术进步起到极大的促进和推动作用。

思考题

1. 简述食品添加剂的概念与分类。
2. 生物技术在发酵乳酸中的应用有哪些？
3. 生物技术在调味剂酱油生产中的应用有哪些？
4. 微生物防腐剂是什么？有哪些？
5. 生物技术在增稠、乳化、稳定方面有哪些作用？

第14章

现代生物技术在食品包装中的应用

本章导言

食品安全是影响公众健康的重要因素，在整个供应链范围内监测食品质量是解决食源性疾病的一个有效方案。引导学生借鉴最新的现代生物技术，应用于食品质量监测和智能包装中，拓展学生的视野，增强团结合作精神，培养学生踏实肯干、开拓创新的精神。

14.1 食品包装概述

14.1.1 包装的基本概念

根据我国国家标准（GB/T 4122.1—2008）《包装术语第1部分：基础》中，包装（packaging）的定义是“为在流通过程中保护产品，方便储运，促进销售，按一定的技术方法所用的容器、材料和辅助物等的总体名称。也指为达到上述目的在采用容器、材料和辅助物的过程中施加一定技术方法等的操作活动。”

食品包装（food packaging）是食品商品的组成部分，意指：采用适当的包装材料、容器和包装技术，把食品包裹起来，以使食品在运输贮藏流通过程中保持其原有品质状态和价值，保护食品、方便贮运、促进销售。食品包装技术是涉及材料学、机械学、化学、物理学、生物学、微生物学、包装材料、包装机械等多学科的一门综合性技术。

14.1.2 包装的功能

对食品进行包装主要有保护功能，同时还有方便生产、流通，信息传达、促进食品的竞争，增加食品的销售量，提高商品价值等功能。

14.2 生物酶工程在食品包装中的应用

生物酶很早就被应用于食品包装中。利用生物酶可以制造一种有利于食品保质的环境，抑制或降低食品中不利于其保质的酶的反应速度，达到抗氧化、杀菌、延长食品货架寿命的目的。生物酶的使用主要有三种模式，一是将生物酶直接用于食品包装的前期处理或作为包装用辅剂；二是在包装纸、包装膜中加入生物酶；三是将多种生物酶配制成防霉、防氧化等食品保鲜剂，使之单独或混入食品包装容器中。可用于食品包装的生物酶种类很多。下面介绍一些不同的包装技术以及一些生物酶工程在食品包装中的应用案例。

14.2.1 活性包装

活性包装（active packaging）即有意识地在包装材料中或包装空隙内添加或附着一些辅助成分来改变包装食品的环境条件，以增强包装系统性能来维持（或改善）食品感官、品质特性、安全性，从而有效延长货架期的包装技术。活性包装系统分为两类：一种是将活性化合物填充到小袋或者垫中，再将其放到包装内，是最广泛使用的活性包装形式，这种形式不适于液态食品和由柔性薄膜制成的包装中（隔离了需要作用的区域而使活性物质无法发挥作用）。另一种是将活性化合物直接添加到包装材料中。

根据活性包装中活性物质的作用方式，可将活性包装大致分为两大类：释放型活性包装和吸收型活性包装。释放型活性包装用于除去如氧气、二氧化碳、乙烯、多余水分等物质。释放型活性包装的主要类型有二氧化碳产生型包装、抗菌型包装、乙烯产生型包装等。吸收型活性包装能够适时地向包装食品或包装内部添加某些组分。吸收型活性包装的主要类型有氧气去除型、二氧化碳清除型、乙烯去除型、水分去除型等。

14.2.1.1 脱氧包装

食品保鲜或加工过程中，尤其是生鲜食品，氧的存在使其保鲜受到很大影响。氧气对食品品质的影响因食品的不同也有各种不同程度的变化。一方面，氧在食品加工和食品贮存中是不利的，是导致食品变质的因素之一。另一方面生鲜果蔬在储运过程中仍在呼吸，故需要吸收一定量的氧，维持其正常的代谢作用。通过采用适当的包装材料和一定的技术措施，防止食品中的有效成分因氧气而品质劣化或腐败变质。

除氧是食品保藏中的必要手段。脱氧包装是指在密封包装容器内封入能与氧气化学作用的脱氧剂、填充惰性气体或利用包装袋本身的除氧作用从而除去包装内的氧气，使被包装物在氧浓度很低，甚至几乎无氧的条件下保存的一种包装技术。葡萄糖氧化酶（glucose oxidase，GOD）是脱氧包装中常用的脱氧剂。它是一种需氧脱氢酶，由黑曲霉、特异青霉等霉菌产生。在有氧条件下，它能高度专一地催化 β-D-葡萄糖发生酶促反应，生成葡萄糖酸，同时消耗氧。

$$C_6H_{12}O_6 + O_2 + H_2O \xrightarrow{\text{氧化酶}} C_6H_{12}O_7 + H_2O_2$$

$$H_2O_2 \longrightarrow H_2O + O_2$$

此反应的适宜条件是温度 30～50℃，pH4.8～6.2。

在食品保鲜及包装中，GOD 在催化氧化反应的过程中消耗了包装内部的氧，从而达到脱除氧气、防止产品氧化变色、延长食品贮藏期的目的。GOD 能在一定程度上抑制大肠杆菌、沙门氏菌等微生物的生长。葡萄糖氧化酶以片剂、薄膜及包装纸表面涂 GOD 层、吸氧袋等方式用于除氧包装，可将葡萄糖氧化酶固定在包装膜的内侧，应用于茶叶、冰激凌、奶粉、果汁、饮料、罐头、果蔬干制品等产品的除氧包装。

Anthierens 等人（2011）提出了一个非常新奇的氧气吸收模型体系，研究者采用解淀粉芽孢杆菌的内生孢子作为脱氧剂，将孢子埋入聚对苯二甲酸乙二醇酯-1,4-环己烷二甲醇酯（PETG）材料中。研究发现内生孢子能够在 210℃的 PETG 中生存，经过在 30℃并且高湿度的环境下活化1～2d后，孢子开始主动吸收氧气，这一现象能维持至少15d的时间。

14.2.1.2 抗菌性包装

抗菌性包装是指通过在包装材料中增加抗菌剂或应用抗菌聚合材料达到抗菌功能，即减少、抑制或杀死食品上或包装上腐败菌和致病菌的包装，使包装材料具有抗菌功能的抗菌剂包括化学抗菌剂、生物抗菌剂、抗菌聚合物、天然抗菌剂等。这些抗菌剂通过延长食品表面微生物停滞期、降低生长速度或减少微生物成活数量来限制或阻止微生物生长，从而能延长食品货架期或提高食品的微生物安全性。与传统的在食品中直接添加防腐剂相比，抗菌包装的优势在于与食物接触的抗菌剂量更低。

酶是一种常用的抗菌剂。在活性包装中可作为生物抗菌剂的酶制剂包括葡萄糖氧化酶、乳过氧化物酶和溶菌酶等。例如，将溶菌酶固定于一些包装纸、包装袋表面形成溶菌酶复合食品包装膜。溶菌酶普遍存在于人和动物的多种组织、分泌液及某些植物、微生物中，它作用于革兰氏阳性细菌细胞壁*N*-乙酰胞壁酸（NAM）与*N*-乙酰葡糖胺（NAG）之间的β-1,4-糖苷键，溶解微生物细胞壁，从而使其失去生物活性。根据作用微生物的不同，分为细菌细胞壁溶菌酶和真菌细胞壁溶菌酶；根据溶菌酶来源的不同，分为鸡蛋清溶菌酶、人与哺乳动物源溶菌酶、微生物溶菌酶等。溶菌酶最适pH为5.3～6.4，对pH值变化较稳定，酸性条件下对热稳定，可被冷冻或干燥处理且活力稳定。在食品工业中，溶菌酶可作为一种无毒、无副作用的天然食品防腐剂，且对食品营养成分无破坏作用，现已广泛应用于乳制品、水产品、肉制品、蛋糕、奶油、奶酪、清酒、料酒及饮料等食品中的防腐。

壳聚糖是一种被广泛研究的抗菌剂，它不仅可以作为成膜基质，也可以作为抗菌物质如酸、盐、精油、溶菌酶和细菌素等的良好载体。壳聚糖膜的制备工艺以及与所接触的微生物不同是导致其抗菌活性差异的重要因素。包装薄膜中添加有机酸、酶和细菌素等抗菌剂后，薄膜的性状也发生一定的改变（Bastarrachea et al. 2011）。Duan等人（2007）利用壳聚糖和溶菌酶（质量分数为60%）研制成一种抗菌膜用于奶酪的保鲜，该膜对大肠杆菌、单增李斯特菌等具有良好的抑制作用。

静电纺丝技术是一种非热加工技术，是一种极具前景的制备食品活性包装的技术。利用纳米纤维包埋或者结合有具抑菌或者/及抗氧化功能的生物活性物质，如天然抗氧化剂、合成抗氧化剂和具有抗氧化功能的酶，制备具有抑菌、抗氧化功能的纳米纤维膜，用于食品活性包装。这种技术具有制备工艺简单、原料来源广泛、成本低、生物活性物质分布均匀且功能不受影响、缓释效果佳的特点。所制备的纳米纤维膜比表面积巨大，为包装提供纳米级的反应空间，且能够大幅提高物质反应的速率。Ge等（2012）制备了PVA/壳聚糖/茶叶提取物/葡萄糖氧化酶复合纳米纤维膜，对奶油蛋糕的除氧效率达73%。研究表明，通过包埋葡萄糖氧化酶、溶菌酶等也能够显著提升壳聚糖纳米纤维膜的抑菌性能（Huang et al. 2012；Bösiger et al. 2018）。

14.2.2 可食性复合膜包装

可食性膜是以可食性的天然高分子物质或其复合物为基质，再添加可食性的交联剂、增塑剂及功能性添加剂，通过特殊加工工艺使不同分子间相互作用形成的具有一定力学性能、多孔网络结构、选择透过性的结构致密、保护食品品质和卫生安全的薄膜。这种薄膜通过浸渍、喷洒、包裹、涂布等形式覆盖于食物表面或内部，用来阻隔气体（氧气、二氧化碳）、减少水分、防止微生物等的迁移。

制作可食性膜的基质材料主要包括蛋白质类（大豆蛋白、小麦蛋白、玉米蛋白、乳清蛋白、明胶、酪蛋白等）、多糖类（淀粉、壳聚糖、动植物胶、改性纤维素等）、脂类（蜡、醋酸甘油酯、表面活性剂、脂肪酸）、复合膜（两种或多种基质复合），增塑剂包括甘油、丙二醇、山梨糖醇、蔗糖、玉米糖浆等，功能性添加剂包括抗氧化剂、抑菌剂（苯甲酸、山梨酸、丙酸、乳酸和溶菌酶）、营养强化剂、风味剂、着色剂等。

生物可降解可食性复合膜包装接近活性包装的范畴，具有可食用、可生物降解、抗菌、稳定、安全、无污染、实用性好等优点，广泛用于保鲜膜、包装薄膜、肉品包装、糕点包装等领域。

抑菌剂（如苯甲酸、山梨酸、丙酸、乳酸和溶菌酶等）和具有改善膜性能的物质常被添加到这些可食用的薄膜或涂层中来增强其性能。谷氨酰胺转氨酶在自然界中广泛存在于动物、植物和微生物中，它是一种酰基转移酶，通过催化蛋白质或多肽链间（或内）发生酰基转移反应，从而导致蛋白质（或多肽）之间发生共价交联。它能够有效引起酪蛋白或酪蛋白胶团、大豆蛋白及明胶形成凝胶或成膜，具有改变蛋白质凝胶能力、热稳定性和持水力等的特性。例如，以大豆分离蛋白和小麦面筋蛋白为主要原料，利用谷氨酰胺转氨酶改性蛋白制备可食性膜，可以增强膜的抗拉强度和延伸性，并具有不溶于水及其他溶剂、绿色、环境友好的优点。

明胶大多来自哺乳动物，例如牛或猪，生产成本较高。鱼明胶是一种具有潜力的替代品，但是鱼明胶的物理和热性能限制了其在众多方面的应用。利用谷氨酰胺转氨酶对鱼明胶进行改性，可大大改善其物理性质，扩大鱼明胶薄膜的应用范围。用谷氨酰胺转氨酶处理过的鱼明胶，其黏度、抗拉伸强度、熔点、氧阻隔性能及薄膜分子量都有显著增加。有助于形成耐热、耐水性的膜。经谷氨酰胺转氨酶交联过的酪蛋白脱水后，可以得到不溶于水的薄膜；这种薄膜能够被胰凝乳蛋白酶分解，因而是一种可食用的膜，能够用作食品包装材料用于包埋脂类或脂溶性物质，提高食品的弹性和持水能力。

14.2.3 食品智能包装

现代食品质量和安全管理体系通过对食品整个生命历程中温度、气体等关键因素的监控、记录和控制来保证食品质量和安全。食品智能包装（intelligent packaging）是一种能够自动监测、传感、记录和溯源食品在运输和贮藏中所经历的内外环境变化，并通过复合、印刷或粘贴于包装外或内部的指示器，以视觉上可感知的物理变化来提供给消费者食品品质和安全性信息的包装技术。

智能包装通常采用光电温敏、湿敏、气敏等功能包装材料复合制成。与传统包装技术相比，智能包装中增加了指示功能，直观、实时传递给消费者包装食品的品质和安全信息，诸如温度、成熟度或者新鲜度、气体、微生物损害情况、包装完整性（是否被窃启）和产品真伪等信息。广义的智能包装还包括贮运过程中的监控系统，可以在食品供应链中跟踪产品，防止食品失盗或损坏。简言之，智能包装能够直接“感知”到食品的某些属性（反映食品的质量）或者包装环境的变化（预留空间气体的变化），继而传达给制造商、零售商或消费者。

反映食品储藏质量的信息型智能包装技术，利用了化学、微生物和动力学的方法，通过指示器的颜色变化记录包装食品在生命周期内质量的改变。目前，时间-温度指示器和某些渗透指示器和新鲜度指示器在美国、日本和澳大利亚等国家已经成功实现商业化。

14.2.3.1 时间-温度指示器

时间-温度指示器（time-temperature indicators，TTI）附在食品包装表面，连续记录食品在贮藏和销售过程中温度的变化，进而预示食品的质量变化情况。TTI是目前智能包装领域应用较为广泛的技术之一，最初的设计主要是针对冷冻食品开发的，但现在的应用范围更加广泛，特别是那些质量裂变对温度非常敏感的食品。目前TTI已成功应用于牛奶、番茄、汉堡、冷却鳕鱼片、冷却即食色拉、冷冻腊肠、冷却橙汁、冷冻草莓、蘑菇等食品中。

时间-温度指示器是建立在机械、化学、电化学、酶学以及微生物学等基础上的简易质量监控系统。在实际的食品流通中，经常会出现温度非正常升高的情况，导致食品中酶催化作用加速以及不良微生物导致的食品腐败加快。此时，TTI会通过一种可视、可计量的表示符号出现，比如机械形变、颜色变化等形式来反映这些不可逆的变化。这种响应反映了包装被放置的累计时间和温度历史，继而向消费者传递包装食品剩余的货架期。

酶促反应型TTI实际上是一种酸碱指示器，常见的酶有脂肪酶、过氧化物同工酶、漆酶、脲酶等。酶促反应过程中，酶催化底物水解释放 H^+ 导致体系pH降低，进而致使指示器产生颜色变化，因此消费者可以通过观察指示器颜色的变化情况来推测食品品质的变化。食品流通过程中，贮藏温度的升高提高了酶促反应速率，指示器颜色也会随之变化。酶及作用底物的种类、浓度直接影响酶促反应型TTI的温度指示范围和反应寿命。目前，这类商品化的产品包括Lifelines公司的Fresh-Check TTI，3M公司的3M Monitor Mark TTI，瑞典的Vitsab A. B. 公司生产的Check Point® TTI等。Lifelines Freshness Monitor®、Fresh Check®为基于固态聚合反应的聚合型时间-温度指示器。3M Monitor Mark TTI是一种扩散型TTIs，曾被世界卫生组织用于监视冷藏疫苗的船运。瑞典Vitsab A. B. 公司生产的Check Point®酶促反应型TTI所采用的酶是脂肪酶，基于脂肪酶和底物的水解反应，pH降低，指示器颜色从深绿色到黄色、亮橙色、红色递变。该指示器由两个隔开的小囊组成，分别装有脂肪酶水溶液和载有脂类底物的聚氯乙烯水溶液，后者溶液中还含有pH指示剂。该指示器需手动开启，内环颜色为白色表明脂肪酶未被激活，环境温度上升脂肪酶被激活并催化脂类底物发生显色反应。内环颜色的变化，能够帮助消费者确定食品是否在适当的温度下储存以及是否变质。当内环颜色为绿色时，表示食品在最佳的温度条件下储藏，食品质量佳；当颜色为红色时，说明食品质量差，不能食用。国内关于TTI的研究起步较晚，并且主要集中在TTI理论方面的研究上，商业化应用较少。

酶促反应型TTI具有成本低、性能稳定、易于控制等优点，在国外应用较多。TTI这种表征方法比传统方法更具有正确指示产品实际质量状况，实时记录食品贮存环境情况和表征食品剩余货架期的双重作用，以执行最短货架/最先销售的原则。近年来，水产品、肉制品安全事件时有发生，构建冷链实时信息的监测系统可以实现水产品和冷鲜肉制品在冷链流通过程的全程可跟踪和追溯。采用TTI代替传统的条形码技术，可以实时反映冷鲜肉在运输流通过程中的温度历程，通过其可视变化实时指示水产品、冷鲜肉的品质变化，追溯水产品、肉制品的品质变化过程。

14.2.3.2 新鲜度指示剂

食品的新鲜性的检测方法包括采用具有变色反应的指示剂、基于生物传感器和电子鼻的微电子技术。微生物能够利用食物中的蛋白质、糖类和脂肪等物质，在酶的作用下生成葡萄糖与脂肪酸等，其中一部分通过异化作用生成包括醇类、醛类、酸类、酯类和酮类等复杂代谢产物。新鲜度指示剂主要是根据微生物及其代谢产物的特性进行研制，代谢导致 pH 值变化，形成有毒化合物、异味、气体和黏滑物质。根据检测对象的不同，食品新鲜度指示剂分为微生物敏感型指示剂、二氧化碳敏感型指示剂、挥发性含氮化合物敏感型指示剂、硫化氢敏感型指示剂和乙烯敏感型指示剂等。

新鲜度指示型智能包装是利用食品在贮藏过程中产生的某些特征气体与特定试剂产生特征颜色反应、温度激活生物学反应及酶作用等引起包装内指示剂明显变化（如颜色变化），达到感知食品新鲜度的目的。

14.2.3.3 生物传感器

生物传感器是指其敏感识别元件来自固定化的生物体成分（如抗原、酶、抗体、激素、蛋白质、核酸等）或生物体本身（如细胞、细胞器、组织、噬菌体）等生物材料的传感器。生物敏感材料和待测物特异性结合发生生物化学反应，产生如离子、质子和质量变化等信号，这些信号经信号转换器转换成电信号或光信号，信号的大小反映出样品中被测物质的量。

根据传感器输出信号的产生方式不同，可分为亲和型和代谢型（或称催化型）生物传感器。根据传感器敏感元件所采用的生命物质的不同，可分为酶传感器、核酸传感器、细胞器传感器、组织传感器、全细胞传感器、微生物传感器等。如何获得具有高生物活性、高纯度的酶、细胞器、细胞、微生物等生物材料以及如何将这些生物材料进行有效的固定化是制造生物传感器的关键。

酶电极是早期研发出的生物传感器。例如将葡萄糖氧化酶添加到聚丙烯酰胺胶体中固化成膜，再将胶体膜固定在隔膜氧电极的尖端上，制成葡萄糖氧化酶电极传感器，这种传感器可以用于分析白酒、苹果汁、果酱和蜂蜜中的葡萄糖。在鱼类产品中，酶生物传感器也是检测鱼体新鲜度的重要技术。ATP 代谢降解产生的次黄嘌呤可作为检测鱼类新鲜度的指标。将黄嘌呤氧化酶以共价键连接固定于醋酸纤维素薄膜上，制成了酶膜与极谱式氧电极共同组成生物传感器，利用黄嘌呤氧化酶对次黄嘌呤或黄嘌呤进行生物识别。

由于酶和细菌的作用，肉类中的蛋白质、脂肪和糖类被分解，释放出一系列碱性含氮的有毒物质如酪胺、组胺、尸胺等。这类物质具有挥发性，其含量越高，表明氨基酸被破坏得越多（特别是甲硫氨酸和酪氨酸），肉类品质越差。传统的评估肉类新鲜度的方法就是测定挥发性盐基氮。然而，该方法主要的弊端在于，需要特定的笨重仪器在特定的环境和场合进行检测，可使用场景少，效率低，使用不便，检测复杂。而利用酶生物传感器就可实现生物胺的快速检测。关于检测生物胺的酶生物传感器有较多的研究。例如将腐胺氧化酶反应器与过氧化氢电极结合，测定禽肉中二胺（腐胺、尸胺）的浓度。以酪胺氧化酶为基础制备生物传感器可以用于监测牛肉的品质。

食品的质量安全问题包括农药残留、微生物腐败和致病微生物侵袭等方面。在食品工业中，pH 生物传感器、电化学生物传感器和酶生物传感器等已开始使用，例如用于果蔬和肉制品的新鲜度、食品农药残留和生物污染、腐败微生物、致病微生物的检测等。在食品智能包装系统中，将传感器集成在包装材料中用于检测和监控食品的质量状况、微生物状况和外部环境条件，从而提高食品安全性。

14.3 基因工程在食品包装中的应用

基因包装技术是利用生物（动物、植物）转基因技术来延长食品的保质期。该包装技术主要是从食品原料、包装材料开始，移植优良的基因到食品包装材料或食品中，改善包装材料的性能或食品的自身特性，提高食品的货架期。

14.3.1 致病微生物检测

食品变质往往是由微生物繁殖所引起，因而食品包装中某些特定致病微生物含量的检测往往能够反映食品的货架期和品质。食品致病微生物检测和鉴别的方法包括直接涂片镜检、分离培养、生化反应、血清学反应、核酸分子杂交、基因芯片、聚合酶链式反应（PCR）等。传统的致病微生物检测方法以染色、培养、生化鉴定、核酸分子杂交技术等为主，技术要求高，检测时间长，效率低，灵敏度和自动化程度不高，操作费时而繁杂，不能及时反映生产或销售过程中的微生物污染情况。因而，对迅速检测食品微生物污染的新技术的需求大大增加。

生物芯片技术是一项综合性的高新技术，它涉及生物、化学、医学、物理、材料、微电子技术、生物信息、精密仪器等领域，是一个学科交叉性很强的研究领域。生物芯片与硅芯片一样，可以对数据进行采集、检测和处理。微阵列芯片主要包括 DNA 微点阵芯片（又称基因芯片或 DNA 芯片，DNA chip）和蛋白质或多肽微点阵芯片两种。在食品包装工业上，生物芯片用于对食品包装和商品中特定物质进行检测和智能包装的信息进行记录。

DNA 芯片是生物芯片的一种，是核酸分子杂交技术发展延伸而来的。它是采用微加工和微电子技术，将人工设计好的数以万计甚至百万计的基因探针（DNA 片段）有规律地排列成二维 DNA 探针阵列，有序地、高密度地固定到硅片、玻璃片或纤维膜等载体上，制备成一种信息检测芯片，与标记的样品分子进行核酸杂交，用于基因检测工作。基因芯片在食品致病微生物检测方面更加方便、快速、灵敏，而且一次可以鉴别多种致病微生物及同种微生物的菌株和亚型。SARENGAOWA 等（2020）筛选出 141 个特异性探针用于检测果蔬食源性致病菌的基因芯片，其检出限为 3logCFU · g^{-1}，检测时间仅 24h，有效提升了对果蔬的品质监控。

有研究者提出这样一种构想，在食品销售包装中，将基因芯片内嵌于食品包装袋表面作为基因芯片包装指示剂。根据不同种类的食品，选取核酸、蛋白质、生物组织碎片甚至完整的活细胞；再根据运输和存储过程中的环境因素，选取芯片载体，包括尼龙膜、玻璃片、塑料、硅胶晶片、微型磁珠等。芯片置于包装内部，若食品包装袋内出现细菌和病毒时，芯片能在短时间内迅速感应，人们可根据荧光反应异常还是正常，来判断该食品是否被污染变质。

然而，基因芯片技术还有些问题有待解决，例如，如何提高芯片的特异性和检测信号的敏感性，降低芯片的制作成本，简化探针合成和集成操作步骤，如何简化或绕过目标分子标记这一重要的限速步骤等，这些都是制约芯片技术应用的重要因素。因此，目前该技术主要局限于实验室研究而未能广泛应用。

食品安全的监管，一方面依赖于相关法律制度的建立，另一方面，依赖于完整的产业链食品安全控制体系的建立。而采用在食品原料、加工生产、仓储、运输及销售各个环节中加入电子标签的方式，可以全程追踪和监管食品，从而建立更为科学合理的食品安全控制体系。

射频识别技术（RFID）是一种利用无线射频进行非接触双向通信的自动识别方式。射频识别标签可附加于物品上，通常内嵌有IC芯片和接收天线的无源标签（不需要电池供电）。使用RFID标签系统可以实现标签信息的快速读取，每秒可以读取1000个以上的标签。RFID在食品行业的应用也有了长足的发展，并已成为保障食品安全的利剑。目前，已用于水产品、肉制品等的溯源和实时监测。

值得注意的是，RFID标签并不能显示包装的历史和食物的质量，它只能显示标签的地理位置，因此只有加入传感器的RFID标签才能被归为智能包装。RFID与传感器技术结合，可以用来监控、记录食品运输过程中环境条件和食品品质的变化。Wentworth公司研发了一种基于抗体-抗原作用的RFID生物传感器，可用于食品中细菌的检测。

14.3.2 包装物中特定蛋白质检测

食品中各种蛋白质的组成和含量直接决定了包装商品的质量和风味。包装工艺的不同对食品中蛋白质成分的影响也不一样。通过对某些特定蛋白质进行检测能反映出食品的品质。

多肽或蛋白质微点阵技术是将微孔板技术进一步微型化，许多序列不同的多肽或蛋白质分子按照预定的位置固定于芯片上，利用样品蛋白质或多肽或与其特异结合分子特异性相互作用，如抗体和抗原、受体和配体间的相互作用，实现抗原表位分析、蛋白质定量检查等。这种技术可以检测包装物特定蛋白质，采用生物芯片可一次性对多种蛋白质进行检测。

14.3.3 包装物的毒理性分析与检测

许多包装材料中存在一定的有害元素，如重金属。在商品贮存期内，食品包装中的残留物或用以改善包装材料加工性能的添加剂从包装材料内向与食品接触的内表面扩散，这些存在于食品中的物质称为包装迁移物。包装材料中有害物质向食品的迁移是引起食品污染的重要途径之一。

包装材料的质量直接关系到人的健康，评价包装材料中有害元素含量是包装材料卫生安全性的重要反映。毒理学研究多以鼠为模型，通过动物实验来确定包装材料和包装物的潜在毒性，该方法耗时长，花费巨大。DNA芯片技术在食品安全检测中具有高通量、平行性、自动化等优点，可以检测包装物中的重金属及其化合物的含量，为研究包装材料或重金属对生物系统的作用提供全新的线索，也可研究包装与包装物之间的微量反应。DNA芯片技术可同时对成千上万个基因的表达情况进行分析，可对单个或多个有害物质进行分析，可将包装物的毒性与基因表达特征联系起来，通过对不同有毒物质的基因表达谱进行比对分析，便可确定包装物的毒性。

目前，基因芯片技术还有许多不完善的地方，其在食品包装领域的产业化还需要时间和资金的投入。但随着国家对高科技、新兴产业越来越重视，对芯片技术的投资也逐渐加大，将来DNA芯片技术会更成熟，生产和应用的成本也会降低，在食品的生产、流通、安全检测等方面的应用会越来越多，还是具有较大的市场前景的。

14.3.4 新包装材料的合成

在2000年的美国化学学会年会上，美国斯坦福大学的库尔（E. Kool）重新定义了“合成生物学”的概念：“基于系统生物学的遗传工程和工程方法的人工生物系统研究，从基因片段、DNA分子、基因调控网络与信号转导路径到细胞的人工设计与合成。”这标志着合成生物学的正式出现。合成生物学是一个新兴领域，它主要是运用工程技术来设计和构建新的生物部件、设备和系统，以创造出自然界中不存在的新颖功能或生命形式。利用合成生物学技术生产可降解的食品包装材料是未来的研究方向之一。

生物聚酯（也称微生物聚酯或聚羟基脂肪酸酯，polyhydmxyalkanoates，PHA）是一类重要的生物质可降解高分子材料，它是利用可再生的天然原料通过微生物发酵而得到，广泛应用于包装、纺织、农业和生物医学材料等领域。PHA具有较好的疏水性、阻气性和可生物降解特性，因而可以代替聚乙烯（PE）、聚丙烯（PP）、聚对苯二甲酸乙二醇酯（PET）等化学塑料，用于食品包装。目前已发现超过百种PHA高分子，其中聚-3-羟基丁酸-4-羟基丁酸酯［poly-(3-hydroxybutyrate-4-hydroxybutyrate)，P3/4HB］和聚-3-羟基丁酸酯（poly-3-hydroxybutyrate，PHB）是PHA家族中重要的成员。PHB是存在于许多细菌细胞内的大分子聚合物，结构简单，是细菌碳源和能源的贮存物。P3/4HB和PHB具有类似热塑性塑料如聚乙烯、聚丙烯的性质，具有一定的机械强度，还具有生物可降解性和生物相容性，因而被认为是一种“生物可降解塑料”，但是其高昂的成本却大大限制了它的广泛应用。

清华大学的陈国强教授团队（张宗豪等，2023）利用合成生物学和代谢工程学方法，开发了基于极端微生物的下一代工业生物技术（next-generation industrial biotechnology，NGIB），并且在人工智能（AI）的控制下，解决了生物发酵生产中的高耗能、易染菌、过程复杂、产物难提取、生产成本高等难题，节约淡水资源，实现了PHA工业发酵的无灭菌、连续化、可联产，使发酵产品成本降低30％以上。目前国内外已有数家PHA生产公司采用极端嗜盐单胞菌属（*Halomonas* spp.）作为底盘细胞生产PHA，其优势在于嗜盐菌在高盐和碱性pH下生长，省去了灭菌程序；可以海水为水源，节约了水资源；通过基因工程改造的菌株能够自凝聚，从而降低了下游处理的复杂性和节约了成本。此外，也有研究者采用转基因植物为表达载体，导入PHB生物合成途径，利用CO_2及光能合成PHB。

14.4 生物信息技术在食品包装中的应用

生物信息技术（bioinformatics technology）是生物技术的分支学科，它是生物科学、计算机科学、应用数学等学科相互交叉形成的一门新兴学科，是当今生命科学乃至整个自然科学的重大前沿领域之一，将成为未来创新产业的经济增长点之一。生物信息技术主要通过对生物学实验数据的获取、加工、存储、检索与分析，进而揭示数据所蕴含的生物学意义。未来，生物信息学工业潜力巨大，相信在食品包装领域也会有更广阔的发展空间。

14.5 展望

食品包装最主要的作用是保证食品的质量和安全性。我国是食品生产和出口大国，但长期以来，食品工业的包装技术和工艺相对滞后，处于一流产品、二流价格、三流包装的境地。目前，我国在这方面已加大了科技投入，以改进食品包装技术及工艺，逐步适应不断变化的市场要求。

现代社会结构和生活方式发生了很大的变化，社会的信息化对食品包装也提出了新的要求。追求日益完美的保鲜功能成为食品包装的首要目标，食品包装向着更加方便化（自冷、自热型食品包装，热敏显色包装，易开、易封型食品包装，小型食品包装）、轻量化的方向发展，而实现无人参与的物品间信息交流是未来的发展趋势。未来，食品包装中势必要加入具有可追溯性、可读取的监控系统，例如利用射频识别、蓝牙和互联网技术来实现自动运输，并在整个供应链中实现无人实时监控，最终到达顾客指定的地方。客户可使用支持NFC的智能手机无线扫描/激活标签，利用应用程序读取芯片中的信息，自行判断食物是否可以食用。

目前，现代生物技术在食品包装中的应用还很有限，这与商品供应、质量、价格、材料性能、使用效果等有着密切的关系。随着酶工程、基因工程、细胞工程、合成生物学等现代生物技术以及生物信息技术的不断发展，它们在食品包装、食品监督中的应用范围将不断增大，新型食品包装将更加环保和安全，同时成本也会大大降低。当然，这还需要研究人员长期的努力。

思考题

1. 食品包装的定义是什么？
2. 举例说明生物技术在食品包装中的应用。
3. 为什么许多活性和智能包装技术没有实现商业化？
4. 举例说明合成生物学在食品包装中的应用。

第15章

现代生物技术在海洋生物资源开发中的应用

本章导言

引导学生积极参与创新研发，探索新事物、求解新知识，提升学生保护海洋、维护生态的主人翁意识和社会责任感。

15.1 生物技术在海水养殖业中的应用

海洋动植物种类繁多，因其口味鲜美，富含牛磺酸、不饱和脂肪酸和活性肽等多种高营养价值物质而深受消费者青睐。海洋动植物养殖是海洋生物技术研究发展和应用的主要领域，主要包括应用生物技术手段促进生物的繁殖、发育、生长，提高其健康和整体状况。目前优良品种选育、病害防治、高效养殖技术是海水养殖业中优先发展的领域。

15.1.1 优良品种选育技术

海洋动植物养殖主要采用基因工程、细胞工程等生物技术培育海水养殖生物新品种，主要包括多倍体的人工诱导、雌核发育、雄核发育以及基因编辑等技术。

基因工程技术作为海洋生物遗传改良、培育快速生长和抗逆优良品种的有效技术手段，已成为优良品种选育研究发展的重点，包括目标基因，如抗病基因、胰岛素样生长因子基因、绿色荧光蛋白基因等目标基因的筛选；大批量、高效转基因方法也是研究的重点，除传统的显微注射法、基因枪法和精子携带法，目前已发展出逆转录病毒介导法、电穿孔法、转座子介导法及胚胎细胞介导法等方法。

规律间隔成簇短回文重复序列（clustered regularly interspaced short palindromic repeats，CRISPR）技术是当前应用最广泛的基因编辑技术之一。近年来，CRISPR 基因编辑技术应用于海洋生物遗传育种方面已有相关报道，包括斑马鱼（*Danio rerio*）、大西洋鲑（*Salmo salar*）、海七鳃鳗（*Petromyzon marinus*）、海葵（*Nematostella vectensis*）、三角褐指藻（*Phaeodactylum ricornutum*）、紫海胆（*Strongylocentrotus purpuratus*）和玻璃海鞘（*Cliona intestinalis*）等。随着海洋生物基因组研究的快速发展，CRISPR 技术也为海洋

生物，特别是海水养殖领域的研究带来前所未有的机遇。CRISPR 技术通过高效、定向地编辑目的基因，进行基因的切除与导入，未来将对海洋生物的遗传育种产生深远影响。

15.1.2 病害防治技术

随着海洋养殖集约化程度的提高和海洋环境的逐渐恶化，海洋养殖生物的病害问题已成为制约世界海洋养殖业发展的瓶颈之一。海洋生物技术研究在水产养殖病害与防治方面的应用得到广泛的关注。水产养殖中的海洋生物技术在动植物疾病预防和控制方面的应用主要包括疾病的诊断、疾病的预防和治疗等。只有解决好病害的诊断和防治技术，才能持续稳步地发展海水养殖业。

15.1.2.1 海水养殖生物疾病的诊断

海水养殖生物病害主要包括病毒性疾病、细菌性疾病、真菌性疾病、寄生虫性疾病和非寄生虫性疾病等。了解病因是制定预防疾病的合理措施，做出正确诊断和提出有效治疗方法的基础。

海水养殖生物病害发生的原因大致可分为五类：①病原的侵害；②非正常的环境因素；③营养不良；④动植物本身先天的或遗传的缺陷；⑤机械损伤。

这些病因对养殖动植物的致病作用，可以是单独一种病因起作用，也可以是几种病因联合作用，并且各病因一般有相互影响、加剧的作用。

15.1.2.2 海水养殖生物疾病的预防

造成海水养殖生物疾病发生的基本条件主要是病原、养殖环境和养殖对象，三个条件交互作用，使疾病发生并流行。三个条件的任一条件的切断即可能防止疾病的发生。水产养殖生物疾病的预防和治疗需要开发和增强养殖动植物自身的抗病能力、优化海水养殖环境，进行综合防治，从而防止疾病的发生。

开展病原生物致病机理、传播途径及其与宿主之间相互作用的研究，是研制海水养殖生物疾病有效防治技术的基础；同时开展海水养殖生物分子免疫学和免疫遗传学的研究，弄清鱼、虾、贝类等的免疫机制，对于培育抗病养殖品种、有效防治养殖病害的发生具有重要意义。因此，病原生物学与免疫已成为当前海洋生物技术的重点研究领域之一，重点是病原微生物致病相关基因、海洋生物抗病相关基因的筛选、克隆，海洋无脊椎动物细胞系的建立，海洋生物免疫机制的探讨，DNA 疫苗研制，免疫促进剂的开发等。

15.1.2.3 海水养殖生物病害诊断与治疗技术

病害是困扰我国海水养殖业发展的最大问题。究其原因，主要是对病原的分子本质认识不足。分子生物学及组学技术的发展为人类认识病原基因的结构和功能、阐明病害的发生机理提供了手段，从而为彻底防治病害开辟了新的途径。

目前，应用于海水养殖生物疾病诊断与治疗的技术主要有免疫学技术、分子生物学技术和组学技术，包括单克隆抗体技术、凝集反应、荧光抗体技术、免疫酶技术、免疫胶体金技术、核酸探针技术、PCR 技术、基因芯片、基因组学、RPA 技术、CRISPR 技术等。

① 单克隆抗体技术（monoclonal antibody technique） 单克隆抗体技术是利用单抗的特异性、均一性、高效性来进行疾病的诊断，该技术具有快速、简单、灵敏度高的特点，适用于海洋病原微生物、海洋生物毒素等的检测，如哈维弧菌（*Vibrio harveyi*）、溶藻弧菌（*Vibrio alginolyticus*）、副溶血弧菌（*Vibrio parahaemolyticus*）、杀鲑气单胞菌（*Aero-*

monas salmonicida)、黄海希瓦氏菌（*Shewanella smarflavi*）、对虾白斑综合征病毒等。单克隆抗体技术在海水养殖动植物疾病诊断和检测中，常结合其他免疫学技术，如放射免疫分析技术、酶联免疫检测技术、间接荧光抗体技术等，做到对疾病准确、迅速地检测。

② 凝集反应（agglutination test） 凝集反应是一种血清学反应，颗粒性抗原（完整的病原微生物或红细胞等）与相应抗体结合，在有电解质存在的条件下，经过一定时间，出现肉眼可见的凝集小块。参与凝集反应的抗原称为凝集原，抗体称为凝集素。可分为直接凝集反应和间接凝集反应两类。凝集反应技术主要用于病原微生物的分型和鉴定，具有特异、快速、设备简单、适用于基层的特点。

③ 荧光抗体技术（fluorescent antibody technique） 荧光抗体技术，用荧光物标记抗体来检测细胞或组织中相应抗原或抗体的技术。荧光物种类一般有异硫氰酸荧光素、罗丹明荧光素、二氯三嗪基氨基荧光素等。荧光抗体技术是在免疫学、生物化学和显微技术的基础上建立起来的一项技术，以荧光色素标记患病动物的抗原或抗体，与其相应的抗体或抗原相结合，在荧光显微镜下呈现特异性的荧光反应。该技术具有简单、特异性高、敏感性低、同时检测多种抗原时较复杂等特点。

④ 免疫酶技术（immunoenzymatic technique） 免疫酶技术也叫酶免疫测定技术，是通过酶标记抗体或抗原来检测抗原或抗体的方法，其应用范围极广。显示方法是用酶的特殊底物来处理反应后的标本，通过酶催化底物的显色反应来测定抗原或抗体的存在，以酶标作定量或定性分析。标记酶有辣根过氧化物酶和碱性磷酸酶等，它们与抗原或抗体结合后活性不受影响。底物一般是邻苯二胺和对硝基苯磷酸酯。免疫酶技术具有敏感性高、特异性强，既可定性又可定量的特点。免疫酶技术的方法很多，用于海水养殖动植物疾病诊断的主要是酶联免疫吸附试验技术和酶联免疫斑点吸附试验技术。免疫酶技术方法具有操作简便，灵敏度高，仪器简单，可定量的优点。

⑤ 免疫胶体金技术（immune colloidal gold technique） 免疫胶体金技术是以胶体金作为示踪标志物应用于抗原抗体的一种新型的免疫标记技术。免疫胶体金技术中运用较多的是胶体金免疫色谱法和快速免疫金渗滤法。单克隆抗体包被在检测线处，抗金标抗体包被在对照线处，金标抗体吸附在固相载体无纺纱上。利用抗原抗体特异性结合的免疫反应原理，在检测线处形成抗体-待测抗原-金标抗体复合物，在对照线处形成抗金标抗体-金标抗体复合物。免疫胶体金技术具有简单、快速、准确和无污染等优点。

⑥ 核酸探针技术（gene probe technique） 利用核苷酸碱基顺序互补的原理，用特异的基因探针即识别特异碱基序列（靶序列）的用放射性同位素或光敏生物素标记的一段单链DNA（或RNA）分子，与病原生物的DNA进行杂交（即与被测定的靶序列互补），以此来确定病原携带者和传播者的一种分子生物学技术。该技术灵敏度高、特异性强，使用方便。

⑦ 聚合酶链式反应（polymerase chain reaction） 聚合酶链式反应即PCR技术，是指在DNA聚合酶催化下，以母链DNA为模板，以特定引物为延伸起点，通过变性、退火、延伸等步骤，体外复制出与母链模板DNA互补的子链DNA的过程。PCR技术可用于基因分离克隆、序列分析、基因表达调控、基因多态性研究等方面。该技术具有灵敏度高、特异性强、反应快、操作简便、省时等优点。

⑧ 基因芯片（gene chip） 基因芯片，又称为DNA微探针阵列，是生物芯片的一种。基因芯片技术是指将高浓度DNA片段通过原位合成或合成后点样方式，以一定的顺序或排列方式附着于玻璃片等固相表面，以荧光标记的DNA探针，借助碱基互补杂交原理，进行大量的基因表达及监测等方面研究的技术。基因芯片技术具有微型化、高能量、平行化、自动化的特点。基因芯片相关软件如表15-1所示。

表 15-1 基因芯片相关软件

软件名称	功能
Array Vision	基因芯片分析软件,功能强大,可进行图像分析和数据处理
ArrayPro	基因芯片分析软件
Array Designer	批量设计 DNA 和寡核苷酸引物的工具软件
ArrayDB	交互式用户界面挖掘和分析微阵列基因表达数据的软件包
CAGED	基因芯片数据聚类分析软件
Cluster	对大量微矩阵数据组进行各种簇分析及其他处理的软件
DNA-chip analyzer	基因芯片数据聚类分析软件
Ginkgo	基因芯片数据标准化软件
J-express	微矩阵基因表达数据分析软件
ScanAlyze	基因芯片图像分析软件

⑨ 基因组学（genomics） 基因组是指生命体整套染色体所含有的全部 DNA 序列。基因组学是从系统整体的观念研究生物体全部遗传物质结构与功能的一门科学。结构基因组学的任务是进行基因组的全序列分析和绘制基因组图谱，它是功能基因组学和蛋白质组学的基础。根据基因组序列能够预测基因结构和编码的蛋白质，根据这些蛋白质与数据库中已知的蛋白质的相似性进行功能注释。功能基因组学的目的是利用基因组序列，通过高通量分析手段来探讨每个基因的功能，并阐明基因间的互作、表达和调控网络，在全部遗传背景的基础上阐明一个生物生命过程的全貌。

海洋生物的基因组研究，特别是功能基因组学研究亦成为海洋生物学工作者研究的新热点，包括对有代表性的鱼、虾、贝、病原微生物、病毒等的基因组进行全序列测定，以及特定功能基因，如药物基因、酶基因、激素多肽基因、抗病基因和耐盐基因等的克隆和功能分析。

15.2 生物技术在海洋天然产物开发中的应用

海洋环境特殊复杂，生物种类新奇多样，其生存和代谢方式特殊，海洋生物产生大量结构新颖、生物活性丰富的海洋天然产物。随着先进的深海作业技术、提取分离技术、结构测定技术、分子修饰技术、有机合成技术和生物分析技术的发展，许多海洋天然产物被发现，如萜类、多糖、生物碱、甾醇类、脂肪酸和蛋白质等。

海洋生物活性物质是指海洋生物体内所含有的对生命现象具有影响的微量或少量物质，包括海洋药用物质、生物信息物质、海洋生物毒素和生物功能材料等海洋生物体内的天然产物。海洋生物活性物质的筛选是海洋天然产物研究和开发的第一步。传统的筛选方法是利用实验动物或其组织器官对某种化合物或混合物进行逐一试验，速度慢、效率低、费用高。近年来，随着海洋生物技术的发展，活性物质筛选逐步趋向系统化、规模化、规范化，特别是分子生物学技术的发展，使得活性物质的筛选技术有了很大的改进。目前已发明了以分子水平的药物模型为基础的大规模筛选技术，通过利用生命活动中具有重要作用的受体、酶、离子通道、核酸等生物分子作为大规模筛选中的作用靶点来进行活性物质的筛选，这些方法具有简便、快速、费用低等优点。

海洋生物技术在海洋生物活性物质研究和开发中应用研究得最多的是基因工程，即通过分离、克隆活性物质的基因，转入高效、廉价表达系统进行生产，以获得大量高质量的产物。

利用海洋生物活性物质和生物技术手段，为药品、高分子材料、酶、疫苗和诊断试剂等开发新一代化学品和生产工艺，是海洋生物技术产业发展的一个重要方面。利用海洋生物技术从海洋生物资源中开发抗炎药物、抗肿瘤药物、工业酶、极端微生物中特定功能基因、抗微生物活性物质、免疫增强物质、抗氧化剂及产业化生产等是目前海洋生物技术在海洋天然产物应用研究中的热点。

15.3 生物技术在海洋环境方面的应用

随着人口的增长，对其他新来源的食品和药品的需求不断增长，但陆地生物资源以及陆地可用于种植和制造的面积却在不断减少。全球海洋总面积约为36000万平方千米，约占地球总表面积的71%。人类希望从海洋中获得创新、高效、安全、可持续的解决方案，并在世界范围内促进网络跨学科合作。随着“海洋世纪”的到来，人类活动对海洋的各种开发使得海洋生态环境变得脆弱，资源枯竭、资源浪费、海水污染等海洋环境问题日益突出。联合国提出的17个全球可持续发展目标中，第14项是关于海洋与海洋资源的保护与可持续利用，强调了基于海洋环境保护的“蓝色生物经济”的重要性。

目前，海洋酸化是全球面临的海洋环境问题之一，酸化对浮游生物、海藻、幼虫沉降、生物矿化和鱼类繁殖有着深远的影响。陆源污染严重、海洋过度开发、海洋溢油污染等对海洋生态系统提出重大挑战。传统的环境保护技术，包括陆上机械清淤、化学降解、换水、使用抗生素等技术受限于海洋特殊的地理、气候条件，容易产生二次污染，很难进行大范围推广。如何创新性地利用海洋生物技术进行海洋环境保护、污染治理，使海洋生态系统生物生产过程更加有效，是海洋环境保护的一个重要趋势。现代生物技术在海洋环境中的应用包括生物修复（如生物降解和富集、固定有毒物质技术等）、水生生物监测调查、海洋生物效应表征、发展生物指示剂等。

15.3.1 生物修复

生物修复（bioremediation）是指利用生物特别是微生物，将存在于土壤、地下水和海洋等环境中的有毒、有害的污染物降解为CO_2和H_2O，或转化为无害物质，从而使污染生态环境修复为正常生态环境的工程技术体系。我国把“生物修复”作为海洋生态环境保护及其产业可持续发展的重要生物工程手段。加强海洋环境治理和修复，解决海洋环境污染问题具有重大的现实意义。

自然情况下的生物修复一般进行缓慢，达不到生产实践的要求。生产上一般采用工程化手段来加速生物修复的进程，这种在受控条件下进行的生物修复又称强化的生物修复或工程化的生物修复。工程化的生物修复一般采用以下方法以加快修复速度：①生物刺激，满足原位微生物生长所必需的环境条件，如提供电子受体、电子供体、氧及营养物等；②降解环境污染物微生物菌群的产生和扩增。

生物修复应用领域包括水产规模化养殖和工厂化养殖、石油污染、重金属污染、海洋其他废物（水）处理等。微生物对环境反应的动力学机制、降解过程的生化机理、生物传感器、海洋微生物之间以及与其他生物之间的共生关系和互利机制，抗附着物质的分离纯化等是该领域的重要研究内容。生物修复技术在海洋环境污染生态修复中具有广泛的应用前景。

15.3.2 水生生物监测调查

了解水生生物资源的动态变化是保护水域生态健康的前提。为了更好地了解和保护水域的生态系统，需要建立有效的水生生物监测体系。分子生物学技术、生物传感技术等是目前有效的生物监测技术，在鉴定海洋生物、评价海洋微生物安全、发现生物入侵种和评估海洋污染物的生态效应等方面发挥重要作用。

随着分子生物学技术的迅速发展，利用生物基因的分子监测方法开展海洋环境监测应用具有重要的意义，主要包括环介导等温扩增、实时定量 PCR、限制性片段长度多态性、核酸探针和基因芯片等技术方法。

生物传感器（biosensor）是一种对生物物质敏感并将其浓度转换为电信号进行检测的仪器，是由固定化的生物敏感材料作识别元件（包括酶、抗体、抗原、微生物、细胞、组织、核酸等生物活性物质），适当的理化换能器（如氧电极、光敏管、场效应管、压电晶体等等）及信号放大装置构成的分析工具或系统。生物传感器具有接收器与转换器的功能。生物传感器在环境污染物和毒物评估中具有特殊的适用性和参考作用，并且还可以利用矩阵特异性等性质对化学物质进行定量。

海洋环境中氧、氨、硝酸盐和亚硝酸盐等的含量对海洋生物的生存有直接影响。通过生物传感器可实现以上相关参数的实时在线监测。

15.4 展望

海洋生物技术作为一个全新的学科，成为 21 世纪海洋研究开发的重要领域。促进海洋水产养殖业以生殖与发育调控为突破口，结合迅猛发展的多组学技术和基因编辑技术，促进水产养殖在优良品种培育、病害防治、规模化生产等方面快速发展，提升产业转化的效率。利用海洋生物技术探索开发海洋高附加值的新资源，开发出更具有生物活性的新化合物和仿生生物材料并强化产业应用，保证海洋环境可持续利用和产业可持续发展，逐步实现保护、开发和产业利用一体化。

思考题

1. 什么是生物传感器？它在海洋生物资源开发中如何应用？
2. 为什么提倡对海洋生物资源进行开发？应从哪些方面开展研究工作？

参考文献

Al-Saari N, Amada E, Matsumura Y, et al., 2019. Understanding the NaCl-dependent behavior of hydrogen production of a marine bacterium, Vibrio tritonius [J]. Peer J, 7: e6769.

Anthierens T, Ragaert P, Verbrugghe S, et al., 2011. Use of endospore-forming bacteria as an active oxygen scavenger in plastic packaging materials [J]. Innovative Food Science and Emerging Technologies, 12 (4): 594-599.

Kuila A, Sharma V, 2018. Principles and Applications of Fermentation Technology [M]. Hoboken, New Jersey: WILEY-Scrivener, (01): 61.

Avona A, Capodici M, Trapani D D, et al., 2022. Preliminary insights about the treatment of contaminated marine sediments by means of bioslurry reactor: Process evaluation and microbiological characterization [J]. Science of The Total Environment, 806: 150708.

Barzkar N, Jahromi S T, Poorsaheli H B, et al., 2019, . Metabolites from marine microorganisms, micro, and macroalgae: immense scope for pharmacology [J]. Marine Drugs, 17 (8): 464.

Bastarrachea L, Dhawan S, Sablani S S, 2011. Engineering Properties of Polymeric-Based Antimicrobial Films for Food Packaging: A Review [J]. Food Engineering Reviews, 3 (2): 79-93.

Binnewerg B, Schubert M, Voronkina A, et al., 2020. Marine biomaterials: Biomimetic and pharmacological potential of cultivated Aplysinaaerophoba marine demosponge [J]. Materials Science and Engineering: C, 109: 110566.

Bösiger P, Tegl G, Richard I M T, et al., 2018. Enzyme functionalized electrospun chitosan mats for antimicrobial treatment [J]. Carbohydrate Polymers, 181: 551-559.

Chen Y N, Bian W P, Liu L, et al. 2021. Generation of a novel transgenic marine medaka (*Oryzias melastigma*) for highly sensitive detection of heavy metals in the environment [J]. Journal of Hazardous Materials, 1 (6).

Demain A L, Adrio J L, 2008. Contributions of microorganisms to industrial biology [J]. Mol Biotechnol, 38: 41-55.

Deng Y, Liu K, Liu Y, et al., 2016. An novel acetylcholinesterase biosensor based on nano-porous pseudo carbon paste electrode modified with gold nanoparticles for detection of methyl parathion [J]. Journal of Nanoscience& Nanotechnology, 16 (9): 9460-9467.

Duan J, Parksi, Daeschel M A, et al., Antimicrobial chitosan-lysozyme (CL) films and coatings for enhancing microbial safety of mozzarella cheese [J]. Food Microbiology and Safety, 72 (9): 355-362.

Feng J, Gu Y, Quan Y, et al., 2015. Recruiting a new strategy to improve levan production in Bacillus amyloliquefaciens [J]. Sci Rep, 5: 13814.

Ge L, Zhao Y S, Mo T, et al., 2012. Immobilization of glucose oxidase in electrospunnanofibrous membranes for food preservation [J]. Food Control, 26 (1): 188-193.

Hills K D, De Oliveira D A, Cavallaro N D, et al., 2018. Actuation of chitosan-aptamernanobrush borders for pathogen sensing [J]. Analyst, 143 (7): 1650-1661.

Huang W, Xu H, Xue Y, et al., 2012. Layer-by-layer immobilization of lysozyme-chitosan-organic rectorite composites on electrospun nanofibrous mats for pork preservation [J]. Food Research International, 48 (2): 784-791.

Jeong C B, Kang H M, Hong S A, et al., 2020. Generation of albino via SLC45a2 gene targeting by CRISPR/Cas9 in the marine medaka Oryzias melastigma [J]. Marine Pollution Bulletin, 154: 111038.

Kong M, Wang F, Tian L, et al., 2018. Functional identification of glutamate cysteine ligase and glutathione synthetase in the marine yeast Rhodosporidium diobovatum [J]. Science of Nature, 105 (1-2): 4.

Linder M, Fanni J. Parmentier M, et al., 2010. Protein recovery from veal bones by enzymatic hydrolysis [J]. Journal of

Food Science, 60 (5) : 949-952, 958.

Liu Y, Wu Z, Guo K, et al. , 2022. Metallothionein-1 gene from *Exopalaemon carinicauda* and its response to heavy metal ions challenge [J] . Marine Pollution Bulletin, 175: 113324.

Marques J A, Costa S R, Maraschi A C, et al. , 2022. Biochemical response and metals bioaccumulation in planktonic communities from marine areas impacted by the Fundo mine dam rupture (southeast Brazil) [J] . Science of The Total Environment, 806: 150727.

McNeil Brian, Harvey Linda M. , 2008. Practical Fermentation Technology [M] . John Wiley & Sons, Ltd.

Miyazaki T, Nishikawa A, Tonozuka T. , 2016. Crystal structure of the enzyme-product complex reveals sugar ring distortion during catalysis by family 63 inverting α-glycosidase [J] . Journal of Structural Biology, 196 (3) : 479.

Mutreja R, Jariyal M, Pathania P, et al. , 2016. Novel surface antigen based impedimetric immunosensor for detection of Salmonella typhimurium in water and juice samples [J] . Biosensors and Bioelectronics, 85 (1) : 707-713.

Olano C, Lomb F, Mendez C, et al. , 2008. Improving production of bioactivesecondary metabolites in actinomycetes by meta bolic engineering [J] . Metab Eng, 10: 281-292.

Qiao W H. , 2020. Realization and practical Application analysis of lactic acid Bacteria fermentation bioengineering [J] . IOP Conference Series: Earth and Environmental Science, 615 (1) : 012111.

Qiu Y B, Zhu Y F, Sha Y Y, et al. , 2020. Development of a robust Bacillus amyloliquefaciens cell factory for efficient poly (γ-glutamic acid) production from Jerusalem artichoke [J] . ACS Sustainable ChemEng, 8 (26) : 9763-9774.

Ratledge C. , 1987. Lipid biotechnology: A wonderland for the microbial physiologist [J] . J Am Oil Chen Soc, 64 (12) : 1647-1656.

Roberta D B, Dilip K R, Declan B, et al. , 2011. Isolation, purification and characterization of antioxidant peptidic-fractionsfrom a bovine liver sarcoplasmic protein thermolysinhydrolysate [J] . Peptides, 32 (2) : 388-400.

SARENG AOWA, HU WZ, FENG K, et al. , 2020. An in situ-synthesizedgene Chip for the detection of food-borne pathogens on fresh-cutcan taloupe and Lethuce [J] . Front microbiology, 10: 3089.

Sha Y Y, Qiu Y B, Zhu Y F, et al. , 2020. CRISPRi-based dynamic regulation of hydrolase for the synthesis of poly-γ-glutamic acid with variable molecular weights [J] . ACS Synth Biol, 9 (9) : 2450-2459.

ShangY, LiuF, WangY, et al. , 2020. Enzyme mimic nanomaterials and their biomedical applications [J] . ChemBioChem, 21 (17) : 2408-2418.

Vanderroost M, Ragaert P, Devlieghere F, et al. , 2014. Intelligent food packaging: the next generation [J] . Trends in Food Science and Technology, 39 (1) : 47-62.

Wang L, Qu X, XieY, et al. , 2017. Study of 8 types of glutathione peroxidase mimics based on β-cyclodextrin [J] . Catalysts, 7 (10) : 289.

Wang P, Wang P, Tian J, et al. , 2016. A new strategy to express the extracellular α-amylase from Pyrococcusfuriosus in Bacillus amyloliquefaciens [J] . Sci Rep, 6: 22229.

Yusufu D, Wang C Y, Mills A. , 2018. Evaluation of an 'After Opening Freshness (AOF) ' label for packaged ham [J] . Food Packaging and Shelf Life, 17 (1) : 107-113.

Zhan Tianzuo, Rindtorff N, Betge J, et al. , 2019. CRISPR/Cas9 for cancer research and therapy [J] . Seminars in Cancer Biology, 55: 106-119.

Zvi Cohen. Colin Ratledge. , 2010. Single Cell Oils: Micrdoial and Algal Oils. 2nd Edition. Aocs Press, Elsevier Inc.

GB 2760—2011. 食品安全国家标准　食品添加剂使用标准 .

阿恩特 K M, 米勒 K M. , 2011. 现代蛋白质工程实验指南 [M] . 北京: 科学出版社 .

安利国, 杨桂文, 2016. 细胞工程 [M] . 北京: 科学出版社 .

薄永恒, 王亮, 杨修镇, 等, 2020. 发酵微生物筛选育种技术研究概述 [J] . 山东畜牧兽医, 41 (11) : 78-79.

曹荣, 薛长湖, 徐丽敏, 2009. 复合保鲜剂在对虾保鲜及防黑变中的应用 . 农业工程学报, 25 (08) : 294-298.

陈宝国, 2008. 食品添加剂 [M] . 北京: 化学工业出版社 .

陈宁, 2011. 酶工程 [M] . 北京: 中国轻工业出版社 .

陈永生, 2016. 食品添加剂概述 [J] . 食品安全导刊, (1X) : 76-77.

陈勇, 李元宗, 常文保, 等, 1995. 核酸探针技术 [J] . 分析化学, (04) : 474-479.

陈有舜, 魏三文, 2001. 我国黄原胶的品质评价及发展对策 [J] . 生物技术通报, (2) : 1-4.

杜敬河, 2019. 食品行业中发酵工程的应用探讨 [J] . 食品安全导刊, (015) : 148.

杜戎, 虞睿宁, 袁好, 等, 2021. 基于荧光免疫分析技术的食品中污染物检测方法研究进展 [J] . 食品工业科技, 42 (16) : 388-396.

段钢，赵振锋，钱莹，2014. 酶制剂在蛋白质加工行业的应用［J］. 食品与生物技术学报，24（4）：104-110.
段涛，罗伟明，2009. 生物技术在食品包装中的应用研究进展［J］. 江西食品工业，（2）：3.
范峥嵘，严志明，2017. 微生物在食品保鲜上的应用［J］. 食品安全导刊，（12）：114.
方维明，2021. 食品生物技术 ［M］. 北京：中国纺织出版社.
冯容保，1998. 发酵罐的通气装置［J］. 发酵科技通讯，4（02）：10-12，35.
高华方，周玉祥，冯继宏，等，2003. 生物芯片技术及其在生命科学研究中的应用［J］. 世界科技研究与发展，（1）：22-27.
高凯丽，胡文忠，刘程惠，等，2017. 天然保鲜剂在采后浆果保鲜中应用的研究进展［J］. 食品工业科技，38（24）：320-324.
高年发，杨枫，2010. 我国柠檬酸发酵工业的创新与发展［J］. 中国酿造，4（07）：1-6.
郭本恒，2003. 益生菌［M］. 北京：化学工业出版社.
郭华，张蕾，董旭，等，2019. 固定化多酶级联反应器［J］. 化学进展，32（04）：392-405.
郭凯雯，刘硕，杨洪苏，等，2021. 智能包装的现状及未来展望［J］. 轻纺工业与技术，50（7）：2.
郝林等，2016. 食品生物技术概论［M］. 北京：中国林业出版社.
洪安安，刘灿明，刘德华，2008. L-乳酸的微生物发酵［J］. 化学工程与装备，（2）：71-75.
胡忠，何敏，1983. 马槟榔甜味蛋白的研究——Ⅰ. 提取、纯化和某些特性［J］. 植物分类与资源学报，（2）：207-212.
姜华，2015. 酶工程技术及应用探析［M］. 北京：中国水利水电出版社.
姜锡瑞，霍兴云，黄继红，等，2016. 生物发酵产业技术：［M］. 北京：中国轻工业出版社.
焦奎，张书圣，2004. 酶联免疫分析技术及应用［M］. 北京：化学工业出版社.
金青哲，2013. 功能性脂质［M］. 北京：中国轻工业出版社.
柯彩霞，利范艳，苏枫，等，2018. 酶的固定化技术最新研究进展［J］. 生物工程学报，34（2）：188-203.
李斌，于国萍，2021. 食品酶学与酶工程［M］. 北京：中国农业大学出版社.
李晨，2021. BTI 和 Nisin 复合涂膜液对鲈鱼鱼糜的保鲜效果［J］. 食品研究与开发，42（22）：8-13.
李德祥，张鹏，王健，2022. 免疫检测技术在食品检验中的应用分析［J］. 现代食品，28（04）：96-98.
李凌慧，李坤，罗鹏宇，等，2017. 免疫胶体金技术在食品检测中研究进展［J］. 食品界，（10）：114-115.
李梅，刘颖，尹静，2014. 荧光微球在生物检测中的应用研究进展［J］. 解放军预防医学杂志，32（02）：176-177.
李维平，2013. 蛋白质工程［M］. 北京：科学出版社.
李彦萍，2015. 微生态制剂在人体健康中的作用［J］. 实用医技杂志，846-847.
李洋，冯刚，王磊明，等，2018. 新鲜度指示型智能包装研究进展［J］. 绿色包装，27（03）：80.
李志勇，2010. 细胞工程［M］. 2 版. 北京：科学出版社.
李中华，2003. 现代高新技术在食品中的应用 ［J］. 海军医学杂志，24（4）：344-346.
励建荣，李学鹏，2006. 水产品的酶法保鲜技术［J］. 中国水产，（07）：68-70.
励建荣，2004. 论中国传统食品的工业化和现代化 ［J］. 食品工业科技，（2）：6-12.
廖恺芯，夏宇轩，王军，2021. 果蔬可视化新鲜度检测智能包装研究进展［J］. 湖南包装，36（2）：35-37，44.
刘东红，吕飞，叶兴乾，2007. 食品智能包装体系的研究进展［J］. 农业工程学报，23（8）：286-290.
刘恩岐，曾凡坤，2011. 食品工艺学［M］. 郑州：郑州大学出版社.
刘洪祥，王敏，王春霞，等，2009. 巴氏醋酸杆菌醋酸发酵工艺的优化［J］. 中国酿造，28（3）：34-37.
刘慧，2004. 现代食品微生物学［M］. 北京：中国轻工业出版社.
刘欣，2013. 食品酶学［M］. 北京：中国轻工业出版社.
鲁战会，彭荷花，李里特，2006. 传统发酵食品的安全性研究进展 ［J］. 食品科技，（6）：1-6.
陆兆新，2002. 现代食品生物技术［M］. 北京：中国农业出版社.
路飞，陈野，2019. 食品包装学［M］. 北京：中国轻工业出版社.
罗云波，2021. 食品生物技术导论［M］. 4 版. 北京：中国农业大学出版社.
马立人，蒋中华，2001. 生物芯片［M］. 北京：化学工业出版社.
梅乐和，曹毅，姚善泾，2011. 蛋白质化学与蛋白质工程基础［M］. 北京：化学工业出版社.
孟珊珊，谭明，肖冬光，等，2020. 甜蛋白 Brazzein 在毕赤酵母中的表达及应用［J］. 食品与发酵工业，46（15）：21-26.
孟甜，李玉锋，2009. 现代工业微生物育种技术研究进展［J］. 生命科学仪器，7（09）：3-6.
倪珊珊，黄丽英，2015. 乳酸链球菌素和乳酸乳球菌在食品工业中的应用［J］. 食品工业，（11）：244-247.
宁正祥，2014. 食品分子生物学［M］. 2 版. 北京：中国轻工业出版社.
欧阳杰，韦立强，武彦珍，等，2006. 利用生物技术方法生产天然香料香精［C］// 中国香料香精学术研讨会.

潘玉梅，2019. 发酵工程技术原理及应用［J］. 吉林农业，（17）：87.
庞璐，宋喆，吴冬雪，等，2015. 食品中单增李斯特氏菌检测PCR-免疫胶体金试纸条方法的建立［J］. 食品安全质量检测学报，6（02）：452-456.
彭海萍，彭红卫，2003. 利用酶法修饰小麦面筋蛋白制备食用包装膜研究［J］. 粮食与油脂，（6）：3.
秦卫东，2014. 食品添加剂学［M］. 北京：中国纺织出版社，.
卿柳庭，屈小玲，2000. 核酸探针和PCR技术在食品检验中的应用［J］. 动物医学进展，（01）：22-24.
邱益彬，马艳琴，沙媛媛，等，2022. 解淀粉芽孢杆菌分子遗传操作及其应用研究进展［J］. 生物技术通报，38（2）：205-217.
全琦，刘伟，左梦楠，等，2022. 乳酸菌发酵果蔬汁的风味研究进展［J］. 食品与发酵工业，48（1）：315-323.
尚晋伊，刘丽萍，2018. 益生元营养及应用研究现状［J］. 现代食品，4：18.
邵平，刘黎明，吴唯娜，等，2021. 传感器在果蔬智能包装中的研究与应用［J］. 食品科学，42（11）：349-355.
施文正，汪之和，2003. 酶联免疫吸附分析法在食品分析中的应用［J］. 食品研究与开发，（03）：84-87.
食品添加剂卫生管理办法，2002. 中华人民共和国卫生部令　第　26　号.
税永红，2012. 工业废水处理技术［M］. 北京：科学出版社.
宋思扬，楼士林，2014. 生物技术概论［M］. 4版. 北京：科学出版社.
宋志刚，凌沛学，张天民，2013. 黄原胶的生产开发及其在医药领域的研究进展［J］. 药物生物技术，（6）：574-577.
唐受印，2001. 食品工业废水处理［M］. 北京：化学工业出版社.
陶义训，2001. 免疫学和免疫学检验［M］. 北京：人民卫生出版社.
田华，2018. 发酵工程工艺原理［M］. 北京：化学工业出版社.
汪苹，廖永红，臧立华，等，2018. 食品发酵工业废弃物资源综合利用［M］. 北京：化学工业出版社.
汪世华，2017. 蛋白质工程［M］. 2版. 北京：科学出版社.
汪薇，白卫东，赵文红，2009. 生物技术在天然香精香料生产中的应用［J］. 中国酿造，28（9）：7-10.
汪勇，2016. 粮油副产物加工技术［M］. 广州：暨南大学出版社.
王宝石，陈坚，孙福新，等，2016. 发酵法生产柠檬酸的研究进展［J］. 食品与发酵工业，42（9）：251-256.
王步江，李宁，杨公明，2005. 酵母菌转化木糖生产木糖醇［J］. 食品研究与开发，26（6）：112-114+ 89.
王德芝，2015. 食用药用菌生产技术［M］. 重庆：重庆大学出版社.
王芳，2013. 微生态制剂在乳制品中的应用研究进展营养健康［J］. 乳业科学与技术，.
王佳蕊，魏炜，2017. 微生物原生质体融合育种技术及其应用与展望［J］. 建筑与预算，（10）：31-34.
王蕊，2003. 原料乳生物保鲜技术的研究. 中国乳品工业，（05）：29-33.
王岁楼，王艳萍，姜毓君，2013. 食品生物技术. 北京：科学出版社.
王伟平，夏福宝，吴思方，2002. 红曲霉发酵法生产MonacolinK研究进展［J］. 药物生物技术，9（5）：301-304.
王艳娟，王桂英，王艺萌，2018. 食品类智能包装技术研究进展［J］. 包装工程，39（11）：7.
王玉炯，苏建宇，贾士儒，等，2007. 发酵工程研究进展［M］. 宁夏人民出版社，（03）：427.
王哲，周岩民，2014. L-精氨酸的理化性质、生理功能及生产工艺研究进展［J］. 饲料研究，4（13）：80-84.
温志英，2006. 现代生物技术在食品包装中的应用现状及发展前景［J］. 食品与机械，22（4）：3.
吴汉民，韩素珍，2000. 高新技术在我国水产加工业的运用［J］. 中国渔业经济，（5）：39-40.
吴敬，2017. 蛋白质工程［M］. 北京：高等教育出版社.
吴时敏，2001. 功能性油脂［M］. 北京：中国轻工业出版社.
武迎春，2021. 高山被孢霉脂肪酸合成主要NADPH供给基因比较研究［D］. 天津：河北工业大学.
谢勇，刘林，王凯丽，等，2017. 包装用智能标签的应用及研究进展［J］. 包装工程，38（19）：7.
胥传来，王利兵，2009. 食品免疫化学与分析［M］. 北京：科学出版社，86-88.
许伟，张晓君，李崎，等，2007. 微生物分子生态学技术在传统发酵食品行业中的应用研究进展［J］. 食品科学，28（12）：521-525.
薛思玥，2021. 基于食品安全视角下生物保鲜技术在果蔬保鲜中的应用进展. 现代食品，（15）：37-41，45.
闫海，尹春华，刘晓璐，2018. 益生菌培养与应用［M］. 北京：清华大学出版社.
颜佳，张立钊，熊香元，等，2020. 微生物原生质体融合育种技术及其在发酵食品生产中的应用［J］. 食品安全质量检测学报，11（22）：8455-8462.
杨瑾，励建荣，顾青，2006. 乳酸菌代谢工程的研究与应用［J］. 食品研究与开发，27（10）：149-154.
杨靖亚，方艳，陆晓帆，等，2020. 副溶血弧菌TDH快速免疫胶体金检测板的研制［J］. 中国免疫学杂志，36（21）：2635-2639.

杨宁，王惠娟，郭利健，2008. 工业微生物育种综述［J］. 湖北农机化，(03)：28-29.
杨莎，2014. 猪骨汤酶解液制备工艺的优化及其饮料的开发［D］. 雅安：四川农业大学 .
杨同香，吴孔阳，白云飞，等，2020. 微生物果胶酶的研究进展［J］. 食品与机械，36(08)：201-209.
杨洋，张伟，袁耀武，等，2006. PCR 检测乳品中金黄色葡萄球菌［J］. 中国农业科学，39(5)：990-996.
于洪梅，2020. 啤酒酵母基因工程菌种的构建方法研究现状与应用［J］. 科技资讯，18(36)：44-46.
余波颖，王宁琳，李国婧，等，2015. 基因工程和代谢工程在甜菊糖生产上应用进展［J］. 生物技术通报，31(9)：8-14.
余传麻，2001. 分子免疫学［M］. 上海：上海医科大学出版社，复旦大学出版社 .
余龙江，2006. 发酵工程原理与技术应用［M］. 北京：化学工业出版社 .
曾庆孝，2015. 食品加工与保藏原理［M］. 北京：化学工业出版社 .
张惠展，2017. 基因工程［M］. 上海：华东理工大学出版社，68-70.
张杰，邢志宾，2014. 生物技术在水产品保鲜应用的研究进展［J］. 河北渔业，(07)：57-58+ 69.
张明琴，窦远，张建华，等，2006. 核酸探针的原理及应用［J］. 生物学通报，(07)：11-12.
张杨俊娜，张润光，焦文晓，等，2013. 生物保鲜剂研究进展［J］. 农产品加工(学刊)，(07)：18-22.
张宗豪，何宏韬，张旭，等，2023. 塑料的降解与可降解塑料——聚羟基脂肪酸酯的合成［J］. 生物工程学报，39(5)：2053-2069.
章建浩，2018. 食品包装学［M］. 4 版 . 北京：中国农业出版社 .
赵常志，孙伟，2012. 化学与生物传感器［M］. 北京：科学出版社 .
赵超敏，车振明，2008. 工业有益微生物育种技术的研究进展［J］. 食品研究与开发，(02)：172-174.
赵杰文，孙永海，2007. 现代食品检测技术［M］. 北京：中国轻工业出版社 .
赵丽红，陈威，高艳娇，等，2018. 基因组重排技术在微生物育种中的应用研究进展［J］. 江苏农业科学，46(18)：1-5.
赵丽芹，2002. 果蔬加工工艺学［M］. 北京：中国轻工业出版社 .
赵嵘，2020. 核酸探针技术在食品检验中的应用［J］. 质量安全与检验检测，30(05)：111-112.
赵兴绪，2009. 转基因食品生物技术及其安全评价［M］. 北京：中国轻工业出版社 .
甄光明，2015. 乳酸及聚乳酸的工业发展及市场前景［J］. 生物产业技术，4(01)：42-52.
郑爱泉，2016. 现代生物技术概论［M］. 重庆：重庆大学出版社 .
郑振宇，王秀利，2015. 基因工程［M］. 武汉：华中科技大学出版社 .
周春燕，药立波，2018. 生物化学与分子生物学［M］. 9 版 . 北京：人民卫生出版社 .
周海岩，刘龙，王天文，等，2011. 微生物发酵法生产 L-苯丙氨酸的研究进展［J］. 工业微生物，41(03)：90-98.
周景文，高松，刘延峰，等，2021. 新一代发酵工程技术：任务与挑战［J］. 食品与生物技术学报，40(01)：1-11.
周秀琴，2003. 鲜味核苷酸在食品调料中的应用［C］//中国食品工业协会发酵工程研究会第十六次年会 .
周正富，庞雨，张维，等，2021. 乳蛋白重组表达与人造奶生物合成：全球专利分析与技术发展趋势［J］. 合成生物学，2(05)：764-777.
周中凯，杨春枝，1999. 以小麦麸皮为原料酶法制备双歧杆菌 增殖因子——低聚糖的研究［J］. 粮食与油脂，(1)：6-8.
朱慧莉，黎锡流，许喜林，2001. 酶联免疫吸附法及其在食品分析中的应用［J］. 食品工业科技，(02)：80-82.
诸葛健，李华钟，2004. 微生物学［M］. 北京：科学出版社 .
左金龙，2011. 食品工业生产废水处理工艺及工程实例［M］. 北京：化学工业出版社 .